建筑电气设计
重要技术问题探讨

李蔚 主编

中国建筑工业出版社

图书在版编目（CIP）数据

建筑电气设计重要技术问题探讨/李蔚主编.—北京：
中国建筑工业出版社，2020.4
ISBN 978-7-112-24907-7

Ⅰ.①建… Ⅱ.①李… Ⅲ.①房屋建筑设备-电气
设备-建筑设计-研究 Ⅳ.①TU85

中国版本图书馆CIP数据核字（2020）第035347号

　　本书收录了50篇优秀学术论文，它们经由专家评审委员会把关评审、仔细挑选并指导修改而成，均出自设计一线总师、专业技术骨干、青年才俊之手，是设计师们经工程历练、深度思考后的经验总结和技术结晶。这些论文立足具体工程项目，取材广泛、内容新颖，富于探究精神、不乏真知灼见。全书涉及工程类别众多：既有特大型体育场馆、高铁站房、机场航站楼、超高层建筑等大型公共建筑，又有矿山铁路、工业建筑、市政道路项目等；涵盖系统领域广泛：既有大型复杂建筑供配电系统、电气照明系统、防雷与接地系统，又有电气消防系统、各类智能化系统，还有绿色建筑电气设计与节能环保、数据中心、智慧配电、直流输电等新技术。

　　全书共分六章，包括：供配电系统、电气照明系统、建筑物防雷与接地系统、绿色建筑电气设计与节能环保、火灾自动报警与消防联动控制系统、智能化系统。本书内容新颖、图文并茂，针对性强、覆盖面广，是从事建筑电气设计、施工图纸审查、注册电气工程师备考；建设管理、施工安装、工程监理人员的实用参考书，也可供高等院校相关专业师生教学参考使用。

责任编辑：张　磊
责任校对：赵　菲

建筑电气设计重要技术问题探讨
李蔚　主编
*
中国建筑工业出版社出版、发行（北京海淀三里河路9号）
各地新华书店、建筑书店经销
北京鸿文瀚海文化传媒有限公司制版
北京京华铭诚工贸有限公司印刷
*
开本：787×1092毫米　1/16　印张：23¼　字数：582千字
2020年6月第一版　　2020年6月第一次印刷
定价：76.00元
ISBN 978-7-112-24907-7
（35649）

主编：李 蔚

（中信建筑设计研究总院有限公司电气总工程师，国务院政府特殊津贴专家，教授级高工，国家注册电气工程师）

编委：

杨欣蓓（湖北省勘察设计协会秘书长、教授级高工）

刘志华（武汉市政工程设计研究院有限责任公司电气总工、教授级高工）

李 军（中南建筑设计院股份有限公司机电二院电气总工、教授级高工）

李 波（中国轻工业武汉设计工程有限责任公司电气总工、教授级高工）

孙建明（中铁第四勘察设计院集团有限公司电化处副总工、教授级高工）

张 元（中国医药集团联合工程有限公司副总工、高工）

胡 峻（中信建筑设计研究总院有限公司研究院副总工、教授级高工）

陈 车（中信建筑设计研究总院有限公司机电二院副总工、教授级高工）

李光曦（中信建筑设计研究总院有限公司高工、国家注册电气工程师）

曾 嵘（湖北省勘察设计协会市场部主任、副研究馆员）

张 宽 喻 辉 刘 冰 孙雁波 沈 丹 熊 光 邹智慧 蔡雄飞

吴婧华 孙巍巍 王 宁 赵昊裔 刘彬彬 郑梦迪 胡克成 杨 智

刘 闵 铁 静 冯晓良 雷 鸣 刘德祥 冯 涛 倪可乐 李东旭

朝 新 王耀午 熊 慧 彭 威 何 钦 袁 天 房新华 金其龙

李建军 赵剑明 杨 海 刘 敏 周 东 刘 杰 白建光 常 菲

赵 凌 刘子毅 夏 梦 罗 新 王潘波 张志山 南 超

3

前　言

　　"绿杨烟外晓寒轻，红杏枝头春意闹"。在这草长莺飞、生机勃发的美好时节，《建筑电气设计重要技术问题探讨》正式与全国广大读者朋友们见面了！

　　2018年3月，在湖北省勘察设计协会、湖北省勘察设计协会建筑电气分会、中信建筑设计研究总院有限公司、中信设计学院的共同组织下，笔者曾面向湖北省全省建筑业同行，专题主讲《科技论文写作方法与技巧》，同时发动大家积极撰写论文，为优秀论文结集、在全国出版做准备。其后，大家在繁忙工作之余，挤占双休和夜晚时间，踊跃撰写论文，从斟酌遴选主题、构思草拟提纲入手，由浅入深、步步为营，先拿出第一轮初稿，再一轮接一轮自改、互改、总师修改、校审、完善，很多稿件大改多次、小改无数，直至满意为止。历经反复打磨，270余篇论文得以出炉。

　　"千淘万漉虽辛苦，吹尽狂沙始到金"。本书收录的50篇论文，即是经专家评审委员会把关评审、从这270余篇论文中精挑细选出来的佳作，并经专家指导做了进一步修改。它们有的已获全国或省级优秀学术论文一、二等奖；有的已在全国或省级专业期刊上发表；有的在全国或省级学术论坛上宣讲或会议上交流。这些论文均出自设计一线总师、专业技术骨干、青年才俊之手，是设计师们经工程历练、深度思考后的经验总结和技术结晶。

　　这些论文立足具体项目、探究技术疑难，涉及工程类别众多：既有特大型体育场馆、高铁站房、机场航站楼、超高层建筑等大型公建，又有矿山铁路、工业建筑、市政道路项目等；涵盖系统领域广泛：既有大型复杂建筑供配电系统、电气照明系统、防雷与接地系统，又有电气消防系统、各类智能化系统，还有绿色建筑电气设计与节能环保、数据中心、智慧配电、直流输电等新技术。这些论文取材广泛、内容新颖，富于探究精神、不乏真知灼见，相信对建筑电气同行和读者朋友们必有帮助和裨益，在工程设计实践中获得启发和借鉴。

　　笔者曾利用多种学术交流场合，力倡自己总结提炼出的电气设计理念："简单的才是可靠的，与级别匹配的才是对的，针对性强的才是好的"；"以研究精神精细设计，以专注态度务实创新"；"实现技术可靠性、经济合理性、发展灵活性的协调统一"。以此，力图扭转当前电气设计"胡子眉毛一把抓"、"技术措施武装到牙齿"、"设计标准就高不就低"等不良现状。在笔者近年出版的三本书籍《建筑电气设计常见及疑难问题解析》《建筑电气设计要点难点指导与案例剖析》《建筑电气设计关键技术措施与问题分析》中，也曾强调过这些设计理念，今又借此机会再次提出，以期与全国电气同行共勉。

　　山外青山楼外楼，技术追求未有休。限于水平，本专集论文难免会有错误或不当之处，敬请全国电气专家和同行们批评指正、不吝赐教，谨此，深表谢意！

　　"浩渺行无极，扬帆但信风"。技海无涯、不进则退。让我们戮力同心、携手并进，共同续写中国建筑电气技术的精彩华章！

本书付梓之际，恰逢武汉和全国人民患难与共、心手相连，众志成城、共克时艰，夺取了抗击新冠肺炎疫情的全面胜利！举国上下群情振奋，我作为武汉市民，更是激情难抑，特以此期间写的三首小诗来纪念这段极其特殊的抗疫经历：

火神山医院建成（诗一）

——李蔚于 2020.02.02

阴霾锁大江，十万火急忙。

火速兼神速，惟求众无殇！

守望空城·武汉封城满月记（诗二）

——李蔚于 2020.02.23

守　待深楼夜未明，

望　江浩荡波难平。

空　街寂寂留残雪，

城　内俱是盼春人！

春临江城（诗三）

——李蔚于 2020.04.08 武汉开城日

晨鸟惊寒梦，玉叶摇香风。

千湖水脉脉，大江奔流东。

人面映桃红，纸鸢遨碧空。

春光几万里，尽洒三镇中！

谨以本书献给英雄的城市——武汉！献给英雄的人民——武汉和全国人民！

主编　李蔚

2020.04.08 于武汉

目　录

第一章　供配电系统

1 第七届世界军运会主场馆电气设计关键技术探讨

摘 要：本文以第七届世界军运会主场馆为案例，从供配电系统、电气照明、火灾自动报警系统和电气节能等方面，对体育场馆电气设计关键技术进行了分析和探讨，阐述了体育场馆电气设计应立足功能需求、针对竞技项目特点，在满足技术可靠性的前提下，充分考虑经济合理性及电气节能，实现"技术可靠性、经济合理性、发展灵活性"的协调统一。

关键词：体育建筑；供配电系统；照明；火灾自动报警系统；电气节能

0 引言

近年来，我院设计了一批大型、特大型体育场馆。有代表性的典型项目有：武汉光谷国际网球中心、武汉东西湖体育中心、新疆奥林匹克体育中心、上杭体育中心、赤壁体育中心等；国外重点项目有：莫桑比克国家体育场、巴哈马国家体育场、多米尼克板球场等。

体育建筑具有大体量、大空间，人员密集，疏散困难，工艺复杂、功能多变，建筑技术难度大、要求高，多专业高度衔接、融合渗透等显著特点，其电气设计相比一般民用建筑要复杂很多。

本文所述第七届世界军人运动会主场馆，即武汉东西湖体育中心，由一座体育场、一座体育馆、一座游泳馆组成，运动会期间主要承担足球、乒乓球和游泳（水上救生）等项目比赛。

世界军人运动会（Military World Games）是一个综合性的世界最高级别军人运动会，被誉为"军人奥运会"，自 1995 年开始每 4 年举行一次，参赛规模约 100 个国家、8000 余人。世界军人运动会除常规赛项外，还设置有其他运动会没有的军事五项、空军五项、海军五项、跳伞和越野等项目。第七届世界军人运动会（以下简称"军运会"）将于 2019 年 10 月在中国武汉市举办，这也是中国首次承办国际军人综合性运动会。

现就第七届世界军运会主场馆的供配电系统、电气照明、火灾自动报警系统、电气节能等方面电气设计中的重点技术问题做一些探讨。

1 项目概况

1.1 建筑规模

本项目建筑概况，见表 1；鸟瞰图，见图 1。

项目基本情况				表 1
建筑类型	等级	建筑高度(m)	层数	建筑面积(m²)
体育场(30000 座)	甲级	29.6	3	40110
体育馆(8000 座)	甲级	29.6	4	22292
游泳馆(1300 座)	甲级	24.7	3	16172

图 1　军运会主场馆鸟瞰图

1.2　变配电所及发电机房设置

本项目变配电所及发电机房设置情况，见表 2；变配电所及发电机房分布图，见图 2。

变配电所、柴油发电机房设置表　　　　　　表 2

序号	设备房名称	位置	装机容量（kVA）	供电范围
1	10kV 中心配电室	体育场北侧 1 层		本项目 10kV 供电
2	1-1 变电所	体育场北侧 B1 层	2×1000	体育场东北侧及室外车库用电
3	1-2 变电所	体育场北侧 B1 层	2×800	体育场及室外商业用电
4	1-3 变电所	体育场北侧 B1 层	2×1250	冷冻站主设备用电
5	1-4 变电所	覆土车库 1 层	2×1600	体育场西南侧、覆土车库用电
6	2 号变电所	体育场北侧 B1 层	2×1600	体育馆用电
7	3 号变电所	游泳馆 B1 层	2×1000	游泳馆用电
8	1 号柴油发电机房	体育场北侧 B1 层	1×1650	体育场东北侧、体育馆、游泳馆
9	2 号柴油发电机房	覆土车库 1 层	1×1250	体育场西南侧
合计			14500	

1.3　智能化系统主要机房设置

本项目智能化系统主要机房设置情况，见表 3；智能化系统主要机房分布图，见图 3。

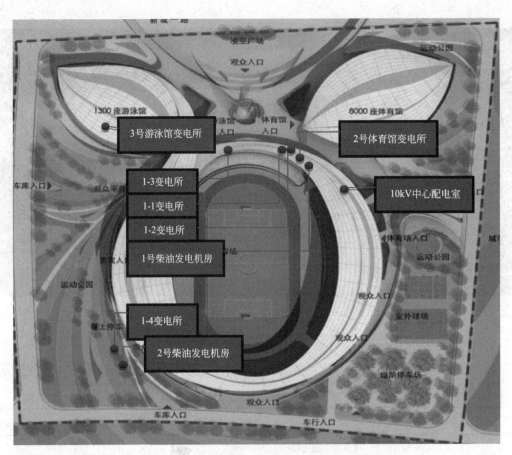

图 2 军运会主场馆变配电所及发电机房分布图

智能化系统主要机房设置表 表 3

序号	设备房名称	设备房位置		
		体育场	体育馆	游泳馆
1	网络机房	1层南侧 (中心机房)(117m²)	1层东北侧(35m²)	1层南侧(55m²)
2	消防兼安防控制室	1层南侧 (主控室)(105m²)	1层东北侧 (50m²)	1层南侧(48m²)
3	电视转播机房	1层南侧 (105m²)	1层东南侧 (48m²)	1层西侧 (25m²)
4	灯光、扩声、 大屏及升旗控制室	2层东侧 (48m²)	4层南侧 (30m²+40m²)	2层东南侧 (33m²+26m²)

2 供配电系统设计

2.1 10/0.4kV 变配电系统

为满足本项目作为甲级体育建筑的一级负荷要求，由市政采用双重 10kV 电源供电，

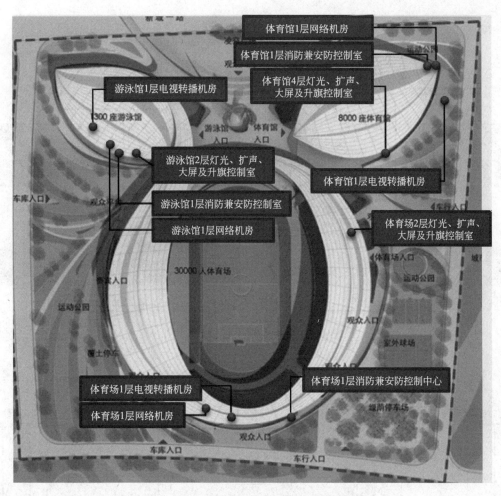

图 3　军运会主场馆智能化系统机房分布图

两路 10kV 电源以穿电缆排管埋地的形式引入，该两路 10kV 电源彼此独立、互不影响、不致同时断电，其主接线采用单母线分段形式，工作方式为同时工作、分列运行，互为热备用。本项目变压器总装机容量为 14500kVA，在体育场一层设有整个项目的 10kV 中心配电室，两路电源平时各承担 7250kVA 用电容量，当其中一路电源故障，另一路电源承担全部用电负荷。

本项目 10/0.4kV 变配电系统示意图，见图 4。

2.2　0.4kV 低压配电系统

本项目 0.4kV 低压配电系统示意图，见图 5。

2.3　配电干线通道

配电干线通道设置原则为：合理利用建筑空间、适应负荷可变；路径安全可靠、便捷适用、可维护性高。体育场馆常用的配电干线通道方式有：地下综合管廊和马道。

（1）地下综合管廊：本场馆设有大量的赛事、演出照明及动力设备，用电负荷分散、差异大，且机电管道众多。经过综合经济比较，设置地下综合管廊。廊内设置强弱电桥架、密集母线槽等，可满足场馆比赛、各类临时用电可变性高的要求。地下综合管廊剖面

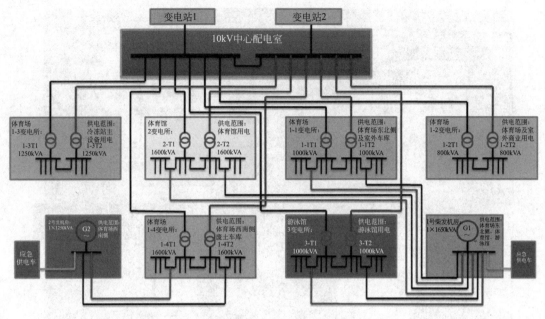

图 4　10/0.4kV 变配电系统示意图

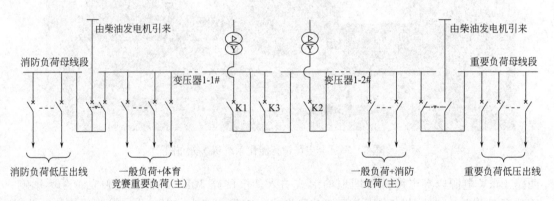

图 5　0.4kV 低压配电系统示意图

图，见图 6。

（2）马道：条件许可的情况下优先设置马道，其内安装照明灯具、动力设备、智能化设备（如扬声器等）、配电线路、预留电源点等；封闭的马道应设置照明，且宜纳入安全照明范畴，保障供电可靠性和人身安全。根据建筑特点，本项目在观众席上方设置了马道，其中，体育场设置了环形马道，距地 28～40m；体育馆设置了两条平行马道，距地22.3m；游泳馆设置了 U 字形马道，距地 18.3m。马道设置及照明灯具安装示意图，见图 7。

2.4　配电间设置、电压损失校验

因体育场馆的功能及装饰要求，除少数的末端照明配电箱外，所有现场配电、控制设备均要求在配电间或控制室、机房内安装。通常在体育场馆的周边区域设置配电间，设置时注意考虑以下几个因素：建筑布局以及防火分区、功能分区，配电系统合理性，运行维护等。

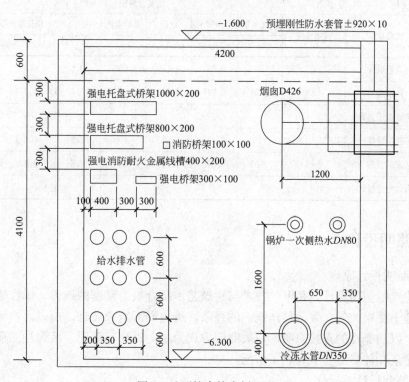

图 6 地下综合管廊剖面图

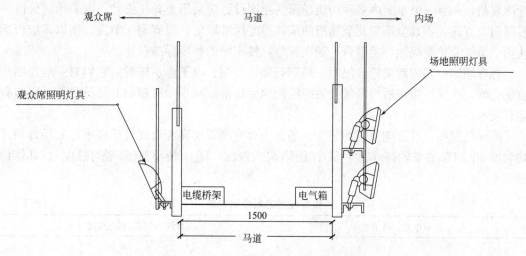

图 7 马道设置及照明灯具安装示意图

对配电系统电压损失校验是设置配电间时一个容易忽视的问题，尤其是对支线较长的末端线路部分，应进行电压损失计算校验，如果干线与支线的压降超过 5%，需相应调整加大干线、支线截面，直至满足要求为止。相应的计算表，见表4。

电压损失计算表　　　　　　　表4

配电箱种类			照明配电箱						
计算方法			电流力矩法						
设计阶段	线路种类	线缆规格	线缆长度 (km)	电抗 (Ω/km)	电阻 (Ω/km)	负荷电流 (A)	cosφ	单位长度压损 (%/A·km)	二次侧400V 线路压损(%)
原始设计	总箱进线	4×25+1×16	0.105	0.082	0.870	60	0.8	0.340	2.14
	末端线路	3×4	0.08	0.097	5.332	16	0.8	1.971	5.05
	合计电压损失								7.19
修改设计	总箱进线	4×35+1×16	0.105	0.080	0.622	60	0.8	0.249	1.57
	末端线路	3×6	0.08	0.092	3.554	16	0.8	1.321	3.38
	合计电压损失								4.95

3 电气照明设计

3.1 照明设计原则

体育建筑的照明设计，是电气技术与建筑艺术结合最为紧密的地方。体育建筑的装饰风格一般趋于简略大气，强调整体统一的线条，避免局部繁杂装饰。所以，本场馆照明设计原则为：以功能性的直接照明、一般照明方式为主，以局部照明、装饰性照明为辅，既符合体育建筑功能特点，也有利于节能。

3.2 照明设计差异化

体育场馆一般具备多种使用功能，多样化使用功能的场所照明标准应符合国家、行业标准规范，并且一个空间内多种功能场所的照度设计应采用差异化设计，即采用"分区一般照明"方式，不宜全部按此类场所的最高照度标准取值，以有利于节能。所以，应根据使用空间区分比赛场地、主席台、观众席等，按不同的照度标准设计。

体育场馆空间内常见广告照明、局部装饰性照明、电子显示屏等，它们对一般照明均有所贡献，在其周边可适当降低一般照明的照度标准，减少一般照明的灯具数量，以节省运营成本。

差异化照明设计影响照度均匀度。场馆内因有观看比赛和电视转播要求，对场地照度均匀度 U_1、U_2 要求较高（U_1＝最小照度/最大照度，U_2＝最小照度/平均照度）。具体详见表5。

体育场馆的照度均匀度　　　　　表5

有电视转播要求	照度均匀度、相关照度比
比赛场地水平照度	$U_1 \geqslant 0.5$
	$U_2 \geqslant 0.7$
主摄像机方向的垂直照度	$U_1 \geqslant 0.4$
	$U_2 \geqslant 0.6$

续表

有电视转播要求	照度均匀度、相关照度比
比赛场地水平平均照度 E_h/垂直平均照度 E_V	0.75～2.0
观众席前排垂直照度 E_{V1}/场地垂直照度 E_V	≥0.25
无电视转播要求	水平照度均匀度
业余比赛	U_1≥0.4
	U_2≥0.6
专业比赛	U_1≥0.5
	U_2≥0.7

3.3 眩光值的计算

体育场馆眩光包括：直接眩光、反射眩光和光幕反射等。

体育场馆高大空间的特点决定，如不采取有效抑制手段，其直射眩光对人影响很大；场馆有电视转播时要求眩光值 GR＜30。场地照明，单灯功率大、亮度高，而且需要考虑满足电视转播的高垂直照度要求，设计时应统筹考虑布灯方式及位置，通过软件精细计算其眩光值，反复调整布灯方式、位置或单灯功率，以使眩光值满足要求。

体育场馆的眩光值计算公式：$GR = 27 + 24 \lg \dfrac{L_{vl}}{L_{ve}^{0.9}}$

式中　L_{vl}——由灯具发出的光直接射向眼睛所产生的光幕亮度（cd/m²）；

　　　L_{ve}——由环境引起直接射到眼睛的光所产生的光幕亮度（cd/m²）。

3.4 眩光的抑制措施

（1）直接眩光抑制措施：控制灯具遮光角；采用防眩光灯具；可能条件下优先选择较小功率、表面亮点低的灯具等。

长期工作或停留的房间或场所，选用的直接灯具的遮光角不应小于表 6 的规定：

灯具遮光角选择表

表 6

光源平均亮度（kcd/m²）	遮光角（°）
1～20	10
20～50	15
50～500	20
≥500	30

（2）反射眩光和光幕反射抑制措施：避免将灯具安装在干扰区内；采用低光泽度的表面装饰材料；照亮顶棚和墙表面，但避免出现光斑；限制灯具亮度等。

3.5 照明设计计算

照明计算中应综合考虑照度水平、照度均匀度、亮度分布、眩光限制、天然光的利用及各功能照明的控制要求，合理选择照明方案。

体育场馆高大空间对照明技术精细度提出很高要求，一般运用成熟的 BIM 技术和三维照明设计软件（如 DIALux、3DMax、Agi32 等），进行多方案计算比选，平衡照明各要素间的合理需求。

3.6 充分利用天然光，实现照明与建筑空间的有机结合

体育建筑应充分利用自然采光，将天然光照明与人工照明相结合，这是实现照明节能的重要手段。高大空间体育场馆一般均设置有大尺寸的采光天窗、开启屋面、侧窗、玻璃幕墙等，在严寒地区由于节能需求，采光天窗、侧窗尺寸相对缩小或采用其他措施实现保温，但天然光运用仍是一个有效的手段。另外，体育场馆照明应与建筑风格、当地地理环境、气候、历史文化相适应，实现照明与建筑风格和环境协调统一、有机结合。体育场馆采光天窗及玻璃幕墙，见图8、图9。

图 8 体育场馆采光天窗

图 9 体育场馆玻璃幕墙

3.7 军运会主场馆照明光源及灯具选择

本项目体育场、体育馆、游泳馆照明光源及灯具选择，分别见表7、表8、表9。

体育场照明光源及灯具选择表　　　　　　　　　　　　　　　　表 7

序号	场所	光源和灯具（Ⅰ类）	数量(盏)	安装部位及高度	备注
1	比赛场	2000W 体育专用金卤灯	240	马道上安装，距地 28～40m	正常照明
2	观众席	1000W 体育专用金卤灯	42		正常照明
3	场地及观众席应急	160W LED 泛光灯	60		安全照明

体育馆照明光源及灯具选择表　　表8

序号	场所	光源和灯具（Ⅰ类）	数量（盏）	安装部位及高度	备注
1	比赛场	1000W 金卤灯	92		正常照明
2	观众席	1000W 金卤灯	4	马道上安装，距地 22.3m	正常照明
		200W LED 泛光灯	52		正常照明
3	场地及观众席应急	80W LED 泛光灯	42		安全照明
4	训练馆	160W LED 泛光灯	28	训练馆吊顶安装，距地:11.85m	正常照明
5	训练馆应急	26W LED 智能应急灯	33		安全照明

游泳馆体育照明光源及灯具选择表　　表9

序号	场所	光源和灯具（Ⅰ类）	数量（盏）	安装部位及高度	备注
1	比赛场	1000W 金卤灯	96		正常照明
2	观众席	200W LED 泛光灯	12	马道上安装，距地 18.3m	正常照明
3	场地及观众席应急	80W LED 泛光灯	16		安全照明
4	训练场	2×28W 三防双管荧光灯	168	训练馆吊顶安装，距地 5m	正常照明
5	训练场应急	5W LED 智能应急灯	19		安全照明

4 供配电系统、电气照明设计的技术关键点

4.1 供电可靠性

为了提高供电可靠性，应对体育建筑的负荷进行准确分级，并采取针对性强的技术措施。

设计要点：

（1）对一级负荷，设"专用消防负荷应急母线段、重要负荷备用母线段"、双电源末端切换。对二级负荷，设两路专用干线交叉供电。

（2）甲级体育场馆的场地照明为一级负荷，由"市电-发电机"切换的重要负荷备用母线段供电（备供）；甲级场馆的观众席照明为二级负荷，由普通母线两路专用干线交叉供电（主、备供）。

（3）因甲级场馆的场地照明、观众席照明分属一、二级负荷，故应分别设置供电干线、配电总箱。

4.2 正常照明

特殊显色指数 R9 应大于 0；金卤灯色温应在 4000K～6000K；TV 应急照明：不低于正常照明的 50%，垂直照度值不低于 750lx。

4.3 应急照明

根据《体育建筑电气设计规范》JGJ 354—2014 第 9.1.4 条（强条）：

（1）观众席、运动场地安全照明：平均水平照度不应低于 20lx。

（2）体育场馆出口及其通道、场外疏散平台的疏散照明：地面最低水平照度值不应低

于 5lx。

设计要点：

（1）以上光源均采用可瞬时点亮的 LED 灯、EPS 集中供电，持续供电时间不少于 90min，且应急照明线路与普通非消防线路不应共用线槽。

（2）场地和观众席的安全照明属消防应急负荷，它们的正常照明为非消防一、二级负荷。所以，场地和观众席的安全照明与它们的正常照明的配电线路，应在马道上分开，分别设置各自桥架敷设，不允许在同一桥架加防火隔板敷设。

4.4　备用照明

根据《体育建筑电气设计规范》JGJ 354—2014 第 9.3.1 条：贵宾区、有顶棚的主席台、新闻发布厅主席台等的照明应采用分区一般照明方式，特级和甲级体育建筑尚应设置 100% 的备用照明。

第 9.3.2 条：新闻发布厅记者席、混合区、检录处等场所的照明应采用一般照明或一般照明与局部照明相结合的方式，特级和甲级体育建筑尚应设置不低于 50% 的备用照明。

第 9.3.3 条：兴奋剂检查室应采用一般照明与局部照明相结合的方式，并应设置 100% 的备用照明。

设计要点：

（1）以上条款涉及的场所，如由二次装修布灯，则需对二次装修提出照明方式、备用照明的照度要求，本项目设计按"双电源箱＋EPS"供电预留，以实现对二次装修可控。

（2）上述"备用照明"均属非消防一级负荷、由重要负荷母线段供电。

（3）EPS 与发电机配合使用、供电时间不应小于 30min。如一次设计布灯，则可采用"双电源箱＋自带蓄电池应急灯（供电不小于 30min）"形式，对于"兴奋剂检查室"，应设置地面插座以满足局部照明要求。

4.5　智能照明

根据《体育建筑电气设计规范》JGJ 354—2014 第 8.5.7 条：智能照明控制系统应采用开放式通信协议，可与建筑设备管理系统、比赛设备管理系统通信。

场地照明应采用专用的照明控制系统，不得与非场地照明控制系统共用，其他控制系统不应影响场地照明的正常使用。

设计要点：

在各场馆中分别设置两套独立的智能照明控制系统，对应场地照明控制、非场地照明控制，它们均与各场馆的 BA 系统、比赛设备管理系统留有通信接口。

5　火灾自动报警系统设计

体育场馆通常为大体量、大空间建筑，人员密集、疏散困难，其消防安全是重中之重，必须严格按照国家和行业规范执行，其电气消防设计的关键点在于：

5.1　设置完备的智能应急照明疏散系统。

笔者认为，与传统应急照明相比，智能应急照明系统应具有以下三大突出优势：

（1）其核心理念不是就近疏散，而是安全疏散，即疏散指示灯的指向箭头应为双向可调，能根据火灾的实时部位动态调整，指向安全的出口、而非就近的出口。

（2）安全出口灯的附近发生火灾时（烟感、温感两个动作信号确认），该安全出口灯联动熄灭。

（3）安全出口灯带有语音播报功能，当它附近未发生火灾时，能发出"这里是安全出口"的语音提示，引导人员疏散。

在此特别强调指出，火灾自动报警平面图中，安全出口灯对应的各出口内侧，除设感烟探测器外，还必须加设感温探测器，以实现两个火灾触发信号、联动熄灭"安全出口"标志灯。

5.2　高度大于 12m 的空间，应同时选择两种及以上火灾参数的报警探测器。

常见可选用管路吸气式、线形光束（红外对射）、光截面、OSID 双鉴式成像感烟探测等感烟类火灾探测器，以及图像形火焰、双波段（红外/彩色图像）火焰探测器等感光类火灾探测器；项目设计时应结合建筑功能特点、火灾危险特征、气候条件等进行选择。

5.3　高度大于 12m 的空间，应设置消防水炮灭火控制系统。

对消防水炮灭火控制系统，为保证火灾探测早期性、可靠性，应设置独立的火灾探测系统，以保证探测准确可靠，同时，为消防水炮提供准确的火灾区域参数，并与消防水炮自身火灾探测系统、自动跟踪定位射流灭火系统有效结合。

5.4　设置完备的电气火灾监控系统。

体育场馆应设置完备的电气火灾监控系统，特别对于高度大于 12m 的照明线路应设置具有探测电弧功能的电气火灾监控探测器。

体育场智能应急照明疏散系统图，见图 10；智能应急照明疏散系统接线图，见图 11。

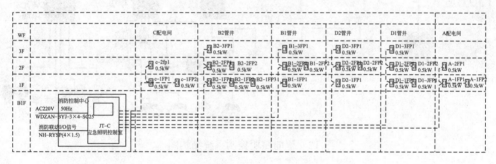

图 10　体育场智能应急照明疏散系统图

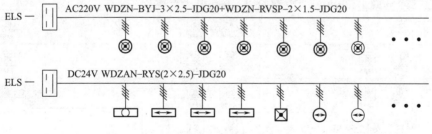

图 11　智能应急照明疏散系统接线图

6　电气节能设计

体育场馆照明灯具点多面广、机电设备能耗大，所以电气节能设计的重点应放在智能照明控制、机电设备监控与能效管理上。

6.1 智能照明控制系统

体育场馆因其大体量、大空间，常为能耗大户。智能照明控制子系统为体育场馆的高大空间照明节能提供了技术手段，主要在公共走道、进出口门厅、比赛场地、观众席等空间场所实施，并将泛光照明纳入智能照明控制系统。系统依托先进的计算机网络技术，采用总线式网络拓扑，将各种开关模块 R、计量模块 J、调光模块 D、场景控制模块 M、时间管理模块 MT 等连成网络，完成照明系统节能监控。

智能照明控制系统结构图，见图 12；体育馆智能照明控制系统图，见图 13。

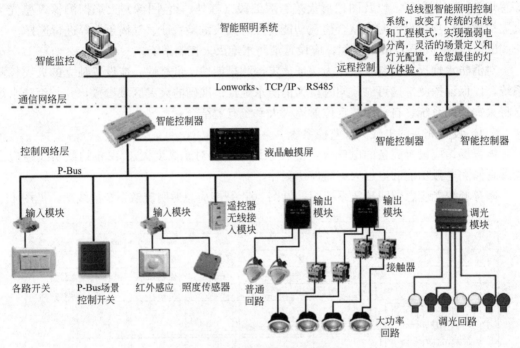

图 12　智能照明控制系统结构图

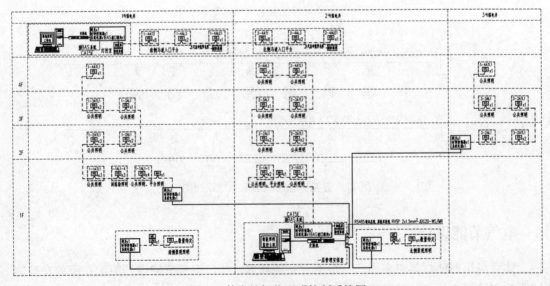

图 13　体育馆智能照明控制系统图

6.2　建筑能效管理系统（EMS）

能效管控系统通过深度集成技术，将供配电子系统、照明子系统、动力子系统、中央空调子系统等深度集成进入机电设备能效管控系统，并进行统一设计。能效管控系统平台对深度集成的子系统采用相同的应用软件以实现被集成子系统的全部功能，并满足日常运行管理要求，适应体育场馆人员密集、持续运行时间长等特点。能源管理系统具备模式控制、群控以及手动控制等功能。

能效管理系统拓扑图，见图14。

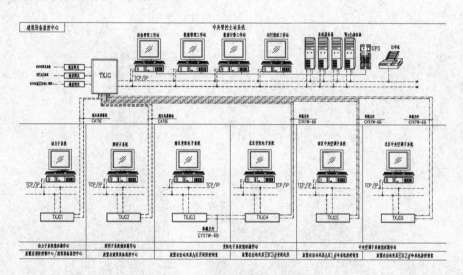

图14　能效管理系统拓扑图

7　结语

大型体育场馆的电气设计，应通过"设置安全可靠、合理高效的供配电系统；天然光有效利用、节能光源与灯具合理运用、照明方式差异化设计、智能照明控制；可靠完备的火灾自动报警及消防联动控制、智能疏散；机电设备监控与能源高效管控"等多方面的技术策略，统筹处理体育场馆全生命周期内"使用功能、防火安全、节能环保、运营管理"之间的辩证关系，为用户提供一个"安全、高效、健康、舒适"的公共体育场馆空间，创造与自然和谐共生的体育建筑。

参考文献

[1]　李蔚.建筑电气设计要点难点指导与案例剖析 [M].北京：中国建筑工业出版社，2012.

[2]　李蔚.建筑电气设计关键技术措施与问题分析 [M].北京：中国建筑工业出版社，2016.

[3]　王磊，武毅.奥运会体育场馆安全电气设计综述 [J].建筑电气，2005，6：26～30.

[4]　徐中磊.体育建筑配电设计探讨 [J].建筑电气，2015，6：17～22.

[5]　JGJ 31—2003体育建筑设计规范 [S].北京：中国建筑工业出版社，2003.

[6]　JGJ 354—2014体育建筑电气设计规范 [S].北京：中国建筑工业出版社，2014.

[7]　JGJ 153—2016体育场馆照明设计及检测标准 [S].北京：中国建筑工业出版社，2016.

[8]　GB 50116—2013火灾自动报警系统设计规范 [S].北京：中国计划出版社，2013.

2 多业态大型商业综合体高压供电方案探讨

图 1 项目鸟瞰图

摘　要：本文结合设计和供电部门意见，通过剖析某多业态大型商业综合体中具有一定特殊性的高压供电实施方案实例，分析和探讨了在单路 10kV 供电容量已达极限值时，如何兼顾不同业态错峰供电以保证各业态的供电需求。

关键词：多业态；10kV 中心配电所；大型商业综合体；单母线分断；全主全备；独立计量；单路 10kV 供电容量

0 引言

多业态大型商业综合体通常是指由不同建筑业态、不同管理主体的建筑面积多在10 万平方米及以上的大型建筑群组成的公共建筑。其中业态通常包括高档办公、星级酒店、大型商业等。目前多业态大型商业综合体供电设计的主要问题是单路供电容量设计值与供电部门单路电源最大供电能力的差异对供电方式设计的影响；多业态建筑用户侧计量、管理模式对供电系统的影响等；本文中电气供电方案主要指的是高压供电方案，因各地供电要求不一定相同，所以设计人员在前期了解熟悉项目当地供电部门规定是非常必要的。本文重点结合湖北省内已实施的某一项目的典型供电方案及供电批复要求，分析说明该供电方式的特点、供电部门对供电方式及后期运行管理的控制要求等。

1 项目概况（详见图 1 和表 1）

项目主要技术指标 表1

序号	项目	单位	数量	备注
一	总建筑面积	m²	312000	地上建筑面积与地下建筑面积之和
二	地上建筑面积	m²	225000	
其中	1 号办公	m²	110000	塔楼共 66 层，为办公＋酒店超高层综合楼，10～48F 为办公
	1 号酒店	m²	47000	50～66F 为酒店及会所（只允许使用电能）
	2 号商业	m²	48000	裙房商业共 5 层，为精品店、轻餐及餐饮（以燃气为主）
	避难层	m²	7000	地上不计容面积
三	地下建筑面积	m²	80000	地下共四层，包含地下计容面积 20000m² 与地下不计容面积 60000m²
其中	地下 2～4 层	m²	60000	办公、商业公共车库
	地下 1 层	m²	20000	（除商业和办公附属用房外），均为酒店附属用房及酒店专用车库

2 根据项目业态及管理模式确定本项目设计思路及高压供电方案

商业、办公和酒店负荷分析如表 2 所示：

商业、办公和酒店负荷计算及各业态变压器总装机容量表 表 2

业态名称	供电对象	单位面积容量（W/m²）	变压器单位面积容量（VA/m²）	变压器总装机容量（kVA）
办公	办公	120	140	15300
酒店	酒店及专用地下车库	110	138	9500
商业	商业	130	122	13600
	公共地下车库	20		

商业和办公目前由一个大物业统一管理，酒店由酒管公司负责。根据办公、商业和酒店变压器总装机容量，考虑到当地供电部门单路 10kV 最大供电能力通常在 12000kVA，且后期办公、商业整体销售或出租等可能性，设计办公、酒店、商业变电所分别各进两路独立 10kV 电源，由不同 35kV 或以上变电站分别引入。办公、酒店和商业设置独立对供电部门的高压进线计量。外线共六路 10kV 电源进线，总体供电方案列举如下。

2.1 办公业态变配电所

办公业态变配电所原高压设计方案如表 3 所示：

办公业态配电所设置位置、供电范围及相关供电参数表 表 3

序号	变电所名称（办公）	供电对象	设置位置	净面积/层高（m²/m）	变压器台数（台）、容量(kVA)	单位面积容量（VA/m²）及负荷率(%)	备注
	办公业态变配电所				13/15300	140	(计算负荷率时未计入地下室办公附属用房)
1	1号办公配电所	低区照明、动力	B1F	315/4.2	2×2000	77.1%	办公主配电房
2	2号办公配电所	冷冻站	B3F	120/4.2	2×2000	83.2%	
3	3号办公配电所	中区照明、动力	29F	313/4.2	6×800	70.0%	
4	4号办公配电所	高区照明、动力	39F	210/4.2	2×1000+1×500	83.6%	

办公变压器总装机容量为 15300kVA，采用两路 10kV 电源进线同时工作，母线中间设置联络柜方式。主进线 A 回供电容量 7400kVA，主进线 B 供电容量 7900kVA；当任一路 10kV 电源进线断电时，切除空调负荷后母联手动合闸，另一路供电容量为 11300kVA。高压供电系统图如图 2 所示。

2.2 酒店业态配电所

酒店业态变配电所原高压设计方案如表 4 所示。

10kV-主供1电源进线
1.平时供电容量：7400kVA
2.另一路断电时供电容量：11300kVA(此时切除冷冻站负荷，保证单路总容量控制在12000kVA以内)
YJV22-8.7/15kV-3×400　市政10kV电源引入　1号电源（工作）
临近110kV-×××变电站引来

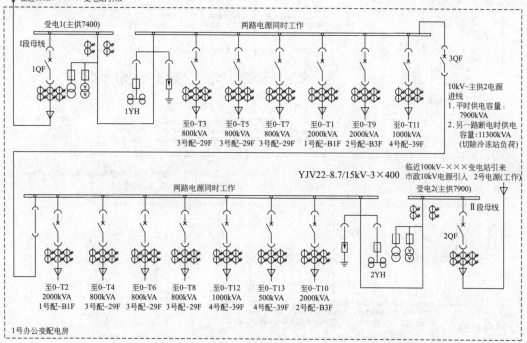

图2　办公业态高压供电系统原设计方案（备供时切除空调荷）

酒店业态配电所设置位置、供电范围及相关供电参数表　　　　　　表4

序号	变电所名称	供电对象	设置位置	净面积/层高（m²/m）	变压器台数（台）、容量(kVA)	单位面积容量（VA/m²）及负荷率(%)	备注
楼	酒店业态变配电所				10/9500	138	含地下2层酒店专用车库
1	5号酒店配电所	冷冻站＋低区照明、动力	B2F	290/4.2	2×1250+2×1000	75.0%	酒店主配电房
2	6号酒店配电所	高区照明、动力及会所用电	49F	316/4.2	4×1000+2×500	78.6%	

注：按消防性能化评估意见，办公和酒店塔楼（1号楼）不允许燃气管道引入，1号塔楼所有需要使用燃气的场所，均需改为用电。主要包括酒店的所有餐厅厨房，含酒店全日餐厅开放式厨房（预估350kW），酒店全日制餐厅后厨（预估200kW），酒店特色餐厅（预估每个餐厅300kW）；地下一层主要为酒店专用车库及服务区，其供电由1号酒店配电房负责。

酒店变压器总装机容量为9500kVA，原设计采用两路10kV电源进线同时工作，母线中间设置联络柜方式。主进线C供电容量4750kVA，主进线D供电容量4750kVA；全供全备，当任一路10kV电源进线断电时，母联合闸，另一路可供容量为9500kVA（满足酒店管理公司要求）。高压供电系统图如图3所示。

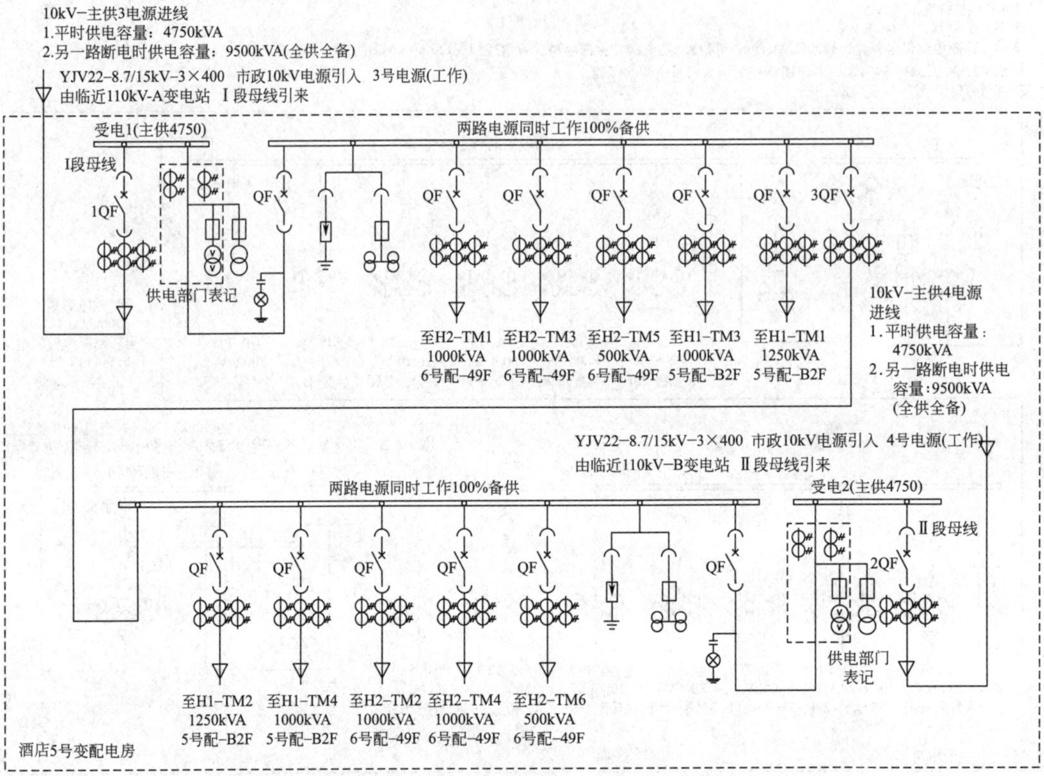

图 3　酒店业态高压供电系统原设计方案（全供全备）

2.3　商业业态配电所

商业业态变配电所原高压设计方案如表 5 所示：

商业业态配电所设置位置、供电范围及相关供电参数表　表 5

序号	变电所名称	供电对象	设置位置	面积/层高 (m²/m)	变压器台数 (台)、容量(kVA)	单位面积容量 (VA/m²) 及负荷率(%)	备注
	商业业态变配电所			120/4.5	8/13600	122(含地下室公共区域)	2号专用中心配(仅负责商业供电)
1	7 号商业配电所	照明、动力	B1F	456/4.2	4×1600	83%	商业主配电房
2	8 号商业配电所	商铺专用	B2F	155/4.2	2×2000		为商铺预留，负荷率根据后期招商才能确定
3	9 号商业配电所	冷冻站	B3F	188/4.2	2×1600	72.4%	

注：地下二～四层除各业态服务用房外，公共车库供电由 1 号商业配电房负责。

商业变电所变压器总装机容量为 13600kVA，采用两路 10kV 电源进线同时工作，母线中间设置联络柜方式。主进线 E 回供电容量 6800kVA，主进线 F 回供电容量 6800kVA；当任一路 10kV 电源进线断电时，切除空调负荷后母联手动合闸，另一路供电容量为 10400kVA。高压供电系统图如图 4 所示：

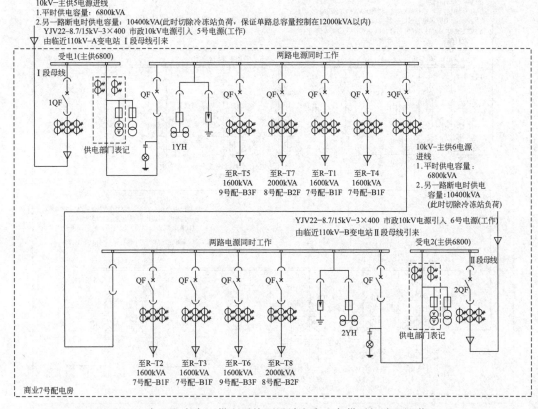

图 4 商业业态高压供电系统原设计方案（备供时切除空调荷）

3 供电部门批复意见及高压供电实施方案

原设计供电方案报供电部门审批时，根据供电初审、复审及建设方控制成本要求，经多次协商调整，将原设计供电报装申请的 6 路 10kV 高压进线调整为 4 路 10kV 高压进线。将原办公、酒店 4 路 10kV 进线调整为 2 路 10kV 进线（专线）；商业为 2 路 10kV 高压进线（非专线）。

实施方案设置两处 10kV 专用中心配电所，1 号 10kV 专用中心配电所（办公、酒店供电）和 2 号 10kV 专用中心配电所（商业供电）。

3.1 办公和酒店业态

供电批复意见一："设置 1 号 10kV 专用中心配电所。1 号 10kV 专用中心配电所 10kV 高压进线电源（办公及酒店）为 2 进（按供电批复意见，为进线 1 及进线 2）6 出（其中 2 出为预留，在图 4 中未表示）。进线 1 总容量 12150kVA（酒店 4750kVA＋办公 7400kVA）。进线 2 总容量 12650kVA（酒店 4750kVA＋办公 7900kVA）"；按供电批复意见，办公和酒店变配电所高压供电实施方案如图 5～图 7 所示：

3.2 商业业态

供电批复意见二："设置 2 号 10kV 专用中心配电所。2 号 10kV 专用中心配为 2 进（按供电批复意见，为进线 3 及进线 4）8 出（详见图 7）。进线 3 总容量 6800kVA，进线 4 总容量 6800kVA"；按供电批复商业变配电所高压供电实施方案如图 8 所示：

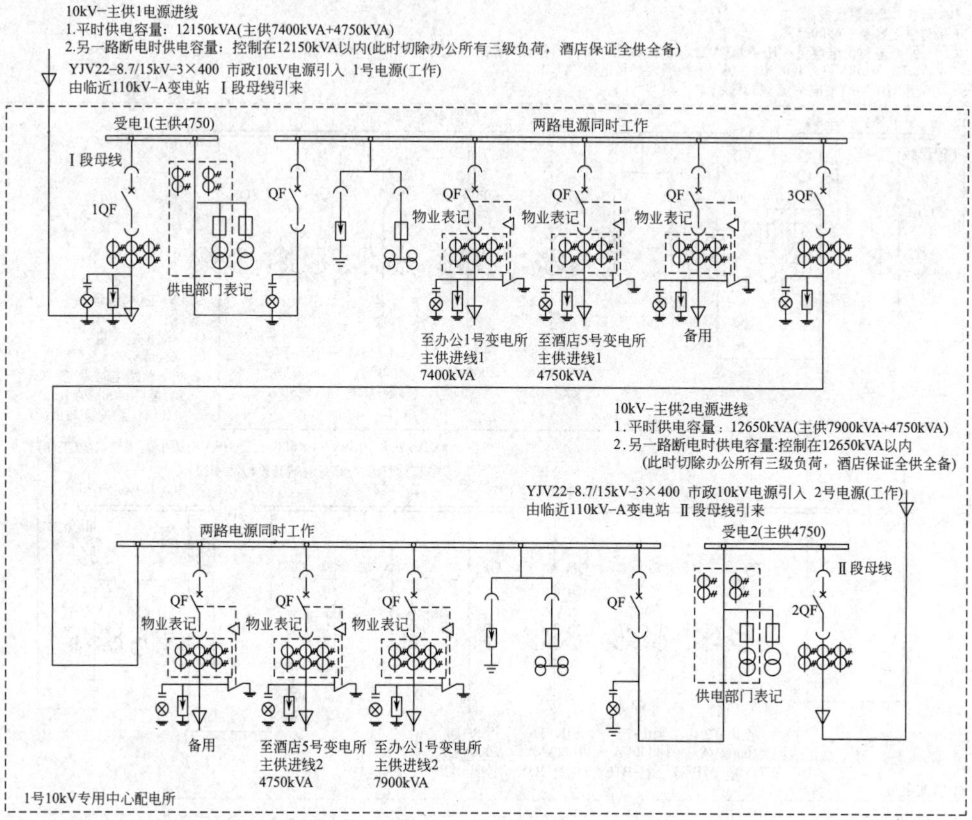
10kV−主供1电源进线
1.平时供电容量：12150kVA(主供7400kVA+4750kVA)
2.另一路断电时供电容量：控制在12150kVA以内(此时切除办公所有三级负荷，酒店保证全供全备)
YJV22−8.7/15kV−3×400 市政10kV电源引入 1号电源(工作)
由临近110kV−A变电站 Ⅰ段母线引来
受电1(主供4750)
两路电源同时工作
Ⅰ段母线
1QF
QF
3QF
供电部门表记
物业表记
至办公1号变电所
主供进线1
7400kVA
至酒店5号变电所
主供进线1
4750kVA
备用
10kV−主供2电源进线
1.平时供电容量：12650kVA(主供7900kVA+4750kVA)
2.另一路断电时供电容量:控制在12650kVA以内
(此时切除办公所有三级负荷，酒店保证全供全备)
YJV22−8.7/15kV−3×400 市政10kV电源引入 2号电源(工作)
由临近110kV−A变电站 Ⅱ段母线引来
两路电源同时工作
受电2(主供4750)
Ⅱ段母线
2QF
至酒店5号变电所
主供进线2
4750kVA
至办公1号变电所
主供进线2
7900kVA
1号10kV专用中心配电所

图5　1号10kV中心配电所（供酒店办公）高压供电实施方案

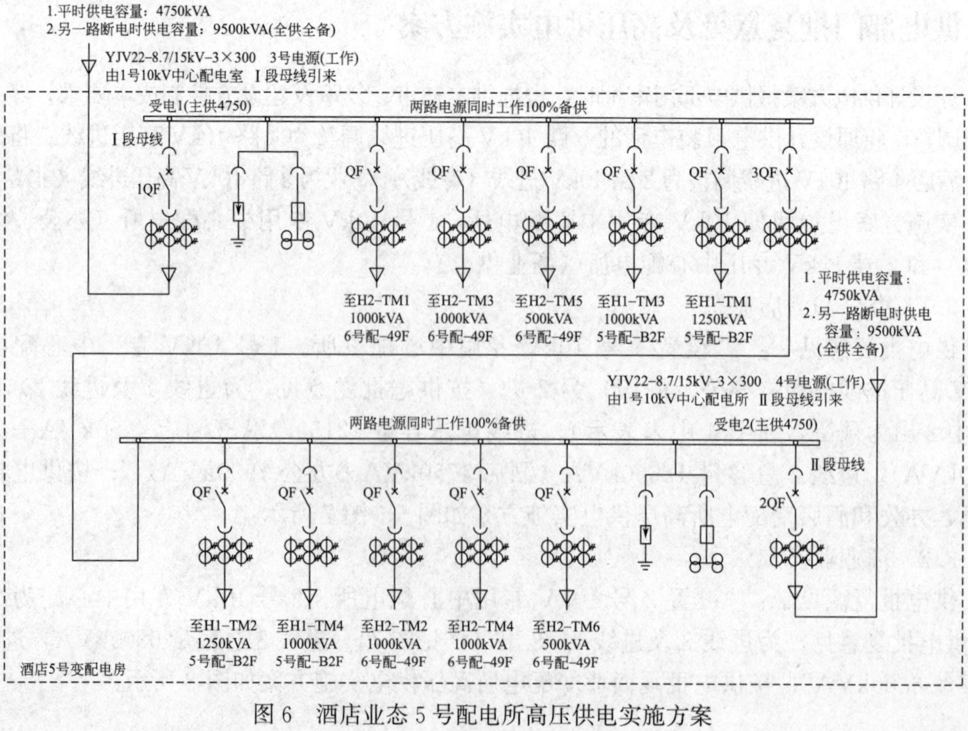
1.平时供电容量：4750kVA
2.另一路断电时供电容量：9500kVA(全供全备)
YJV22−8.7/15kV−3×300 3号电源(工作)
由1号10kV中心配电室 Ⅰ段母线引来
受电1(主供4750)
两路电源同时工作100%备供
Ⅰ段母线
1QF
QF
3QF
至H2−TM1
1000kVA
6号配−49F
至H2−TM3
1000kVA
6号配−49F
至H2−TM5
500kVA
6号配−49F
至H1−TM3
1000kVA
5号配−B2F
至H1−TM1
1250kVA
5号配−B2F
1.平时供电容量：
4750kVA
2.另一路断电时供电
容量：9500kVA
(全供全备)
YJV22−8.7/15kV−3×300 4号电源(工作)
由1号10kV中心配电所 Ⅱ段母线引来
两路电源同时工作100%备供
受电2(主供4750)
Ⅱ段母线
2QF
至H1−TM2
1250kVA
5号配−B2F
至H1−TM4
1000kVA
5号配−B2F
至H2−TM2
1000kVA
6号配−49F
至H2−TM4
1000kVA
6号配−49F
至H2−TM6
500kVA
6号配−49F
酒店5号变配电房

图6　酒店业态5号配电所高压供电实施方案

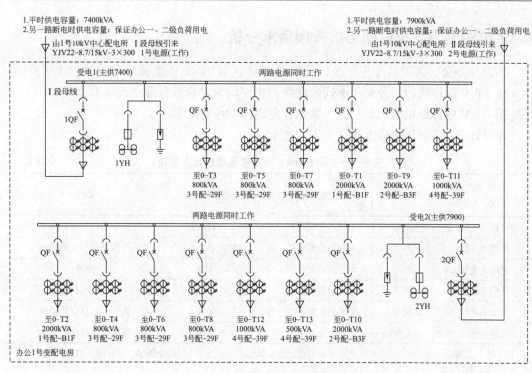

1. 平时供电容量：7400kVA
2. 另一路断电时供电容量：保证办公一、二级负荷用电

由1号10kV中心配电所 Ⅰ母线引来
YJV22-8.7/15kV-3×300 1号电源(工作)

1. 平时供电容量：7900kVA
2. 另一路断电时供电容量：保证办公一、二级负荷用电

由1号10kV中心配电所 Ⅱ母线引来
YJV22-8.7/15kV-3×300 2号电源(工作)

图 7 办公业态 1 号配电所高压供电实施方案

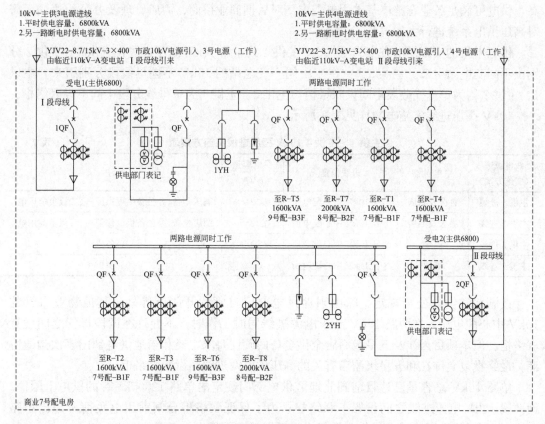

10kV-主供3电源进线
1. 平时供电容量：6800kVA
2. 另一路断电时供电容量：6800kVA

YJV22-8.7/15kV-3×400 市政10kV电源引入 3号电源（工作）
由临近110kV-A变电站 Ⅰ段母线引来

10kV-主供4电源进线
1. 平时供电容量：6800kVA
2. 另一路断电时供电容量：6800kVA

YJV22-8.7/15kV-3×400 市政10kV电源引入 4号电源（工作）
由临近110kV-A变电站 Ⅱ段母线引来

图 8 商业业态 7 号配电所高压供电实施方案

4 供电实施方案及后期运维管理要求分析

原设计办公、酒店、商业业态均采用两两独立 10kV 高压电源进线，主供 1～主供 6 共 6 路 10kV 高压进线，分别由不同变电站引来，均为单母线分段中间设联络柜，当任一路高压 10kV 电源断电时，另一路可满足各业态基本用电需求。

原设计 10kV 高压进线方案详见表 6 所示：

主供 1～主供 6 10kV 高压进线原设计方案表　　　　　　　　表 6

外线电源进线 （原设计方案）	供电对象	进线位置	供电容量(kVA)	备注
主供 1 进线	办公	1 号办公变电所	7400/11300	备供不包括空调用电
主供 2 进线	办公	1 号办公变电所	7900/11300	备供不包括空调用电
主供 3 进线	酒店	5 号酒店变电所	4750/9500	全备
主供 4 进线	酒店	5 号酒店变电所	4750/9500	全备
主供 5 进线	商业	7 号商业变电所	6800/10400	备供不包括空调用电
主供 6 进线	商业	7 号商业变电所	6800/10400	备供不包括空调用电

注：按上表所示，需 6 路 10kV 高压进线才可实现。需要落实项目临近变电站的出线端口能否满足本项目供电需求。

其特点是，建设方供电外线一次投资成本较高。但管理权属非常清晰，供电可靠性高，供电可满足各业态整体基本用电需求。对后期商业招商、酒店管理及办公租售均无需对高压供电系统进行大的调整。

供电审批的实施供电方案为主供 1～主供 4 共 4 路 10kV 高压进线，主供 1、主供 2 分别由不同变电站引来。主供 3、主供 4 由同一变电站的 10kV 不同母线段分别引来。主供 1、主供 2 均为单母线分段中间设联络柜，主供 3、主供 4 为单母线分段中间不设联络柜。

10kV 高压进线实施方案详见表 7 所示：

主供 1～主供 4 10kV 高压进线实施方案表　　　　　　　　表 7

外线电源进线 （实施方案）	供电对象	进线位置	供电容量 （kVA）	备注
主供 1 进线	办公及酒店	1 号 10kV 中心配电所	≤12150	酒店全备，办公备供可保证一、二级负荷用电
主供 2 进线	办公及酒店	1 号 10kV 中心配电所	≤12650	酒店全备，办公备供可保证一、二级负荷用电
主供 3 进线	商业	2 号 10kV 中心配电所	6800	50%备供
主供 4 进线	商业	2 号 10kV 中心配电所	6800	50%备供

按湖北省供电公司规定，除由当地供电部门自管的开闭所等外，其他物业自管的 10kV 中心配电所，在两路 10kV 高压电源进线同时工作时，不允许在两段母线之间设置联络柜。但本项目因涉及五星级酒店全供全备的硬性要求，经和当地供电部门多次沟通协商，最终批复允许在和五星级酒店有关的高压供电两进线间设置联络柜。

单路 10kV 总容量已达目前湖北地区供电部门规定的单路 12000kVA 的供电上限值。而两段 10kV 电源进线之间设置了联络柜，为了保证联络柜合闸前用电负荷不超出单路 10kV 电源进线上限值要求。供电批复中对后期管理亦提出如下严格要求：

"电气主接线形式：单母线分段接线。运行方式：新建1号专用中心配电所采用双回路同时供、10kV侧设置母联开关的运行方式。正常运行时，1号专用中心配电所10kV侧母联开关断开，双回路同时供、任一回路停运时，该户应视当时的实际负荷情况满足总负荷不超过任一回路报装容量，超过时应调整或切除部分负荷方可合上母联开关，且运行期间应严格监控，避免发生过负荷情况，保证线路或设备的安全运行。另外不允许出现10kV侧合环的情况。"

因办公和酒店总计量（即供电计量）设置在主供1、主供2 10kV进线侧，办公、酒店分计量（物业计量）设置在其出线侧。且供电部门不允许在酒店5号、办公1号变配电所重复设置高压进线计量装置（详见图4～图6）。

而供电部门对于商业的供电批复意见："新建2号中心配电所采用双回路同时供、10kV侧不设置母联的运行方式。"

原高压供电设计方案和最终实施方案比较分析详见表8所示：

原设计高压供电方案和最终实施方案特点比较表　　表8

供电方案	办公	酒店	商业	备注
方案A电源进线	办公单独进2路10kV电源	酒店单独进2路10kV电源	商业单独进2路10kV电源	共6路10kV高压进线
方案B电源进线	办公和酒店外线合用2路	办公和酒店外线合用2路	商业单独进2路10kV电源	共4路10kV高压进线
方案A系统设置及备供容量	单母线分段中间设联络柜。全供部分备用	单母线分段中间设联络柜。全供全备	单母线分段中间设联络柜。全供部分备用	办公、商业当任一路断电时，切除空调负荷，保证其他负荷基本用电
方案B系统设置及备供容量	单母线分段中间设联络柜。仅一、二级负荷备用	单母线分段中间设联络柜。全供全备	单母线分段中间不设联络柜。部分备用	办公和酒店中心配任一路断电时，办公仅能保证一、二级负荷备用
方案A系统可靠性	可靠性较高	可靠性高	可靠性较高	办公、商业备供率较高
方案B系统可靠性	可靠性较低	可靠性较高	可靠性较高	办公备供率低，商业备供率较低，对后期办公出售、出租或商业招商有一定制约
方案A供电计量及管理界面	独立供电户头，管理界面清晰，后期计量无需调整	独立供电户头，管理界面清晰，后期计量无需调整	独立供电户头，管理界面清晰，后期计量无需调整	各业态供电独立，后期维护方便
方案B供电计量及管理	无独立供电户头，在1号10kV中心配出线设物业计量，管理不便。后期如需设置独立供电户头调整困难	无独立供电户头，在1号10kV中心配出线设物业计量，管理不便。后期如需设置独立供电户头调整困难	独立供电户头，管理清晰	办公、酒店业态供电不能完全独立，后期受供电制约，相互影响，且办公、酒店主配电所不允许设置进线计量
方案A投资成本	外线成本较高	外线成本较高	外线成本较高	高可靠性3路
方案B投资成本	外线成本较低	外线成本较低	外线成本较低	高可靠性2路

续表

供电方案	办公	酒店	商业	备注
方案 A 任一路市电断电时管理	仅切除空调负荷(分励脱扣＋辅助触点)	不切除	仅切除空调负荷(分励脱扣＋辅助触点)	办公、商业可保证基本用电需求
方案 B 对后期计量方式调整影响	需切除所有三级负荷(断路器本体加分励脱扣＋辅助触点或失压脱扣附件)	不切除	需切除空调和部分三级负荷(断路器本体加分励脱扣＋辅助触点或失压脱扣附件)	办公仅能保证一、二级负荷用电需求;商业可保证≥50%用电需求

注:方案 A 为原设计方案;方案 B 为实施方案。

办公、酒店 10kV 高压供电实施方案虽存在上述问题,但因能满足多业态(错峰)用电需求,在满足酒店用电全供全备的同时可确保办公所有一、二级负荷供电可靠性,所以设计才予以采纳。

5 结论

根据本文重点介绍的办公、酒店的高压供电原设计方案和最终的实施方案,因其供电形式和后期管理要求较为特殊,故根据实例进行了重点剖析。重在提醒设计人员供电方式千变万化,而供电部门最终批复的供电形式对于后期供电质量的保证和管理要求是完全不同的。设计人员应针对各种供电方式和供电可靠性、维护管理的便捷性及建设方投资成本进行综合比较,兼顾技术可靠性、经济实用性、发展灵活性,权衡利弊,找到其中平衡点。站在建设方和使用方的立场,尽力将最合适的供电方案提交供电部门审批,并获得供电部门的认可,才能真正做好自己的设计工作。

参考文献

[1] 重要电力用户供电电源及自备应急电源配置技术规范 GB/T 29328—2018 [S].北京:中国标准出版社,2018.

[2] 电监安全〔2008〕43 号《关于加强重要电力用户供电电源及自备应急电源配置监督管理的意见》.

[3] 国网湖北省电力公司关于印发《新建住宅供配电设施设计规范》的通知(鄂电司企管〔2014〕15 号).

[4] GB 50052—2009 供配电系统设计规范 [S].北京:中国计划出版社,2010.

[5] GB 50053—2013 20kV 及以下变电所设计规范 [S].北京:中国计划出版社,2014.

[6] Q/GDW370—2009 城市配电网技术导则 [S].北京:中国计划出版社,2010.

[7] Q/GDW741—2012 配电网技术改造设备选型和配置原则 [S].北京:中国计划出版社,2010.

3 大型赛会开闭幕式电力保障系统设计探讨

摘 要：本文通过调研国内大型赛会开闭幕式电力保障系统，对几种典型供电系统的适用条件及可靠性进行了具体分析，并探讨了其配电系统形式及设计要点。

关键词：电力保障；临时负荷；柴油发电机组；N＋1 冗余；2N 冗余；UPS 电源；ATSE 转换开关；转换时间；电压偏差；谐波治理

0 引言

随着我国在世界上影响力的日益提升，各地举办国际性大型赛会等重要活动越来越频繁，这些大型赛会通常都会以一个气势恢宏、精彩纷呈的开闭幕式来展示主办方形象，其供电可靠性直接关系到政治或社会影响，各级相关部门重视程度很高。而随着现代科技的发展，声、光、电等高科技数字技术在开闭幕式中的应用越来越多，对其供电可靠性提出了更高的要求。

1 开闭幕式负荷需求分析

大型赛会开闭幕式用电通常包括火炬塔点火系统、灯光、音响、舞美、威亚、通信、控制系统等，根据对近年来我国举行的一些重大赛会开闭幕式用电负荷统计（如表1所示），开闭幕式用电负荷容量较大，多在 5000kW 以上，另外还具有用电点分散、负荷特性多样的特点。

重大体育赛会开闭幕式用电负荷统计表 表1

序号	名称	总安装负荷	计算负荷
1	2008 北京奥运会开幕式	14650kW	10500kW
	2008 北京奥运会闭幕式	12150kW	8829kW
2	2010 年广州亚运会开幕式	13250kW	9560kW
3	2011 年深圳大运会开幕式	7520kW	5630kW
4	2014 年南京青奥会开幕式	11850kW	8950kW
5	2017 年天津全运会开幕式	7235kW	5216kW
6	2019 年武汉军运会开幕式	16494kW	10054kW

《体育建筑电气设计规范》JGJ 354—2014 第 3.4.1 条明确指出，"综合运动会主体育场不应将开幕式、闭幕式或极少使用的大容量临时负荷纳入永久供电系统。"因此体育场馆一般均需要为开闭幕式用电配置临时电源。

参考《民用建筑电气设计规范》JGJ 16—2008 中供配电系统负荷等级划分的原则，大型赛会开闭幕式一般有国家领导人出席，其用电负荷属于特别重要场所不允许中断供电的负荷，为一级负荷中特别重要的负荷，不允许出现电源中断的情况。

2 开闭幕式临时用电典型供电方案及可靠性分析

因开闭幕式用电均属于临时负荷，国内尚无相关的设计规范，大型赛会开闭幕式供电系统方案以确保用电可靠性为主，通常是由第三方保电团队来设计实施，采用柴油发电机组、箱式变电站、配电箱柜、UPS、临时电缆等组成临时供电系统，根据对近些年以来在我国举行的大型赛会开闭幕式供电系统的调研，目前主要有以下几种典型的供电方案。

2.1 市电-发电机混合供电方式

在市电供电条件较好的情况下，可采用市电和柴油发电机组混合供电的方式，图 1 为一种典型的市电与发电机组混合供电的方案。

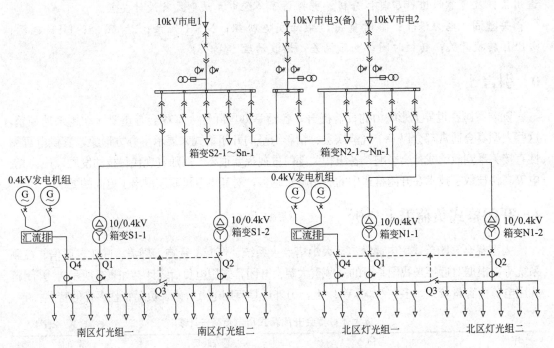

图 1 柴油发电机与市电混合供电方式

该方案中，市电为开闭幕式用电引接两路或三路独立的 10kV 专线供电，低压侧每两台箱变与若干台发电机组组成一个供电单元，发电机组与市电均为开闭幕式负荷供电，正常运行时市电和发电机各带一半负荷，两路市电变压器主进线开关 Q1、Q2、母联开关 Q3、发电机组进线开关 Q4 采用 PLC 编程实现闭锁，逻辑关系如表 2 所示：

发电机组与 2 路市电供电逻辑关系表　　　　　　　　　　　　　　表 2

工作状态	Q1	Q2	Q3	Q4
发电机与市电各带一半负荷(正常状态)	0	1	0	1
2 号变压器失电,发电机带全部负荷	0	0	1	1
发电机故障,1 号变压器和 2 号变压器各带一半负荷	1	1	0	0
发电机故障,1 号变压器失电,2 号变压器带全部负荷	0	1	1	0
发电机故障,2 号变压器失电,1 号变压器带全部负荷	1	0	1	0

该方案中，成组的两台箱式变中每台箱变的负荷率不大于 50%，一路电源失电或一台箱变故障时，另一台箱变应能承担全部负荷的容量。发电机组采用多台模块化机组并机运行，其容量至少按照 N+1 模式进行配置，开闭幕式期间所有发电机组同时投入并机运行，

任意一台发电机故障时自动退出运行，剩余发电机组仍能承担所有负荷容量。

2.2 柴油发电机主供，市电备用方式

很多时候由于市电供电条件的限制或出于对市电电源的不可控性的担忧，大型赛会开闭幕式采用柴油发电机组主供，市电备用的方案，图 2 是一种典型的以柴油发电机组主供，市电备供的方案。

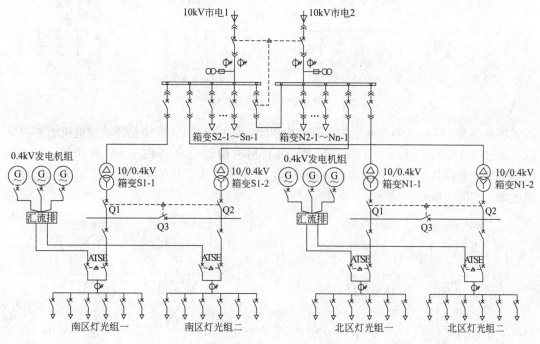

图 2 柴油发电机主供、市电备用供电方式

该方案中，由柴油发电机组提供主供电源，市电中压采用一路或二路 10kV 电源供电，通过箱式低压馈出回路提供备用电源，与柴油发电机组电源组成双电源互投后馈线给负载，为开闭幕式提供发电机组的容量按照 N+1 或 2N 模式进行配置，任意一台发电机组故障不影响系统正常运行，如发电机组故障，则通过双电源转换开关切换至市电侧供电，因市电主要作为备用，箱变的容量可按照所承担负荷的总容量进行配置。

2.3 柴油发电机组独立供电方式

在市电条件不允许的条件下，亦可采用柴油发电机组对开闭幕式用电独立供电的模式，如图 3 所示。

该方案中，系统由 4 台柴油发电机组构成双母线分段系统，I 段母线及 II 段母线系统均为两台柴油发电机组成，正常工作时，两套母线系统各自负荷各自的负载，通过双电源切换柜 ATS 互为备用，该方案中，发电机组的容量一般按双（N+1）或双 2N 冗余进行配置，组成单母线分段供电系统，成组的发电机组同时运行，互为备用，每组负载率低于 50%。

2.4 发电机远程供电方式

近年来，由于大型赛会往往有国家元首及外国政要出席，安保要求不断加强，因柴油发电机组运行需要大量的燃油，出于安全考虑，一些重要赛会开闭幕式安保不允许在开闭幕式场地周围设置燃油设施，因此出现了一些远程发电机组供电的方式，此方案一般在开

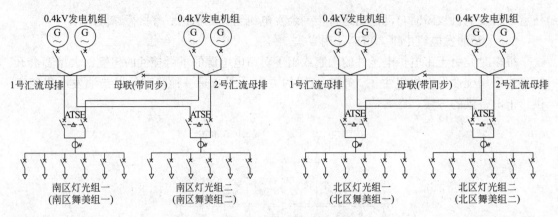

图 3　柴油发电机组独立供电方式

幕式场地约 2~3km 远的场地集中设置发电机组，采用 0.4kV 模块化柴油发电机组并机发电，通过 0.4/10kV 升压变压器升压至 10kV 后再输送到赛场内 10kV 开关站，经 10/0.4kV 变压器降压后再对开闭幕式负荷供电，同时在 10kV 开关站设置 10kV 市电作为备供电源，如图 4 所示：

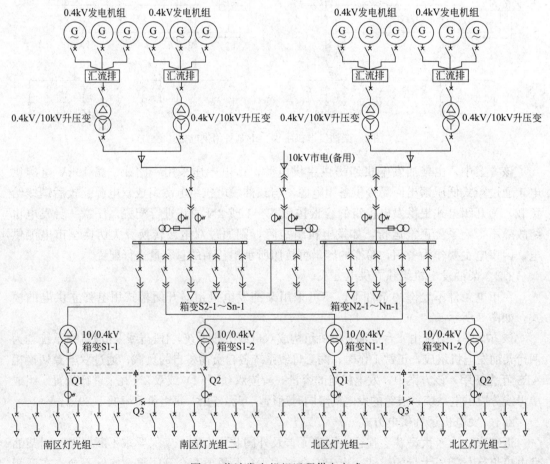

图 4　柴油发电机组远程供电方式

本方案中，从系统本身来说，通过 10kV 柴油发电机组更合理，可以减少升压环节，但因第三方保电公司通常购置的柴油发电机组均为 0.4kV 机组，因此需要采用先升压后降压的方式，而不是直接采用高压柴油发电机组供电。该方案中，柴油发电机组、升压变的配置均按照 2N 冗余配置，避免一路电源失效后影响电源侧的供电，10/0.4kV 箱变的容量也应按照 2N 配置，一路电源失电或一台变压器故障时，另一台变压器应能承担所有负荷容量。

2.5　几种开闭幕式典型供电方案的优缺点分析

影响大型赛会开闭幕式供电方案的因素有很多，如现场供电条件、赛事执委会、导演团队对供电可靠性的技术要求、上级安保及消防要求、当地供电部门要求等，几种常用供电方式的适用条件及优缺点分析如表 3 所示：

几种开闭幕式典型供电方式分析表　　　　　　　表 3

序号	系统形式	适用条件	优点	缺点	典型应用
1	油机市电混合供电	可提供多路市电专线、上级变电站容量充裕	油机、两路市电同时供电，任意一个电源发生故障影响面较小，可灵活转换为多种供电模式，抗负载冲击能力强	受市电可靠性影响较大，控制环节多	2008 年北京奥运会、2014 年索契冬奥会
2	油机主供，市电备供	市电供电能力有限或可靠性差	柴油发电机组就地可控、市电影响面小	油机数量多，用油量大	2010 年广州亚运会、2014 年南京青奥会、2017 年天津全运会
3	油机独立供电	市电供电条件不足	柴油发电机组就地可控，系统简单，投资少	油机数量多，用油量大，系统抗冲击能力较弱	2013 年南京亚青会、2012 年伦敦奥运会
4	远程油机供电	安保要求不允许临近设置燃油设施	可满足安保等不确定性因素影响	中间环节多，可靠性有所降低	2016 年杭州 G20 峰会演出、2018 年青岛上合峰会演出

上述几种供电方式中，均有一些大型赛会实际应用案例，不能简单地判断哪一种供电方案是最优的，大型赛会开幕式用电负荷灯光电脑灯、多媒体投影灯、电影机、追光灯、PIGI 灯一旦中断后，均需要一定的时间才能恢复供电，因此虽然在系统设计时，考虑了最不利情况下的电源转换方案，但是实际在演出时，必须确保其电源不间断，不能进行备用电源的切换，因此供电方案中电源的冗余度、电源转换的可靠性及转换时间、电源的抗冲击能力都是需要设计重点考虑的，同时还要根据电源方案和负载特性对末端负载采用不同的配电方式。

3　开闭幕式临时用电低压配电系统探讨

大型赛会开闭幕式用电设备众多，用电负荷性质不一，除了各种灯光类负载外，还有地面舞台机械、威亚、水特效、火炬塔机械等多种电机类负载，容量很大，通常会设置大量的二级配电箱，二级配电箱通常设在靠近用电点区域，用电点较为分散，全部采用 UPS 供电或双电源末端切换供电方式不太现实，因此需要根据负荷的重要性及负载特性来确定合理的低压配电方式，通常有图 5 所示的几种配电方式：

1）直接放射式供电到二级配电箱。

2）单电源加装 UPS 供电。

3）双电源适当位置切换后供电。

4）双电源末端切换，并配置 UPS 不间断电源。

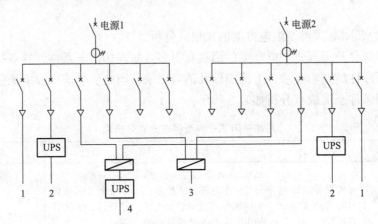

图 5　开闭幕式低压配电方式

根据运行经验证明，在正确可靠施工并试验合格后，柴油发电机组、变压器和线路都是可靠的供电元件，在电源侧考虑多种电源供电及考虑充足的冗余度的情况下，由于线路故障造成用电设备断电的情况是极少的，而这种事故往往都是由于误操作造成的，在加强电力保障、健全必要的规章制度后完全可以避免，因此在开闭幕式低压配电设计时，应力求按"简单的才是可靠的"供电原则，减少配电级数及中间环节切换。针对不同负荷特性，采取以下配电策略：

1）对于核心控制机房等负载，应考虑双电源末端切换并配置带冗余的 UPS 不间断电源。

2）对于大功率舞台机械电机类负载，可以采用直接放射式供电到二级配电箱或者采用双电源在适当位置互切后供电。

3）对于场地灯光类负荷，结合专业设计的点位布置，可以采取两路单电源交叉供电的方式，任意一路电源断电只影响场地灯光的亮度，不影响整体效果。

4）部分大功率回路，末端不具备设置 UPS 的条件可以在前端设置带冗余的 UPS 不间断电源后供电。

笔者经过调研发现，近年来国内在大型赛会开闭幕式供配电设计中出现了一些误区，有些设计方案似乎认为各种极端故障情况考虑得越全面，电源和线路冗余度越高，各种电源切换次数越多，系统就越可靠，甚至出现了从电源侧到末端有 4 到 5 级 ATSE 切换的配电系统，其实无论设置多少 ATSE，其在进行电源转换时都需要一定的转换时间，都是不能满足不间断供电的要求的，多级转换的 ATSE 还要考虑上下级转换配合问题，转换级数越多，其靠近末端的 ATSE 转换时间越长，另外，ATSE 双电源转换开关数量增多，由于开关故障造成停电的几率也就增加了，供电可靠性反而更低，所以低压配电设计中应尽量减少转换环节。

另外开闭幕式低压配电系统中，供电质量直接关系到各类负荷能否稳定运行，应引起足够的重视，设计时应特别关注电压偏差和谐波影响，通常要求如下：

1）用电设备端子处电压偏差不应大于±5％，因临时线路一般距离比较远，应合理选择电源电缆路径，适当增大配电电缆截面，降低系统阻抗。

2）低压系统谐波电压限制应控制在电压总谐波畸变率不大于5％，谐波源较严重的回路关键点应考虑设置谐波治理装置，3次谐波含量超过33％的回路应考虑按中性线电流选择电缆截面。

5　结语

大型赛会开闭幕式供电可靠性直接关系到国家和主办方形象，责任重大，系统可靠性是重中之重，电力保障方案不应只在供电系统上层层保险，还应着眼于提高保障、维护管理水平，如过多地建设电源线路以及电源转换设备，不但造成大量浪费而且事故也终难避免。

因此开闭幕式电力保障方案前期应根据现场供电条件、负荷特性、技术及管理要求进行多方案比选，方案确定后应针对开闭幕式电力系统的供电系统、配电系统、用电系统三大部分科学分析、合理计算，设置合理的开关保护定值，保证从理论上设计科学合理，施工及安装完成后，还应进行大负荷测试及应急情况演练，对整个系统漏洞和可能出现的故障点全面排查，依托先进的电力监控系统及人员管理水平，确保实现"不出现万一"的最高目标。

参考文献

［1］冯家禄.广州亚运会供配电设计及运行调查［J］.建筑电气，2011，30（09）：17-27.

［2］李长海，关瑞利，李道本，王素英.北京奥运典型场馆供电系统分析［J］.电气应用，2010，29（07）：20-30.

4　建筑物直流配电电压等级选择探讨

摘　要：本文根据现代建筑物低压配电的特点，分析了建筑物低压直流配电的优势，探讨了可用于建筑物低压直流配电的电压等级和接地形式。

关键词：直流配电；电压等级；接地形式；电击风险；供电能力；改造成本

0　引言

随着科技水平的不断提高，民用建筑物中直流负载的比例也不断增加。这些直流负载主要分为低压直流设备、电子镇流设备、变频传动设备。低压直流设备如：个人电脑、液晶电视、交换机、打印机等信息类设备和其他直流驱动设备。电子镇流设备主要为配备电子镇流器的荧光灯和其他气体放电灯。变频传动设备如：变频风机、变频水泵、变频电梯、变频冰箱、变频空调、变频洗衣机等。以上这些设备在接入传统交流电网时，均需要先将交流市电整流为直流电[1]。

在我国大力提倡节能减排的形势下，直流电机设备（如直流空调）、电动汽车、LED照明等直流负载也在迅速进入建筑物配电系统。因此，在低压配电系统中，除了少数必须直接采用交流驱动的设备（如消防用电机）外，直流负载占据了的大部分比例，并且该比例将越来越大。

1　直流配电的优点及国内外现状

对于直流负载而言，采用交流配电，势必要增加设备的整流单元，不但增加了设备造价，也增加了能源的消耗。对于电击防护来说，有关资料显示，同等条件下，直流电压的安全阈值要高于交流工频电压，前者约为后者的2.4倍[2]。由于直流输电可以不考虑电缆电抗的影响，因而对于相同截面的电缆，相同电压等级下直流方式的供电容量更大。

另外，由于负载的多样化，低压交流电网的电能质量问题日益突出，谐波、无功等因素使得配电系统消耗了大量电能。且随着分布式能源的不断应用，由于交流并网对相位和频率的严苛要求，使得分布式发电设备并网比较复杂。与此同时，直流供电方式的电能质量更容易得到保障，且并网简单，更容易兼容分布式能源。

随着电力电子技术的发展，直流系统更方便实现柔性配电。可以根据实时负载实施功率分配，也可根据负载情况控制输出电压的幅值，避免交流系统在轻载时回路首端电压过高的问题。

由此可见，建筑物低压配电系统采用直流配电不但有利于安全、节能、节约有色金属，同时也更符合用电负荷和配电系统的发展需求。

近年来国外研究较多的直流配电电压等级为：美国有关高校采用的DC 380V和DC 48V双直流配电方式，和采用DC 400V、AC 120V交直流混合配电方式；日本有关高校采用的干线电压为DC 340V，终端电压为单相AC 100V、三相AC 200V、DC 100V的配电结构；欧洲有关高校采用的干线电压 DC 750V，终端电压单相 AC 230V、三相 AC 400V、DC 120V 的配电结构[3]。与此同时，国内有关高校也展开了相关的研究。由于各国传统交流配电电压不同，因而采取的方案也各有侧重。

本文将从电击风险、供电能力、有色金属消耗、改造成本等方面出发，探讨选择符合我国国情的低压直流配电电压等级和接地形式。

2　电击防护与直流电压选择

2.1　直流电压安全参考值

由 GB/T 13870.1—2008 可知，120mA 被认为是直流纵向向上电流路径的安全极限值。（纵向向上电流路径的参考值可以作为大多数情况下的参考[4]。）同时，该文献显示，干燥条件下、大的接触面积、直流电压 125V 时，对电流路径为手到手的人体电阻进行测试，结果显示被测试对象中 50％的电阻值不小于 1675Ω。（50％级阻抗值被认为是可取的[4]。）以此为依据计算可知，一手到双脚的人体电阻为 1088Ω，通过人体的电流 $I=U/Z=$ 115mA＜120mA。由此可知，干燥环境下，站立单手接触带电体，对于大多数测试者而言，DC 125V 大约没有生命危险。

另外，由 GB 16895.21—2011 可知，当系统发生对保护导体或对地故障时，超过 50V 的交流接触电压，或超过 120V 的直流接触电压对人体是危险的；在正常干燥环境下，对所有人而言，直流 60V 被认为是可以直接接触的电压；对于水中环境，直流 30V 被认为是安全的[2]。（直流电压中要求纹波电压方均根值不超过直流分量的 10％。）

由文献 4 可知，电压越低电击风险越小。但电压越低，传输相同功率所需要的导线截面积越大，供电半径也随之减小。供电能力与经济性，是选取配电电压的重要参考指标。因而 60V 和 30V 直流电压仅作为特殊场所的设计要求，不作为建筑配电干线电压的选择对象。

由于在民用建筑中，导线不允许直接敷设在墙体或地板上，且插座均采用安全型插座，因而民用建筑内直接接触裸露带电导体的概率较低。大多数电击是由于设备绝缘老化，系统带电导体发生对保护导体或对地故障时，设备外露可导电部分或外界可导电部分的接触电位升高所致。

因此，考虑以发生接地故障时设备金属外壳的接触电压不高于 120V 为前提，进行电压选取，来平衡电击安全和供电能力对供电电压的要求。

2.2　接地故障时的直流接触电压

对于交流 220V 系统，设备发生碰外壳接地故障时接触电压约为 100V 左右，远大于 50V，电击危险较大[5]。

当采用与交流电压相近电压等级的直流供电时，以 DC 240V、某小区建筑物为例，对设备发生碰外壳接地故障时的接触电压进行分析，如图 1 所示。

在交流接触电压计算中，高压侧系统（归算到 400V）、变压器以及母线三部分总的相保电阻对计算结果影响较小，且整流型直流电源采用电力电子器件，因而其内阻抗为非线性值。鉴于此，短路电流计算时假设直流电源内阻为 0Ω，以此为前提来计算接地故障时设备外壳接触电压。图 1 中，PE 线电阻 R_{PE} 为 0.1409Ω，变配电所接地电阻 R_A 和其他建筑物 PEN 线重复接地电阻 R_M、R_N 的综合电阻假设为 2Ω。则回路总电阻 $R\approx$

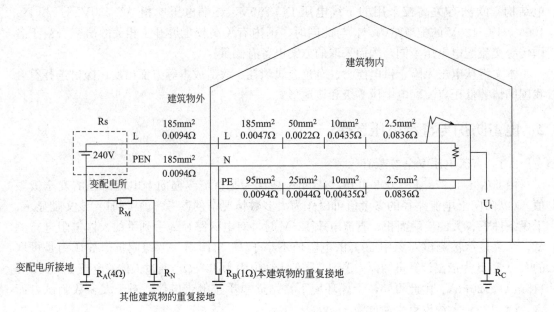

图1　直流配电线路图

0.2937Ω，单相故障电流：$I=U/R=817.2A$；经计算可知此时最大接触电压：$U_t=I\times R_{PE}+U_{RB}=117.7V<120V$，当取不同的参数时，更多的计算表明，计算结果几乎均略小于 120V。由于上述计算趋于保守，由此可知采用 240V 及以下的直流电压供电，当发生接地故障时设备金属外壳的接触电压，对大多数干燥环境而言可近似认为是不致命的。由此可知，对于电击安全而言，供电电压采用 DC 240V 比 AC 220V 有了很大的提高。

3　供电能力与直流电压选择

3.1　直流电压与导体截面

由《民用建筑电气设计规范（附条文说明［另册］）》JGJ 16—2008 可知，当用电设备总容量在 250kW 以下时，可由低压交流供电。《住宅建筑电气设计规范》JGJ 242—2011 中规定，每套住宅负荷不超过 12kW 时，应采用单相供电。因此，本文选取三相设备容量不大于 250kW，单相设备容量为 12kW 进行供电能力分析。

为简化计算，对于三相负荷，假设功率因数为 0.8，需要系数为 0.7；对于单相负荷假设功率因数为 0.85，需要系数为 0.9。设计中仅按载流量选取导体截面，干线回路导体采用交联聚乙烯电缆，敷设方式为直接埋地，环境温度取 30℃；单相回路导线采用无卤低烟型 BYJ 导线，穿管埋墙安装，环境温度取 40℃。当 4 根以内电缆并联时，假设电缆并联敷设系数为 0.8。设计中认为三相负荷平衡，干线导体有色金属总截面积只统计 TN-C-S 中 TN-C 的一段。

对小于或等于 120V 的直流电压，接地方式可以采用不接地方式，因而只需要两根导体；对大于 120V 的直流电压，若采用不接地方式，当一根导体发生接地故障时，由于并不影响系统运行，系统不动作；此时，若另一根导体碰触到设备外露可导电部分，则接触电位将可能超过120V。因而对大于DC 120V电压供电的场合，应采用增加保护导体的措施。保护导体的截面积选取可参照交流系统的相关规定。

对于不同的三相设备容量，当采用不同的电压供电时，电缆含铜总截面积如表1、表2、表3所示。

负荷为240kW时，不同电压对应的导体总截面　　　　　　　　　　表1

电压	计算电流(A)	电缆型号(YJY22-1kV)(mm²)	电缆含铜总截面积(mm²)
AC380V	319	3×240+1×120	840
DC120V	1400	4(2×300)	2400
DC200V	840	3(2×240+1×120)	1800
DC240V	700	2(2×300+1×150)	1500
DC300V	560	2(2×240+1×120)	1200
DC340V	494	2(2×185+1×95)	930
DC380V	442	2(2×150+1×70)	740
DC400V	420	2×300+1×150	750
DC480V	350	2×240+1×120	600

注：电缆载流量依据《工业与民用配电设计手册》第三版，电缆直流载流量取相应工频交流载流量值，余表同此。

负荷为200kW时，不同电压对应的导体总截面　　　　　　　　　　表2

电压	计算电流(A)	电缆型号(YJY22-1kV)(mm²)	电缆含铜总截面积(mm²)
AC380V	266	3×185+1×95	650
DC120V	1167	4(2×240)	1920
DC200V	700	2(2×300+1×150)	1500
DC240V	583	2(2×240+1×120)	1200
DC300V	466	2(2×150+1×70)	740
DC340V	412	2×300+1×150	750
DC380V	368	2×240+1×120	600
DC400V	350	2×240+1×120	600
DC480V	292	2×150+1×70	370

负荷为100kW时，不同电压对应的导体总截面　　　　　　　　　　表3

电压	计算电流(A)	电缆型号(YJY22-1kV)(mm²)	电缆含铜总截面积(mm²)
AC380V	133	3×50+1×25	175
DC300V	233	2×95+1×50	240
DC380V	184	2×70+1×35	175
DC480V	146	2×50+1×25	125

由表1、表2、表3可知，对于三相负荷，大约380V是临界点。当直流电压不低于

380V，才体现出节省导体的优越性，而且电压越大，用铜量越少。

对于单相12kW，当采用不同的电压供电时，电缆含铜总截面积如表4所示。

负荷为12kW时，不同电压对应的导体总截面　　　　表4

电压	计算电流(A)	电缆型号(YJY22-1kV)(mm²)	电缆含铜总截面积(mm²)
AC220V	58	3×16	48
DC120V	90	2×25	70
DC190V	67	3×16	48
DC200V	54	3×16	48
DC220V	49	3×16	48
DC240V	45	3×10	30

注：考虑导线敷设在人可触及处。

由表4可知，对于单相负荷，大约190V是临界点。当直流电压大约增至240V，才体现出节省导体的优越性，而且电压越大，用铜量越少。

3.2　直流电压与供电半径

限于篇幅，仅以代表负荷200kW为例进行分析。当回路电压降允许值为5%时，对于不同的配电电压，按载流量选择电缆时，计算供电半径如表5所示。

不同电压对应的供电半径　　　　表5

电压	计算电流(A)	电缆型号(YJY22-1kV)(mm²)	5%压降时的供电半径(m)
AC380V	266	3×185+1×95	293
DC240V	583	2(2×240+1×120)	268
DC300V	466	2(2×150+1×70)	262
DC340V	412	2×300+1×150	336
DC380V	368	2×240+1×120	368
DC400V	350	2×240+1×120	373
DC480V	292	2×150+1×70	335

注：交流电缆压降计算依据《工业与民用配电设计手册》第三版，直流电缆压降计算依据DL/T 5044-2014[6]。

表5中数据显示，当采用DC340V供电时，供电半径对于交流系统才体现出优越性，但由于此时的导体总截面大于交流时的值。当电压达到DC380V时，交、直流系统的导体截面值相当。因而认为当电压达到DC380V时，供电半径才体现出优越性。

4　改造成本与直流电压选择

4.1　原有设备的耐压水平

原交流220/380V系统的峰值电压为311/537V，因而可以认为原交流设备的耐压水平可以用于不大于311/537V直流系统。

由于电缆绝缘材质的特性各不相同，《电力工程电缆设计标准》GB 50217—2018中规定，直流输电电缆绝缘水平，应具有能随极性反向、直流与冲击叠加等的耐压考核；使用的交联聚乙烯电缆应具有抑制空间电荷积聚及其形成局部高场强等适应直流电场运行的特性。

而由《交流额定电压 3kV 及以下轨道交通车辆用电缆》GB/T 12528—2008 可知，相同电缆对直流的耐压能力约为工频交流电压的 1.5 倍，即原交流配电电缆，最高可用于 330/570V 直流配电系统。

综上可知，除现场电缆绝缘材料能否适用于直流场所需要进一步确定外，原有设备的耐压可满足不超过 311/537V 的直流电压要求。

4.2 原有配电变压器的输出电压

对于三相桥式全控整流电路，当整流输出电压连续时（即带阻感负载或带电阻负载 $\alpha \leqslant 60°$ 时）的平均值为：$U_d = 2.34U_2 \cos\alpha$，式中 U_2 表示交流侧单相电压有效值，α 表示触发角[7]。由此可知，当触发角为 0 时，最大直流输出电压为交流相电压有效值的 2.34 倍，变压器二次侧出口电压一般为 230V，因而整流电压平均值最大为 538V，通过控制触发角可实现向下调压（PWM 整流电路与此类似）。考虑供电时的线路压降，出线端电压需要抬高 5%，故采用 512V 及以下的直流标称电压时，可直接利用原有变压器二次侧出口电压，可减少设备投资成本。

4.3 直流电压对原有用电设备的兼容性

在交-直-交变频器、不间断电源 UPS、开关电源等应用场合，大都采用不可控整流电路经电容滤波后提供直流电源。电容滤波的三相不可控整流电路输出电压范围为 $U_d = 2.34U_2 \sim 2.45U_2$，即空载时输出电压值较高，负载达到一定程度时便稳定在 2.34 倍不变了[7]。由此可知原三相变频设备工作时的直流段电压负载时为 515V，空载时为 539V。由 GB 50052—2009 可知电动机供电电压允许 5% 的偏移，即交流系统正常供电时的整流电压可为 489V。故知 DC480V 可以满足大部分情况的做功需求。

电容滤波的单相全波不可控整流电路，主要用于个人电脑、电视机、变频冰箱、变频空调等单相交流设备，其输出电压范围为 $U_d = 0.9U_2 \sim \sqrt{2}U_2$，即空载时输出电压值较高，负载达到一定程度时便稳定在 0.9 倍不变了[7]。由此可知原单相用电设备的直流段电压带负载时为 198V，空载时为 311V。另外，对于极少数采用半波整流的充电器电路，其直流段峰值电压也为 311V。

综上可知，DC515V～539V 符合原有三相设备整流直流单元要求，DC480V 可以满足大部分情况的做功需求；DC198V～311V 符合原有单相设备整流直流单元要求。

4.4 原敷设导体交、直流电压下的载流量

由表 1、表 2 和表 3 可知，当电压达到约 480V 时，直流供电时选用的单根导体截面与交流系统相当，因而对于改造项目，采用 DC480V 及以上电压供电可以减少原三相配电导体的改造成本。

由表 4 可知，当电压达到约 190V 时，直流供电选用单根导体截面与交流系统相当，因而对于原单相负荷，采用 DC190V 及以上电压供电可以减少原单相配电导体的改造成本。

5 配电电压及接地形式的初步确定

由上述分析，不同条件下的电压值如表 6 所示。

对应于不同条件的电压值   表6

条件	直流电压等级(V)	备注
电击防护	≤240 时电击风险较低	相同用电环境,电压越小,电击风险越低
干线导体有效截面积	≥380 时优于交流系统	对同一负荷供电,电压越高,导体截面越小
单相回路导体有效截面积	≥190 逐渐体现优越性	对同一负荷供电,电压越高,导体截面越小
供电半径	≥380 时优于交流系统	对同一负荷供电,电压越高,供电距离越远
原有设备耐压	极地≤311 极间≤537	原有设备的耐压水平不超过 DC311/537V
原有变压器二次侧电压	≤512	小于该值时原有变压器二次侧电压可以直接利用
单相回路导体载流量	≥190	原有单相回路导体载流量满足直流供电要求
三相回路导体载流量	≥480	原有三相回路相导体载流量满足直流供电要求
原单相设备整流单元兼容性	≥198 且≤311	该范围内电压可以直接兼容原单相设备整流单元
原三相设备整流单元兼容性	≥515 且≤539	DC480V 可满足大部分做功要求,不推荐更高的电压

由表 6 可知,电压越高供电优势越明显,当电压低于 DC380V 时,供电能力相对不足;但当电压高于 DC240V 时,电击风险较大。鉴于此,采用零电位直接接地的两极直流配电形式可以较好地解决供电能力和安全性需求的矛盾,如图 2 所示。

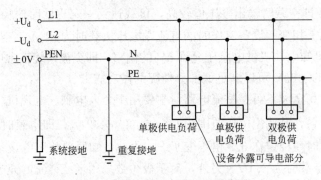

图 2　建筑物低压直流配电形式图

图 2 中,配电电压不宜低于 DC190/380V,且不宜高于 DC240/480V。对于小功率负荷,采用单极供电,对于大功率负荷,采用双极供电(配 N 线或不配 N 线)。当两极负荷平衡时,流过 N 线的电流近似为零。由于现代建筑物基本采用钢筋混凝土结构,建筑物内形成了近似的天然等电位条件,因而建筑物直流配电接地方式采用 TN 系统较为合理。

6　结论

综上所述,建筑物配电系统采用不低于 DC190/380V 且不高于 DC240/480V(本文推荐标称电压 DC230/460V)、零电位参考点直接接地的双极直流配电形式符合我国的实际情况,在安全、节能、减少有色金属消耗、增加供电半径、兼容原有负载、减少改造成本方面具有综合优势。尽管如此,电压等级及接地形式最终仍需要在实验基础上确定。

在当前环境下,建筑物低压配电可以优先尝试 LED 照明系统直流配电和地下汽车库充电桩直流配电。由于各项理论、技术尚有待进一步成熟,运行经验尚不丰富,直流配电产品种类太少等因素，建筑物低压直流配电依然任重而道远。

参考文献

[1] 雍静，徐欣，曾礼强，李露露.低压直流供电系统研究综述［J］.中国电机工程学报，2013，33（7）：42-52.

[2] GB 16895.21—2011/IEC60364-4-41：2005.低压电气装置第 4-41 部分：安全防护　电击防护［S］.北京：中国标准出版社，2012.

[3] 宋强，赵彪，刘文华，曾嵘.智能直流配电网研究综述［J］.中国电机工程学报，2013，33（25）：9-19.

[4] GB/T 13870.1—2008/IEC/TS60479-1 电流对人和家畜的效应，第 1 部分：通用部分［S］.北京：中国标准出版社，2008.

[5] 王厚余.电子式 RCD 和电磁式 RCD 的选用［J］.建筑电气，2010，29（2）：3-6.

[6] DL/T 5044—2014 电力工程直流电源系统设计技术规程［S］.北京：中国计划出版社，2014.

[7] 王兆安，黄俊.电力电子技术（第四版）［M］.北京：机械工业出版社，2001：43-65.

5 电击防护用剩余电流动作保护器电流保护范围分析

摘　要：本文根据 IEC 标准，计算了人体不同电流路径对应的安全电流阈值，分析了电流通过人体的效应。通过比较电流对人的效应与无延时型 RCD 的动作时间/电流特性，得出了现有配电设计中采用的 RCD 不能满足全电流范围段保护的结论，提出了 RCD 的改进需求。

关键词：剩余电流动作保护器；额定剩余动作电流；电击防护；附加保护

0 引言

国标《低压配电设计规范》GB 50054—2011 中要求，额定剩余动作电流不大于 30mA 的剩余电流动作保护器，可作为其他直接接触防护措施失效或使用者疏忽时的附加保护措施[1]。尽管《剩余电流动作保护电器（RCD）的一般要求》GB/T 6829—2017 中关于不大于 30mA 的额定剩余动作电流优选值包括 6mA、10mA 和 30mA[2]，但在配电设计过程中，为减少因 RCD 的误跳影响正常用电，通常选用额定剩余动作电流为 30mA 的无延时型 RCD 作为电击防护的附加保护措施。

本文将通过分析电流对人的效应与无延时型 RCD 的动作时间/电流特性，来判断现有配电设计中采用的 RCD 能否在全电流段满足电击防护要求。

1 电流对人体的效应

1.1 安全电流值

国际电工委员会标准 IEC/TS 60479-1-2005 中示出了电流路径为左手到双脚的工频交流电流对人的效应，如图 1 所示。关于图 1 相应的解释如表 1 所示[3]。

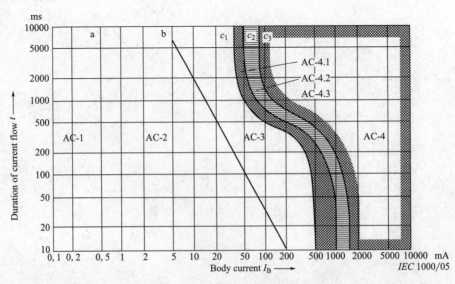

图 1 电流路径为左手到双脚的工频交流电流对人效应的约定时间/电流区域

一手到双脚的通路，工频交流的时间/电流区域（图1区域的简要说明）　　表1

区域	范围	生理效应
AC-1	0.5mA的曲线a的左侧	有感知的可能性，但通常没有"使惊跳"的反应
AC-2	曲线a至曲线b	可能有感知和不自主的肌肉收缩，但通常没有有害的电生理学效应
AC-3	曲线b至曲线c	可强烈地不自主地肌肉收缩，呼吸困难，可逆性的心脏功能障碍，活动抑制可能出现，随着电流强度而加剧的效应，通常没有预期的器官破坏
AC-4	曲线C1以上	可能发生病理-生理学效应，如心搏、呼吸停止等

注：图中横坐标表示通过人体的电流，纵坐标表示电流持续的时间。

由图1和表1可知，c1曲线是左手到双脚电流路径下的时间/电流极限，而30mA为该路径时的安全电流阈值。依据文献3提供的数据，通过公式（1），经计算分析可知，不同的电流路径对应的安全电流阈值如表2所示。

$$I_h = \frac{I_{ref}}{F} \tag{1}$$

式中：I_h表示其他路径的人体电流，I_{ref}表示路径为左手到双脚的人体电流，F表示心脏—电流系数。

不同电流路径的安全电流阈值　　表2

电流路径	心脏—电流系数 F	安全电流阈值(mA)
左手到左脚、右脚或双脚	1.0	30
双手到双脚	1.0	30
左手到右手	0.4	75
右手到左脚、右脚或双脚	0.8	37.5
背脊到右手	0.3	100
背脊到左手	0.7	42.9
胸膛到右手	1.3	23
胸膛到左手	1.5	20
臀部到左手、右手或双手	0.7	42.9
左脚到右脚	0.04	750

由表2可知，对于日常用电中可能出现的大多数电流路径，其对应的安全电流阈值不小于30mA；而对于少数电流路径（如胸膛到手），安全电流阈值低至20mA。

1.2　不同的接触电压对应的人体电流值

图1中，当通过人体的电流为30mA时，允许的最大持续时间为10s或更长。而在实际用电过程中当电击发生时，通过人体的电流常常不同于30mA。下文将探讨居民用电典型条件下，当电击发生时通过人体的电流值及其对应的允许持续时间。

对于市电系统，当基本保护失效或用电不慎时，人体可能直接接触到相导体，接触电压约230V左右；当设备发生接地故障时，人体可能接触到带电的设备外露可导电部分，此时的接触电压约为100V左右[4]。

对于安全电流阈值不小于30mA的情况，以电流路径为左手到双脚为例考虑；对于安全电流阈值小于 30mA 的情况，以电流路径为胸膛到左手为例考虑。依据文献 3 提供的测试数据（交流工频电流下，大的接触表面积为前提条件的近似平均值），经计算分析可知，不同电压时人体的总阻抗值及通过人体的电流值，如表 3、表 4、表 5、表 6 所示。

电流路径为左手到双脚时，干燥条件下的电压/电流关系 表 3

接触电压(V)	左手到双脚的人体总阻抗(Ω)	通过人体电流(mA)
230	796.3	288.8
200	828.8	241.3
100	1121.3	89.2
50	1625.0	30.8
25	2112.5	11.8

电流路径为左手到双脚时，水湿润条件下的电压/电流关系 表 4

接触电压(V)	左手到双脚的人体总阻抗(Ω)	通过人体电流(mA)
230	796.3	288.8
200	828.8	241.3
100	1088.8	91.8
50	1300.0	38.5
25	1413.8	17.8

电流路径为胸膛到左手时，干燥条件下的电压/电流关系 表 5

接触电压(V)	胸膛到左手的人体总阻抗(Ω)	通过人体电流(mA)
230	612.5	375.5
200	637.5	313.7
100	862.5	115.9
50	1250.0	40.0
25	1625.0	15.4

电流路径为胸膛到左手时，水湿润条件下的电压/电流关系 表 6

接触电压(V)	胸膛到左手的人体总阻抗(Ω)	通过人体电流(mA)
230	612.5	375.5
200	637.5	313.7
100	837.5	119.4
50	1000.0	50.0
25	1087.5	23.0

2 无延时型 RCD 的时间/电流特性

2.1 回路泄漏电流和 RCD 额定剩余动作电流值

由《剩余电流动作保护电器（RCD）的一般要求》GB/T 6829—2017 可知，工频交流下，RCD 的额定剩余不动作电流为 $0.5I_{\Delta n}$，额定剩余动作电流为 $I_{\Delta n}$，当电流值处于两者之间时，是否动作不确定[2]。由《家用和类似用途电器的安全　第 1 部分：通用要求》GB 4706.1—2005 可知，家用电器正常情况下 II 类器具泄漏电流值不超过 0.5mA，I 类便携式器具泄漏电流值不超过 0.75mA，I 类驻立式电热器具泄漏电流值最大不超过 5mA[5]。

同时，根据《工业与民用配电设计手册》第三版可知，为防止引起误动作，配电线路中 RCD 的额定剩余动作电流取不小于正常运行时回路总泄漏电流的 2.5 倍。以家居插座回路考虑，1 个回路带 10 个插座，按每个设备泄漏电流为 0.75mA，回路路径距离取 20m，截面积为 4mm^2 的聚乙烯导线每千米泄漏电流取 52mA。经计算可知，回路总泄漏电流为 8.5mA，此时 RCD 额定剩余电流至少应为 21.3mA。因此，末端配电回路通常选用额定剩余电流为 30mA 的 RCD 作为附加电击防护措施。

2.2　RCD 的动作电流与动作时间

由于电击防护用 RCD 应采用无延时型，表 7 示出了产品标准规定的无延时型 RCD 对于交流剩余电流的最大分断时间标准值[2]。表 8 为额定动作时间为 0.1s 的某 RCD 产品样本的相关参数。

无延时型 RCD 对于交流剩余电流的最大分断时间标准值　　　　表 7

$I_{\Delta n}/A$	最大分断时间标准值(s)			
	$I_{\Delta n}$	$2I_{\Delta n}$	$5I_{\Delta n}^{a}$	$>5I_{\Delta n}$
任何值	0.3	0.15	0.04	0.04

注：a. 对于 $I_{\Delta n} \leqslant 0.030A$ 的 RCD，可用 0.25A 代替 $5I_{\Delta n}$。

额定动作时间为 0.1s 的某 RCD 产品样本的相关参数　　　　表 8

产品额定电流值(A)		剩余电流等于下列值时分断时间(s)				
I_n(A)	$I_{\Delta n}$(A)	$I_{\Delta n}$	$2I_{\Delta n}$	$5I_{\Delta n}$	5A 10A 20A 50A[a] 100A 200A 500A	I_{Δ}^{b}
6~60	0.03 0.05 0.1 0.3	0.1	0.05	0.04	0.04	0.04

注：a.5~500A 的实验仅对验证动作时进行，对大于过电流瞬时脱扣范围下限的电流值不进行实验。

　　　b. 对 C 型或 D 型的过电流瞬时脱扣范围下限的电流值进行试验。

综合图 1、表 3、表 4、表 5、表 6、表 7、表 8 可知，典型电流路径下，不同的接触电压对应的最大允许持续时间及无延时型 RCD 的保护能力如表 9 所示。

不同的接触电压对应的最大允许持续时间　　　　表 9

电流路径	潮湿条件	接触电压 (V)	通过人体电流 (mA)	最大允许持续 时间(ms)	RCD 的可靠分断 时间(ms)	RCD 的保护 能力
一手到双脚	干燥	230	288.8	100[b]	40	合格
一手到双脚	干燥	100	89.2	530	150(50)[c]	合格(合格)
一手到双脚	干燥	50	30.8	7500	300(100)	合格(合格)
一手到双脚	水湿润	230	288.8	100	40	合格
一手到双脚	水湿润	100	91.8	510	150(50)	合格(合格)

续表

电流路径	潮湿条件	接触电压（V）	通过人体电流（mA）	最大允许持续时间(ms)	RCD 的可靠分断时间(ms)	RCD 的保护能力
一手到双脚	水湿润·	50	38.5	1500	300(100)	合格(合格)
胸膛到左手	干燥	230	375.5(563.3)[a]	远小于 10	40	不合格
胸膛到左手	干燥	100	115.9(137.9)	340	150(50)	合格(合格)
胸膛到左手	干燥	50	40.0(60.0)	650	300(50)	合格(合格)
胸膛到左手	干燥	25	15.4(23.1)	远大于 10000	不确定分断	合格
胸膛到左手	水湿润	230	375.5(563.3)	远小于 10	40	不合格
胸膛到左手	水湿润	100	119.9(179.1)	310	150(40)	合格(合格)
胸膛到左手	水湿润	50	50.0(75.0)	600	300(50)	合格(合格)
胸膛到左手	水湿润	25	23.0(34.5)	2000	不确定分断	不合格

注：1. 所在列括号中的数值为转换到图 1 中一手到双脚电流路径对应的电流值，转换系数为表 2 中系数 F。
　　2. 考虑读取误差，所在列数据仅为取整到 10 的倍数的数值。
　　3. 所在列括号中的数值为某额定动作时间为 0.1s 的 RCD 产品的可靠分断时间。

由表 9 可知，当直接接触到相电压时，RCD 仅对常规电流路径有效，对于特殊电流路径（如盆浴、井道等狭窄场所可能出现的手到胸膛的电流路径），不能有效保护人身安全；当接触电压较小时，对于特殊电流路径，也存在 RCD 不能有效提供保护的情况。另外，对于额定分断时间为 0.1s 的 RCD，仅在部分接触电压下具有更快的分断特性，但这在电击防护能力上并不比标准要求的无延时型 RCD 有特别的优势。

2.3　人体的摆脱阈和 RCD 额定剩余动作电流值

由《接触电流和保护导体电流的测量方法》GB/T 12113—2003 可知，对于含有可握紧零部件的设备（一般为Ⅰ类电器设备），当通过人手的电流超过摆脱阈时，该电流将引起肌肉收缩而握紧该零部件以致不能摆脱[6]。

对于工频交流而言，5mA 是对于所有人有效的摆脱阈，10mA 是对于成年男子的摆脱阈[3]。对于安全电流阈值为 30mA 的电流路径而言，图 1 所示 AC-3 区域内，人体可能出现强烈不自主的肌肉收缩和呼吸困难，而该区间的电流处于 5mA 至 30mA 之间。

由此可知，若采用额定剩余动作电流为 30mA 的 RCD，当通过人体的电流为 5mA～30mA 时，则可能会出现 RCD 既不能切断电源，人体也不能摆脱电击的状态。尽管这种电击不会直接造成生命危险[3]，但这对于处于封闭空间的人（如浴室）和有相关疾病的人而言是比较危险的。

3　RCD 的电流保护范围和改进方向

由以上分析可知，对应于左手到双脚的电流路径，按规范选用的额定剩余动作电流为 30mA 的无延时型 RCD 存在两个电流段保护盲区，即为 5～30mA 区和大于 450mA 区。具体如表 10 所示。

额定剩余动作电流为 30mA 的 RCD 的保护电流范围 表 10

电流范围	0～0.5mA	0.5～5mA	5～15mA	15～30mA	30～60mA	60～250mA	250～约450mA	约450mA以上
电流路径为左手到双脚的人体反应	有感知的可能	可能有感知和不自主的肌肉收缩	持续时间超过一定值时,可强烈地不自主地肌肉收缩。呼吸困难,但对生命没有直接危害	持续时间超过一定值时,可强烈地不自主地肌肉收缩。呼吸困难,但对生命没有直接危害	持续时间超过对应值时,会危及生命	持续时间超过对应值时,会危及生命	持续时间超过对应值时,会危及生命	持续时间超过对应值时,会危及生命
能否摆脱	能摆脱	能摆脱	大多数不能摆脱	不能摆脱	不能摆脱	不能摆脱	不能摆脱	不能摆脱
RCD的动作状态	不动作	不动作	不动作	不确定动作	0.3s 时可靠动作	0.15s 时可靠动作	0.04s 时可靠动作	0.04s 以内不确定动作
RCD的保护能力	安全	安全	存在风险	存在风险	安全	安全	安全	存在危险

对应于胸膛到左手的电流路径,存在三个电流段保护盲区,即为 5～20mA 区（存在风险）、20～30mA 区（存在危险）和大于 300mA 区（存在危险）。

对于存在危险区,应在安装 RCD 的基础上,增设其他如采用加强绝缘、安全特低电压供电、局部等电位联结等附加保护措施。另外,由于 RCD 对 PE 线传导高电位的情况不能提供有效保护,因此对于规范要求的特殊用电场所,也应增加其他附加保护措施。

对于存在风险区,应积极研发更加先进的 RCD,关于这方面可以从两个方向着手。一、从电流波形入手,研发具有甄别电击波形能力的 RCD,从而提高 RCD 的保护精度,减少误动作;二、由于单个家用电器的最大泄漏电流为 5mA[5],而这种泄漏电流的存在与设备工作电流同步,可通过判断单独出现的大于 5mA 的泄漏电流,以此作为判断是否存在电击的依据。为防止误动作,应在监测到泄漏电流后发出报警信息、延时后切断电源。

4 结语

RCD 在低压配电系统电击防护中发挥了积极的作用,极大的保障了居民的用电安全,但依然存在一定的局限性。清晰的认识 RCD 的保护范围,可以扬长避短,更好的发挥 RCD 的作用,同时也为 RCD 的改进提供一定的参考方向。

参考文献

[1] GB 50054—2011 低压配电设计规范 [S].北京：中国计划出版社,2012.

[2] GB/T 6829—2017 剩余电流动作保护电器（RCD）的一般要求 [S].北京：中国标准出版社,2017.

[3] GB/T 13870.1—2008/IEC/TS60479-1：2005 电流对人和家畜的效应,第 1 部分：通用部分

[S]. 北京：中国标准出版社，2008.

　[4] 王厚余. 电子式 RCD 和电磁式 RCD 的选用 [J]. 建筑电气，2010，29（2）：3-6.

　[5] GB 4706.1—2005/IEC60335-1：2004 家用和类似用途电器的安全 第 1 部分 通用要求 [S]. 北京：中国标准出版社，2005.

　[6] GB/T 12113—2003/IEC60990：1999 接触电流和保护导体电流的测量方法 [S]. 北京：中国标准出版社，2004.

6　交流电动机短路保护兼做接地故障保护条件分析

摘　要：本文分析了 TN 系统中交流电动机短路保护兼做接地故障保护的条件，并对实际应用提出了一些指导意见。

关键词：交流电动机；短路保护；接地故障保护；TN 系统

0　引言

目前，我国大体量、超高层的建筑越来越多，建筑内部的交流电机设备也越来越多，电机设备的配电安全性也是一个不能忽视的问题。据了解，在交流电机故障事件中，单相接地故障占有很大的比例。但交流电机当发生单相接地故障时，我们经常采用的保护电器断路器或控制保护开关能否迅速动作，切断故障电流，从而避免更大的事故发生呢？本文分析了 TN 系统中交流电动机短路保护兼做接地故障保护的条件，并对实际应用提出了一些指导意见。

1　理论依据

根据《通用用电设备设计规范》GB 50055—2011 第 2.3.1 条（强制性条文）及《民用建筑电气设计规范》JGJ 16—2008 第 9.2.3 条规定：交流电动机应装设短路保护和接地故障保护。并注明：当电动机的短路保护器件满足接地故障保护要求时，应采用短路保护兼做接地故障保护。

又根据《低压配电设计规范》GB 50054—2011 第 5.2.8 条及《民用建筑电气设计规范》JGJ 16—2008 第 7.7.6 条规定：TN 系统中配电线路的接地故障保护（间接接触防护）电器的动作特性，应符合下式的要求：

$$Z_s \times I_a \leqslant U_o$$

式中　Z_s——接地故障回路的阻抗（Ω）；

I_a——保证保护电器在规定的时间内自动切断故障回路的电流（A）；

U_o——相线对地标称电压（V）。

由上式可知 $I_a \leqslant U_o / Z_s$。

而根据《民用建筑电气设计规范》JGJ 16—2008 第 7.6.3 条，低压断路器的动作灵敏系数为 1.3，只要 $I_a \geqslant 1.3 I_{set3}$（$I_{set3}$ 为断路器瞬动电流）时，即只要当满足单相接地短路电流 $I_d \geqslant I_a \geqslant 1.3 I_{set3}$ 时，可保证发生接地故障时，断路器能够在规定的时间内自动切断故障回路的电流，即采用短路保护兼做接地故障保护。

图 1 为电动机发生接地故障示意图

由图 1 可知，当人接触到发生接地故障的电动机外壳时，接地故障电流 I_d 可通过两条路径回到电源侧，一是 I_{d1}（流经 PE 线），二是 I_{d2}（流经人体及大地），而人体及大地电阻 $R_T + R_A + R_B$（约为 200～1000Ω）远大于 PE 线电阻 R_{PE}，故流过人体的接地故障电

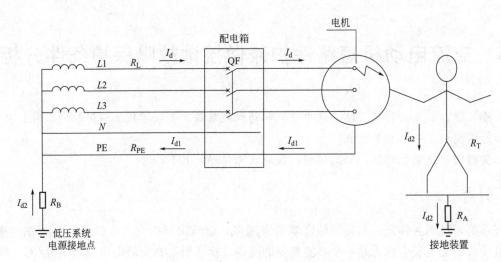

图 1　电动机发生接地故障示意图

流 I_{d2} 可忽略不计。

则可知回路的接地故障电流（电缆回路的电抗忽略不计）：

$$I_d = U_o / (R_L + R_{PE})$$

而此时，在最有利情况下（PE 线与相线等截面，即 $R_L = R_{PE}$，且人体电阻定为较高的 1000Ω），发生单相接地故障处的接触电压约为 $U_o \times R_{PE}/(R_L + R_{PE}) = 220 \times 1/2 = 110V$，即通过人体的最小电流约为 110V/1000Ω＝110mA＞30mA，对人体来说也很不安全，必须马上切断故障电流。

2　实例分析

现通过几个实例来校验一下，能否用电动机的断路器短路保护兼做接地故障保护。

例 1　一台 75kW 的水泵距离变配电房 100m，其馈线断路器长延时电流整定为 150A，瞬时动作电流为 1800A，选用电缆为 YJV-3×70+1×35。

当发生接地故障时，接地故障电流：

$$I_d = U_o/(R_L + R_{PE}) = 220/(0.1 \times 0.31 + 0.1 \times 0.622)$$
$$= 2360A > 1.3 I_{set3} = 1.3 \times 1800 = 2340A$$

当发生接地故障时，断路器均能迅速切断故障电流，可用短路保护兼做接地故障保护。

当水泵距离离变配电房更远一些时，接地故障电流将减小，断路器就可能不动作，可通过加大电缆截面来降低回路电阻，从而加大接地故障电流。

注：低压交联电力电缆的电阻数据查自《工业与民用配电设计手册》第四版表 9.4-19，下同。

例 2　一台 37kW 的水泵距离变配电房 100m，其馈线断路器长延时电流整定为 100A，瞬时动作电流为 1200A，选用电缆为 YJV-3×35+1×16。

当发生接地故障时，接地故障电流：

$$I_d = U_o/(R_L + R_{PE}) = 220/(0.1 \times 0.622 + 0.1 \times 1.359) = 1111A < 1200A，故不能用短$$
路保护兼做接地故障保护。

若将配电电缆改为 YJV-4×35 或 YJV-3×50+1×25，则接地故障电流分别为：

$I_d=220/(0.1×0.622+0.1×0.622)=1768A>1.3I_{set3}=1.3×1200=1560A$

$I_d=220/(0.1×0.435+0.1×0.87)=1686A>1.3I_{set3}=1.3×1200=1560A$

当发生接地故障时，断路器均能迅速切断故障电流，可用短路保护兼做接地故障保护。

例3　一台 11kW 的水泵距离变配电房 100m，其馈线断路器长延时电流整定为 25A，瞬时动作电流为 300A，选用电缆为 YJV-5×6。

当发生接地故障时，接地故障电流：

$I_d=U_o/(R_L+R_{PE})=220/(0.1×3.554×2)=309A<1.3I_{set3}=1.3×300=390A$，故不能用短路保护兼做接地故障保护。

若将配电电缆改为 YJV-5×10，则接地故障电流分别为：

$I_d=220/(0.1×2.175×2)=506A>1.3I_{set3}=1.3×300=390A$

当发生接地故障时，断路器均能迅速切断故障电流，可用短路保护兼做接地故障保护。

例4　一台 1kW 的防火卷帘距配电箱 100m，其馈线断路器长延时电流整定为 16A，瞬时动作电流为 160A，选用电缆为 YJV-5×4；配电箱距变配电房 200m，干线电缆为 YJV-5×16。

当发生接地故障时，接地故障电流：

$$I_d=U_o/(R_L+R_{PE})=220/(0.2×1.359×2+0.1×3.554×2)$$
$$=175A<1.3I_{set3}=1.3×160=208A$$

故不能用短路保护兼做接地故障保护。

若将断路器长延时电流整定为 10A，瞬时动作电流为 100A，则

$$I_d=175A>1.3I_{set3}=1.3×100=130A$$

当发生接地故障时，断路器均能迅速切断故障电流，可用短路保护兼做接地故障保护。

3　建议与结论

通过以上理论与实例的分析，可得出以下建议与结论：

1）不能忽视交流电动机的接地故障保护，特别是距离电源点较远的电动机应进行能否用断路器短路保护兼做接地故障保护的校验。

2）当电动机距离电源点较远，不能用断路器短路保护兼做接地故障保护时，可通过以下方法来满足接地故障保护要求：

（1）调整电动机配电回路的过载脱扣器的整定电流大小，使其应接近但不小于电动机的额定电流。

（2）加大 PE 线截面，使其与相线等截面。

（3）配电回路增设动作电流为 30mA 的剩余电流保护器。（为避免误动作而造成更大危害，此方法不适用于消防水泵和消防风机等消防用交流电机回路。）

（4）若采取上述措施仍不满足要求，可适当加大整个电缆截面（因造价较高，一般不推荐采用）。

参考文献

［1］王厚余.低压电气装置的设计安装和检验（第三版）［M］.北京：中国电力出版社，2009.

［2］刘屏周，卞铠生，任元会，姚家祎.工业与民用配电设计手册（第四版）［M］.北京：中国电力出版社.2016.

7 国标图集中排水泵控制电路的改进措施

摘 要：本文根据国标图集《常用水泵控制电路图》16D303-3 的有关水泵一用一备自动轮换全压启动控制电路存在的问题，提出了一种新的控制方案，旨在提高类同水泵控制的安全性与可靠性。

关键词：水泵一用一备；自动轮换控制；全压启动；故障信号的完整性；电气互锁

0 引言

工程设计及实际应用中，经常遇到给水泵、排水泵等"一用一备"的配电及控制电路设计，发现国标图集的有关类同控制电路有些欠妥和不当之处。以排水泵一用一备自动轮换全压控制方案为例，分别对国标方案和改进新方案说明如下。

1 国标 16D303-3 的 XKP-10-2 控制方案存在的主要问题及具体分析

1.1 国标控制方案 XKP-10-2 存在的问题

1）将图 3 所示的电路中 SCA 置于自动挡，当 1 号泵的电路发生故障时（例如：图 1 中的 QA1 因短路跳闸或图 3 中因 1 号泵控制电路的短路导致熔断器 FA1 分断时），2 号泵不能自动投入运行，自动控制失效。此时只能将 SCA 置于手动挡，实施人工控制。

2）在手动运行模式下，XKP-10-2 控制方案不能确保实现两台水泵一用一备。

1.2 对 XKP-10-2 控制方案存在问题的具体分析

1）在自动运行模式下，当图 1 中当 QA1 事故分闸或图 3 中 FA1 熔断时，因 1 号泵的控制电路失去控制电源而失去控制功能，时间继电器 KF1 的常开接点无法接通图 2 中"轮换投入"继电器 KA5，导致 2 号泵控制电路中的 KA5 常开接点无法闭合，2 号泵的交流接触器 QAC2 的线圈也无法接通，2 号泵电机 M2 不能启动。换句话说，国标图集 XKP-10-2 方案，在自动运行模式下，由于 1 号泵电路故障将导致一用一备、自动轮换控制失效。

2）在手动运行模式下，若操作人员先后按下图 3 中的启动按钮 SF1 和 SF2 时，两台水泵的交流接触器线圈先后接通，水泵电机 M1 和 M2 同时工作，而导致图 1 中的总电源线路过载和开关 QA 的过载脱扣器跳闸。这是因为对一用一备的水泵控制系统而言，总电源线路和 QA 的过载脱扣器是按一台泵工作选择或整定的。

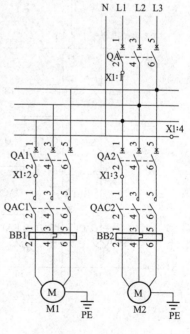

图 1 主回路

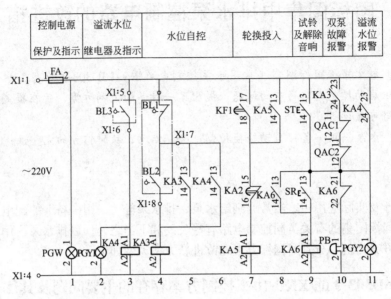

图 2　国标 XKP-10-2 方案的信号电路图

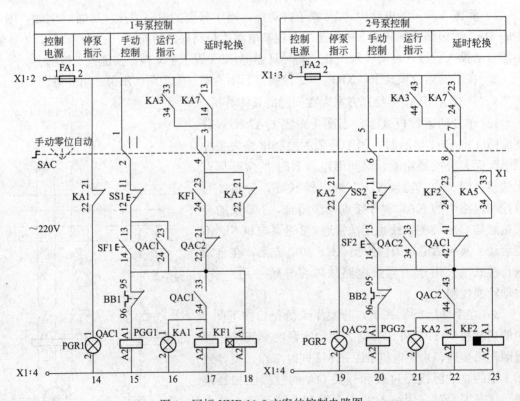

图 3　国标 XKP-10-2 方案的控制电路图

54

2　新控制方案的改进思路

2.1　新方案的控制电路图 5 与国标 XKP-10-2 控制方案的图 3 相比，图 5 所示的控制电路不仅简单，而且能安全可靠地实现以下两种控制。

1）在自动运行模式下，当水泵电路无故障时，新方案控制电路能够根据水位的变化，对水泵控制的每个循环进行自动轮换控制。

2）在一台水泵电路发生故障情况下，新方案的控制电路能够根据水位的变化，对非故障泵进行自动投/切控制。

2.2　关于电气联锁：无论在手动运行模式下还是在自动运行模式下，由于新方案的控制电路设置了电互锁环节，都不会出现两台水泵同时投入运行的情况，从而避免了两台水泵同时运行导致总电源开关 QA 的过载保护动作跳闸，保证了电源线路的安全，实现真正意义上的一用一备控制。

2.3　关于水泵电路故障信号的完整性：图 4 中的 1 号水泵电路故障信号 KA1 分别由断路器 QA1 的故障报警接点＋热继电器 BB1 的信号接点＋熔断器 FA1 的熔断报警接点组成，2 号水泵的电路故障信号 KA2 分别由断路器 QA2 的故障报警接点＋热继电器 BB2 的信号接点＋熔断器 FA2 的熔断报警接点组成。这两组水泵电路故障信号能够全面正确地反映水泵电路的故障，对提高水泵控制电路的可靠性起到至关重要的作用。

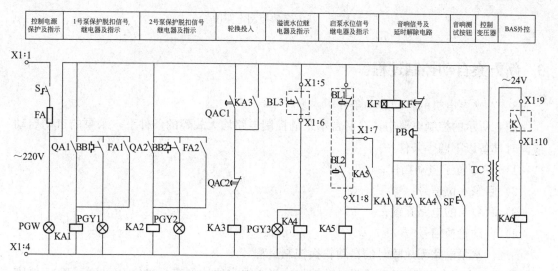

图 4　新方案的信号电路图

2.4　在元件选择方面：新方案图 5 中的 QCA1 和 QCA2 选用带延时附件的交流接触器（参考施耐德电气 TsSys 接触器 LC1D09 到 D170），不仅省去了若干中间控制环节简化了控制电路、降低造价，也提高了控制电路的可靠性。水泵控制电路的 FA1 和 FA2 选用带报警接点的熔断器（例如撞击式熔断器），以便将水泵控制电路的短路故障纳入水泵电路故障信号中来。

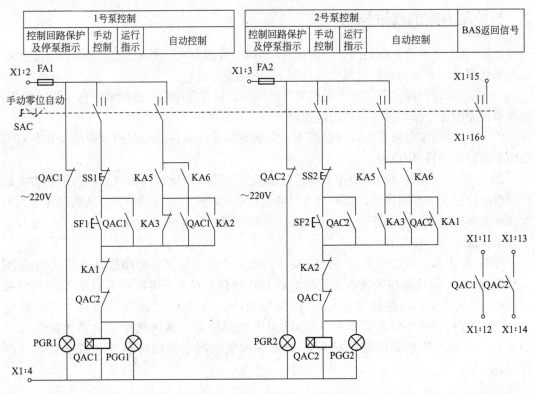

图 5　新方案的控制电路图

3　新方案自动控制过程

3.1　水泵电机的自动启动条件

图 5 所示的控制电路中，在两台水泵的控制电路均无故障的条件下，水泵的自动启动应同时具备以下四个条件：

1）SAC 置于自动挡位；

2）启泵水位信号；

3）两台泵的电路互锁；

4）自动轮换信号。

3.2　水泵电路无故障时的自动轮换控制过程

将图 5 中指令开关 SAC 置于自动挡位，当水池水位达到启泵水位 BL2 时，KA5 线圈接通，KA5 的常开接点闭合，接通 QAC1 线圈，1 号泵启动；随后 QAC1 的通电延时的常开接点，经设定的短暂延时（例如 2s）闭合后，接通图 4 中轮换继电器 KA3 线圈并自保持。使 2 号泵的控制电路的 KA3 的常开接点闭合，为 2 号泵启动准备了轮换条件；当水池水位降低到停泵水位 BL1 时，浮球开关常闭接点分断，使 KA5 线圈失电，导致 QAC1 的线圈断电，1 号泵停泵，此时与 QAC2 线圈串联的 QAC1 的常闭接点处于闭合状态，为 2 号泵的启动准备了互锁条件；当水池水位再次上升到启泵水位 BL2 时，即 KA5 线圈再次接通，KA5 的常开接点闭合，2 号泵启泵的四个条件全部具备，2 号泵启动。当 2 号泵启泵后，

QAC2 的延时动断常闭接点，经短暂延时断开轮换继电器 KA3 的线圈回路，使轮换继电器 KA3 的输出接点恢复到初始状态。当水位再次降低到停泵水位时，KA5 线圈失电，其常开接点断开，QAC2 线圈失电，2 号泵停泵，完成一个自动轮换过程。

3.3　在自动运行模式下 1 台水泵电路故障时非故障泵自动投入控制过程

当 1 号泵电路发生故障时，图 4 中 KA1 线圈接通，图 5 中 2 号泵控制电路中的 KA1 的常开接点闭合，如果此时水池水位已也达到启泵水位，则 2 号泵自动启动。如果水池水位尚未达到启泵水位时，等到水池水位升到启泵水位时，2 号泵自动启动。

同理，当 2 号泵的电路发生故障时，图 4 中 KA2 线圈接通，图 5 中 1 号泵控制电路中的 KA2 的常开接点闭合，如果此时水池水位已也达到启泵水位（即 KA5 接通），则 1 号泵自动启动。如果水池水位尚未达到启泵水位时，等到水池水位升到启泵水位时，1 号泵自动启动。

4　两种控制电路性能比较（见表 1）

表 1

比较功能或性能 / 比较对象	两台水泵同时工作的可能性与其对供电电源的安全的影响	"自动轮换"或"备自投"控制的可靠性	水泵故障报警信号定位准确性	水泵电路故障信号的完整性
新方案 如图 1、图 4 与图 5 所示 以排水泵一用一备全压启动方案为例	在手动和自动运行模式下两台泵均无同时工作的可能，不会导致水泵控制箱的电源线路保护元件因两台水泵电机同时投入使其热过载脱扣器脱扣	当 SAC 置于自动挡，如果 1 号泵的电路发生故障，2 号泵能够根据水池水位的变化自动启泵或停泵，反之亦然。当两台水泵电路均无故障时，能够实现自动轮换控制。控制电路可靠性高	直接用水泵电路保护元件的故障报警接点作为水泵控制电路故障信号，故障泵指示灯点亮，一目了然	水泵电路故障信号是由（热继电器＋断路器＋分支熔断器）的故障报警接点组成。能够全面反映水泵电路故障状态。对从功能上提高控制电路的可靠性至关重要
国标图集 16D303-3 XKP-10-2（如图 1、图 2、图 3 所示）及以下的类同方案 XKF-10-2 XKG-3-2 XKG-4-2 XKG-5-2 XKG-6-2 XKR-4-2 XKL-1-2 XKP-11-2 XKP-12-2	在手动运行模式下两台泵有同时工作的可能，会导致水泵控制箱的电源线路保护元件因两台水泵电机同时投入使其过载脱扣器脱扣自动轮换控制过程	当 SAC 置于自动挡，如果 1 号泵的电路发生故障（FA1 熔断或 QA1 事故分闸等），导致 1 号泵控制电路失电，则轮换信号继电器 KA3 无电，致使 2 号泵不能自动投入，水泵自动控制失效。只有当两台水泵电路均无故障时，才能够实现两台水泵的自动轮换控制。控制电路不可靠	在自动运行模式下，因 1 号泵的电路故障，而 2 号泵也不能工作的情况下，将 SAC 置于手动挡，当水位处于起泵水位时，在两台泵都没投入运行的情况下，"两泵故障报警"电路，发出水泵故障声光报警信号，在水泵电路并无故障的情况下，也发出双泵故障声光报警，而虚惊一场。另外双泵故障声光报警分不清哪一台泵电路故障	水泵电路故障信号，只有热继电器的故障报警接点。不能完全反映水泵电路故障状态。由于水泵电路故障信号功能不全，导致 1 号泵控制电路失电时，会造成水泵控制系统的自动轮换和备自投功能失效

5 结束语

综上所述，通过新方案与国标图集 16D303-3 中的 XKP-10-2 等 9 个类同的水泵—用一备自动轮换控制电路和信号电路的比较，新方案有以下三个创新点：

1）提出了完善水泵电路故障信号的理念，引入水泵电路故障综合信号从功能上提高了水泵控制可靠性。

2）选用带有延时附件的交流接触器代替单一功能的交流接触器＋时间继电器，省去了若干中间环节，不仅简化了控制电路，也提高了控制电路的可靠性。

3）利用交流接触器的常闭接点，对两台泵的控制电路实施电气互锁，使两台水泵不可能同时工作，杜绝了在手动运行模式下，两台水泵同时被投入运行的可能，从而确保水泵控制箱总电源的供电安全。

参考文献

[1] 16D303-3 常用水泵控制电路图［M］.北京，中国计划出版社，2016.

[2] GB 50055—2011 通用用电设备配电设计规范［S］.北京，中国计划出版社，2016.

[3] JGJ 16—2008 民用建筑电气设计规范［S］.北京，中国建筑工业出版社，2008.

[4] 天津电气传动设计研究所.《电气传动自动化技术手册》（第 3 版）［M］.北京，机械工业出版社，2011.

[5] 施耐德电气（中国）有限公司.《施耐德电气低压配电产品选型手册》（2017）［R］.北京，施耐德电气（中国）有限公司，2017.

8 从双速风机的功率到风机控制的思考

摘 要：国家标准图集《常用电机控制电路图》对不同系列的双速风机控制电路的主回路接线及电气元件的选择提供了不同的设计方案，本文通过对 YD 系列及 YDT 系列双速风机的深入了解，分析在具体工程设计时，如何进行控制回路的选择。

关键词：双速电动机；YD 系列；YDT 系列；定子绕组接线；主回路接线

0 引言

从 1820 年奥斯特证明了电流磁效应的存在，电学和磁学的重大发现到电动机的诞生仅仅经历了半个世纪。随着工业快速发展、电工技术的成熟、新型电磁材料的性能提高，电动机不断更新换代，并在各行各业大展拳脚。从百年前的小木屋到如今随处可见的高楼大厦，建筑的形式、结构、布局千变万化，电动机被广泛地应用于各类建筑中，成为建筑设备缺一不可的主力军。在建筑工程设计中，经常会遇到对双速风机进行配电及控制设计，国家标准图集《常用电机控制电路图》从 99D303-2 版到 10D303-2 版，再到现行版本 16D303-2，双速风机的配电及控制发生了细节上的变化。如何在设计前期工作中，区别不同类型的双速风机，并正确的选取主回路接线成为建筑电气设计师的必备技能。

1 双速电动机的分类

在平时设计工作中，从相关专业获取的双速风机资料仅仅是简单的设备额定功率值，早些年比较常见的双速风机功率值为 5.5/4kW、22/18.5kW、28/22kW 等，近年功率值为 9/3kW、17/5.5kW、30/15kW 等的双速风机比比皆是。仔细分析下这些数值很容易发现一个规律，双速风机在低速运转时的功率值越来越小，这说明相关专业在设备选取时采用了更加节约电能的高能效产品。

相关国家标准图集《常用电机控制电路图》，从 99D303-2 版本不断升版到 16D303-2 版本，在 10D303-2 版本中，明显看出对双速风机的控制电路做了相应增补。在 99D303-2 版本中，说明 3.2 条里仅提及双速风机电动机调速为变极调速方式。

众所周知，依据异步电动机转速表达式：

$$n = n_0(1-s) = 60 f_0(1-s)p$$

（其中 f_0 为定子电压频率，p 为电动机极对数，s 为转差率。）

由上式可见，异步电动机的调速分为三大类，分别是电动机变极调速、变转差率调速、变频调速。老版本的图集中对于双速风机的调速类别仅做了大致描述，并未深入区分。

升版后的 10D303-2 版本中，编制说明中明确并细化了双速风机电动机为市场上较为常见的 YD 系列 Δ/YY 接线，以及 YDT 系列 Y/Y 接线、（3Y＋Y）/3Y 接线和 Y/YY 绕组接线等形式。现行 16D303-2 版亦沿用了这部分内容。1998 年以前，我国市场上的主流产品是 YD 系列双速电动机，1998 年才有了 YDT 系列电机标准。

YD 系列电动机执行国家行业标准《YD 系列（IP44）变极多速三相异步电动机技术条件（机座号 80～280）》JB/T 7127—2010，该类电动机属于变极调速电动机，是 Y2 系列（IP54）三相异步电动机的派生电动机产品，利用改变定子绕组的接法以改变电动机的极数，从而电动机用一套或两套绕组来获得两种或两种以上的转速，分为两速、三速、四速三种类型。电动机定子绕组在两速是为单套绕组，绕组接法为 △/YY 形式，三速、四速时为双套绕组。

YDT 系列电动机执行国家行业标准《YDT 系列（IP44）变极多速三相异步电动机技术条件（机座号 80～315）》JB/T8681-2013，也属于变极调速电动机，它是根据流体机械的运行特性设计的，有两速、三速两种类型。两速时定子绕组接法为 Y/Y、Y/YY 形式。

通过对比两个系列的标准发现，YD 系列和 YDT 系列的机座号基本相同，当高速功率完全相同时，两个不同系列的风机机座号、转速和出线端数也一致，额定负载的功率因数、效率、堵转电流和额定电流之比差距不大。但是对比低速额定功率时，就会发现差距很大，出现前文中描述的情况。以 YD160M 和 YDT160M（同步转速 1500/3000）为例，YD160M 的功率为 9/11kW，其低速额定功率配比是高速额定功率的 82%，而 YDT160M 的功率为 2.8/12.5kW，其低速额定功率配比仅是高速额定功率的 22.4%。除了明显的额定功率对比，业内人士也从有功功率节能、无功功率节能及线损节能三个部分比较这两个系列风机，得出双速风机电动机使用 YDT 系列比 YD 系列电动机节能 42.9%～55.5% 的结论。

2 双速电动机的接线分析

在主导绿色节能的当下，YDT 系列电动机的应用逐步增多，但 YD 系列电动机在我国使用时间长、范围广，并未退出市场。在实际工程中，两种电动机并存。两种不同特性的双速通风机其接线有着明显区别，在设计选择控制电路时也应区别对待。以 YD 系列 △/YY 型和 YDT 系列 Y/YY 型、YDT 系列 Y/Y 型为例，分别探讨。

2.1 YD 系列 △/YY 型电动机

YD 系列电动机定子绕组为 △/YY 形接线，其中 YD-6/4（6/4 极变换）为工程常见。其定子绕组接线和电机外部接线端子见图 1，主回路接线见图 2。

YD 系列电动机定子绕组为 △/YY 形接线，低速运行时，QAC1 闭合，QAC2、3 打开，电源从 1U、1V、1W 供电，此时为 △ 接线；高速运行时，QAC2、3 闭合，QAC1 打开，电源从 2U、2V、2W 供电，此时为 YY 接线；设计时低速、高速时的满载电流按照公式 $I = P_n/(\sqrt{3} \cdot U \cdot \cos\Phi \cdot \eta)$ 计算来选取相应的控制元件及导线，特别强调的是按照国标图集《常用电机控制电路图》16D3032 版本中所示，当消防兼平时两用型双速风机的配电电路选用断路器、接触器、热继电器分立元件时，断路器的整定电流应按高速运行时的满载电流选取，且无过负荷保护功能；当配电电路选用 CPS 时，低速时选用的 CPS 为非消防型，高速时的 CPS 为消防型，过载只报警。

$\cos\Phi \cdot \eta$ 的选取见表 1。

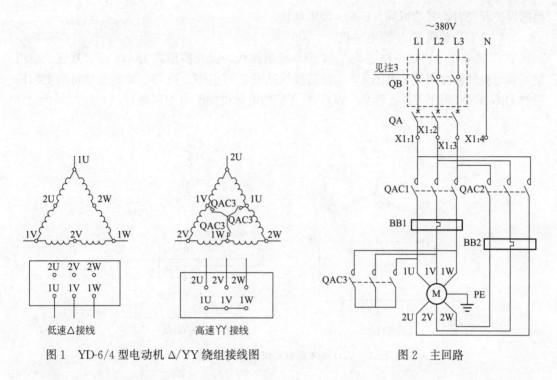

图 1 YD-6/4 型电动机 △/YY 绕组接线图

图 2 主回路

2.2 YDT 系列 Y/YY 型电动机

YDT 系列电动机定子绕组为 Y/YY 形单绕组接线，极变换型式为 4/2 型，其定子绕组接线和电机外部接线端子见图 3，主回路接线同 YD 系列 △/YY 型电动机，见图 2。

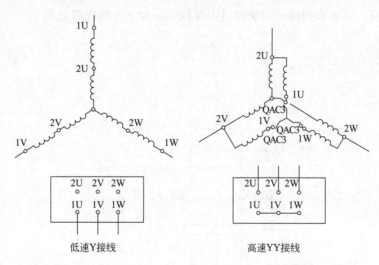

图 3 YDT-4/2 型电动机 Y/YY 绕组接线图

YDT 系列电动机定子绕组为 Y/YY 形接线，低速运行时为 Y 接线，高速运行时为 YY 接线，低速及高速时的控制器件分别按不同工况的满载电流选取，QAC3 按 $I_h/2$ 选取（I_h 为高速时满载电流），高速时的导线截面按 I_h 选取，低速时的导线按 $I_h/2$ 选取，而非低速时的满载电流。当风机为消防兼平时两用时，采用断路器和 CPS 的分别作为配电线路的保护开关时，其选取同 YD-6/4 型电动机。

2.3 YDT 系列 Y/Y 型电动机

YDT 系列电动机定子绕组为 Y/Y 型双绕组接线，极变换形式为 6/4 型，其定子绕组接线和电机外部接线端子见图 4，主回路接线见图 5。（由图 5 可知，该类电动机的主回路没有 QAC3，区别于 YD-Δ/YY、YDT-Y/YY 型电动机的配电主回路）

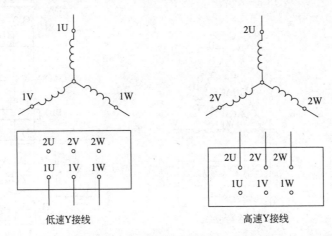

图 4　YDT-6/4 型电动机 Y/Y 绕组接线图

YDT-6/4 型电动机低速运行时为 6 极绕组，Y 形接线，QAC1 闭合，QAC2 打开，电源从 1U、1V、1W 供电；高速运行时为 4 极绕组，Y 形接线，QAC2 闭合，QAC1 打开，电源从 2U、2V、2W 供电。设计时低速、高速时的满载电流按照公式 $I = P_n / (\sqrt{3} \cdot U \cdot \cos\Phi \cdot \eta)$ 计算，来选取相应的控制元件及导线，$\cos\Phi \cdot \eta$ 的选取见表 2。

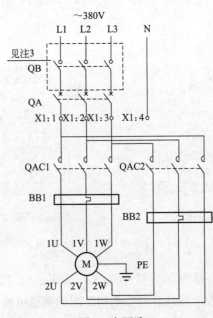

图 5　主回路

YD-Δ/YY 电动机参数

表 1

机座号		同步转速（r/min）				
		1500/3000	1000/1500	750/1500	750/1000	500/1000
80M1	功率(kW)	0.45/0.55	—	—	—	—
	功率因数 cosφ	0.74/0.85				
	效率保证值(%)	66/65				
80M2	功率(kW)	0.55/0.75	—	—	—	—
	功率因数 cosφ	0.74/0.85				
	效率保证值(%)	68/66				
90S	功率(kW)	0.85/1.1	0.65/0.85	—	0.35/0.45	—
	功率因数 cosφ	0.77/0.85	0.68/0.79		0.60/0.72	
	效率保证值(%)	74/71	64/70		56/70	
90L	功率(kW)	1.3/1.8	0.85/1.1	0.45/0.75	0.45/0.65	—
	功率因数 cosφ	0.78/0.85	0.70/0.79	0.63/0.87	0.60/0.73	
	效率保证值(%)	76/73	66/71	58/72	59/71	
100L1	功率(kW)	2/2.4	1.3/1.8	0.85/1.5	0.75/1.1	—
	功率因数 cosφ	0.81/0.86	0.7/0.80	0.63/0.88	0.60/0.73	
	效率保证值(%)	78/76	74/77	67/74	65/75	
100L2	功率(kW)	2.4/3	1.5/2.2	0.85/1.5	0.75/1.1	—
	功率因数 cosφ	0.83/0.89	0.70/0.80	0.63/0.88	0.60/0.73	
	效率保证值(%)	79/77	75/77	67/74	65/75	
112M	功率(kW)	3.3/4	2.2/2.8	1.5/2.4	1.3/1.8	—
	功率因数 cosφ	0.83/0.89	0.75/0.82	0.63/0.88	0.61/0.73	
	效率保证值(%)	82/79	78/77	72/78	72/78	
132S	功率(kW)	4.5/5.5	3/4	2.2/3.3	1.8/2.4	—
	功率因数 cosφ	0.84/0.89	0.75/0.82	0.64/0.88	0.62/0.73	
	效率保证值(%)	83/79	79/78	75/80	76/80	
132M1	功率(kW)	6.5/8	4/5.5	3/4.5	2.6/3.7	—
	功率因数 cosφ	0.85/0.89	0.76/0.85	0.65/0.89	0.62/0.73	
	效率保证值(%)	84/80	82/80	78/82	78/82	
132M2	功率(kW)	6.5/8	4/5.5	3/4.5	2.6/3.7	—
	功率因数 cosφ	0.85/0.89	0.76/0.85	0.65/0.89	0.62/0.73	
	效率保证值(%)	84/80	82/80	78/82	78/82	
160M	功率(kW)	9/11	6.5/8	5/7.5	4.5/6	2.6/5
	功率因数 cosφ	0.85/0.89	0.78/0.84	0.66/0.89	0.62/0.73	0.46/0.76
	效率保证值(%)	87/82	84/82	83/84	83/85	74/84
160L	功率(kW)	11/14	9/11	7/11	6/8	3.7/7
	功率因数 cosφ	0.86/0.90	0.78/0.85	0.66/0.89	0.62/0.73	0.46/0.79
	效率保证值(%)	87/82	85/83	85/86	84/86	76/85
180M	功率(kW)	15/18.5	11/14	—	7.5/10	—
	功率因数 cosφ	0.87/0.90	0.76/0.85		0.62/0.73	
	效率保证值(%)	89/85	85/84		84/86	
180L	功率(kW)	18.5/22	13/16	11/17	9/12	5.5/10
	功率因数 cosφ	0.88/0.91	0.78/0.85	0.72/0.91	0.65/0.75	0.54/0.86
	效率保证值(%)	89/86	86/85	87/88	85/86	79/86

续表

机座号		同步转速(r/min)				
		1500/3000	1000/1500	750/1500	750/1000	500/1000
200L1	功率(kW)	26/30	18.5/22	14/22	12/17	7.5/13
	功率因数 cosφ	0.89/0.92	0.78/0.86	0.74/0.92	0.65/0.76	0.56/0.86
	效率保证值(%)	89/85	87/86.5	87/88	86/87	83/87
200L2	功率(kW)	26/30	18.5/22	17/26	15/20	9/15
	功率因数 cosφ	0.89/0.92	0.78/0.86	0.74/0.92	0.65/0.76	0.57/0.87
	效率保证值(%)	89/85	87/86.5	87/88	86/87	83/87
225S	功率(kW)	32/37	22/28			
	功率因数 cosφ	0.89/0.92	0.86/0.87	—	—	—
	效率保证值(%)	90/86	88/86.5			
225M	功率(kW)	37/45	26/32	24/34		12/20
	功率因数 cosφ	0.89/0.92	0.86/0.90	0.77/0.88		0.61/0.87
	效率保证值(%)	91/86	88/85.5	89/88		85/88
250M	功率(kW)	45/52	32/42	30/42		15/24
	功率因数 cosφ	0.89/0.92	0.87/0.91	0.78/0.91	—	0.63/0.87
	效率保证值(%)	91/87	90/86.5	90/89		86/89
280S	功率(kW)	60/72	42/55	40/55		20/30
	功率因数 cosφ	0.90/0.92	0.87/0.90	0.80/0.91		0.63/0.87
	效率保证值(%)	91/88	90/87	91/90		88/89
280M	功率(kW)	72/82	55/67	47/67		24/37
	功率因数 cosφ	0.90/0.93	0.87/0.89	0.81/0.92		0.65/0.87
	效率保证值(%)	91/88	90/87	91/90		88/89

注：M、L后面的数字1、2分别代表同一机座号和转速下的不同功率。

YDT-系列电动机参数　　　　　　　　　表2

机座号		同步转速 r/min			
		1500/3000(Y/YY)	1000/1500(Y/Y)	750/1500(Y/YY)	750/1000(Y/Y)
80M1	功率(kW)	0.17/0.75			
	功率因数 cosφ	0.62/0.82	—	—	—
	效率保证值(%)	58.0/68.0			
80M2	功率(kW)	0.25/0.95			
	功率因数 cosφ	0.65/0.81	—	—	—
	效率保证值(%)	64.0/70.0			
90S	功率(kW)	0.30/1.40	0.32/1.10	0.22/1.00	0.25/0.65
	功率因数 cosφ	0.72/0.82	0.66/0.78	0.62/0.82	0.58/0.63
	效率保证值(%)	70.0/71.0	63.0/70.0	55.0/70.0	52.0/65.0
90L	功率(kW)	0.4/1.90	0.45/1.40	0.30/1.30	0.35/0.80
	功率因数 cosφ	0.73/0.86	0.66/0.81	0.63/0.82	0.58/0.62
	效率保证值(%)	72.0/75.0	68.0/72.0	58.0/72.0	56.0/67.0
100L1	功率(kW)	0.65/2.50	0.70/2.20	0.55/2.00	0.55/1.30
	功率因数 cosφ	0.72/0.87	0.66/0.79	0.61/0.80	0.58/0.66
	效率保证值(%)	74.0/82.0	73.0/80.0	65.0/80.0	62.0/71.0

机座号		同步转速 r/min			
		1500/3000(Y/YY)	1000/1500(Y/Y)	750/1500(Y/YY)	750/1000(Y/Y)
100L2	功率(kW)	0.80/3.10	0.90/2.50	0.65/2.40	0.75/1.60
	功率因数 cosϕ	0.72/0.87	0.67/0.78	0.61/0.81	0.59/0.67
	效率保证值(%)	76.0/82.0	74.0/81.0	66.0/80.0	66.0/74.0
112M	功率(kW)	1.10/4.40	1.10/3.20	0.90/3.20	0.85/2.00
	功率因数 cosϕ	0.74/0.88	0.68/0.82	0.59/0.78	0.58/0.68
	效率保证值(%)	80.0/82.0	78.0/82.0	71.0/83.0	67.0/74.0
132S	功率(kW)	1.40/5.90	1.50/4.70	1.10/4.50	1.20/2.60
	功率因数 cosϕ	0.74/0.91	0.68/0.83	0.59/0.82	0.60/0.71
	效率保证值(%)	80.0/83.0	81.0/84.0	75.0/84.0	73.0/79.0
132M1	功率(kW)	2.00/8.00	2.20/6.70	1.50/6.30	1.60/3.30
	功率因数 cosϕ	0.77/0.91	0.69/0.85	0.59/0.83	0.60/0.76
	效率保证值(%)	83.0/85.0	83.0/85.0	78.0/85.0	76.0/80.0
132M2	功率(kW)	2.00/8.00	2.20/6.70	1.50/6.30	2.20/4.50
	功率因数 cosϕ	0.77/0.91	0.69/0.85	0.59/0.83	0.60/0.75
	效率保证值(%)	83.0/85.0	83.0/85.0	78.0/85.0	77.0/82.0
160M	功率(kW)	2.8/12.5	3.10/9.50	2.00/8.90	3.20/6.50
	功率因数 cosϕ	0.75/0.91	0.69/0.85	0.67/0.85	0.61/0.76
	效率保证值(%)	85.0/86.0	83.0/87.0	82.0/85.0	80.0/84.0
160L	功率(kW)	3.8/16.0	4.00/12.0	2.70/12.0	4.50/9.00
	功率因数 cosϕ	0.76/0.91	0.69/0.84	0.67/0.86	0.62/0.77
	效率保证值(%)	86.0/87.0	83.0/88.0	84.0/86.0	82.0/86.0
180M	功率(kW)		5.10/15.5	4.00/16.0	
	功率因数 cosϕ	—	0.72/0.84	0.65/0.85	—
	效率保证值(%)		81.0/87.0	84.0/88.0	
180L	功率(kW)		6.20/18.0	5.00/19.5	6.50/13.0
	功率因数 cosϕ	—	0.74/0.85	0.66/0.85	0.65/0.77
	效率保证值(%)		81.0/87.0	85.0/89.0	81.0/86.0
200L1	功率(kW)		8.50/24.0	7.50/29.0	8.50/17.0
	功率因数 cosϕ	—	0.77/0.85	0.66/0.85	0.66/0.80
	效率保证值(%)		83.0/88.0	87.0/90.0	82.0/87.0
200L2	功率(kW)		8.50/24.0	7.50/29.0	11.0/21.0
	功率因数 cosϕ	—	0.77/0.85	0.66/0.85	0.68/0.80
	效率保证值(%)		83.0/88.0	87.0/90.0	83.0/88.0
225S	功率(kW)		11.0/33.0		
	功率因数 cosϕ	—	0.84/0.86	—	—
	效率保证值(%)		84.0/89.0		
225M	功率(kW)		13.0/38.0	9.50/40.0	15.0/30.0
	功率因数 cosϕ	—	0.85/0.86	0.64/0.88	0.78/0.83
	效率保证值(%)		85.0/90.0	88.0/91.0	87.0/89.0
250M	功率(kW)		16.0/47.0	14.5/52.0	18.0/37.0
	功率因数 cosϕ	—	0.87/0.89	0.66/0.87	0.80/0.86
	效率保证值(%)		85.0/90.0	88.0/91.0	87.0/90.0

续表

机座号		同步转速 r/min			
		1500/3000(Y/YY)	1000/1500(Y/Y)	750/1500(Y/YY)	750/1000(Y/Y)
280S	功率(kW)	—	18.5/55.0	17.0/65.0	22.0/45.0
	功率因数 cosϕ		0.86/0.88	0.68/0.87	0.81/0.86
	效率保证值(%)		85.0/90.0	89.0/91.0	88.0/90.0
280M1	功率(kW)	—	25.0/70.0	18.5/75.0	28.0/55.0
	功率因数 cosϕ		0.87/0.88	0.70/0.88	0.81/0.82
	效率保证值(%)		87.0/91.0	90.0/91.0	89.0/91.0
280M2	功率(kW)	—	28.0/84.0	18.5/75.0	32.0/65.0
	功率因数 cosϕ		0.87/0.88	0.70/0.88	0.81/0.82
	效率保证值(%)		87.0/91.0	90.0/91.0	89.0/91.0
315S	功率(kW)	—	32.0/95.0	25.0/92.0	37.0/75.0
	功率因数 cosϕ		0.79/0.86	0.70/0.86	0.78/0.84
	效率保证值(%)		89.0/91.0	90.0/91.0	90.0/91.0
315M	功率(kW)	—	38.0/115	30.0/110	45.0/90.0
	功率因数 cosϕ		0.78/0.86	0.70/0.86	0.80/0.85
	效率保证值(%)		90.0/92.0	91.0/92.0	91.0/92.0
315L1	功率(kW)	—	45.0/135	36.0/135	55.0/110
	功率因数 cosϕ		0.80/0.86	0.70/0.87	0.78/0.85
	效率保证值(%)		90.0/92.0	91.0/92.0	91.0/92.0
315L2	功率(kW)	—	55.0/160	41.0/155	66.0/132
	功率因数 cosϕ		0.80/0.86	0.71/0.87	0.78/0.85
	效率保证值(%)		91.0/93.0	91.0/92.0	91.0/92.0

注：M、L后面的数字1、2分别代表同一机座号和转速下的不同功率。

3 结语

综上所述，在实际工程设计时，应先根据提资的风机型号辨别出双速风机电动机型号，确定定子绕组接线型式，再根据相应电气参数进行计算设计。可在实际工作中，相关专业提资基本仅提供风机额定功率，其相关样本也有欠缺，难以做到根据风机型号确认电动机型号。鉴于此，笔者将常用双速电动机的基本参数汇集成表1、表2，用以根据电动机额定功率反推出电动机型号，方便设计工作展开。同时设计人员在配合项目开展时，应特别注意后期施工采购的产品是否和设计图纸中的双速电动机型号吻合，避免出线配电主回路错误，造成不必要的损失。

参考文献

[1] JB/T 8681—2013《YDT 系列（IP44）变极多速三相异步电动机技术条件（机座号 80～315）》.
[2] JB/T 7127—2010《YD 系列（IP44）变极多速三相异步电动机技术条件（机座号 80～280）》.
[3] 16D303-2《常用风机控制电路图》.
[4] 李天兵.常用双速风机的电机定子绕组接线型式的探讨.《建筑电气》2009 年第 10 期.

9 重要活动场所供电系统改造探讨

摘 要：本文根据重要活动场所供电系统的可靠性要求，从高压供电系统接线形式、自备柴油发电机及自备 UPS/EPS 电源的设置、应急供电车的接入形式等方面进行了分析和探讨。

关键词：重要活动场所；负荷分级；自备应急电源；UPS 电源；EPS 电源；应急供电车；ATS 转换开关；持续供电时间；转换时间；旁路供电

0 引言

随着我国在世界上影响力的日益提升，各城市举办国际性会议、外事活动、体育赛事等重要活动越来越频繁，这些重要活动场所的供电可靠性直接关系到国家形象，各级相关部门重视程度很高，因此各地方政府及供电部门近些年来均出台了一些关于重要活动场所的电力配置与电气运行导则。

所谓重要活动场所，现行民用建筑类设计规范中并无相关定义，但是近年来这一用词越来越频繁地被各地方政府及供电部门采用，综合各地的相关文件规定，重要活动场所是指由政府部门认定，具有重要影响和特定规模的政治、经济、科技、文化、体育等活动的场所。

由于这些重要活动场所举办的都是有重要影响的活动，电力部门保电压力很大，因此对比这些地方出台的电力行业导则可以发现，其配置的标准常常高于建筑电气相关国家标准，电力系统与建筑电气标准的冲突，导致很多设计人员在设计时存在很大的困惑，如何在设计中兼顾电力系统设计标准与建筑电气规范标准，保证项目可实施性与经济性，对设计人员提出了很大的挑战。

1 关于电力部门标准与建筑电气设计标准的差异问题

各地供电部门对于电力负荷的配置标准一般按照《重要电力用户供电电源及自备应急电源配置技术规范》GB/T 29328—2018 为依据，在此基础上，各地还出台了一些地方标准，如武汉市发布了《重要活动场所电力配置与电气运行导则》DB 4201/T 538—2018（以下简称《导则》），2018 年 8 月 1 日开始实施，从建筑电气角度来看，这些地方标准制定得并不十分严谨，漏洞较多，对于负荷的分级、供电方式、应急电源（包括发电机组及 UPS/EPS）的配置容量存在着界定不清、前后矛盾的地方，总体来说，标准大大高于《民用建筑电气设计规范》JGJ 16—2008（以下简称《民规》）的要求，以武汉市《导则》为例，根据所承担任务的重要程度和停电影响大小，将重要活动场所分为一级、二级和三级，根据中断供电对活动正常进行的影响程度，将重要活动场所用电负荷划分为特别重要、重要和一般，各级重要活动场所供电要求如表 1 所示：

重要活动场所供电配置要求 表1

场所分级	负荷分级	高压电源	自备发电机配置要求	UPS/EPS 电源	应急供电车接口
一级	特别重要、重要、一般	三路独立	满足特别重要的负荷和重要负荷供电要求	特别重要的负荷应配置	应配置
二级	特别重要、重要、一般	两路独立	满足重要负荷供电要求	重要负荷应配置	应配置
三级	重要、一般	双回路	-	-	-

注：1. 特别重要负荷，指中断供电将直接影响活动正常进行，造成重大政治、社会影响或经济损失，导致活动场所秩序严重混乱以及活动中必须连续供电的用电负荷。如：一级重要活动场所主照明、话筒、音响、应急照明，安防设备，数据中心，电视直播电源等。

2. 重要负荷，指中断供电将直接影响活动正常进行，造成重大政治、社会影响或经济损失，导致活动场所秩序严重混乱以及活动中允许短时间停电的用电负荷。如：重要活动场所主照明等。

3. 一般负荷，不属于特别重要负荷和重要负荷的其他负荷。

由上述重要活动场所及负荷分级标准来看，《导则》与建筑电气设计标准最大的差异在于以下几点：

1) 负荷分级标准不一。

《导则》按特别重要、重要、一般负荷划分，《民规》按照一级（包括一级负荷中特别重要的负荷）、二级、三级负荷划分，对照负荷重要性标准可以发现，《导则》中特别重要负荷基本对应于《民规》中一级负荷中特别重要的负荷，重要负荷对应一级负荷，一般负荷对应二级负荷，对于《民规》中的三级负荷，《导则》未做要求。

2) 高压电源配置要求不一。

《导则》要求一级重要活动场所采用三路高压电源供电，三路电源至少应来自两个不同的变电站，二级重要活动场所应采用两路独立的高压电源供电，三级重要活动场所宜具备两回路高压电源供电条件，上述每路电源应均能满足所有负荷的运行要求。《民规》要求，一级负荷用户要求采用两路独立的高压电源供电，二级负荷用户宜采用两回路电源供电。

如按前面所述对应标准，《导则》对一级活动场所的高压电源比《民规》要求高了一档，要求采用三路电源供电。

3) 应急电源的配置形式及配置容量要求不一。

《导则》要求应急电源的容量应能满足特别重要的负荷和重要负荷供电要求，《民规》要求一级负荷中特别重要的负荷尚应增设应急电源，对比两种标准，《导则》的要求又高出不少，将《民规》中的一级负荷也纳入了应设置应急电源的范围。如果按这个要求，应急电源的配置容量是相当之高的，以某定性于一级重要活动场所的体育场馆为例，总装机容量为23700kVA，其特别重要负荷及重要负荷达到了8000kVA左右，如全部配置应急电源，其配置比例是相当高的。

另外还要特别说明的是，供电部门对特别重要负荷、重要负荷允许断电的时间也是十分苛刻的，如对上述所列的特别重要的负荷不论负荷性质，均要求不间断供电，这就要求重要活动场所需要配置大量的UPS不间断电源，工程设计改造中，这个要求对于建筑功能布局、配电系统形式、投资的影响都是非常大的，会造成重大变更。

除此之外，《导则》还要求一级、二级重要活动场所均要求配置应急供电车接口，实际上对于重要活动场所供电系统来说，在高压系统采用三路或两路独立电源情况下，还配置了自备发电机组、UPS/EPS 电源的多重保险，供电公司配置的应急供电车数量及容量也是有限的，应急供电车接口到底有无必要确实值得商榷。

2 重要活动场所用电典型系统接线型式及改造方式探讨

某些建筑在建设之前其功能及用途已确定为承担重要的外事活动或国际性会议、国际型重大赛事，如承担金砖五国国际会议的厦门国际会议中心、承担 G20 会议的杭州国际会议中心、承担奥运赛事的鸟巢国家体育场等，这些重要活动场所在设计之初就按照各地重要活动场所的保电要求来进行电力配置，可以满足供电可靠性的要求，但有时也会遇到这样的情况，某个城市要承办一次国际性的重大赛会或会议活动，只能最大限度利用城市中的现有建筑设施，如某个宾馆要承担一次重大外事活动，某个甲级体育建筑要承担一个重大赛事的开闭幕式、某个乙级体育场馆要承担一个国际比赛的单项赛事，而既有建筑现有的供配电系统却不能满足重要活动场所供电可靠性的要求，故需要对原供配电系统进行改造，图 1 是《导则》中对一级重要负荷用户的典型供电示意图。

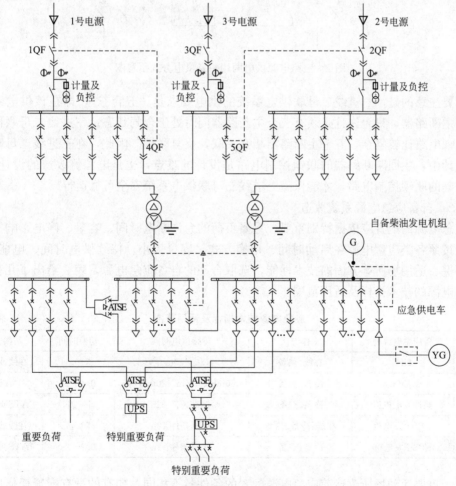

图 1　一级重要活动场所供电示意图

由图 1 来看，由于重要活动场所举办的重大活动的重要性，电力部门保电压力很大，因此《导则》中对供配电系统的配置要求往往高于《民规》要求，供配电系统往往会考虑极端最不利的情况，但是对设计人员来说，还要考虑系统改造的可实施性及经济性，通常可以从电源侧改造、自备应急电源改造、应急供电车的接入等几个方面来进行系统改造。

2.1　电源侧改造

电源侧的改造往往要涉及供电增容或重新报装等手续，需要提前跟供电部门沟通电源侧改造的可行性，通常对重要活动场所的电源侧会要求采用专线供电，按照一级重要活动场所的供电要求，需要采用三路电源供电两用一备的方式供电，如图2所示。

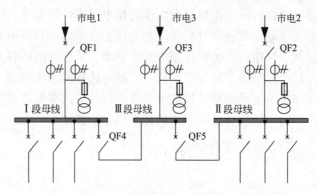

图2　三路电源供电两用一备供电方式示意图

需要注意的是，三进线二母联供电系统的供电要求是"五合三"，即在该供电系统中的五个主断路器，只允许且必须有三个主断路器同时处于合闸状态。三进线二母联供电系统的联锁电路比较复杂，五个主断路器相互关联，反复联锁。因此，在三进线二母联供电系统设计中，主回路断路器的联锁控制电路是设计的难点，也是电源侧改造的设计关键，只有正确的联锁控制电路，才能保障三进线二母联供电系统安全可靠运行。

2.2　自备应急电源系统改造

应急电源的配置应依据特别重要、重要负荷的允许断电时间、容量、停电影响等负荷特性，按照各类应急电源在启动时间、切换方式、容量大小、持续供电时间、电能质量、节能环保、适用场所等方面的技术性能，选取合理的自备应急电源，表2给出了几种常用的应急电源的技术指标及适用范围。

应急电源技术指标及适用范围　　　　　　　　　　　　　　表2

序号	自备应急电源种类	工作方式	持续供电时间	切换时间	切换方式
1	UPS	在线、热备	10～30min	<10ms	在线或STS
2	EPS	冷备、热备	60min、90min、120min 等	0.1～2s	ATS
3	柴油发电机组	冷备、热备	标准条件12h	5～30s	ATS或手动
4	UPS＋发电机	在线、冷备、热备	标准条件12h	<10ms	在线或STS
5	EPS＋发电机	冷备、热备	标准条件12h	0.1～2s	ATS或手动

由于重要活动场所改造前应急电源配置的条件各不相同，如有的没有配置任何应急电源，有的仅配置了自备发电机组，有的只配置了小容量UPS或EPS，在实际改造中，对照《导则》要求进行梳理，根据工程实际情况，结合表2的供电时间和切换时间要求，合

理选择某一种应急电源或某几种应急电源的组合。

1）自备发电机组

在对重要活动场所应急电源改造时，需优先考虑配置自备发电机组，其容量应满足特别重要负荷、重要负荷容量要求，实际工程中，如保障负荷容量较大，增设多台大容量发电机组不具备改造条件，需要同供电部门做好沟通，根据负荷性质进行梳理，将发电机容量和台数控制在合理范围内，另外还要考虑后期运营的经济性，如某些场所仅举行这一次重要活动，配置大量的发电机组是一种巨大的浪费，这时也可以征得供电部门的同意，采用预留发电机接驳口，重要活动时租赁移动发电机组的方式。

2）UPS电源

对于重要活动场所，供电部门一般要求特别重要负荷、重要负荷允许断电的时间小于10ms，因此需要考虑配置大量的UPS电源，对于UPS不间断电源的改造，有以下设计要点需要特别注意：

（1）对于主场所照明、新闻发布厅、主席台等负荷宜考虑集中设置UPS间，并考虑N+1冗余模式。

（2）对于弱电类负荷，如各类弱电机房、电视转播机房、扩声系统电源、声、光、屏控室等UPS电源宜因地制宜，根据实际条件，分散设置在机房内。

（3）为提高UPS的运行寿命，UPS电源宜设置带锁的旁路开关，非重要活动期间，可以将UPS电源脱出，合上旁路开关，由双电源开关切换后直接对负载供电，如图3所示。

（4）UPS电源在作为金卤灯等冲击电流较大的负载后备电源时，其额定输出功率应考虑为最大计算负荷的1.6倍以上。

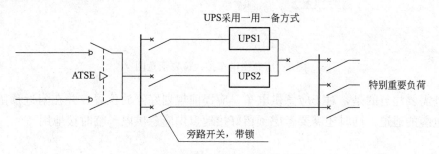

图3　特别重要负荷UPS接线示意图

3）EPS电源

对于中断供电时间要求不高的一般性负荷，如火灾应急照明等，宜优先采用EPS作为应急电源，实际上EPS电源如采用在线式运行方式，亦能满足切换时间在10ms以下的要求，如体育场馆也经常采用在线式EPS电源作为金卤灯的后备电源，其相比于UPS电源的优点在于抗冲击性负荷的能力较强，但是需要结合金卤灯的特性配置，通常应要求切换时间小于5ms，实际运行中，可以根据负载的性质、经济性进行比较取舍。

2.3　应急供电车接驳口改造

按《导则》要求，一、二级重要活动场所均需配置应急移动发电车接口，应急供电车通常分为移动发电车和移动UPS电源车两种方式，在重要活动场所供配电系统改造之前，应同当地供电部门调研应急供电车的形式及容量。应急供电车的接入位置需要根据其系统中需保障负荷的容量及应急供电车的容量综合确定，通常有以下几种接入方式：

1）如保障负荷容量较小，未超出单台应急供电车的输出容量，应急供电车可直接接入发电机馈线屏，在市电及自备发电机均发生故障的情况下，取代自备发电机，保障全部重要负荷的正常工作，如图4接入点1所示。

2）如应急供电车容量只能保障某部分负荷的正常运行，可接入自备发电机的某一段应急母线，在发电机组故障情况下，确保该段应急母线的正常工作，如图4接入点2所示。

3）应急供电车容量较小，或仅需要确保某一回路重要负荷，可直接接入该回路双电源箱后，确保该回路供电可靠性，如图4接入点3所示。

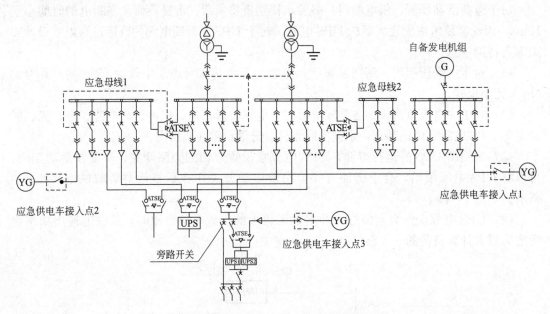

图4　应急供电车接入位置示意图

另外需要注意的是，对于应急供电车，应提前规划好停放位置，并在附近预留接驳箱及临时电缆的通道，同时还需要考虑预留好接地点供应急供电车临时接地用。

3　结语

重要活动场所供电系统改造责任重大，系统安全性、可靠性是重中之重，一方面要加强与供电部门的沟通，根据当地供电部门的保电要求，将电力系统地方标准与建筑电气标准相互协调融合，另一方面还要适当考虑经济性及后期运营管理的需求，从电源侧改造、低压系统的架构、应急电源的配置等多方面着手，采用多方案比选，确定最终改造方案。

参考文献

[1] DB4201/T 538—2018 重要活动场所电力配置与电气运行导则 [S].

[2] GB 29328—2018-Z 重要电力用户供电电源及自备应急电源配置技术规范 [S].北京：中国标准出版社，2018.

10　铁路站房改扩建过渡阶段电气设计要点

摘　要：针对既有站房的改扩建工程的兴起，本文阐述了过渡阶段电气设计的基本原则和设计要点，并结合电气设计实例，分析了某铁路站房改扩建过渡阶段的电气技术措施。

关键词：既有铁路站房；过渡阶段；电气设计原则；实例分析；造价分析

0　引言

2008 年至 2018 年是铁路建设迅猛发展的十年。在过去这十年里，按照国家中长期铁路网规划和铁路"十一五"、"十二五"规划，以"四纵四横"快速客运网为主骨架的高速铁路建设全面加快推进，形成了比较完善的高铁网络体系。2016 年开始，按照"十三五"规划，国务院审议通过了新的《中长期铁路网规划》，国家铁路规划由"四纵四横"跃升为"八纵八横"。因此在"十三五"期间铁路建设必将继续高速推进。全国各地新建的铁路站房拔地而起，形成了铁路网络的新节点。而位于中心城区的既有线上的老铁路站房，由于地理位置的优势，伴随着老城区的改造，扮演着更加重要的角色。它不仅要肩负过去运送旅客的简单职责而且还要融入周边地块的各项功能，甚至改变周边居民的生活方式。但是由于既有站房一般建设年代久远，导致它的功能布局、进出站流线，配套设施已无法满足目前城市、铁路的发展需求。因此，全国各地出现大量既有站房的改扩建项目。

众多既有铁路站房改扩建工程都有一个共性特点：站房必须在保证正常旅客运营，生产不中断的情况下，完成改扩建工作。为了更好地完成既有铁路站房改扩建，这就要求改扩建工程分阶段逐步进行，而每个过渡阶段的电气设计都至关重要。本文结合自身实际工作对既有铁路站房改扩建过渡阶段的电气设计进行探讨，并结合某铁路站房改扩建工程，介绍过渡阶段的电气设计要点和设计思路，为其他铁路站房改扩建工程过渡阶段的电气设计提供参考。

1　过渡阶段的电气设计原则

1.1　过渡阶段的电气设计满足国家现行规范及铁路设计规范要求，以安全为首要原则

既有铁路站房根据自身条件进行改扩建，可能出现一个或多个过渡阶段。每个过渡阶段持续时间也视项目规模及过渡方案而定。但多数情况下，过渡阶段对电气的要求为临时阶段性的。正因为这种特殊性，我们更不能忽略电气安全和消防安全的问题。电气设计必须按规范要求做到标准化、规范化。防止电气事故、火灾事故的发生，保障过渡时期用电安全。

1.2　过渡阶段的电气设计满足各阶段的站房功能要求，确保既有线路的正常运营为原则

既有铁路站房为了维持正常的运营，每个阶段的进出站流向、候车售票功能布置及商

业需求可能都会时刻出现变化。电气设计应该根据建筑方案的变化而灵活调整，以满足站房各阶段的功能需求。确保站房和线路的正常使用。

1.3 过渡阶段的电气设计针对各阶段的站房实际现状，尽量减少过渡工程量，节约投资。以永临结合为原则

既有铁路站房过渡阶段的临时用电需求，应针对现场实际条件并结合整个项目远期电气方案开展设计。尽量做到永临结合。减少临时阶段专用的电气设备，利用远期电气设备；并减少临时线路，减少拆除费用。电气过渡方案尽量能兼顾多个过渡阶段，各电气系统避免多次改造，减少二次浪费。合理地控制好电气过渡工程的投资量。

2 过渡阶段的电气设计要点

2.1 明确铁路站房改扩建工程各过渡阶段的现场电气条件

由于站房的改扩建工程分阶段进行，在各阶段的建设过程中，电气设备房如变配电房、消防控制室、强弱电管井等不一定已建设完成，远期的电气设备，完整的电气系统不一定能够使用。因此在各过渡阶段，确认现场电气条件至关重要。只有明确了电气的设计条件，才能了解过渡阶段能够使用的电源回路、电源容量；才能判断能否有条件提供应急电源，能否有条件设置各电气系统等。我们才能游刃有余地开展电气设计工作。在极端条件下，如果没有条件，应该协调各专业，创造有利的条件完成过渡阶段的电气设计。

2.2 明确铁路站房改扩建工程各阶段的过渡方案，车站功能需求

全面了解铁路站房过渡阶段的功能需求。只有确定了进出线流向，售票区、候车区的基本要求，才能有的放矢地开展电气设计工作。电气设计简单的来说就是为建筑提供照明，为设备提供电能，并完成各系统的控制，使得整个建筑正常的运转起来。因此在任何电气设计中了解各方需求至关重要。只有明白了业主的需求，明白了其他专业要完成的效果，才能制定合理的方案，完成电气设计。

3 某铁路站房改扩建项目过渡工程电气设计实例分析

3.1 某铁路站房改扩建项目背景

某既有铁路站房位于老城区中心。随着高铁线路开通、铁路客流快速增长，车站周边道路已难以满足需要。为了创造更好的出行环境，向社会提供更为高效、便捷、舒适的出行服务，为更好地建立城市形象，完善城市功能配套，既有站房开始改扩建建设。

在既有站房原址处，拆除既有站房，建设新站房（东站房）。新建东站房总建筑面积为 72008m²。其中包括站房面积 44613m²，商业开发面积 27395m²。东站房线侧为站房主体，还包括 1～6 站台范围内的线上高架候车区和线下出站地道区。东站房变压器安装总容量为 11200kVA。供电电源由铁路变电站引来 2 路独立的 10kV 电源，高压系统为单母线分段运行方式，中间设联络开关，平时两路 10kV 电源同时供电，各供 5600kVA 负荷。互为 100% 热备用。当任一路 10kV 电源故障时，通过手/自动操作联络开关，另一路电源可保证全部负荷（11200kVA）使用。在站房出站夹层南侧设置 1 座 10/0.4kV 变配电所，负责东站房全部区域的 0.4kV 供电。变配电所内设置 2000kVA 变压器 4 台、1600kVA 变压器 2 台。

为解决建设某站房扩建工程（东站房）期间车站过渡使用问题，在东站房的西侧配套建设西站房工程，西站房按照永临结合的原则进行设计。西站房近期做过渡使用，远期与东站房完成连接，合成一体。在西过渡站房建设完成后，可以利用西站房在站房扩建工程建设期间进行旅客乘降，同时在站房扩建工程建设完成也可以从西侧进站，带动西侧区域发展（图1）。

西站房总建筑面积为36332m²。其中西站房线侧区面积约为28094m²。西站房线上高架候车区面积约8238m²，远期与东高架候车区连接。根据西站房布局，在西站房站台层设置

站房指标	变压器情况	所供负荷
东站房 72008m²	TM1：2000kVA	东站房主要照明 动力负荷
	TM2：2000kVA	
	TM3：2000kVA	东站房商业用电 负荷
	TM4：2000kVA	
	TM5：1600kVA	冷冻站空调负荷
	TM6：1600kVA	
西站房 36332m²	TM7：2000kVA	西站房主要照明 动力负荷
	TM8：2000kVA	
	TM9：800kVA	西站房远期商业 用电负荷
	TM10：800kVA	

图1 某站房面积指标及容量分析示意图

一座10/0.4kV变配电所，负责西站房全部区域及西侧部分高架候车区的0.4kV供电。西站房分为近期过渡阶段和远期永久阶段。在永久阶段西站房远期安装容量预计调整为5600kVA，变配电所内设置2000kVA变压器2台，800kVA变压器2台。供电电源由铁路变电站引来2路独立的10kV电源，高压系统为单母线分段运行方式，中间设联络开关，平时两路10kV电源同时供电，各供2800kVA负荷。互为100%热备用。其中2台2000kVA为近期过渡阶段安装，解决西过渡站房过渡阶段的供电要求。2台800kVA变压器为远期变配电房改造时安装（图2）。

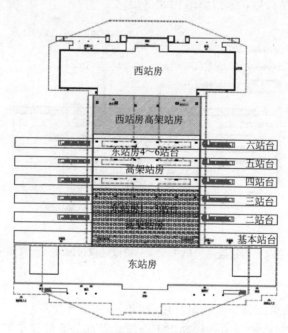

图2 某站房总平面示意图

3.2 某站房过渡工程过渡方式及内容

1）第一阶段：

（1）西过渡站房建设期间（如图3所示）

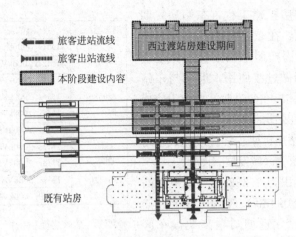

图 3　西过渡站房建设期间过渡方式示意图

　　候车：利用既有站房；进站流线：利用既有进站天桥进站；出站流线：利用既有出站地道出站。

　　(2) 西过渡站房启用至第一阶段结束

　　(如图 4 所示)

　　候车：西过渡近期站房 (10m 标高以下 2 层)；进站流线：在西过渡站房候车进站，利用 4～6 站台部分高架候车室作为进站通道，通过既有进站天桥进站；出站流线：利用既有行包地道到达 1 站台后，通过临时出站区出站。

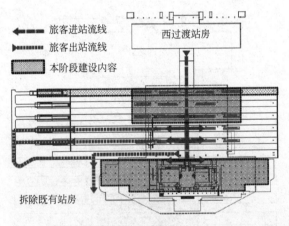

图 4　西过渡站房启用至第一阶段结束过渡方式示意图

　　2) 第二阶段：

　　东站房及 1～3 站台部分高架候车室建设期间 (如图 5 所示)

　　候车：西过渡近期站房 (10m 标高以下 2 层) 及部分高架候车室；进站流线：通过西过渡站房及作为进站通道的 4～6 站台部分高架候车室下至 4～6 站台乘车；出站流线：利用 4～6 站台～西站房部分出站地道，通过西广场地下空间出站。

　　3.3　某站房过渡工程第一阶段电气设计要求及相应技术措施

　　过渡工程第一阶段要求：此期间要将保证线路正常运营，且全力建设西过渡站房。在

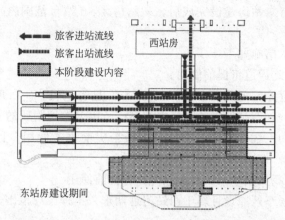

图5 东站房及1～3站台部分高架候车室建设期间过渡方式示意图

西过渡站房启用后，拆除既有站房，为过渡工程第二阶段的施工做好准备工作。

过渡工程第一阶段供电电源情况：此阶段既有站房还未拆除，既有变配电所继续维持使用。因此过渡阶段10kV高压系统为既有站房的10kV高压系统。电力过渡措施仅为0.4kV电力配电系统调整。

1）西过渡站房建设之前需完成电力过渡措施如下：

（1）4～6站台停止使用后，4～6站台范围内既有天桥、部分既有雨棚需拆除，在拆除之前先行在相应配电箱对影响区域供电回路断电。

（2）妥善保管好拆除区域电气线路、灯具、各种电气设备，以备过渡和正式工程重复利用。

2）西过渡站房启用之前需完成电力过渡措施如下：

（1）仍在施工的4～6站台部分高架候车室中间区域、此部分高架候车室至既有天桥之间的连接楼梯、1～3站台既有天桥一起作为进站通道使用。此段临时进站通道过渡时间较短，电气仅设置普通照明及应急照明，可将前期4～6站台天桥上拆除照明灯具、线路重复利用，供电回路也利用原有回路。

（2）建筑新增临时出站区，该出站通道为敞开式通道，电气仅设置普通照明，照明回路接入邻近站台雨棚照明配电箱预留回路。

（3）临时进出站任务完成后电气设施跟随主体结构一同拆除。

3.4 某站房过渡工程第二阶段电气设计要求及相应技术措施

过渡工程第二阶段要求：此期间要将整个出站地道、西站房及西高架候车区（商业除外）、东站房4～6站台高架候车区（商业除外）正式投入使用。

过渡工程第二阶段供电电源情况：此阶段既有站房已拆除，西站房已完成近期建设。西站房变配电所中2台2000kVA变压器近期已投入使用。因此过渡阶段10kV高压系统为西站房远期10kV高压系统。电力过渡措施仅为0.4kV电力配电系统调整。

考虑西站房内商业用电远期才使用，可利用西站房近期2台2000kVA的容量作为过渡使用。西站房线侧2层、西站房高架候车区、东站房4～6站台范围内高架候车区、地道的照明、消防、扶梯、电梯、排水泵等维持运营的重要负荷先行由西站房变配电所供电。部分近期暂时不使用的负荷（如商业用电、广告用电等）及区域（西站房线侧3～4

层）暂不供电。远期待东站房建设完成后，东站房 4～6 站台范围内高架候车仍迁改至东站房变配电所供电。

电气专业采取技术措施如下：

1）为应对地下出站通道将提前使用。

由于地下出站通道原配电间在 4～6 站台下方，且容量较小。可以将整个地下出站通道的电气系统永久划分到西站房永久站房电气系统，由西站房附属的变配电所供电。

因此，西站房远期工程变配电房中部分低压柜提前投入使用，且出站通道电气部分（末端线路设备及干线）按永久设计正常施工。

2）为应对西站房高架候车区（商业除外）将提前使用。

由于西站房高架候车区原设计属于西站房远期永久工程设计范围，由西站房附属的变配电所供电。

因此，西站房远期工程变配电房中部分低压柜提前投入使用，且西站房高架候车区（商业除外）电气部分（末端线路设备及干线）按永久设计正常施工。

3）为应对东站房 4～6 站台高架候车区（商业除外）及 4～6 站台雨棚将提前使用。

由于东站房 4～6 站台高架候车区及 4～6 站台雨棚原配电间位于 4～6 站台高架候车区，且容量较大。可以将整个东站房 4～6 站台高架候车区（商业除外）及 4～6 站台雨棚的电气系统临时划分调整到西站房过渡电气系统，由西站房附属的变配电所临时供电。待过渡阶段完成以后，整个站房完成远期建设，恢复由东站房附属的变配电所正式供电。

因此，西站房远期工程变配电房中部分低压柜提前投入使用，且东站房 4～6 站台高架候车区（商业除外）及 4～6 站台雨棚电气部分（末端线路及设备）按永久设计正常施工。但临时增设此部分用电负荷从西站房变配电房到此区域配电间的干线线路。

4）为应对过渡工程第二阶段时，4～6 站台高架候车室、地下通道内其余电气系统提前使用。

火灾自动报警系统及其各子系统（防火门监控、消防电源监控、电气火灾监控、消防炮监控等等）、BAS 系统、智能应急照明系统、智能照明系统，均需通过对西过渡站房相应电气系统主机增容后接入。要求西过渡站房与东站房各系统设备能正常通信及运行。西站房电力监控系统在近期过渡阶段暂时不启用。待西站房变配电所完成远期改造时，再行启用。

3.5 某站房过渡工程过渡方式电气造价分析

1）站房过渡工程第一阶段，主要是利用既有电气用房和电气设备。电气工程主要造价集中在临时进站通道的照明安装拆除费用和新增临时出站区照明安装费用。

2）站房过渡工程第二阶段，地下出站通道及西站房高架候车区（商业除外）由于原设计属于西站房远期永久工程设计范围，属于永临结合设计。因此，此部分电气设计不会影响整个项目造价，仅为提前采购施工西站房远期部分电气内容。

3）站房过渡工程第二阶段，东站房 4～6 站台高架候车区（商业除外）及 4～6 站台雨棚的电气部分：

（1）末端线路及设备按远期建设施工，永久也不会拆除，属于永临结合。因此，此部分电气设计不会影响整个项目造价，仅为提前采购施工东站房部分电气内容。

（2）此部分干线线路临时由西站房供电，待东站房建成后需改备用或拆除。因此，此部分电气设计仅增加临时电缆、桥架及 2 台低压柜（后期改为备用柜）费用。电缆及低压柜改造过渡约需投资 200 万元，但通过精心设计和严格管理可以重复利用。

4 结束语

全国各地随着铁路建设的持续发展，随着老城改造建设的兴起，既有铁路站房改扩建需求逐步增加。在改扩建过程中，制定合理的电气设计方案至关重要。过渡阶段电气设计既要满足建筑过渡方案的要求，保证铁路持续运营，又要合理地节约临时过渡阶段的成本，减少二次投资浪费，做到永临结合。

本文结合实际工程实例，介绍了铁路站房改扩建过渡阶段电气设计基本思路。针对各过渡阶段的过渡方式和内容，分析总结了电气设计要求及相应技术措施。为其他类似的铁路站房改扩建工程的电气设计提供参考。

参考文献

［1］周贤雯.浅谈既有铁路站房改造建设.《中国高新技术企业》2015 年第 18 期.

［2］姚洪声.淄博站房改造工程电气设计.《济南大学学报》2005 年 6 月第 19 卷.

［3］陈建平.南京南站及相关工程电气系统设计.《铁道标准设计》2013 年第 6 期.

［4］刘保红，鲁文科.以徐州站房改造为例谈既有铁路站房改造的特点.《铁道标准设计》2013 年第 4 期.

11 低压交流断路器分断能力的选择

摘　要：低压断路器的正确选择是保证低压供配电系统安全运行的前提，当低压供配电系统出现短路故障时，相应的配电系统中低压断路器应能及时有效地切除故障回路，避免事故扩大，本文通过估算故障点的短路电流的大小，介绍选择相应分断能力的低压断路器的方法。

关键词：额定极限分断能力 I_{cu}；额定运行分断能力 I_{cs}；阻抗电压 $U_k\%$

0　引言

供配电设计中断路器的选择是供配电保护最重要的环节，断路器特性包括主体形式、主电路的额定值和极限值、短路特性、控制电路、辅助电路、脱扣形式、操作电压等。尤其是建筑单体或生产车间的变配电室低压配电柜内的断路器，短路特性的正确选择非常重要。

1　低压断路器分断能力

低压断路器分断能力分为："额定极限分断能力 I_{cu}"为按规定的实验程序所规定的条件，不包括断路器继续承载其额定电流能力的分断能力；"额定运行分断能力 I_{cs}"按规定的实验程序所规定的条件，包括断路器继续承载其额定电流能力的分断能力。断路器的短路分断能力无论是 I_{cu} 还是 I_{cs} 都是周期分量有效值。

现在供配电常用的低压断路器有框架断路器、塑壳断路器、微型断路器。下面以某国产低压断路器系列为例列表说明，见表1。

框架断路器　　　　　　　　　　　　　　　　　　　　　表1

	I_{cu}(kA)	I_{cs}(kA)
ACB-1600	65	55
ACB-2500M	65	65
ACB-2500H	85	85
ACB-4000M	85	85
ACB-4000H	100	100

塑壳断路器

	MCCB-100C	MCCB-100L	MCCB-100M	MCCB-100H
I_{cu}(kA)	35	50	70	100
I_{cs}(kA)	22	35	50	70
	MCCB-250C	MCCB-250L	MCCB-250M	MCCB-250H
I_{cu}(kA)	35	50	70	100
I_{cs}(kA)	25	35	50	70
	MCCB-400C	MCCB-400L	MCCB-400M	MCCB-400H
I_{cu}(kA)	35	50	70	100
I_{cs}(kA)	35	50	70	75

微型断路器 MCB-63：I_{cu}(kA)＝10；I_{cs}(kA)＝7.5

2　低压断路器分断能力的选择

变压器低压侧主出线断路器一般采用框架断路器，此处低压断路器的分断能力应按照变压器低压出口处短路电流来选择，而变配电室内低压出线配电柜内断路器的分断能力，因为经过了低压配电母排，该处短路电流则略低于变压器出口处短路电流，但是也很接近，所以此处低压断路器分断能力也建议按照变压器出口处短路电流来选择，而不在变配电室内的二级或三级配电柜、箱处的断路器分断能力，则需计算短路点短路电流来确定。

当断路器开断的短路电流超过了额定运行分断能力 I_{cs} 而小于额定极限分断能力 I_{cu}，断路器能正常开断故障电流，但是开断后需更换该断路器，而开断的电流低于额定运行分断能力 I_{cs}，断路器还可正常使用。当然，当短路电流大于该处断路器额定极限分断能力 I_{cu}，则可能造成无法正常开断，使事故扩大。所以变压器出口处、主干线路保护断路器选择时，宜按照 I_{cs}＞预期短路电流来选择，而支线回路或非重要负荷，则为了降低造价，宜按照 I_{cu}＞预期短路电流来选择。

单变压器的低压系统，低压配电断路器的分断能力选择较为简单。根据供电部门给出的供电系统高压侧的短路容量计算变压器低压侧的短路电流即可，当没有供电部门提供的短路容量，建议按照短路容量无穷大来考虑，变压器低压出口处的三相短路电流周期分量有效值可以采用"额定电流/变压器阻抗电压 $U_k\%$"来得出。阻抗电压 $U_k\%$ 表示变压器内阻抗的大小，指当变压器二次绕组短路，一次绕组流通额定电流而需施加的电压。

举例：10kV 供电系统，上端短路容量按无穷大考虑，2000kVA 干式变压器，$U_k\%=6$。

$$变压器二次侧额定电流\ I_e=\frac{S_n}{\sqrt{3}U}=\frac{2000}{\sqrt{3}\times0.4}=2887A$$

$$低压侧的三相短路电流\ I_k=\frac{100I_e}{U_k\%}=\frac{100\times2887}{6}=48kA$$

则低压断路器选择查表 1，按下图选择，安全合理。当然，此处选择 MCCB-250L 也满足规范要求，因为 $I_{cu}=50kA＞48kA$。

低压配电系统图，断路器按照分断能力选择见图 1。

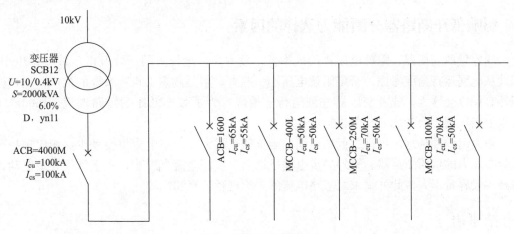

图 1　低压配电系统图

此处应注意，不同品牌的断路器技术参数不同，不同壳架电流的等级塑壳断路器，技术参数也不同，在系统设计选型时应参照产品样本来选择。变压器低压侧馈线断路器选用，微型断路器不适合，由于分断能力不满足要求。

根据以上论述，单台变压器低压侧按照变压器容量选择断路器的分断能力即可，当变压器为并列运行时，低压侧短路电流会增大，则断路器分断能力需提高，变压器并列运行情况如图2。

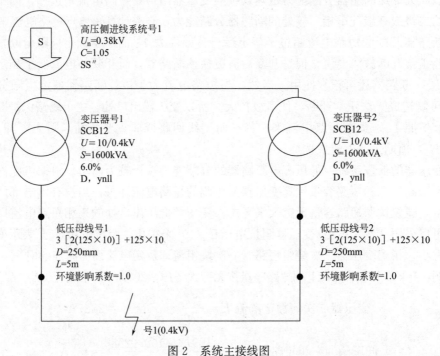

图 2 系统主接线图

经计算单台 1600kVA 变压器低压侧短路电流约为 38kA，而两台变压器并列运行号 1 短路点电流约为 65kA，计算结果远大于单台变压器低压侧短路电流值。此时在变配电室内变压器二次侧低压断路器选择分断能力时，要按照实际计算短路电流然后查产品手册进行选择。

3 影响低压断路器分断能力选择的因素

同容量的变压器，阻抗电压小的成本低，效率高，运行时的压降及电压波动率也小，因此从电网运行角度考虑，希望阻抗电压小一些好。但是随着 20kV 系统的推广，设计变压器容量也会增大，或者变压器并列运行等情况，为了减小低压侧短路电流，1600kVA 及以上变压器也会考虑 8% 的阻抗电压。

距离出线端越远，母排、低压电缆的阻抗值也越大，短路电流也会减少，相应选择较低分断能力的低压断路器。另外异步电动机也会对短路电流有影响，由于低压异步电动机选择一般容量不大，此处就未对短路电流的影响进行计算和比较。

4 结束语

供配电设计要做到安全、可靠、经济合理的原则。我们在设计选型时候也不能为追求可靠而所有的电气元器件都按照高级别的选择，应该合理计算，灵活运用，在满足安全可靠的情况下，还要尽量节省投资。

参考文献

［1］工业与民用供配电设计手册（第四版）［S］.北京：中国电力出版社.2017（03）.

［2］GB 14048.2—2008 低压开关设备和控制设备 第 2 部分：断路器 ［S］.北京：中国标准出版社，2009.

［3］GB 50054—2011 低压配电设计规范 ［S］.北京：中国计划出版社，2012.

［4］林承就.10/0.4kV 变压器低压侧短路电流的近似计算及应用 ［J］福建工程学院学报.2009（3）.

12　控制与保护开关CPS技术特点与设计应用

摘　要：本文针对目前控制与保护开关CPS应用情况，分析了CPS的技术特点，归纳了CPS的设计应用要点，并对CPS的发展提出了改进建议。

关键词：控制与保护开关CPS；一体化；消防型；模块化；二次回路集成

0　引言

对电动机的控制与保护，传统上采用断路器（熔断器）、接触器、热继电器等电控系统，但该系统存在如下不足：（1）采用不同考核标准的电器产品组合在一起使用时，保护特性、控制特性相互配合不协调；（2）设计人员选择电器元器件可能匹配不当；（3）成套厂购置不同生产厂家的元器件产品的质量不同和装配调整不当；（4）用户现场整定不当等。为解决这些问题，一体化的控制与保护开关CPS应运而生，其集成了隔离器、断路器（熔断器）、接触器、过载（或过电流）保护继电器、欠电压保护继电器、起动器等电器元件的主要功能（如图1），较

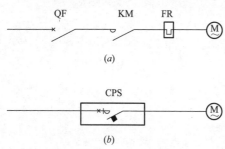

图1　电动机主回路示意图
(a) 分立元器件电机控制系统；
(b) CPS电机控制系统

好地克服了采用分立元器件构成的电控系统存在的不足，因而得以推广应用。但其实际工程应用中要注意什么问题？还有哪些可以改进的地方？仍值得我们深入交流和探讨。

1　控制与保护开关CPS的特点与类型

控制与保护开关CPS能接通、承载和分断正常条件下包括规定的运载条件下的电流，且能够接通、在规定时间内承载并分断规定的非正常条件下的电流，可应用于多种风机、水泵控制。按照"组合形式、壳架电流、分断能力、级数、脱扣器类型、控制电压、负载类型、隔离功能"等可分为如下多种类型，实际工程设计时应甄别选用最合适的。

1.1　组合形式：CPS按照组合形式或控制对象起动方式可分为基本型（直接起动型）、双速（三速）起动型、可逆起动型、星-三角减压起动型、自耦减压起动型等。

1.2　壳架电流：目前市场上主流的CPS基本有两种壳架电流，分别为45A和125A，控制功率不超过55kW的电动机，可满足民用建筑中大部分电动机的使用要求。近几年，已有少数厂家开发出壳架电流225A、400A的产品，大大丰富了CPS的产品系列。

1.3　分断能力：我们都知道，选择断路器时分断能力是一个非常重要的指标，但为什么在选用CPS时经常忽略这个指标，很多厂家的选型样本上也没有突出额定运行短路分断能力这个指标呢？因为相比断路器，CPS具有分断能力高、飞弧距离短的特性。CPS为双断点结构，采用限流分断技术，其额定运行短路分断能力的分断时间很短，达到了塑

壳断路器的领先水平（35kA），接近熔断器的限流水平，大大限制了短路电流对系统动、热冲击。故一般条件下 CPS 的分断能力均可满足使用要求。

1.4　级数：分为 3 级和 4 级两种，一般情况选用 3 级产品。特别注意的是当采用 CPS 保护潮湿场所电动机，如潜污泵、室外电机等，CPS 应带漏电附件并选用 4 级产品。

1.5　脱扣器类型：目前市场上的 CPS 过载脱扣器大多为热磁式，其又可分为不频繁起动电动机保护型、频繁起动电动机保护型、配电保护型等。目前有些厂家已开发出电子脱扣器的 CPS，附带有多种测量功能及数字化接口，可直接接入建筑设备监控系统（BAS），可应用于智能化程度较高的场所和建筑。

但请注意：消防设备的控制与保护应选用热磁式 CPS，高温、高湿及电磁干扰严重的场所也宜选用热磁式 CPS。

1.6　控制电压：控制电压有 380V、220V、110V 等几种，一般选用 220V。

1.7　负荷类型：分为消防型及非消防型。特别注意的是消防型，要实现消防系统运行中过载、过流时"只报警，不跳闸"及短路时"报警＋跳闸"的特定要求。产品应带有声光报警模块，当负载端发生过载、过流、短路等故障电流时，能够发出声光报警信号，为消防场合提供了更为有利的安全保障。

1.8　隔离功能：根据《通用用电设备配电设计规范》GB 50055—2011 第 2.4.2 条规定，每台电动机的主回路上应装设隔离电器，但共用一套短路保护电器的一组电动机或由同一配电箱供电且允许无选择地断开的一组电动机，可数台电动机共用一套隔离电器。故一般情况 CPS 应选用带隔离功能型的。

2　控制与保护开关 CPS 的新技术

自从 20 世纪 90 年代国内控制与保护开关 CPS 问世以来，一些 CPS 骨干生产厂家投入了大量的精力进行了新产品、新技术的研发，取得了丰硕的成果。其中一些代表性的新技术和产品如下。

2.1　分断能力高：额定运行短路分断能力为 100kA 的控制与保护开关，达到了同类产品的国际领先水平。

2.2　模块化技术：可根据不同的工程设计要求选择不同功能模块的组合；结构上采用模块化设计，满足不同功能需要的不同模块其结构尺寸是一致的，大大提高了互换性。包括多种数字化模块、消防模块、通信模块、漏电模块等，具有即插即用的接口，且接线线路简单、设计更为人性化，便于安装及操作，且选型方便、安全可靠，也解决了传统产品坏掉其中一个组件，就需要整体替换的问题。在模块化设计的同时，也实现了 CPS 产品的小型化。

2.3　结构紧凑精密：通过巧妙的结构设计，产品将电动机保护系统中的断路器与接触器触头合二为一，主回路只有一个通断触头；同时具有过载保护功能和过流保护功能，实现了产品之间结构精密紧凑。过载、过流、断相、漏电、欠压、过压等功能，根据不同需要可集成在不同型号的过载脱扣器中；电磁系统倒装式结构使电磁铁的体积可设计的最小化，进而可以使整个开关体积最小。

2.4　永磁技术与节能：将传统 CPS 传动机构的电磁设计改为永磁设计。因安装在开关联动机构上的永磁体的极性是固定不变的，而固定在开关底座上的由特殊工艺制作的软铁，在外来控制信号作用下，电子控制模块产生十几至二十几毫安的正反向脉冲电流，使软铁产生不同的极性，从而实现永磁体维持和主触头快速吸合、分断，实现了控制保护开关的高效节能。

2.5 二次回路集成：目前一次控制回路中的断路器、接触器和热继电器等已经由控制与保护开关电器（CPS）集成为一体，给电机控制技术带来了一次飞跃。而二次控制回路一直使用传统的分离元器件进行设计，在实际使用中存在很多问题，行业设计界一直在探索二次控制回路的新的控制方式，电机控制模块正是将二次控制集成为一体，实现了电机控制技术带来了二次飞跃。通过微电子技术、数据传输技术、软件技术、液晶显示等技术的应用，将电机二次控制线路集成在控制模块中，完全取代了传统二次控制回路的分离元器件。解决了传统二次控制回路的分离元器件安全性和可靠性差、安装调试难度大、时间长、控制箱、配电箱尺寸大、占用空间大、能耗高、运行费用高、所需耗材多、安装人工成本高等问题（如图 2）。

(a)　　　　　　　　　　　　　　　(b)

图 2　产品的传统箱体图片和应用模块箱体图比较
(a) 传统箱面示意图；(b) 应用模块箱面示意图

3 控制与保护开关 CPS 设计应用典型场所图示

3.1 直接启动型风机 CPS 选型示意图

图 3　直接启动风机控制示意图
附注：普通风机控制箱电路图参见 10D303-2 第 81，82 页。

图 3 表示选用的 CPS 壳架电流为 32A，分断能力为 35kA，选用的热磁脱扣器额定电流为 25A，附带有（2 常开＋1 常闭＋2 报警）辅助触头，控制电压为 AC220V，CPS 带有

隔离功能。值得注意的是，若此风机为消防风机，则其 CPS 应选用消防型，即 KB0-32C/M25/02MFG，过载自报警不跳闸。

3.2　双速风机 CPS 选型示意图

图 4 为平时/火灾两用型双速风机配电系统图，设计应注意下面几点：①平时/火灾用的 CPS 整定电流要分开选择，否则电流、截面不匹配；②火灾用的控制保护开关 CPS 过载时应只报警不脱扣；③共用的 PE 线应按火灾运行时对应的大截面相线情况及耐火要求选取；④平时供电相线因其火灾时起短接作用，所以也应耐火；⑤平时、火灾供电线路应分别单独穿管敷设。

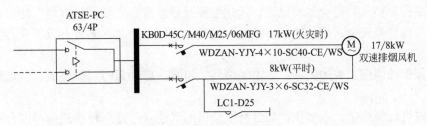

图 4　双速风机控制示意图

附注：双速风机控制箱电路图参见 10D303-2 第 23、24 页。火灾时 CPS 过载只报警不脱扣型。

3.3　星-三角降压起动 CPS 选型示意图

图 5 为消火栓泵星-三角降压起动配电系统图，设计应注意下面几点：①电动机绕组大部分是三角形连接，电动机额定电流系线电流。电动机启动时，CPSb 断开，CPSa 与 LC1 接通，电动机绕组星形连接启动，经延时后，LC1 断开，而 CPSa 与 CPSb 接通，电动机绕组三角形连接情况下再启动，直至启动完成。CPSa 和 LC1 额定电流可按电动机额定电流的 $1/\sqrt{3}$，CPSb 可按电动机额定电流 1/3 选择。为了安装方便，CPSb 额定电流可与 CPSa、LC1 额定电流相同。供电动机导线载流量也均应按电动机额定电流的 $1/\sqrt{3}$

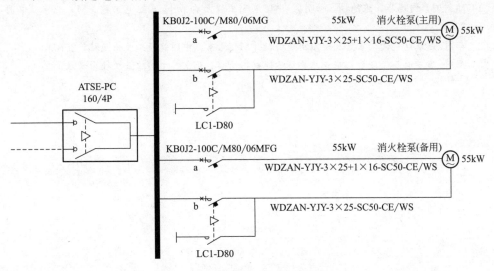

图 5　星-三角降压起动控制示意图

附注：消火栓泵采用星三角降压起动方式，二泵一用一备，自动投入，二次接线原理图详国标图集 10D303-3/27-30 页。
　　　主泵供电回路 CPS 过载跳闸，备供回路 CPS 只发过载信号而不切断电源，以确保连续供电。

选择。

② 主泵供电回路 CPS 过载应跳闸以启动备泵，备泵供电回路 CPS 过载只发报警信号而不切断电源，以确保连续供电。

4 控制与保护开关 CPS 发展前景及改进建议

随着互联网技术的迅猛发展，以及国家节能环保政策的不断推行，对配电网络、控制系统及电动机的安全可靠运行及其节能、环保、节材的要求越来越高。CPS 产品的研发趋势正朝着"节能节材、智能化、系列化、模块化、集成化、小型化、多功能化、高性能、低功耗、高控制精度、简化系统设计、优化远程操控监控、安装调试方便"的方向不断发展，从而实现"高安全、高智能、高稳定"的性能指标。为此，笔者有以下几点具体改进建议：

（1）保护功能应当更加完善：如增加堵转、阻塞、启动超时、欠电流、温度保护等保护功能。

（2）应更加集成化、小型化：如目前电动机的双速（三速）转换只是将两台或三台控制与保护开关进行简单联锁，既造价高，又占用空间。可将几台 CPS 中重复的功能进行集成，研发出一体化的双速（三速）转换型 CPS 或一体化的星-三角启动型 CPS，以节省造价及安装空间。

（3）工程实践表明，CPS 不仅可以控制和保护普通风机和水泵，也可有效地控制和保护消防风机和消防水泵，而国家标准图集《常用风机控制电路图》10D303-2 及《常用水泵控制电路图》10D303-3 中却没有 CPS 应用于消防电动机的方案号，希望有关部门与时俱进，及时更新和完善国家标准图集，从而更加有利于 CPS 在工程设计中的合理应用。

参考文献

[1] 陆剑国，何瑞华，陈德桂，仲明振.中国电气工程大典第 11 卷配电工程 [M].北京：中国电力出版社，2009.

[2] 李蔚.建筑电气设计常见及疑难问题解析 [M].北京：中国建筑工业出版社，2010.

[3] 李蔚.建筑电气设计要点难点指导与案例剖析 [M].北京：中国建筑工业出版社，2012.

13　几内亚西芒杜矿山铁路供电方案设计

摘　要：本文根据几内亚西芒杜矿山铁路沿线的电源分布情况，设计了一种分布式供电方案。在充分利用附近外部电源的基础上，合理设置太阳能发电站和柴油发电机组，满足了铁路全线负荷的供电需求。同时，比较了与国内铁路供电方案存在的差异。

关键词：西芒杜矿山铁路；分布式供电；太阳能发电站；柴油发电机组

0　引言

西芒杜矿山铁路位于非洲几内亚共和国境内，起于大西洋海滨的卡巴卡港口，途经弗雷卡迪亚、金迪亚、马木、法拉纳、康康、麻省塔等六省至西芒杜矿山区，正线长620.58km[1,2]。该线路为单线铁路，采用内燃机车牵引，主要承担西芒杜矿山的铁矿石运输。由于该铁路是非电气化铁路，建设标准较低，同时，当地电力设施落后，给全线负荷供电方案的设计带来了很大困难。在充分调研铁路沿线供电条件后，对几内亚西芒杜矿山铁路的供电方案展开设计。

1　铁路负荷分布与容量计算

西芒杜矿山铁路主要的用电需求集中在港口、矿山、Faranah、隧道、中间会让站和客运站等，另外有一些沿区间分散的小供电点，主要包括区间通信基站及直放站、信号中继站等。峰值负荷和计算负荷分别如表1、表2所示，其中（1）照明负荷包括室内照明、室外照明和隧道照明等；（2）全线共设有15座货运站，分别为港口站、矿山站和区间13座会让站，其中一座中间会让站与Faranah综合维修工区合并供电；（3）全线共设有5座客运站；（4）全线共设有49座通信基站，8座红外轴温探测站，6座隧道守护房屋。其中4座隧道守护房屋位于西马木隧道和东马木隧道进出口，与隧道照明、隧道运营通风合并供电。另外2座通信基站与附近隧道守护房屋合并供电。8座通信基站和红外轴温探测站合并供电。剩下39座通信基站独立供电。（5）全线共设有26座临时营地，其中有12座将会被改造为永久营地。营地负荷计算指标为2kW/人。负荷需要系数分别为：（1）机械设备0.45；（2）暖通和给排水设备0.75；（3）照明0.85；（4）通信、信号、信息设备0.9。

峰值负荷（单位：kW）　　　　　　　　　　　　　　　　　　　　　表1

位置	信号	通信	给排水	机械	暖通	照明	小计
港口	100	30	400	2,391	430	160	3,511
Faranah	70	10	50	80	80	15	305
矿山	35	10					45
会让站（12站）	10×12	10×12				2×12	264

续表

位置	信号	通信	给排水	机械	暖通	照明	小计
客运站（5站）	10×5	10×5	10×5		25×5	3×5	290
通信基站（39处）		10×39				1×39	429
通信基站和红外轴温探测站（8处）		10×8		3×8	0.2×8	1×8	113.6
通信基站和隧道守护（2处）		10×2		5×2		1×2	32
西马木隧道		3×5+10×2	5.5×2	10×2	1,320	12	1,398
东马木隧道		3×6+10×2	5.5×2	10×2	2,120	16	2,205
临时营地（26处）	15×26		50×26			29800	31490
永久营地（12处）	15×12		50×12			5678	6458

计算负荷（单位：kW） 表2

位置	数量	信号	通信	给排水	机械	暖通	照明	合计	指标
港口	1	90	27	300	1,076.0	322.5	136	1,951.5	1,951.5
Faranah	1	63	9	37.5	27	60	12.8	209.3	209.3
矿山	1	31.5	9					40.5	40.5
会让站	12	108	108				20.4	236.4	19.7
客运站	5	45	45	37.5		93.75	2.6	223.85	44.77
通信基站	39		351				33.2	384.2	9.85
通信基站和红外轴温探测站	8		72		10.8	1.2	6.8	90.8	11.35
通信基站和隧道守护	2		18		9		1.7	28.7	14.35
西马木隧道	1		31.5	8.3		990	10.2	1,049	1,049
东马木隧道	1		34.2	8.3	9	1,590	13.6	1,655.1	1,655.1
临时营地	26	351		975			22350	23676	
永久营地	12	162		450			4258.5	4870.5	

2 既有电源情况及供电原则

2.1 既有电源情况

根据前期电源调查的基础数据，港口建设工程将在港口新建一座发电站，能够为港口铁路用电设施提供一路可靠外部电源；矿山有既有发电厂，能够为矿山地区铁路用电设施提供一路可靠外部电源。对于铁路区间分散的小供电点，均无法接引外部电源。而全线又不考虑架设电力贯通线，故区间负荷只能考虑离网发供电方案。

2.2 供电原则

铁路全线供电负荷主要包括沿线各车站的通信、信号、信息、机械设备、给水排水、空调通风、室内外照明等动力照明负荷。其中，与行车相关的通信、信号、信息负荷为一级负荷；机房专用空调、消防负荷、给水排水设备、站场照明等为二级负荷；不属于一级和二级负荷者为三级负荷。对一级负荷和重要的二级负荷提供两路独立电源供电，其余负荷提供一路可靠电源供电[3-5]。

3 供电方案

3.1 港口供电方案

在港口站新建33kV配电所，规模为一进六出，电源由港口发电站接引。在港口维修工区、机车养护车间和道路养护车间和新增机械厂房附近各设置1座33/0.4kV箱式变电站，由港口配电所采用放射方式供电，4座箱式变电站的容量分别为1×1250kVA、1×1250kVA、1×630kVA和1×630kVA，供电线路采用全电缆线路。在4座箱式变电站附近设置备用400V柴油发电机作为港口一级负荷和部分二级负荷的后备电源，发电机容量按箱式变电站容量的20%设计，发电机备用方式为热备用，储油量按2d设计。

在港口控制中心配备UPS电源以满足一级重要负荷的用电需求，UPS的最小工作时间为8h，另设置1台容量为20kVA的控制中心专用400V柴油发电机，作为二次备用以防止主用电源停电时间超过8h的同时备用柴油发电机故障，发电机备用方式为热备用，储油量按2d设计[6]。

3.2 矿山供电方案

在矿山通信、信号负荷附近配置预制的400V配电室，内设1台70kVA的400V柴油发电机作为通信、信号负荷的后备电源，其主用电源由矿山发电站接引。发电机备用方式为热备用，发电机储油量按2d设计。

3.3 离网供电方案

3.3.1 区间通信基站和会让站离网供电方案

全线共设区间通信基站49处（不含隧道），为一级负荷，需要提供2路电源。由于铁路沿线人烟稀少，采用柴油发电机作为主用电源存在道路养护难和运输成本高的问题，而且不太环保，考虑到用电容量较小，当地日照条件良好，故在每个区间通信点建设小型太阳能发电站作为主用电源，但太阳能发电也存在可靠性较低的缺点。为了弥补太阳能发电供电可靠性的不足，采用大容量电池板存储电能以提高供电可靠性，太阳能电池板存储电能的最低要求为连续7d阴雨天气保证电能的可靠供应。同时配备一台400V柴油发电机作为后备电源，柴油发电机备用方式为热备用，发电机储油量按7d设计。具体设计方案为：(1) 39座通信基站独立供电，采用12kW太阳能发电站作为主用电源，配备一台1×15kVA柴油发电机作为后备电源；(2) 8座通信基站和红外轴温探测站合并供电，采用15kW太阳能发电站作为主用电源，配备一台1×20kVA柴油发电机作为后备电源；(3) 2座通信基站与附近隧道守护房屋合并供电，采用18kW太阳能发电站作为主用电源，配备一台1×25kVA柴油发电机作为后备电源。

区间有12个会让站单独供电，各会让站主要用电负荷为通信、信号设备，用电量约为20kW，为一级负荷，需要提供2路电源。在各会让站建设容量为25kW的小型太阳能发电站作为主用电源，太阳能电池板存储电能的最低要求为连续7d阴雨天气保证电能的可靠供应。同时配备一台容量为40kVA的400V柴油发电机作为后备电源，柴油发电机备用方式为热备用，发电机储油量按7d设计。

3.3.2 隧道供电方案

西马木隧道和东马木隧道的供电示意图分别如图1、图2所示。在西马木隧道和东马

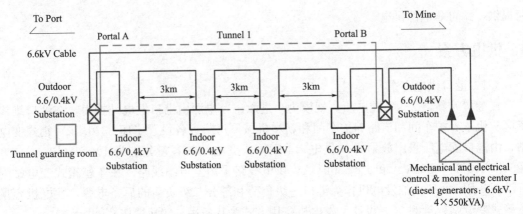

图 1　西马木隧道供电示意图

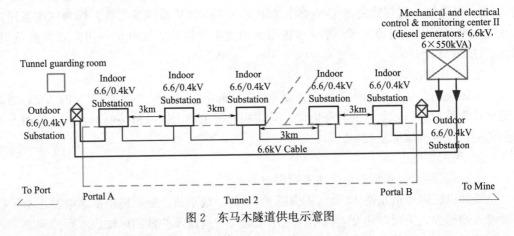

图 2　东马木隧道供电示意图

木隧道的大里程端附近各新建一座 6.6kV 配电所，规模为一进两出。由于供电距离较长，配电所内增设无功补偿装置。

隧道内每隔 3km 设置一个电力洞室，内设 6.6/0.4kV 箱式变电站，用于隧道通风风机、隧道通信、检修设备用电以及隧道照明和洞室内照明等供电。在隧道两端各设一台室外 6.6/0.4kV 箱式变电站，用于隧道通信、检修、排水设备用电以及隧道照明和隧道看守房屋等供电。

为提高供电可靠性，从 6.6kV 配电所至各 6.6/0.4kV 箱式变电站采用环网供电。

在西马木隧道和东马木隧道的大里程端 6.6kV 配电所设置 6.6kV 高压柴油发电机组，作为 6.6kV 配电所的主、备用电源。西马木隧道设置 4 台柴油发电机，3 用 1 备，单台发电机容量为 550kVA，备用方式为热备用，发电机储油量按 4d 设计。东马木隧道设置 6 台柴油发电机，5 用 1 备，单台发电机容量为 550kVA，备用方式为热备用，发电机储油量按 4d 设计。

3.3.3　Faranah 供电方案

Faranah 设有维修工区，第一阶段的计算负荷为 209.3kW，用电量较大而且无法外部取电。故采用 400V 柴油发电机作为电源，主用柴油发电机容量为 400kVA，备用柴油发电机容量为 150kVA，发电机储油量按 7d 设计。

3.3.4　客运站供电方案

全线共设 5 个客运站，每个客运站的用电量按 70kW 设计（预留部分容量）。若采用太阳能发电需要面积约为 $700m^2$ 的场地用于布置太阳能电池板，方案难以实施，故采用 400V 柴油发电机作为主备用电源，设置 2 台柴油发电机，1 用 1 备，单台发电机容量为 100kVA，备用方式为热备用，发电机储油量按 7d 设计。

3.3.5　营地供电方案

对于临时营地，设置一台 400V 柴油发电机作为主用电源。对于永临结合营地，设置多台 400V 柴油发电机分别作为永久负荷和临时负荷的主用电源。主用柴油发电机容量根据各营地实际用电负荷选择。营地备用柴油发电机统一按 25kVA 配置，作为通信、信号负荷的后备电源。

3.3.5　全线电源分布

全线电源分布情况如表 3 所示。

全线电源分布　　　　　　　表 3

位置		主用电源		备用电源	
		类型	容量	类型	容量
港口		外部接引	2×1250kVA 2×630kVA	柴油发电机	1×20kVA 2×150kVA 2×250kVA
矿山		外部接引	45kW	柴油发电机	1×70kVA
Faranah		柴油发电机	1×400kVA	柴油发电机	1×150kVA
会让站		太阳能发电站	25kW	柴油发电机	1×40kVA
客运站		柴油发电机	1×100VA	柴油发电机	1×100kVA
通信基站		太阳能发电站	12kW	柴油发电机	1×15kVA
通信基站(含红外轴温)		太阳能发电站	15kW	柴油发电机	1×20kVA
通信基站(含隧道安全闸门)		太阳能发电站	18kW	柴油发电机	1×25kVA
西马木隧道		柴油发电机	3×550kVA	柴油发电机	1×550kVA
东马木隧道		柴油发电机	5×550kVA	柴油发电机	1×550kVA
临时营地	LSC0	柴油发电机	1×1000kVA	柴油发电机	1×25kVA
	LSC2	柴油发电机	1×700kVA	柴油发电机	1×25kVA
	LSC3	柴油发电机	1×1000kVA	柴油发电机	1×25kVA
	LSC4	柴油发电机	1×700kVA	柴油发电机	1×25kVA
	RC1	柴油发电机	1×1000kVA	柴油发电机	1×25kVA
	RC4/TC1	柴油发电机	1×1500kVA	柴油发电机	1×25kVA
	RC7	柴油发电机	1×1000kVA	柴油发电机	1×25kVA
	RC9/BC6	柴油发电机	1×1200kVA	柴油发电机	1×25kVA
	RC13	柴油发电机	1×1000kVA	柴油发电机	1×25kVA
	RC15/BC10	柴油发电机	1×1500kVA	柴油发电机	1×25kVA
	TC2	柴油发电机	1×1000kVA	柴油发电机	1×25kVA
	TC3/BC3	柴油发电机	1×1200kVA	柴油发电机	1×25kVA
	TC4	柴油发电机	1×700kVA	柴油发电机	1×25kVA
	TC6	柴油发电机	1×700kVA	柴油发电机	1×25kVA

位置		主用电源		备用电源	
		类型	容量	类型	容量
永临结合营地	LSC1	柴油发电机	1×1000kVA 1×500kVA	柴油发电机	1×25kVA
	BC1/TLC1/CCSE1	柴油发电机	1×2500kVA 1×1000kVA	柴油发电机	1×25kVA
	LSC5/RC16/TC7/CCSE3	柴油发电机	1×500kVA 1×2500kVA	柴油发电机	1×25kVA
	RC2	柴油发电机	1×150kVA 1×800kVA	柴油发电机	1×25kVA
	RC3/BC2	柴油发电机	1×150kVA 1×1200kVA	柴油发电机	1×25kVA
	RC5/TC5	柴油发电机	1×150kVA 1×1500kVA	柴油发电机	1×25kVA
	RC6/BC4	柴油发电机	1×150kVA 1×1200kVA	柴油发电机	1×25kVA
	RC8/BC5/CCSE2	柴油发电机	1×700kVA 1×1500kVA	柴油发电机	1×25kVA
	RC10/BC7/TLC2	柴油发电机	1×150kVA 2×1800kVA	柴油发电机	1×25kVA
	RC11/BC8	柴油发电机	1×150kVA 1×1000kVA	柴油发电机	1×25kVA
	RC12	柴油发电机	1×150kVA 1×800kVA	柴油发电机	1×25kVA
	RC14/BC9	柴油发电机	1×150kVA 1×1000kVA	柴油发电机	1×25kVA

4 与国内铁路供电方案差异比较

4.1 外部电源差异

4.1.1 电压等级差异

国内电网中压电压等级一般为 10kV，低压电压等级一般为 380/220V，而国外电压等级种类很多，有 33kV、6.6kV 等，给线缆选型和变配电系统设计带来一定的困难。

4.1.2 供电电源差异

国内主备用供电电源均接引自地方城市电网，地方城市电网属坚强电网，电源较为集中，属单机无穷大系统，电能质量和供电可靠性较高，部分重要一级负荷配备专用柴油发电机作为第三路电源；国外电网规模很小，而且供电可靠性较低，从电网获取铁路用电较为困难，一般采用柴油发电机作为主备用电源，部分小的供电负荷也可采用新能源（太阳能发电、风力发电等）发电作为主用电源，柴油发电机作为备用电源。这种供电模式容易造成环境污染，同时供电可靠性不高，而且有很高的运营管理成本。

4.2　设计标准差异

国内外供电设计标准在变压器选型计算、防雷接地、建筑物不同场所的照度要求等方面均存在不同程度的差异，应结合当地具体规范优化设计。同时，国内供电设计标准对设计内容基本都进行了较为详细的规定，供电设计规范较多，而且很多是强条，设计灵活性相对很小，而国外供电设计标准规定较为灵活，需要设计人员结合具体的项目、具体的情况选择合适的供电方案，对设计人员提出了更高的要求。

4.3　供电方案差异

国内铁路沿线建设一级负荷贯通线和综合负荷贯通线给铁路区间用电负荷供电，贯通线供电电源接引自区间配电所，铁路站房和工区等用电负荷就近从配电所或地方城市电网接取可靠电源；国外单线重载铁路区间负荷较少，故不架设贯通线，区间、车站和工区负荷均采用分布式柴油发电机供电。

5　结束语

在充分调研铁路沿线供电条件后，对几内亚西芒杜矿山铁路的供电方案展开设计。根据现场实际情况，设计了一种分布式供电方案。在充分利用附近外部电源的基础上，合理设置太阳能发电站和柴油发电机组，满足了铁路全线负荷的供电需求。同时，比较了与国内铁路供电方案存在的差异。

参考文献

[1] 杨长根. FIDIC 环境保护条款在国际工程项目中的应用研究 [J]. 铁道工程学报，2013，（12）：104-107.

[2] 中铁第四勘察设计院集团有限公司几内亚西芒杜矿山铁路投标文件 [R]. 武汉：中铁第四勘察设计院集团有限公司，2012.

[3] TB 10008—2015 铁路电力设计规范 [S]. 北京：中国铁道出版社，2016.

[4] GB 50054—2011 低压配电设计规范 [S]. 北京：中国计划出版社，2012.

[5] GB 50052—2009 供配电系统设计规范 [S]. 北京：中国计划出版社，2010.

[6] 工业与民用供配电设计手册（第四版）[M]. 北京：中国电力出版社，2016.

14　谈柔性直流输电技术的原理与应用

　　摘　要：柔性直流输电技术的出现为城市供电系统构建提供了新的解决方案，研究柔性直流输电在未来城市供电系统中的应用具有重要意义。本文简要阐述了基于电压源换流器的柔性高压直流输电系统结构、工作原理及其关键技术，介绍了高压柔性直流输电技术特点及在城市供电系统和民用建筑供电系统中的应用。

　　关键字：城市供电系统；高压直流输电；柔性输电

0　引言

　　在现有的运行控制技术下，电力负荷的不断增加使得现有的变速器无法满足长距离大容量电能传输的需要。由于环保和科学发展的需要，新建输电线路的建设受到线路走廊短缺的制约。挖掘现有传输网络的潜力并提高传输能力是解决传输问题不可或缺的关键步骤。高压柔性输电具有系统稳定性高，功率小，模块体积小等特点，因此将柔性直流输电运用到城市配电系统中将是一个不错的选择。

1　直流输电的基本原理

　　高压直流输电（HVDC）是由发电厂产生交流电，经整流器变换成直流电输送至受电端，然后使用逆变器将直流电力转换为将交流电力传输到接收端交流电网的一种减少电能损耗的传输方法。直流输电系统主要由 DC 侧电力滤波器、直流电抗器、保护控制装置、换流站、直流线路、无功补偿装置、换流变压器组成。其中换流站是整个直流输电系统的核心内容，完成交流 AC 和直流 DC 之间的转换。

　　换流变压器可实现交流和直流侧的电压匹配和电气隔离，并且还可以限制短路电流。换流变压器阀侧绕组上的电压是叠加在交流电压上的直流电压，而且两侧绕组中均有一系列的谐波电流。因此，换流变压器的设计、制造和操作均和普通电力变压器有所不同。用于高压直流输电的换流器通常采用 12 个（或 6 个）换流阀组成的 12 脉动换流器（或 6 脉动换流器）。

　　高压直流输电主要应用于异步交流系统的互联和超长距离大功率输电。高压直流输电具有系统稳定、调节速度快、可靠性高等优点。随着科学技术的不断进步和发展，直流输电的发展也受到一些因素的限制。例如，高压直流输电换流站比交流系统更复杂，成本高，对运行管理要求更高。又例如，在变换器的运行中需要大量的无功功率补偿，并且在正常运行中可以实现直流输电功率的 40%～60% 的传输功率。转换器将在交流侧和 DC 侧在运行中产生谐波震荡，要安装过滤器。在地球或海水中的直流传输会导致金属部件沿该方向腐蚀，需要设置保护措施。因此为了发展多端直流输电，我们需要不断开发高压直流断路器。

2　柔性输电的结构及工作原理

2.1　柔性输电系统的结构

图 1 为连接 2 个交流系统的柔性直流输电单线原理图。

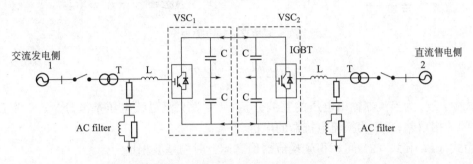

图 1　两端 VSC-HVDC 结构

（1）变压器 T 为电压源变换器提供合适的工作电压，以确保电压源变换器的最大有功功率和无功功率输出。

（2）交流滤波器 AC，滤波器能够滤掉交流电压中一定量的高次谐波。通常，在换向母线上应安装适当数量的交流滤波器。

（3）电抗器 L 是交流系统与电压源变换器之间的功率传输环节。它在很大程度上决定了变换器的功率传输能力和有功功率和无功功率的控制，并在滤波环节起着重要的作用。

（4）电压源换流器 VSC 的使用是 VVDC 传输的关键部分，与传统的直流传输方式不同。在桥臂中，我们用新型的可控硅电力电子管（IGBT、IGCT）取代了传统意义上的晶闸管，使整个变流器系统更加可控。

（5）直流电容器 C 为 DC 侧储能元件。电压源变换器为变换器提供直流电压，还可以起到缓冲系统故障引起的 DC 侧电压波动，降低 DC 侧的电压纹波的作用，并为 T 提供直流电压支持。

2.2　柔性直流输电的基本工作原理

为解决传统的直流输电中存在的弊端，采用新型的直流输电的技术以达到有功和无功的独立解耦控制瞬时实现，同时免去换流站间繁杂的通信系统，在满足对无源网络供电的同时也易于构成多段直流系统。柔性直流输电，融合了 PWM 技术，采用可控关断器件以及电压源换流器，完全满足了上述的技术要求。同时该项技术相较于传统输电优势明显，可同时提供有功、无功功率，有较高的稳定性及较强的输电能力。

图 2 为柔性直流输电系统单线原理图。

传统直流输电技术大多以晶闸管为基础。柔性直流输电则加入了 PWM 技术和电压源型换流器。触发脉冲的产生会导致开关管的开通关断，并控制它的关断频率。因此桥壁中点电压 U_c 可以实现在 $+U_d$ 和 $-U_d$ 之间快速切换，经电抗器滤波得到所需交流电压 U_s。在理想情况下，即忽略谐波分量并假设电抗器零损耗，分析可得到换流器和交流电网之间传输的有功功率 P 及无功功率 Q 的计算公式如下所示：

$$P = \frac{U_s U_c}{X_1}\sin\delta \tag{1}$$

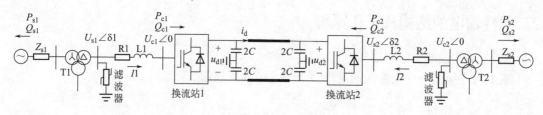

图 2　柔性直流输电原理图

$$Q=\frac{U_S(U_S-U_C\cos\delta)}{X_1} \tag{2}$$

式中：U_C 为换流器输出电压的基波分量；U_S 为交流母线电压基波分量；δ 为 U_C 和 U_S 之间的相角差；X_1 为换流电抗器的电抗。

由式（1）和式（2）可以得到换流器稳态运行时的基波相量图。

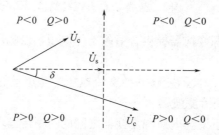

图 3　VSC-HVDC 换流器稳态运行时的基波相量图

从图 3 中来看，δ 值决定了有功功率的大小，无功功率则主要受 U_C 的影响。同时 δ 还控制者直流电流的方向。纵观整个系统，VSC 可实现有功功率无功功率的瞬时独立调节，因此完全可近似看作一个零转动惯量的发电机。

3　柔性直流输电的关键技术

3.1　主电路设计

影响换流器主电路的拓扑结构的因素有很多，工程中实际的电压等级和所需的传输容量、开关的频率及其调制方式、系统的可控性等因素都会对实际拓扑结构产生影响。就目前实际应用的换流器拓扑结构具有以下特点：

（1）结构简单，通常采用两电平或者三电平结构，相比较于传统的直流输电，VSC-HVDC 桥壁器件是直接串联的，从而提高了电压等级。

（2）开关频率的调节可通过优化 PWM 的调制方式实现，适当降低开关频率可延长 IGBT、IGCT 的使用寿命。

（3）换流器损耗小。

除此之外，在设计主电路的拓扑结构时，装置实际的实现难度、设备的造价、后期的运营维护费用等都需要考虑在其中。力求所设计的拓扑结构在能减少电力电子器件数目的同时也能有效降低控制系统的复杂性，力保系统总体的稳定性、可靠性和经济性。

3.2 控制策略

柔性直流输电的控制策略总结起来主要分为两个方面，间接电流控制和直接电流控制。间接电流控制系统结构简单，但存在一些缺点，如交流侧电流动态响应慢、难以实现过电流控制。直接电流控制，通常我们也称为"矢量控制"，它包括两个部分，内环电流控制和外环电压控制。直接电流控制的电流响应特性快速，受到了学术界的普遍关注。直接电流控制的控制器由内环电流控制器、外环电压控制器、触发脉冲生成和锁同步环节组成。内环控制器常常应用于实现换流器交流侧电流相位和波形的直接控制，目的在于快速跟踪参考电流。外环控制根据其系统级控制目标的不同，可以实现定有功功率控制、定直流电压控制、定无功功率控制等目标。根据 PWM 原理，触发脉冲产生链路通过使用来自内环的基准电压和同步相位输出信号来生成每个桥臂的触发脉冲。锁相环的输出用于提供电压矢量定向控制和触发脉冲产生所需的参考相位。在由无源网络供电的灵活直流系统中，传输终端通常由恒定的直流电压控制。由于端到端系统缺乏稳定的功率，通常采用恒定的交流电压控制。

4 柔性直流输电技术在电气设计中的应用

4.1 在城市供电中的应用

随着国民经济水平的增长，电力需求同时也不断增长，我国的许多大城市的市区电力负荷密度以及用电量增长尤为迅速。而且一些电厂在城市的外围，对环境产生了巨大的影响。为响应国家环保号召，避免城市土地资源利用的许多限制，未来在中心城区内采用架空输电线路的机会越来越小，地下输、变、配电工程将逐步成为以后电气设计方面的一个重点。由于柔性直流输电系统具有结构紧凑，占地面积小等特点，因此对于城市供电的扩容，柔性直流输电将是一个较好的解决办法。

4.2 在民用建筑中的应用

由于现在有许多民用建筑内部配备整流电源，它的作用是将输入的交流电转换为直流电驱动电器运用。如果从民用供电系统到用户侧用电的全过程都能使电能自始至终保持直流状态，而能够大幅度地减少电能损耗，达到节能减排的效果（图 4）。

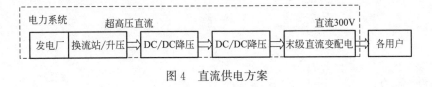

图 4　直流供电方案

新型的直流供电方案能够充分地发挥直流输电的优点。在传统方法中，直流输电的过程体现在长距离高压输电过程中，从二级变电站到用户之间使用架空输电线路是不经济的。最近几年来，直流输电技术日趋发展成熟，特别是轻型直流输电系统的发明，打破了传统的距离限制，因此在用户侧供电中使用此方法更加科学合理。

5 结束语

未来，柔性直流输电的技术必将在可再生能源并网、孤岛供电、城市电网供电、交流电网互联，汽车充电桩等应用领域得到更高更快的发展。我们应该加大力度研究这项技术在城市中的应用。同时随着经济的发展，设备成本不断下降，高压直流柔性输电的大规模应用将成为可能。为了形成具有自主知识产权的关键技术，走中国特色的电力发展之路，我们未来应该考虑多方面的因素，不断开展柔性高压直流输电的研究，研制电压更高、容量更大的电力电子器件，改进阀的机电、热等各方面的结构性能，进一步降低换流器的造价，提高其可靠性，使高压输电这一历史性课题研究的更加深入。

参考文献

[1] 王伟，安森.柔性高压直流输电综述 [J].沈阳工程学院学报（自然科学版），2011 (3).

[2] 孔令云，杜颖.电压源换流器型直流输电在风电场并网中的应用 [J].科技信息，2010.

[3] 徐政，陈海荣.电压源换流器型直流输电技术综述 [J].高电压技术，2007 (1).

[4] 陈亚芳.浅谈高压直流输电系统构成及接地极运行特性 [J].城市建设理论研究（电子版）2015 (9).

15 人防工程电气设计易错问题解析

摘 要：本文对人防工程电气设计中的易错问题进行了归纳分析，以《人民防空地下室设计规范》GB 50038—2005 和国标图集《防空地下室电气设备安装》07FD02 等为依据，剖析了这些问题的症结所在，并有针对性地提出了改进措施。

关键词：二等人员掩蔽所；内部电源；区域电源；防护单元；三种通风方式；隔绝防护时间；等电位联结；防静电接地

【问题 1：战时一级、二级负荷的划分不当】

解析：根据《人民防空地下室设计规范》GB 50038—2005（以下简称《人防规范》）7.2.4 条，对于二等人员掩蔽所（平时为车库），其通信设备、音响报警接收设备、应急通信设备、柴油电站配套的附属设备、应急照明，为一级负荷；重要的风机、水泵、三种通风方式装置系统、正常照明、洗消用的电加热淋浴器、区域水源的用电设备、电动防护密闭门、电动密闭门和电动密闭阀门，为二级负荷。

设计常见问题是：将"通信设备、音响报警设备、应急照明等"定为二级负荷，按二级负荷的要求配电；将"正常照明、电动门等"定为三级负荷，按三级负荷的要求配电。这是不对的，要对照《人防规范》予以更正。

【问题 2：战时一级、二级负荷的电源引接不符合要求】

解析：根据《人防规范》7.2.15 条，防空地下室战时各级负荷的电源应符合下列要求：1.战时一级负荷，应有两个独立的电源供电，其中一个独立电源应是该防空地下室的内部电源；2.战时二级负荷，应引接区域电源，当引接区域电源有困难时，应在防空地下室内设置自备电源。

战时一级负荷应有二个独立的电源供电，且必须要有一路内部电源（内部柴油电站或EPS、UPS 蓄电池组）供电，因为外部电力系统电源战时失电的可能性极大，不能保证用电的可靠性。一级负荷容量较小时，以设置 EPS、UPS 蓄电池组电源为宜。

战时二级负荷应引接区域电站电源，或周围防空地下室的内部电站电源。无法引接时，也应如同一级负荷一样，由 EPS、UPS 蓄电池组供电。

设计常见错误是：战时一级负荷的电源，一路引接电力系统、一路引接区域电站，没有设置内部柴油电站或 EPS、UPS 蓄电池组；对战时二级负荷的电源，当引接区域电源有困难时，没有设置 EPS、UPS 蓄电池组。这样做，无法保证战时一级、二级负荷用电的可靠性，设计时必须按照《人防规范》的上述要求执行。

【问题 3：每个防护单元的配电系统未能自成体系】

解析：根据《人防规范》7.2.14"每个防护单元应设置人防电源配电柜（箱），自成配电系统"、7.4.9"从低压配电室、电站控制室至每个防护单元的战时配电回路应各自独立"。

电力系统电源进入防空地下室的低压配电室内，由它配至各个防护单元的配电回路应独立，同样电站控制室至各个防护单元的配电回路也应独立，即均应以放射式配电，这样做的目的，是为了保障每个防护单元在战时电源的独立性，自成系统，互不影响，当相邻防护单元被破坏时，本防护单元仍能独立工作。

设计易犯错误是：各防护单元人防配电箱电源，采用树干式或链式串接供电，而没有从配电室及柴油发电机的馈电屏起独立放射式供电，影响了各防护单元战时电源的独立性、可靠性。

【问题4：在外墙、临空墙、防护密闭隔墙、密闭隔墙上，设置嵌墙暗装的箱体】

解析：根据《人防规范》7.3.4 "防空地下室内的各种动力配电箱、照明箱、控制箱，不得在外墙、临空墙、防护密闭隔墙、密闭隔墙上嵌墙暗装。若必须设置时，应采取挂墙式明装。"（强条）

设计常见问题是：在上述墙体设置嵌墙暗装的配电箱，直接违反本强条。

因为防空地下室的外墙、临空墙、防护密闭隔墙、密闭隔墙等，具有防护密闭功能，各类动力配电箱、照明箱、控制箱嵌墙暗装时，使这些墙体厚度减薄，会影响到防护密闭功能，故此类墙体上最好不要设置配电箱，如非设不可，则应采取挂墙明装，一般把配电箱设在其他的内墙上为好。

【问题5：显示三种通风方式的灯箱、音响装置及音响信号按钮的设置部位不当】

解析：根据《人防规范》7.3.7 "1.设有清洁式、滤毒式、隔绝式三种通风方式的防空地下室，其三种通风方式信号控制箱宜设置在值班室或防化通信值班室内。灯光信号和音响应采用集中或自动控制；2.在战时进风机室、排风机室、防化通信值班室、值班室、柴油发电机房、电站控制室、人员出入口（包括连通口）最里一道密闭门内侧和其他需要设置的地方，应设置显示三种通风方式的灯箱和音响装置。" 7.3.8 "每个防护单元战时人员主要出入口防护密闭门外侧，应设置有防护能力的音响信号按钮，音响信号应设置在值班室或防化通信值班室内。"

设计时，显示三种通风方式的灯箱和音响装置的设置部位易出错，应是出入口、连通口最里一道密闭门内侧，既非最里一道密闭门外侧，亦非外面一道密闭门内、外侧，因为它是为了让掩蔽所内部人员，实时了解当前的通风方式是清洁式、滤毒式还是隔绝式。

音响信号按钮应设在出入口防护密闭门外侧，而非其内侧，因为在滤毒式通风时，它是供外部人员进入防空地下室之前呼叫用，得到内部值班管理人员的允许后才能进入。

通风信号箱控制电路图，详国标图集《防空地下室电气设备安装》（以下简称《人防安装图集》）07FD02-12～16。

【问题6：穿越人防围护结构时，仅明敷管线做了防护密闭处理，而暗敷管线未做防护密闭处理】

解析：根据《人防规范》7.4.3 "穿过外墙、临空墙、防护密闭隔墙和密闭隔墙的各种电缆（包括动力、照明、通信、网络等）管线和预留备用管，应进行防护密闭或密闭处理，应选用管壁厚度不小于2.5mm的热镀锌钢管。" 7.4.4 "穿过外墙、临空墙、防护密闭隔墙、密闭隔墙的同类多根弱电线路可合穿在一根保护管内，但应采用暗管加密闭盒的方式进行防护密闭或密闭处理。保护管径不得大于25mm。"

这说明：穿越人防围护结构时，无论明敷和暗敷电气管线均需要做防护密闭处理。

然而许多设计常见问题是：穿越人防围护结构时，仅明敷管线做了防护密闭处理，而暗敷管线未做防护密闭处理。

因为人防围护结构的防护、密闭相当重要，当管线穿越人防围护结构密封不严密时，会造成漏气、漏毒等现象，甚至滤毒通风时室内形不成超压，无法满足防空地下室防"核武器、常规武器、生化武器"等要求。

同类多根弱电线路合穿一根保护管时，因多根导线之间有空隙，不易作密闭封堵处理，故当其穿越围护隔墙时，距隔墙≤300mm 处应采用：热镀锌暗管（壁厚≥2.5mm）＋密闭肋（镀锌钢板厚≥3mm）＋密闭接线盒（镀锌钢盖板厚≥3mm）＋盒内密闭填料的方式；为了保证密闭效果，又规定了管径不得超过 25mm，目的是控制管内导线根数，如管内穿线过多，会影响密闭效果。

电气线路明管、暗管敷设的防护密闭做法，详见《人防安装图集》07FD02-19、20。

【问题 7：防护密闭门与密闭门门框墙上，未预埋备用管或备用管不合要求】

解析：根据《人防规范》7.4.5 "各人员出入口和连通口的防护密闭门门框墙、密闭门门框墙上均应预埋 4～6 根备用管，管径为 50～80mm，管壁厚度不小于 2.5mm 的热镀锌钢管，并应符合防护密闭要求"。

笔者发现不少人防设计，对此未引起足够的重视，预埋管的数量、管径、壁厚及材质不合要求，或者电专业根本就没有向土建专业提出预埋备用管的要求，须知：预留备用穿线钢管的目的，是为了供平时和战时可能增加的各种照明、动力、内部电源、通信、自动检测等线路所需要，以免工程竣工后，因增加各种管线，在密闭隔墙上随便钻洞、打孔，直接影响到防空地下室的密闭性和结构强度。

穿墙管抗力片、密闭肋的做法，详见《人防安装图集》07FD02-22～23。

【问题 8：电缆桥架直接穿过临空墙、防护密闭隔墙、密闭隔墙，穿墙处没有改为穿管敷设，也未采取一根电缆穿一根管的方式】

解析：根据《人防规范》7.4.6 "当防空地下室内的电缆或导线数量较多，且又集中敷设时，可采用电缆桥架敷设的方式。但电缆桥架不得直接穿过临空墙、防护密闭隔墙、密闭隔墙。当必须通过时应改为穿管敷设，并应符合防护密闭要求。"

这是因为，如果电缆桥架直接穿过临空墙、防护密闭隔墙和密闭隔墙，多根电缆穿在一个孔内，防空地下室的防护、密闭性能均被破坏，所以在此处位置穿墙时，必须改为电缆穿管方式，且应该一根电缆穿一根管，并应符合防护和密闭要求。

设计常见通病是：人防地下室电缆桥架直接穿过临空墙、防护密闭隔墙、密闭隔墙，穿墙处没有改为穿管敷设，也未采取一根电缆穿一根管的方式。

电缆桥架穿越围护结构的做法，详见《人防安装图集》07FD02-21。

【问题 9：由室外地下进、出防空地下室的强电或弱电线路，未设置强电或弱电防爆波电缆井，或设置位置不对】

解析：根据《人防规范》7.4.8 "由室外地下进、出防空地下室的强电或弱电线路，应分别设置强电或弱电防爆波电缆井。防爆波电缆井宜设置在紧靠外墙外侧。除留有设计需要的穿墙管数量外，还应符合第 7.4.5 条中预埋备用管的要求。"

然而，不少人防工程未设置强电或弱电防爆波电缆井，或设置位置不对。

设置防爆波电缆井是为了防止冲击波沿着电缆进入防空地下室室内，其部位应设在室外紧靠外墙处（或人防顶板上方）。由防爆波电缆井进入防空地下室的穿外墙（或顶板）

处，应预埋 4～6 根备用管，管径为 50～80mm，管壁厚度不小于 2.5mm 的热镀锌钢管，且应采取防护密闭措施，设置抗力片和密闭肋。电缆应在电缆井中盘一圈作为余量。

为防止互相干扰，需分别设置强电、弱电防爆波电缆井。

防爆波电缆井设在人防顶板上方、紧邻人防外墙处的做法，详见《人防安装图集》07FD02-28、29。

【问题 10：战时的正常照明、应急照明，没有与平时的正常照明、应急照明有机结合】

解析：根据《人防规范》7.5.4"战时的应急照明宜利用平时的应急照明；战时的正常照明可与平时的部分正常照明或值班照明相结合。"

战时应急照明如能利用平时的应急照明最好，因为二者功能一致，其区别仅在于供电保证时间不一致（平时≥30min，而战时≥3h）。

由于平时使用的需要，设计照明灯具较多，照度也比较高，而战时照度较低，不需要那么多灯具，因此将平时照明的一部分作为战时的正常照明，回路分开控制，两者有机结合，既节省了工程投资，也有利于平战转换。

【问题 11：防空地下室口部照明设计有误】

解析：根据《人防规范》7.5.16"从防护区内引到非防护区的照明电源回路，当防护区内和非防护区灯具共用一个电源回路时，应在防护密闭门内侧、临战封堵处内侧设置短路保护装置，或对非防护区的灯具设置单独回路供电。"

这是因为，如果非防护区与防护区内的照明灯具合用同一回路时，非防护区的照明灯具、线路战时一旦被破坏，发生短路会影响到防护区内的照明。

设计易犯错误是：防护密闭门外的照明与防护密闭门内的照明共用一个电源回路，却没有在防护密闭门内侧加设熔断器或断路器保护。当然，若对非防护区的灯具设置单独回路供电，则防护密闭门内侧不需设熔断器或断路器。

防空地下室口部照明设计示例，详见 07FD02-31、32。

【问题 12：战时应急照明的连续供电时间不满足隔绝防护时间的要求】

解析：根据《人防规范》7.5.5（4）"战时应急照明的连续供电时间不应小于该防空地下室的隔绝防护时间"，而根据该规范表 5.2.4"二等人员掩蔽所、电站控制室的隔绝防护时间应≥3h"。

但很多设计不假思索地按照《建筑设计防火规范》GB 50016—2006 11.1.3，把应急照明的连续供电时间定为≥30min，这是不对的，要对照上述《人防规范》改正过来。

战时应急照明的连续供电时间不应小于隔绝防护时间的要求，是从最不利的供电电源情况下考虑的，目前市场上供应的应急照明灯具是按照平时消防疏散要求的时间设置的，一般为 30～60～90min。

而对于二等人员掩蔽所，战时应急照明的连续供电时间不应小于 3h，因此在战时必须设置长时效的 UPS、EPS 蓄电池组。只有当防空地下室内设有内部电源（柴油发电机组）时，战时应急照明蓄电池组的连续供电时间，才可与平时消防疏散时间同为≥30min。

【问题 13：防化通信值班室、器材储藏室内，插座的设置不满足要求】

解析：根据《人防规范》7.5.12"二等人员掩蔽所的防化通信值班室内应设置 AC380V16A 三相四孔插座、断路器各 1 个和 AC220V10A 单相三孔插座 5 个。"7.5.13"防化器材储藏室应设置 AC220V10A 单相三孔插座 1 个。"

对此条规定，包括《人防规范》7.5.9、7.5.10对"洗消间、滤毒室"等处插座的设置要求，不少设计疏漏，应予完善。

防化值班室插座箱的做法，详见《人防安装图集》07FD02-17。

【问题14：各人防门的金属门框未做等电位联结、洗消间未做局部等电位联结、防化值班室未预留接地装置】

解析：根据《人防规范》7.6.3"防空地下室室内应将下列导电部分做等电位连接：4.建筑物结构中的金属构件，如防护密闭门、密闭门、防爆波活门的金属门框等"、7.6.4"各防护单元的等电位连接，应相互连通成总等电位，并应与总接地体连接"。

总等电位连接是接地故障保护的一项基本措施，它可以在发生接地故障时显著降低电气装置外露导电部分的预期接触电压，减少保护电器动作不可靠的危险性，消除或降低从建筑物窜入电气装置外露导电部分的危险电压。

设计常见问题是：各人防门的金属门框未做等电位联结、洗消间未做局部等电位联结、防化值班室未预留接地装置，要对照《人防规范》补充设置。

【问题15：内部柴油电站、储油间的燃油设施未采取防静电接地措施】

解析：根据《人防规范》7.6.10"燃油设施防静电接地应符合下列要求：1.金属油罐的金属外壳应做防静电接地；2.非金属油罐应在罐内设置防静电导体引至罐外接地，并与金属管连接；3.输油管的始末端、分支处、转弯处以及直线段每隔200~300m处，应做防静电接地；4.输油管道接头井处应设置油罐车或油桶跨接的防静电接地装置。"

设计时，对建筑面积大于5000m²的防空地下室内部柴油电站、储油间的燃油设施，往往未按上述要求采取防静电接地措施。

【问题16：未设置战时通信系统，相应房间内没有设计电话分机及线路】

解析：根据《人防规范》7.8.2"人员掩蔽工程应设置电话分机和音响警报接收设备，并应设置应急通信设备。"通常要在防化通信值班室、配电间、电站、通风机室等房间内设电话分机，并预埋电话分机线路。

不少人防工程未设置战时通信系统，相应房间内没有设计电话分机及线路，应予补充。

【问题17：通信设备电源的预留容量没有达到规范要求】

解析：根据《人防规范》7.8.6"各类防空地下室中每个防护单元内的通信设备电源最小容量应符合表7.8.6中的要求。"而对照该表，对于人员掩蔽工程，其通信设备电源的预留容量应≥3kW。

而不少设计，在人防电源配电箱中，虽留有通信设备的专用配电回路，但其电源预留容量只有1kW、1.5kW、2kW或2.5kW，均<3kW，直接影响战时通信设备的引接使用，故应修正。

【问题18：对建筑面积大于5000m²的防空地下室，没有设置内部柴油电站，或设置数量和容量有误】

解析：根据《人防规范》7.2.11"建筑面积之和大于5000m²的人员掩蔽工程应在工程内部设置柴油电站"（强条）、7.2.13"建筑面积之和大于5000m²的防空地下室，设置柴油发电机组的台数不应少于2台"、"建筑面积大于5000m²的防空地下室，当条件受到限制，内部电源仅为本防空地下室供电时，柴油发电机组的台数可设1~2台"。

对于建筑面积大于 $5000m^2$ 的防空地下室，应设置内部电站，这分两种情况：

其一、当柴油发电机组总功率 P_e>120kW 时，应设置固定电站，且柴油发电机组的台数不应少于 2 台（但不应超过 4 台，且单机容量不应大于 300kW），除向本工程战时一级、二级负荷供电外，还需兼作区域电站向邻近防空地下室一级、二级负荷供电。对于大型人防工程也可按防护单元组合，设置若干个移动电站，分别给邻近的防护单元供电；

其二、当条件受限，内部电站只供本工程战时一级、二级负荷，且柴油发电机组总功率≤120kW 时，可设置移动电站，柴油发电机组的台数可为 1~2 台。

另外，对于建筑面积 $5000m^2$ 及以下的分散布置的防空地下室，可不设内部电站，但对战时一级负荷，应设置蓄电池组（UPS、EPS）作内部自备电源，同时要引接区域电源来保证战时二级负荷的供电，确无区域电源的防空地下室，应设置 UPS、EPS 蓄电池组，同时供给战时一级、二级负荷用电。

然而很多电气设计，对建筑面积大于 $5000m^2$ 的防空地下室，没有按以上规定设置内部柴油电站，或设置数量和容量有误（注：内部柴油电站的容量，应根据其所供全部战时一级、二级负荷容量来计算确定，与平时一级、二级负荷无关）。

对建筑面积 $5000m^2$ 及以下的人防地下室，设计易犯错误是：没有设置 UPS、EPS 蓄电池组供电给战时一级负荷；无区域电源引接时，也没有设置 UPS、EPS 蓄电池组供电给战时二级负荷，这些均是违反《人防规范》的（注：内部柴油电站、UPS、EPS 蓄电池组平时应予设计，临战前才购置安装）。

第二章　电气照明系统

16 城市道路照明及户外用电设施安全风险分析及防范

摘　要：道路照明路灯及公交岗亭户外广告牌等用电设施与不特定人群有着可随意接触的空间，一旦出现漏电故障存在较高的危险，本文重点分析了常见 TN-S 及 TT 接地系统其各种故障环境下的人体接触电压值，综合比较认为城市道路照明及分散型户外用电场所采用 TN-S 接地系统辅以剩余电流动作保护装置是较为切实可靠的措施。

关键词：TN-S 接地系统；TT 接地系统；故障电压；人体接触电压剩余电流动作保护装置（漏电保护装置）

1 概述

城市道路照明是城市道路建设必不可少的配套设施之一，其灯杆常常安装于人行道或靠近公交港湾站台处（如图1），与不特定人群有着可随意接触的空间，一旦发生灯杆带电有着极大的危险性（国人家庭及亲情感比较浓厚，一旦有人出现触电情况，往往会采取极其冲动不理智的方法去施救，易引发多人伤亡事故），按照国务院《安全事故报告和处理条例》规定，三人以下为一般事故，三人以上为较大事故。一旦发生因灯杆带电引起人死亡事故必定会追责，因此对于城市道路照明及户外用电设施的安全保证措施应得到高度重视。

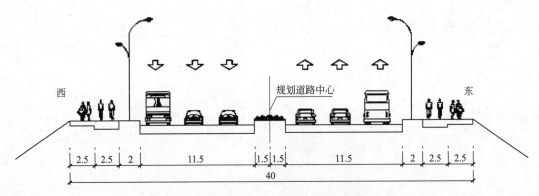

图 1　典型道路照明标准横断面图

本文所探讨的道路照明专指 AC380/220V 电源接入。自带电源系统的太阳能及风光互补型路灯由于其自身具有较高的安全性保证，不在文本讨论之列。

为安全起见路灯可导电金属外壳（灯杆及基础法兰）需作接地处理，那么接地的依据及目的何在？

国标《低压配电设计规范》GB 50054—2011 有以下条款：

5.2.3　电气装置的外露可导电部分，应与保护导体相连接；

5.2.7　TN 系统中电气装置所有外露可导电部分均应通过保护导体与电源系统的接

地点连接；

5.2.14　TT 系统中配电线路内由同一间接接触防护电器保护的外露可导电部分应用保护导体接至共用或各自的接地极上；

国标《交流电气装置的接地设计规范》GB/T 50065—2011，将交流电气装置划分为高压及低压两部分，以 1kV 为界，其中对于高压部分有明确规定：

3.1.1　电力系统装置或设备应按规定接地；

而对于低压部分也有相关规定：

7.1.2　1.对于单电源系统，TN 电源系统在电源处应有一点直接接地，装置的可导电部分应经 PE 线接到接地点。

对于多电源系统规范要求较为繁琐，但也明确规定装置的可导电部分必须接地。

行业规范《民用建筑电气设计规范》JGJ 16—2008 也有类似规定，虽其权威性逊于上述两个国标。

行业规范《城市道路照明设计标准》CJJ 45—2015 关于接地只有原则性的规定，但同时强调应满足国标《低压配电设计规范》GB 50054—2011 及国标《剩余电流动作保护装置安装和运行》GB 13955—2017 的相关要求。

根据上述规范及条文，道路照明设计，灯杆（包括基础法兰）必须接地，其作用就是起安全防护及导出故障电流。

2　接地系统分析

按电源（系统）侧一点接地，不接地（或经高阻抗接地）以及电气装置的地与系统侧地有无直接电气连接来划分可分为三种接地型式，即 TN，TT，IT（示图略）。

TN 系统又可细分为 TN-S，TN-C，及 TN-C-S，由于 TN-C 及 TN-C-S 的 N 线会流经三相不平衡电流及可能的故障电流，会使 N 线一定程度上带有电压，因此设计上要谨慎应用，IT 系统一般运用特殊要求场所，道路照明设计一般采用 TN-S 接地系统及 TT 接地系统。

下面来分析 TN-S 及 TT 两种接地系统的单相接地故障电压及危险性：

1）金属性单相接地故障

（1）TN-S 系统（图 2）

对于 TN-S 系统，由于 R_A+R_R 远大于 R_L+R_E，可不考虑 R_A 及 R_R 的影响。而 $U_d=U\cdot\dfrac{R_E}{R_L+R_E}$，由于截面小于 $25\mathrm{mm}^2$ 的导体，规范要求 PE 线与相线同截面同材质，即 $R_E=R_L$，$U_d=\dfrac{1}{2}U$，对于 220V 系统而言，$U_d=110\mathrm{V}$，若此时人体接触带电灯杆，人体所受电压为 $U_R=U_d\cdot\dfrac{R_R}{R_A+R_R}\approx U_d$，其中 R_R 为人体与大地之间的接触电阻，正常值为 1000～2000Ω，在潮湿状态下约为 500Ω，而 R_A 按规范取值一般为 4Ω。

（2）TT 系统（图 3）

$U_d=U\cdot\dfrac{R_B+R_A}{R_A+R_B+R_L}$，由于 R_B+R_A 远大于 R_L，即 $U_d\approx U$，R_A 即系统接地阻值，

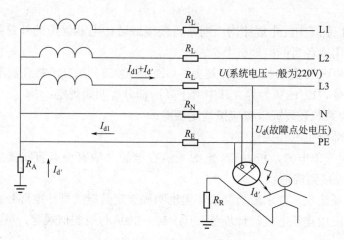

图 2 TN-S 系统单相接地示意图

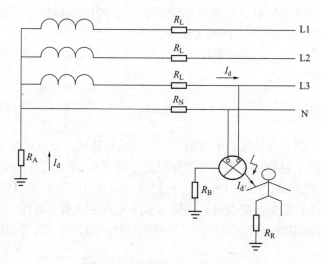

图 3 TT 系统单相接地示意图

一般情况下取值 4Ω，R_B 即单灯接地阻值，工程上通常采用 $\phi50$ 钢管或 L50×5 $L=$ 2500mm 的镀锌角钢一根处理，根据《工业与民用供配电设计手册》第四版表 14.6.12 常用人工地极的工频接地电阻中的数据，采用 L50×5 $L=$2500mm 的镀锌角钢，当土壤电阻率为 100Ω·m 时接地电阻为 32.4Ω（后续为方便计算取 32Ω），当土壤电阻率为 250Ω·m 时接地电阻为 81.1Ω（后续为方便计算取 81Ω）。

根据以上分析，发生金属性碰壳即单相接地时，若不能及时切除故障，灯杆所带故障电压：TN-S 系统为系统电压的一半即 110V，TT 系统为系统电压即 220V，此时若人体接触带电灯杆，人体所承受的电压分别约为 110V 和 220V。

2）非金属性单相接地故障

绝缘击穿即为非金属性连接，呈低阻状态，本人查阅相关文献没能查阅到这方面的阻值资料，但本人 3 年前参与过单位一起电气故障排查，母线至分接配电箱处配电箱主开关（200A 塑壳开关），由于上方漏水，导致开关进线处与背板之间出现碳化，在断开所有负荷的情况下,均对地呈低阻状态,用万用表实测对地电阻值在 $10\sim30\Omega$ 之间,拆下开关观察,开关进线处背后约 1/4 的部分全部碳化。

下面针对绝缘击穿的阻值 R' 分别取值 10Ω、20Ω 和 30Ω 对 TN-S 系统和 TT 系统的故障电压进行分析计算。

某道路照明工程采用 YJV-0.6/1kV-5x25 电缆进行供电,线路最末端约 800m。

(1) TN-S 系统(图 4)

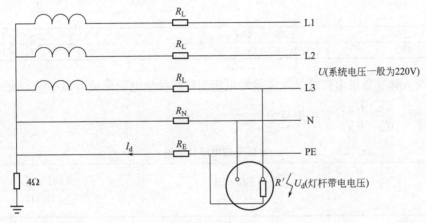

图 4 TN-S 系统非金属性短路故障接地示意图

电缆线路直流电阻值 $R_\theta = P \cdot C_j \dfrac{L}{S}$,式中 R_θ 为线路直流电阻,P 为导体电阻率,铜芯电缆取值为 $0.0282\Omega \cdot mm^2$,C_j 为接入系数,多股线为 1.02,L 为线路长度,取 800m,S 为电缆截面,取 $25mm^2$,代入 $R = 0.0282 \times 1.02 \times \dfrac{800}{25} = 0.92\Omega$,由于配电电缆采用五芯等截面电缆,故有 $R_L = R_N = R_E = 0.92\Omega$,$U_d = U \cdot \dfrac{R_E}{R_E + R_L + R'}$,当 R' 分别取值 10Ω、20Ω 和 30Ω 时,计算后得到 U_d 分别对应为 $0.078U$、$0.042U$ 和 $0.029U$,按 $U = 220V$ 计算,则灯杆的外壳所带电压分别为 17V、9.2V 和 9.4V。

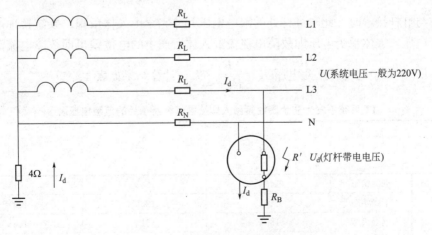

图 5 TT 系统非金属性短路故障接地示意图

（2）TT 系统（图 5）

$U_d = \dfrac{4+R_B}{4+R_B+R'+R_L}U$，根据前面的计算结果，$R_L = 0.92\Omega$，$R_B$ 为 32Ω 或 81Ω，R' 分别取值 10Ω、20Ω 和 30Ω，灯杆带电电压见表 1：

灯杆带电电压计算   表 1

U_d \ R' \ R_B	10Ω	20Ω	30Ω
32Ω	$0.76U = 168V$	$0.63U = 138V$	$0.53U = 118V$
81Ω	$0.88U = 195V$	$0.8U = 176V$	$0.73U = 161V$

若此时人体接触带电灯杆，人体接触电阻与灯杆接地电阻形成并联效应，此时并联等效电阻 R_b 为：$\dfrac{R_B \cdot R_R}{R_B + R_R}$ 计算结果见表 2。

并联等效电阻计算表   表 2

R_b \ R' \ R_B	（潮湿状态）500Ω	（干燥状态）1500Ω
32Ω	$0.94R_B = 30\Omega$	$0.98R_B = 31.3\Omega$
81Ω	$0.86R_B = 69.7\Omega$	$0.95R_B = 76.9\Omega$

考虑并联阻值影响后的带电电压修正结果见表 3。

灯杆带电电压计算表 2   表 3

U_d \ R' \ R_b		10Ω	20Ω	30Ω
30Ω	潮湿状态	$0.76U = 167V$	$0.62U = 136V$	$0.52U = 114V$
31.3Ω	干燥状态	$0.77U = 164V$	$0.63U = 138V$	$0.53U = 117V$
69.7Ω	潮湿状态	$0.87U = 191V$	$0.77U = 169V$	$0.7U = 154V$
76.9Ω	干燥状态	$0.88U = 193V$	$0.79U = 174V$	$0.72U = 158V$

人体与灯杆接触时，此时灯杆处的漏电电压并非完全由人体承担，系统接地电阻会分压一部分电压，人体承受电压即故障电流流经人体所产生的电位差也即故障电流流经灯杆接地电阻 R_B 所产生的电压。此电压 $U'_R = \dfrac{R_b}{R_b + 4}U_d$，计算结果如表 4：

TT 系统下发生非金属性短路人体接触灯杆所承受的危险电压表   表 4

U'_R \ R' \ R_b		10Ω	20Ω	30Ω
30Ω	潮湿状态	$146V$	$120V$	$101V$
31.3Ω	干燥状态	$148V$	$122V$	$103V$
69.7Ω	潮湿状态	$180V$	$161V$	$146V$
76.9Ω	干燥状态	$183V$	$165V$	$151V$

通过以上计算分析，可得出如下结论：

① 金属性单相接地时，灯杆处故障电压：

TN-S 系统，$U_d=110V$，人体接触时危险性较大；

TT 系统，$U_d=220V$，人体接触时危险性很大；

② 非金属性绝缘击穿故障时，灯杆处故障电压：

TN-S 系统，$U_d=9.2\sim17V$，人体接触时基本无危险；

TT 系统，$U_d=115\sim193V$，此时人体接触时所承受的故障电压为 $101\sim183V$，危险性很大；

从 TT 系统及 IT 系统对接地系统的要求公式为 $R\leqslant\dfrac{50}{I_d}$，参考其他文件，正常情况下人体所能承受的交流电压的极限值是 50V，从上面分析比较得出 TT 系统单相接地或发生漏电故障时其危险性远大于 TN-S 系统，减少电击危险的办法无外乎两种途径：一、保护装置快速动作；二、降低接触电压。

TN-S 系统由于发生金属性单相接地时，故障电流主要流经相线和 PE 线，故障电流相对较大易引起保护装置快速动作，但对于道路照明，由于存在线路过长的问题，此时供电回路阻值相对较大，线路过电流保护装置不一定能保护到末端灯具（灯杆）单相接地，若此情形下发生末端单相短路肯定存在较大危险性。而对于非金属性击穿式绝缘降低的漏电情况，由于绝缘电阻存在不确定性，也存在一定的危险性，此情况下外接接地电阻如何处理均不能降低接触电压，此种情况下必须采取相应的安全处理措施。

TT 系统无论是金属性单相接地短路还是非金属性绝缘击穿（或降低）故障都是存在较高危险的接触电压，即使花较大代价实现等电位，也存在区域外进入保护防范内跨步电压电击的危险，因此必须有安全可靠的防范措施。

3 规范解读

1）TN 系统

根据《低压配电设计规范》GB 50054—2011 第 5.2.8 的规定：TN 系统中配电线路的间接接触防护电器的动作特性，应符合下式要求：$I_a\leqslant U_0/Z_s$，式中 Z_s 为接地故障回路阻抗，U_0 为相导体对地标称电压，I_a 保证间接接触保护电器在规定动作时间内切断故障回路的动作电流。

公式解读：保护装置动作电流应小于预期故障电流，但回路阻值受供电距离及导线截面积的制约，不可能无限减小。

根据《低压配电设计规范》GB 50054—2011 第 5.2.13 规定：TN 系统中，配电线路采用过电流保护电器兼作间接接触防护电器时，其动作特性应符合本规范第 5.2.8 条的规定，当不符合规定时，应采用剩余电流动作保护电器。

规范解读：当无法确定 TN 系统的保护是否满足规范要求时，增加剩余电流保护电器，事实上就构成了双保险，提高了系统运行的安全性和可靠性。

2）TT 系统

根据《低压配电设计规范》GB 50054—2011 第 5.2.18 的规定：TT 系统中，配电线路的间接接触防护的保护电器应采用剩余电流动作保护电器或过电流保护电器。第 5.2.15

的规定：TT 系统配电线路间接接触防护电器的动作特性，应符合下式的要求：$R_A \cdot I_a \leqslant$ 50V，式中 R_A 为外露可导电部分的接地电阻和保护导体电阻之和（Ω）。

规范解读：对此公式笔者有些不解，在 TT 系统下，由于电源系统侧接地电阻的存在，理论上回路最大单相短路故障电流 $I_d \leqslant \dfrac{220}{4} \leqslant 55A$，因此 I_d 是受限的，同样 R_B 由于受施工及场地原因的限制，理论上小于 10Ω 很难实现，故有 $I_d \leqslant \dfrac{220}{4+10} \leqslant 15.7A$，因此 TT 系统采用断路器或熔断器作为间接防护动作电器存在很大的不确定性。

根据《剩余电流动作保护装置安装和运行》GB 13955—2017 第 4.2.2.2 的规定：TT 系统的电气线路或电气设备必须装设剩余电流保护装置作为电击事故的保护措施。

规范解读：也就是说 TT 系统存在必须依赖采用剩余电流保护装置作为前置条件。既然 TN 系统允许加装漏电保护，而 TT 系统必须加装漏电保护，那两者有何区别？

笔者认为：对于 TN 系统而言，在电源侧接地电阻 4Ω，有独立的 PE 线，重复接地 10Ω（规范无强制要求），加装漏电保护装置的情况下，其优点是容易实现过电流兼单相接地，加装漏电保护装置构成双重保护，而且重复接地容易实现（多个并联即可），但各设备没有硬性的接地阻值要求。而对于 TT 系统，电源侧接地电阻 4Ω，无 PE 线要求（规范没规定不同保护对象须单相接地，也可以 PE 线串接）。其优点是节省投资（可节省 PE 线，也可不节省），缺点及难点是单灯接地电阻有阻值要求，且阻值带有不确定性，存在设计责任及工程验收风险。

现在有一种观点认为 TN 系统有可能存在故障电压反串增加危险，TT 系统（不带 PE 线）不会有故障电压反串，笔者认为一个危险源的存在并不比十个危险源存在的危险性减少多少，严格按规范行事，绝对杜绝安全隐患才是上策。从笔者多年的设计经验来看，TN 系统辅以剩余电流保护装置较 TT 系统安全可靠的多。

4　道路照明工程分析

道路照明有其独特的特点：线路长，负荷分散，无法做到等电位或局部等电位处理，《城市道路照明设计标准》CJJ 45—2015 第 6.15 条规定：每个灯具应设有单独的保护装置。设计院对单灯保护处理一般都选择为带漏电脱扣的断路器作为单灯保护装置，但由于安装空间受限（特别是双臂路灯或多回路供电灯具），往往无法安装，笔者建议对于安装空间受限场所，可采用分组控制，每三个灯具为一组（三相交错供电或单相供电均可），安装一个户外非金属材质的控制箱，控制箱的安装高度应考虑极端天气下道路溃水的影响，保护电器可置于灯杆内部其安装高度亦应考虑道路积水的影响，同时电源进线处应作加强绝缘处理（防止电源进线部分出现绝缘故障），电源埋管建议采用非金属管材，进线建议采用电缆（绝缘强于电线），且穿塑料软管保护并固定。其他户外用电设施如户外广告牌、带广告及亮化的公交站台，均建议作此处理。

断路器脱扣电流可依据单灯额定电流的选择。

国家标准 GB 50054—2011、GB 50065—2011 及行业标准 CJJ 45—2015、CJJ 89—2012 均没有规定道路照明漏电保护脱扣电流值，笔者建议参照《剩余电流动作保护装置安装和运行》GB 13955—2017 第 5.7 及 5.8 条的规定：末端及灯具或其他户外用电设施按潮湿场所（考虑雨雪等恶劣天气）的电气设施应选用剩余动作电流为 16～30mA，可选用 30mA 一般型剩余电流保护装置。线路部分建议选用 300mA 动作电流可调节、延时动作型的剩余电流保护装置。

根据《剩余电流动作保护装置安装和运行》GB 13955—2005 第 7.5 条规定，建议设计文件对电子式剩余电流装置做相应说明：根据电子元件有效工作寿命，工作年限一般为 6 年，超过规定年限应进行全面检测，并根据检测结果决定可否继续运行。

5　结论

综上所述，道路照明工程设计接地系统建议采用 TN-S 系统（可推广至户外用电设备），并加末端防护，即单灯加装漏电保护脱扣装置。

电气工程的安全防护责任重大，并且实行设计终身负责制，设计人员应选择安全可靠的接地系统，来确保人员生命财产安全。

参考文献

[1] 工业与民用配电设计手册（第四版）[M].北京：中国电力出版社，2016.

[2] GB 50054—2011 低压配电设计规范 [S].北京：中国计划出版社，2012.

[3] GB 13955—2017 剩余电流动作保护装置安装和运行 [S].北京：中国标准出版社，2018.

17 历史文化街区夜景照明规划与实施

摘 要：本文以中山大道夜景照明提升工程为例，针对历史文化街区建筑物的特殊性，从其夜景照明规划、照明设计、实施过程中的难点和夜景照明节能控制等方面进行探讨，总结出历史街区建筑夜景照明的设计方法和实施要素。

关键词：历史文化街区；夜景照明规划；色温；亮度分部；智能控制

0 引言

2015年1月，国家住房城乡建设部和国家文物局公布第一批中国历史文化街区。武汉江汉路及中山大道历史文化街区与北京市大栅栏历史文化街区、上海市外滩历史文化街区等30个历史文化街区一起入选。它也是武汉市目前唯——一片国家级历史文化街区，承载着大武汉的辉煌历史。

中山大道沿线是武汉市的老城区、老街区，拥有众多历史文物保护建筑，是武汉城市历史的沉淀。历史街区原貌的保持，历史建筑的最小干预等因素对夜景照明规划与实施提出了更高的要求。中山大道夜景照明设计根据沿街不同历史建筑的特征，所在不同区块的商业风格，制定了"一轴三区"的设计思路，采用统一协调规划，重点建筑物刻画，多种照明方式并用等方法，再现了这条租界老街的历史风貌。同时，对历史街区夜景照明中的实施方法进行探讨总结，希望能作为同类项目设计的有益参考。

1 中山大道简介

汉口中山大道始建于1906年，距今已有112年历史，中山大道串联原法、俄、英等租界，沿线共有各类保护性老建筑及特色里分民居150余处，主要由汉口开埠至20世纪

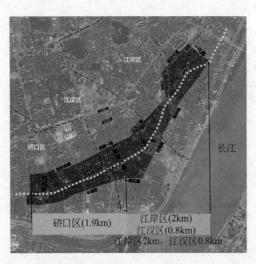

图1 中山大道全长方位示意图

50年代这一时期的金融、宗教、外交、民居、工商业等历史老建筑组成，它融西方建筑的古典浪漫主义和民族建筑的含蓄典雅于一体，造型各异，多数采用下店上宅，外商内屋的街屋模式。

中山大道从硚口路至黄浦路，贯穿江岸区、江汉区、硚口区三个核心城区，项目全长4.7km（如图1），其中，江岸区江汉区共2.8km，硚口区1.9km。沿线包含有多处省级文物保护单位，优秀历史建筑，是老汉口最重要的商业交通性干道，也是一条最能体现武汉商业历史的文化风情的大道。

按照武汉市委市政府的总体部署，以激

活老汉口，复兴中山大道商业街为目标，由市国土资源和规划局组织开展《中山大道景观提升规划（一元路至武胜路段）》工作，全面提升中山人道沿线景观形象。旨在将中山大道打造为"再现历史风貌，彰显武汉特色"的文化旅游大道。

2 夜景照明设计标准

CIE 有关夜景照明的技术文件有《泛光照明指南》GB/Z26207/CIE94-1993 和《城市照明指南》CIE136-2000 号等多本照明指南出版物。我国城市夜景照明事业起步较晚，相关标准规定的制定也相对滞后，2008 年 11 月 4 日，我国首次颁布了行业标准《城市夜景照明设计规范》JGJ/T 163—2008，并于 2009 年 5 月开始实施；不少地区根据所在地区特点，还编制了一些地方标准，在设计时应注意执行。

历史街区建筑物年代久远，其中的商业区、住宅区没有很明显的界限划分，下店上宅，外商内屋的街屋模式比比皆是。这就要求灯具的照度和亮度值选择要合理，灯具的色温选择要考虑沿街建筑物外墙面材质和颜色，灯具的安装方式、投射方向要考虑对周边居住建筑的影响。不同城市规模及环境区域建筑物夜景照明的照度和亮度要求不同，标准值见表 1：

不同城市规模及环境区域建筑物范光照明的照度和亮度标准值 表 1

建筑物饰面材料		城市规模	平均亮度(cd/m²)				平均照度(lx)			
名称	反射比(ρ)		E1区	E2区	E3区	E4区	E1区	E2区	E3区	E4区
白色外墙涂料、乳白色外墙釉面砖、浅冷、暖色外墙涂料、白色大理石等	0.6～0.8	大	—	5	10	25	—	30	50	150
		中	—	4	8	20	—	20	30	100
		小	—	3	6	15	—	15	20	75
银色或灰绿色铝塑板、浅色大理石、白色石材、浅色瓷砖、灰色或土横色釉面砖、中等浅色涂料、铝塑板等	0.3～0.6	大	—	5	8	20	—	50	75	200
		中	—	4	8	20	—	30	50	150
		小	—	3	6	15	—	20	30	100
深色天然花岗石、大理石、瓷砖、混凝土、褐色、暗红色釉面砖、人造花岗石、普通砖等	0.2～0.3	大	—	5	10	25	—	75	150	300
		中	—	4	8	20	—	50	100	250
		小	—	3	6	15	—	30	75	200

表中 E1～E4 区为 CIE 对不同环境下照明区域与光环境的划分，如表 2：

环境照明区域分类 表 2

区域	周围环境	光环境	举例
E1	乡村	天然黑夜	国家公园、自然保护区和天文台所在地区等
E2	郊区	低区域亮度	工业或居住性的乡村
E3	城市普通区	中区域亮度	工业或居住性的郊区
E4	城市中心区	高区域亮度	城市中心、商业区

其他区域的光污染防治，避免夜景灯具的灯光影响到城市居民居住，夜景照明灯具朝居室方向的发光强度规定如表 3：

夜景照明灯具朝居室方向的发光强度最大允许值　表3

照明技术参数	应用条件	环境区域			
		E1区	E2区	E3区	E4区
灯具发光强度 I(cd)	熄灯时段前	2500	7500	1000	25000
	熄灯时段	0	500	1000	2500

本表中限制的是每个能持续看到的灯具，对于瞬间或短时间看到的灯具不在本表规定的范围内。如果光源是闪动的，为减少闪动对居民的影响，表中的发光强度应该降低一半。

历史街区的夜景照明是一项系统工程，它包括城市的所有公共元素照明。其中，特殊构筑物元素往往是记录某重要历史时刻而建造，如：塔、碑、旗帜、广场等，他们是历史街区夜景照明中不可或缺的一部分，规范中对此类构筑物、建筑物、广场绿地、广告标识以及居住建筑窗等外表面的照度均有规定。中山大道历史街区的景观照明设计遵循以上规范原则，并根据不同建筑物的立面造型，采取差异化设计。

3　历史街区的夜景照明规划原则

与以往照明工程不同，此次中山大道夜景照明配合沿线所有历史建筑立面的修缮和改造，包含有十几年乃至上百年的历史建筑，建筑风格多样，造型迥异，各有特色，具有全局性。对整个街区的夜景照明统一协调规划是保证照明效果的有效办法。中山大道建筑夜景照明设计遵循以下原则：

1) 体现城市功能定位，表现沿街主线文化；
2) 分区呈现历史场景，突出重点历史建筑；
3) 满足生态环境需求，实现绿色照明。

4　统一的色温色调营造整体历史氛围

2014年11月，武汉市被列为超大城市，为长江经济带核心城市。中山大道位于城市中心城区，属于表2环境照明分区的E4区，亮度和照度在四个环境分区中最高。然而，亮度与感官舒适度从来都是一对矛盾体，亮度过低，看不清被照物；亮度过高，舒适度降低，影响周边居民生活；同样，色温太低，给人压抑、低沉的感觉，也影响亮度的表现；色温过高眼睛易疲劳，不利于展现被照物特色。

夜景照明所需亮度、色温高低应视建筑物墙面材料的材质和亮度条件而定，相同光色的光源照射到不同建筑物立面材料上所产生的效果是不同的。中山大道沿街历史建筑物立面多以搓砂灰和水刷石墙面为主，居民建筑外墙面以红色清水砖墙为砌体；

表4是根据以往建筑物立面照明经验，总结出不同光源光色照射在不同建筑物立面色的效果。搓砂灰和水刷石墙面主要颜色为灰色，天然质感，色泽庄重美观，为冷色调，如果以过高色温灯具，会加重灰色的厚重感，使沿街照明效果生冷古板。暖色温光源色能够淡化建筑立面冷色调感觉，温暖柔和，给人以古朴、宁静、厚重之感。使用柔和的暖色温也更能呈现街区历史格调，重点节点则以明暗对比的照明方式突出建筑特点，结合建筑功能营造浪漫、古典的光环境。

不同光源色温对建筑物立面颜色的影响　　　　　　　　　　　　表 4

光源色温 立面色	2100~2800K	2800~3300K	3500~2800K
暖色(红色,黄色,橙色等)	加强或加重主立面暖色的色感,使之变得更加鲜艳	除加强立面暖色调外,对各种颜色均由良好的显色特性,不仅鲜艳,而且清晰	冲淡或降低立面暖色的色感,甚至产生便宜,使暖色发灰发绿
冷色(蓝色,绿色,紫色或黄绿色)	降低或减弱冷色调感觉,使立面发暗带黄	可淡化冷色调感觉,对立面的冷色显色性没有影响	加强或提高立面冷色调感觉,使蓝、绿、紫变得更鲜艳

　　中山大道的总体光线色调并非大红大紫、五光十色,灯光色温选择了更偏柔和的2400-3000K暖黄色（如图2）,避免过亮是一直强调的主要方向。选用暖黄色就是想通过色彩本身的质感,烘托百年老街的历史沧桑与岁月繁华。

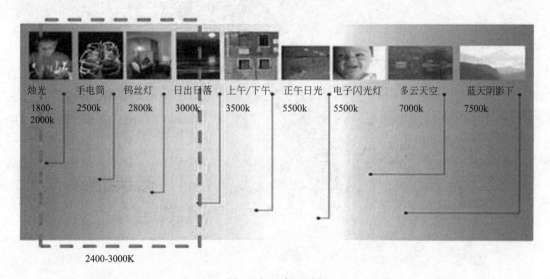

图 2　灯具色温选择

　　暖黄色的选用并不表示沿街所有灯具均选用该色温,而是根据不同建筑立面材质颜色合理选用灯具参数。沿街建筑的立面红色清水砖墙就可以使用高色温白光或彩光,冲淡或降低立面色感（效果可参见图6）,与总体规划色调保持一致。

5　柔和的照度层次呈现历史场景

　　夜景照明设计要与城市和建筑物功能的特点相互吻合。不同功能性质的街道和地段,特定的环境和建筑物,其灯光照明应有不同的氛围、亮度或风格要求。

　　中山大道横穿汉口三个中心区,江岸区是老汉口历史上集聚五国租界的商贸城区,人文底蕴深厚,拥有众多富有古典文艺、异国情调的优秀历史建筑。江汉地区是古汉口镇发祥地,其南部汉江入江口沿岸是汉口居民最早定居和商业发展中心地带。硚口区承载的是厚重的商业文明,以商为媒,又借商兴盛,是武汉城市近现代化的起点。

　　按照总体规划,夜景照明格局至西向东以三个中心区为单位分为三级照明区,分别是国际商贸照明区（硚口区）、购物天堂照明区（江汉区）和慢生活文化休验照明区（汀岸区），如图 3 所示。

慢生活文化体验照明区定义为三级亮区，照度为 60lx，以线性投光灯、小射灯面光照明精细刻画立面历史符号，结合婚纱摄影、文化画廊，彰显老汉口百年浪漫文化底蕴。

国际商贸照明区定义为二级亮区，照度为 80lx，强烈而鲜明的彰显国际大都市商业中心氛围。

购物天堂照明区为一级亮区，照度为 100lx，此区大型历史建筑集中，整体光通量较高，通过明暗对比实现新旧建筑的和谐共生与历史氛围的彰显。

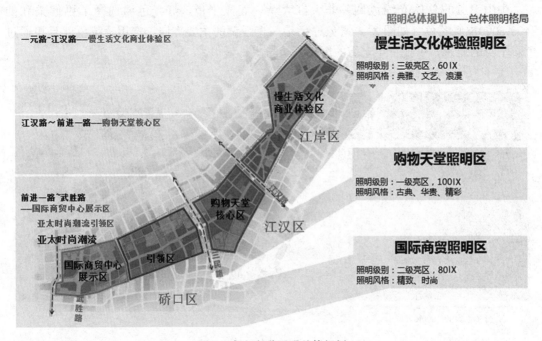

图 3　中山大道照明总体规划

6　建筑符号与历史肌理刻画

6.1　明暗有致的亮度分区

历史街区的夜景照明不能一味追求亮度，也不宜将建筑物的各部位设计成同一亮度；亮度设计应遵循突出重点，兼顾一般的原则，亮度要求在满足"表1"的前提下，不同建筑有所区别，同一建筑也有所侧重；总体规划色温采取 2400～3000K 暖黄色，实施过程中也可因灯具亮度和被照面颜色的不同，适当选择高色温光源，从而呈现出不同色彩亮度的跳跃，用主光突出建筑物的重点部位，用辅助光照明一般部位，使照明富有层次感，如图 4 所示。通过差异化的亮度分布突出历史建筑山墙、柱式、屋顶等历史文化符号以及粗糙的石材砖墙沧桑肌理。

中山大道沿街建筑底层多有商业运营需求，亮度按照 25cd/m² 控制，中段主要是建筑立面窗，墙、台、柱等展现与刻画，局部地方亮度可以降低，亮度不超过 15cd/m²；顶层

顶部屋顶细节丰富，亮度次之 20cd/㎡

中段立面亮度较低 15cd/㎡

底部橱窗、门头店招亮度最高 25cd/㎡

图 4　建筑物亮度分区示意（原大孚银行）

的屋檐、山花是建筑外立面的特色所在，选用亮度高的灯具，屋顶建筑造型丰富亮度保持在 20cd/m²，呈现出金属质感的金黄色。

6.2　多种照明方式并用，刻画重点历史建筑

夜景照明方式无固定模式，最重要的是要分析被照对象的功能、特征、风格、周围环境条件，根据被照对象的结构特点和所要表现的内涵确定一种或多种照明方式。

中山大道沿街建筑建筑风格多样，包括了罗马式、哥特式、俄国式和日本式的建筑。20 世纪 20 年代前后，华界仿租界西式建筑在租界外围又兴建了一批石库门式的新式里弄住宅。为完美展现历史建筑的特点，设计中采用多种照明方式，以建筑为主角，光为配角，光的出现，只为更好地凸显屋顶、老虎窗、罗马柱等建筑构件。重点刻画中国银行、大孚银行、江岸区儿童图书馆、武汉市档案馆等重点历史节点的夜景照明效果。

图 5 为中国银行汉口分行旧址，该建筑物具有鲜明的上世纪初建筑特征，采用线性投光灯与小射灯相间布局，屋顶采用洗墙灯勾勒出屋顶主要线条，达到轮廓照明的效果，使原本低调的立面具有了典型的时代气息。

图 5　中国银行（中国银行汉口分行旧址）

江岸区儿童图书馆红色砖墙具强烈的古典韵味，灯具放置在阳台、窗户下方，向上投

射，色光对窗间柱、山墙、门头的柔和洗墙，利用重点照明方式展现华丽精致的老汉口风情，如图 6 所示。

图 6　江岸区儿童图书馆（江岸区胜利街 257 号）

图 7 为武汉市档案馆，其立面对称，居中为二柱宽柱式门廊，采用层叠照明法，洗墙灯只照亮那些富有特点门廊和屋面，有意让其他部分或者表面至于黑暗中，营造一种微妙诱人，又富有层次感和深度感的照明效果。

图 7　武汉市档案馆（汉口国民政府外交部旧址）

6.3　特殊构筑物、街景元素的引入

历史街区的夜景照明规划设计过程中，对有着深厚历史文化背景特殊构筑物的照明表现应有所考虑。在一些建筑的门头、橱窗照明，摒弃了花里胡哨的霓虹，而是追求通透、明亮、舒雅的灯光效果；街道小品雕塑、树木的亮化，采用小光源点缀，打造精致而繁华的视觉氛围。别样的公交车站，景观树木、广告照明以及塔、碑、旗帜等特殊构筑物配合，营造出恬适的街区氛围。为体现"整旧如旧"的民国风格，引入了欧式风格路灯，既满足道路照明的要求，又融入打造步行街的整体效果。

对于已消失的汉口老城墙旧址，老通城、五芳斋、蔡林记、吉庆街、三德里等老字号店铺以及江汉路、中山大道的变迁痕迹等历史记忆，均采用情景、标识等再现方式，唤回老武汉风貌特色，见图8。

图 8　老字号标识再现

7　光污染的有效控制

夜景照明灯具处于室外，大量溢散光，反射光射向天空和四周，对人们工作休息，交通运输，动植物和生态环境，城市气候，还有天文观测等产生不同程度影响。历史街区多处于城市中心，其居住建筑与公共建筑混建的特点使得光污染的控制更加迫切。

笔者研究了城市光污染的一些案例，总结出引起光污染的主要原因：

1）无规划、盲目无序地发展城市夜间室外功能和景观照明。

2）错误地认为夜景照明越亮越好，以致照明的亮度越来越高，能耗大。

3）夜景照明照度水平的确定，光源和灯具的选择，照明或布灯方案等不合理。

4）控制光污染的标准不健全，光污染的规定实施力度不够，未能在实践中落实。

CIE 干扰光技委会（CIE/TC5-12）《限制室外照明干扰光影响指南》（Guide on the limitation of the effects of obtrusive light from outdoor lighting installations，January 2003）标准中对不同环境区域的窗户垂直面上产生的照度、灯具的最大光强，灯具的上射光通量有严格限制。国家规范 JGJ/T 163—2008 第七章对居住窗外表面垂直照度的最大允许值、灯具朝居室方向发光强度的最大允许值等也有严格要求。控制灯具表面亮度、控制灯具投射方向是降低光污染的有效办法：

1）中山大道结合街道区块特点，对灯具亮度，照度进行合理控制，次要建筑物或建筑物的次要部分减少灯具，降低照度或者利用道路照明、广告照明等辅助照亮。

2）禁止采用落地投光灯或者埋地投光灯等大功率灯具，采用截光型或光束发散角小的灯具，远距离视点上保持亮度光效，近距离视点亮度减弱，保证视觉亮度舒适。

3）结合居住建筑的立面构造考虑灯具安装位置，利用建筑外立面造型合理遮挡灯具光线投射方向，部分灯具带有遮光板，有效限制居室方向发光强度，见示意图 9，夜景照明灯具朝居室方向的发光强度最大允许值不大于表 3 中规定值。

4）图 10 为典型的多立克柱式结构建筑物。中山大道沿线众多建筑物采用多此类外形结构，依附于建筑造型的特点，在水平很高的多立克柱式结构宽阔的外庭内部空间设置灯

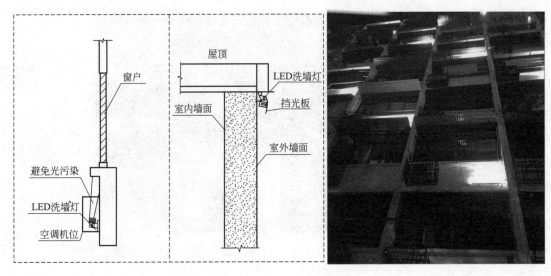

图 9   汇通路 1 号灯具安装方式

图 10   多立克柱式结构建筑物（原汉口盐业银行大楼）

具，既达到照明效果，又有效控制了由于灯具表面亮度直射入眼而产生的不适，真正达到见光不见灯的效果，有效控制光污染。

8   历史街区夜景照明实施

由于年限久远，多处建筑存在楼面、墙面破损，电线、电箱、排水设施老化等问题，夜景照明实施过程中对老旧设备管线的修复是必须的工作，然而保持历史建筑物的原真性是对历史建筑物干预的首要原则，这就极大增加了夜景照明实施的难度。实施过程中，凡必须干预时，附加的手段只用在最必要部分，并减少到最低限度。

8.1   灯具供电方案

中山大道沿街建筑物众多，夜景照明灯具总共使用有上万套，供电容量分散，供配电方式、电能计量等都是供配电应该考虑的问题，最初提出了两套夜景照明供电方案，如表 5 所示，为方便后期运营维护，管理方便，采用方案二对各栋建筑景观照明供电，此方案也得到了供电部门的认可。

夜景照明供电方案对比 表 5

	进线电源引接位置	计量方式	优点	缺点
方案一	各建筑物用户原有电源总箱	景观照明箱内设智能表计单独计量	接线方便，投资省	电源受制于建筑物内电源总箱，由于沿街户数众多，不便于统一协调管理
方案二	临近箱变预留间隔		单独电源，产权明晰，方便统一管理	供电距离长，施工水平要求高

8.2 灯具管线安装

夜景照明实施具体到了沿街每一栋建筑及细节。灯具的外壳颜色与建筑色彩一致融为一体，降低白天立面灯具辨识度；灯具的外形与建筑物横、竖线条协调，与建筑紧密结合，真正做到见光不见灯。灯具尽可能安装在立面改造部件上，且在主立面不设置或者少设置灯具避免对建筑物立面的二次损害。

8.3 可靠接地保障用灯安全

夜景照明装置需承受室外种种恶劣环境条件的影响，还将暴露于不懂电气安全的公众面前，也易受鸟类、鼠类或其他动物的触动。IEC 将户外照明装置列为电击危险大的特殊装置。它通常处于无等电位联结场所，在相同故障情况下户外照明装置较户内照明装置的接触电压高。

为有效防止电击危险，本工程 LED 灯具采用 24V DC 供电产品，防护等级不低于 IP65。低压配电系统采取 TN-S 系统。实施过程中，我们对各栋建筑物内原有接地系统是否正常进行测试校验，对接地极、接地线损坏建筑进行修复，必要时另外设置接地极，保证接地可靠性。

夜景照明配电箱各回路装设 RCD 漏电保护断路器作为接地故障保护，同时也作为防直接接触电击事故的附加防护。

为防雷击电磁脉冲，防闪电电涌侵入，在配电箱内电源侧装设 II 级试验的电涌保护器，其电压保护水平不应大于 2.5kV。从配电箱引出的配电线路均穿钢管敷设，钢管的一端与配电箱和 PE 线相连；另一端与照明装置外壳相连，并就近与屋顶防雷装置相连。钢管与防雷引下线并联，能够起到很好的分流作用。

9 夜景照明的控制与节能

在移动互联网＋、大数据、云计算并存的时代，城市夜景照明控制系统要求在实现照明效果的同时，更加注重数据的准确性、传输的即时性和管控的便捷性。中山大道夜景照明采用无线控制系统实现对整个街区景观灯具的智能控制，并预留与智慧城市网络连接的通信接口。该控制系统采用全模块化设计，主要由远程灯光控制器和远程灯光控制管理软件组成，基于 CDMA/GPRS 无线公共网络对灯具进行远程传输控制。图 11 为夜景照明无线控制系统结构图。

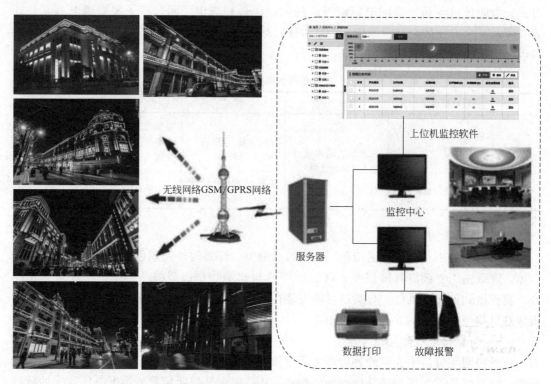

图 11　夜景照明无线控制系统结构图

　　全线所有建筑物夜景照明 LED 灯具均纳入该无线控制系统，每晚亮灯 3 个小时，一年下来的电费不到 60 万元。该系统完美解决了街区照明管线敷设困难、电费计量不便、灯具众多难以控制维护等诸多问题，极大提高了运营单位的管理效率，节省了电能，为中山大道"一轴三区"的照明总体规划的实现提供了有力的保障，符合建设集约型社会的统一要求，也符合我国"十三五"规划节能减排、绿色发展的要求。

10　结语

图 12　中山大道夜景照明（南京路段）

　　老记忆旧街道承载历史沧桑，新时代华衣裳谱写明日辉煌。图 12、图 13 示出了中山大道部分区段及全景夜景照明效果。行走其中，那温暖柔和的光影，明暗有致的街区，层次分明的历史建筑，精细别致的街道饰品，让儿时的记忆再次浮现在眼前，涅槃重生的前世今生，都是无法忘却的老武汉印记。

　　历史街区的夜景照明设计不仅要以规范为依据，更要把握城市的准确定位，调研城市历史和文化发展，研究城市的自然和人文景观。城市的历史沉淀在各时期的建筑中，历史建筑在得到保护的同时能够继续发挥其后续功能是对历史的继承，夜景照明实施也是对既有建筑的综合利用的一个重要环

图 13　中山大道夜景照明全景图

节。历史文化街区在时间、空间、经济和文化背景方面都有着其自身的特殊性，其夜景照明设计应统一规划方案，灵活运用多种照明方式，科学量化指标，拓展控制技术，创新实施把控体系，力争为城市"描绘"出一个个美丽的夜景。

参考文献

[1] JGJ/T 163—2008 城市夜景照明设计规范 [S].北京：中国建筑工业出版社，2008.

[2] 北京市市政管理委员会　北京照明协会编.城市夜景照明技术指南 [M].北京：中国电力出版社，2003.

[3] 中国航空规划设计研究总院有限公司.工业与民用供配电设计手册（第四版）[M].北京：中国电力出版社，2017.

[4] 北京照明学会照明设计专业委员会.照明设计手册（第三版）[M].北京：中国电力出版社，2016.

18　基于物联网技术的地下车库智能照明控制系统设计与应用

摘　要：本文对民用建筑地下车库目前几种常用的智能照明控制技术进行了分析比较，在集成它们的技术优点的基础之上，提出了一种基于物联网技术的新型智能照明控制技术，并通过设计实例阐述了该技术的合理性、适用性和可行性。

关键词：物联网；LED 车库灯；DALI 控制技术；无线转发模块；电力载波

0　引言

随着中国经济社会的发展、人民生活水平的不断提高，私家车辆越来越多，停车位超过 300 个的大型地下停车场[1] 在各类形式的建筑中屡见不鲜，故车辆停车场的照明用电也是建筑能耗中不可忽视的一部分。地下车库作为车辆停放的场所，人车的活动有着不确定性，这就决定了地下车库的照明有着"间歇性"照明的规律。

目前国内地下车库的照明主要存在以下问题[2]：

（1）灯具在无人车活动时连续、无效的照明，耗费大量的电能。（2）部分物业公司为了节省用电，直接拆掉灯管，牺牲了用户的照明体验，也造成了安全隐患。（3）部分车库采用"荧光灯＋时控"的照明方式，控制方式粗糙，节能效果不佳。（4）采用"声控"LED 灯具，然而声音分贝值无法统一，灯具点亮参差不齐，照明效果不理想；更为严重的是当地下车库电机或水泵启动运行时的噪声，让灯具一直处于常亮状态，导致浪费。

综上所述，为实现车库照明节能的目标，应采用智能照明控制技术，本文在集成了几种常见的智能照明控制技术的基础之上，提出了一种基于物联网技术的新型智能照明控制技术。

1　几种智能照明控制系统的控制技术

1.1　DALI 控制技术

目前，常用的智能照明是利用 DALI（Digital Addressable Lighting Interface）控制技术，采用 IEC929 所规范的数字式可寻址照明接口和协议（图 1）。该技术利用安装于配电箱内的开关驱动模块给需要控制的照明回路一个独立的地址，再通过信号线输入指令，利用软件和开关控制实现不同场景的控制[3]。实现上述智能照明控制系统需要布置网络线、信号线、电力线，因而系统复杂、造价成本高，可靠性较差的缺点也十分明显[4]。

1.2　波宽控制调光技术

目前，波宽控制调光（Pulse Width Modulation，简称 PWM）是一种较为成熟的调光技术。简单来说，就是通过对工作元件上的电压信号进行占空比控制，利用控制电路的接通和关闭的比率大小，实现对工作元件上电压信号的平均值的控制，在电阻基本不变的情

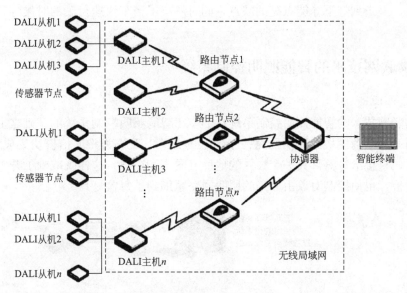

图 1　智能照明控制系统框图

况下，最终实现对流经工作元件的电流控制。在控制方式中，还可加入更为灵活的半功率点亮、全功率点亮、三分之一功率点亮、强制开启和复位等多功能多种场景的照明模式（图 2）。

1.3　电力载波技术

电力载波技术（Power line Communi-cation）是电力系统特有的通信方式，利用现有电力线，通过载波方式将模拟或数字信号进行高速传输的技术[5]。最大特点是不需要重新架设信号线，只要有电力线，就能进行数据传递。

根据《建筑设计防火规范（2018 年版）》GB 50016—2014 中的规定，地下或半地下建筑的防火分区建筑面积不得大于

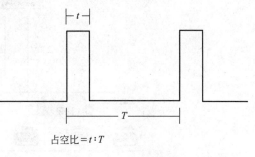

占空比 = $t : T$

图 2　占空比示意图

$500m^2$，在这个范围内避免了线路过长导致信号的衰减。地下室的 LED 灯具常规接入配电箱内 AC220V 的单相电压，避免了配电变压器对电力载波信号有阻隔以及三相电力线间有很大信号损耗。

因此，在地下室内以每个防火分区为单元，通过电力载波实现控制器与灯具的通信具有可行性，而且相较于 DALI 的智能照明控制系统中布置的通信线路，此种通信方式的改进大大简化了布线，节约了成本。

1.4　无线转发技术

该项技术是利用特殊的频段进行信号的传递，其特点是装置简单，信号传递速度快，还可用于探测器和接收装置之间因安装距离较远、通信讯号强度不足等情况[6]。在地下车库智能照明控制系统中，主要是用于灯具之间通信方式，可以通过在灯具中加入无线转发模块，利用无线通信技术，实现更为快速的通信方式。避免红外、声控这两种通信方式响

应时间过长，人走到灯下才能点亮的缺点，同时解决了当车快速行驶的时候灯具通信滞后的问题。

2 基于物联网技术的智能照明控制系统

2.1 工作原理

基于物联网技术的智能照明控制系统在 DALI 智能照明控制系统的基础之上，将原有的需要利用开关驱动模块给照明回路一个地址的方式，改进为将通信模块集成到 LED 灯具上的方式，直接给每盏灯具一个独立的地址（图3、图4）。这样既减少了开关驱动模块这部分的造价，也使控制对象由原来的照明回路精细到了每盏灯具。

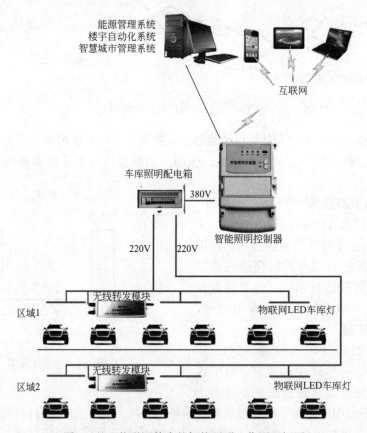

图 3 基于物联网技术的智能照明工作原理框图

再采用电力载波通信技术及无线转发技术进行信号传输，先由灯具上的传感器采集人或车进入探测区域的模拟信号，再由载波控制芯片把模拟信号转换为高频信号，通过电力线的某个频段传输到智能照明控制器上；智能照明控制器再将接收到的高频信号进行转换，并对信息进行分析、处理，再统一下发命令到各个灯具上，由各个灯具执行相应的开灯或者关灯命令。

2.2 系统组成

系统主要由照明主机、智能照明控制器、无线转发模块、新型 LED 车库灯等组成。

物联网 LED 车库灯是车库的照明部分，由集成通讯模块、人体感应器和 LED 光源组

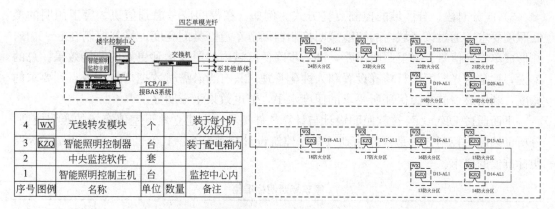

图 4　基于物联网技术的智能照明控制系统图

序号	图例	名称	单位	数量	备注
4	WX	无线转发模块	个		装于每个防火分区内
3	KZQ	智能照明控制器	台		装于配电箱内
2		中央监控软件	套		
1		智能照明控制主机	台		监控中心内

成。通过电力载波技术不需要额外增加通讯线缆即可实现通信功能，控制信号线和电源线共用（图 5）。每盏灯具带有独立的地址码，便于控制器进行精细控制。灯具接入常规 AC220V 的电压，每个照明控制回路设置单独的相线（L）和零线（N）与市电 AC220V 连接即可。

智能照明控制器是整个照明系统的控制中心，它将新型 LED 车库灯反馈回来的检测信号进行识别、处理，通过波宽控制调光调光技术控制灯具执行全功率点亮、半功率点亮、二亮一、循环亮、微亮等照明控制模式，执行预设的调光功能。

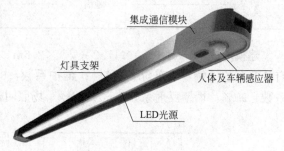

图 5　物联网 LED 车库灯

无线转发模块是智能照明控制器连接物联网 LED 车库灯的桥梁，相当于互联网中路由器的功能；智能照明控制器与无线转发模块是通过电力线载波通信。

3　基于物联网技术的智能照明控制系统性能分析

3.1　控制方式

为保证行人和车辆进出停车场的行车、停车安全，并节省照明用电，对地下车库照明实施智能化控制，具体控制方式如下：

1）当车辆或行人进入车库时，一盏灯具上的传感器感应到信号后，主干道上相应区域的所有灯具迅速自动点亮，给行人和司机开阔、明亮的视觉照明效果，车位灯具不亮；当车辆或行人进入到某停车位时，该停车位的 LED 灯具自动点亮。

2）人（车）离开车位后，灯具自动熄灭，车道灯具自动切换为点亮一半的灯具的节能照明模式，且可以保证区域内基本的照明亮度（不低于一般照明照度标准值的 10%），通过减小灯具功率，进一步节约电能。在点亮一半灯具时，还可以通过轮流切换点亮灯具的控制方式，使每盏灯都可以得到休息，减少发热量，避免了发热导致的光衰，从而延长了灯具的使用寿命。

3）应分时段、分区域的控制点亮方式。例如，在夜间应考虑到值班、警卫照明的最低照度要求，通过该区域内的智能照明控制器调节车道灯具的亮度，将其控制在5～10lx，并形成单独的值班、警卫照明回路，进一步降低区域内的照度达到更好的节能效果。总的来说，就是将光照度进行精确设置和人性化管理，只有当必需时才把灯点亮或点到要求的亮度，利用最少的能源保证所要求的照度水平，节电效果十分明显。

下面通过DIALUX这款照明设计与计算软件工具，来建立地下室停车场的照明模型，分析上述照明控制方式是否能达到《车库建筑设计规范》JGJ 100—2015中，表7.4.3照明标准值的要求。

停车场照明标准值 表1

名称		规定照度作业面	照度(lx)	眩光值UCG	显色指数R_a	功率密度(W/m²)	
						现行值	目标值
机动车停车区域	行车道(含坡道)	地面	50	28	60	2.5	2
	停车位		30	28	60	2	1.8

建模范围：16.8（长）×17.2（宽）×2.6m，车道两排灯（每排4盏灯）；车道两边各有6个车位（每3个车位一盏灯）；维护系数：0.67；地板反射系数：85%；天花板反射系数：90%；墙壁反射系数：50%。停车场照明标准值见表1，平面图如图6。

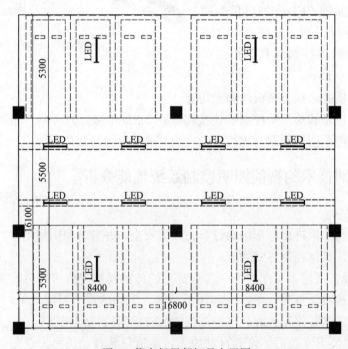

图6 停车场局部灯具布置图

当车辆或行人进入车库该区域时，相关主干道上的所有灯具自动点亮（图7）。计算结果如表2，满足规范规定值。

模型车道灯具全亮时照度计算表 表 2

总光通量:8404lm	总载:120.0W				
维护系数:0.67	作业面高度:0.00m				
表面	平均照度[lx]			最小/平均	最小/最大
	直接	间接	总数		
工作面	1.56	45	47	0.363	0.236

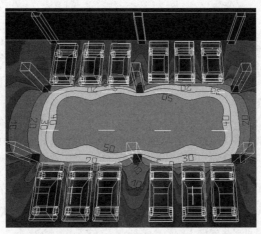

图 7 模型车道灯具全亮时等照度曲线图

当车辆或行人离开车库该区域时,相关主干道上的所有灯具自动调整为微亮模式(图 8),每盏灯具功率为 3W。计算结果如表 3,满足规范规定不低于停车场规定一般照明照度标准值的 10%。

模型车道灯具微亮时照度计算表 表 3

总光通量:1680lm	总载:24.0W				
维护系数:0.67	作业面高度:0.00m				
表面	平均照度[lx]			最小/平均	最小/最大
	直接	间接	总数		
工作面	0.31	9.01	9.32	0.363	0.236

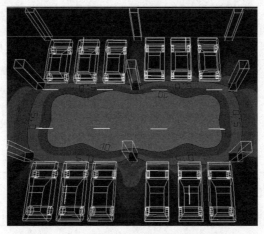

图 8 模型车道灯具微亮时等照度曲线图

3.2 与 DALI 系统的比较

现将本文所述基于物联网技术的智能照明控制系统与常见的 DALI 系统[7] 做一比较，详见表 4。

两种智能照明系统的比较表　　　　　　　　　　　　　　　　　表 4

序号	对比项目	基于物联网技术的智能照明控制系统	DALI 智能照明控制系统	对比结论
1	产品结构组成	中央控制器管理平台、智能照明控制器、一体化 LED 灯、无线转发模块	网关、开关执行器、总线电源、DALI 控制模块、路由器、红外移动探测器等	基于物联网技术的智能照明控制系统产品结构简单；DALI 产品结构复杂
2	控制器分布	每个防火分区设置 1 个	每个防火分区设置多个	基于物联网技术的智能照明控制系统控制器分布简单，管理方便；DALI 控制器分布复杂，不利于管理
3	通信方式	采用电力载波和无线通信相结合的方式，结构简单	采用 KNX 总线结构，DALI 通信方式，结构布线复杂	基于物联网技术的智能照明控制系统产品通信方式简单可靠；DALI 产品通信方式略为复杂
4	调光模式	可根据客户需要自由设置每盏灯具功率	可根据客户需要自由设置每个照明回路功率	两者都可自由设置灯具亮度，基于物联网技术的智能照明控制系统更为精细
5	远程控制	与采用网络可视化软件和手机 APP 进行远程控制	与采用网络可视化软件进行远程控制	两者都可以进行远程控制
6	现场控制	可采用数据采集器和手机 APP 进行现场照明调节和控制	部分产品可达到	基于物联网技术的智能照明控制系统产品控制方式多样
7	全自动化运行	设置完成后可全天自动化运行	设置完成后可全天自动化运行	两者都可以实现全自动化运行
8	故障反馈	每盏灯具有固定地址，可定期自动反馈故障信息	每盏灯具有固定地址，可自动反馈故障信息	两者都可自动反馈故障信息
9	布线形式	电力线	网线、信号线、电力线	基于物联网技术的智能照明控制系统产品布线简单，只是传统电力线即可；DALI 布线复杂
10	红外探测器	集成在灯具上	单独设置	基于物联网技术的智能照明控制系统灯具集成移动探测器，不需布线；DALI 独立设置探测器，需重新布线
11	产品质保	5 年	2 年	基于物联网技术的智能照明控制系统质保时间长
12	试用范围	目前仅适用于地下车库	适用于整个楼宇室内照明	基于物联网技术的智能照明控制系统在地下车库照明更为专业；DALI 产品适用范围广
13	系统造价	适中	适中	两者造价基本相差不大

3.3 技术展望

鉴于上述基于物联网技术的智能照明控制系统的优良技术特性，由于其系统的特性，还可将其与智能车位引导系统相结合。当读取到车辆入闸信息，一体化的 LED 灯具将通过灯光的变化指引车辆停到附近最适合的空位。更加充分的发挥智能照明控制系统的优势，进而简化地下室的停车系统节约成本。

4 结束语

研究了一种基于物联网技术的智能照明控制系统，该系统的优势在于：第一，系统结构简单，集成度高，便于维护；第二，节能效果更明显，可以将每盏灯具单独调光；第三，单灯带地址使得照明系统智能化程度大大提高，具有更具优势的平台与物联网相接。文章中还通过理论研究及软件仿真初步验证了其可行性，让我们期待基于物联网技术的智能照明控制技术得到更广泛的应用，为照明节能做出实质有效的贡献。

参考文献

[1] 李蔚. 建筑电气设计要点难点指导与案例剖析 [M]. 北京：中国建筑工业出版社，2012.

[2] 李蔚. 建筑电气设计常见及疑难问题解析 [M]. 北京：中国建筑工业出版社，2010.

[3] 李蔚. 建筑电气设计关键技术措施与问题分析 [M]. 北京：中国建筑工业出版社，2016.

[4] 张开羽. 基于DALI协议的智能照明系统设计 [J]. 信息化研究，2004，30（9）：76-80.

[5] 王艳. 低压电力载波抄表系统 [J]. 电力系统与控制保护，2002，30（7）：47-50.

[6] 李文元. 无线通讯技术概论 [M]. 北京：国防工业出版社，2006.

[7] 北京照明学会照明设计专业委员会. 照明设计手册（第三版）[M]. 北京：中国电力出版社，2016.

19　地下车库过渡照明节能设计探讨

摘　要: 本文介绍了利用人工照明和利用自然光作为地下车库过渡照明两种设计方案,提出了利用自然光作为过渡照明更具有实际意义。

关键词: 地下汽车库;过渡照明;照度;节能

0　引言

随着我国城市建设的繁荣,地下车库数量也越来越多,其出入口过渡照明设计关乎行驶车辆和行经人员的安全,本文将探讨此处过渡照明的设计方案及节能措施。

白天,当汽车驶近一个照明亮度相对外部环境低得多的地下车库入口时,由于人眼来不及适应光线的突然变化,在洞口处有如黑洞穴一样的感觉,称为"黑洞效应",如图1所示。产生"黑洞效应"时,驾驶员无法看清前方的障碍物甚至短时间内会失去方向感。而在出口处由于洞外亮度很高,出口处如一个白色的大洞,称之为"白洞效应",如图2所示,这对驾驶员形成强烈的眩光,严重的眩光造成视觉可见度下降,即直接影响视觉功能。因此地下车库出入口的亮度过渡对行车安全有着直接的影响[1]。我国国家标准《车库建筑设计规范》JGJ 100—2015 7.4.5条也明文要求坡道式地下车库出入口应设过渡照明,可见设置过渡照明的重要性[2]。

图1　地下车库入口处黑洞效应　　　　　　　图2　地下车库出口处白洞效应

1　过渡照明参数

1.1　项目简介

本文以武汉某新建工程为例介绍地下车库出入口过渡照明设计,该项目总建筑面积约为 7.27 万 m^2。地下室一层,标高为 -4.5m,其建筑面积约为 1.24 万 m^2,设停车位总共169 个,其中无障碍车位 4 个。该地下车库含有两个出入口,它们分别位于地下室的西北角和东南角,车道宽均为 6m。设计时按照《地下建筑照明设计标准》CECS45:92 在车库出入口增加过渡照明[3]。

考虑本项目的特殊性，地下车库既服务公共人群也服务居住人群，按《建筑照明设计标准》GB 50034—2013 表 5.2.1 和表 5.5.1[4]，本设计中车道照度取 50lx，功率密度不超过 2.00W/m²，车位照度取 30.00lx，功率密度不超过 1.80W/m²。考虑节能，光源采用功率为 16W 的 T5 型 LED 灯管，灯管光通量为 1300lm。经计算，车道平面实际计算平均照度为 54.46lx，实际功率密度为 1.52W/m²；车位平面实际计算平均照度为 32.70lx，实际功率密度为 0.91W/m²。

1.2　计算过程

1.2.1　室外亮度

查 CECS45：92 附表 B 可知，武汉地区年平均散射照度为 13.0klx。室外坡道为水泥地面，反射系数取 0.15，室外对应亮度为：

$$L=\frac{\rho \times E}{\pi}=\frac{0.15 \times 13000}{3.14}=621cd/m^2$$

1.2.2　过渡距离

《车库建筑设计规范》JGJ 100—2015 7.4.5 条要求白天入口处亮度变化可按 10：1～15：1 取值，夜间室内外亮度变化可按 2：1～4：1 取值。本设计中白天取 15：1，则白天出入口处室内照度为 13000lx/15＝867lx，对应亮度为 $L'=\frac{L}{15}\approx41cd/m^2$；

车道照度为 50lx，对应亮度为 $L''=\frac{\rho \times E}{\pi}=\frac{0.15 \times 50}{3.14}=2.4cd/m^2$。

查亮度与适应时间关系曲线[3]，如图 3 所示，可知：人眼从 41cd/m² 到 2.4cd/m² 的适应时间约为 11s。车速按 5km/h，则所需过渡距离为 15.3m，取 15m。

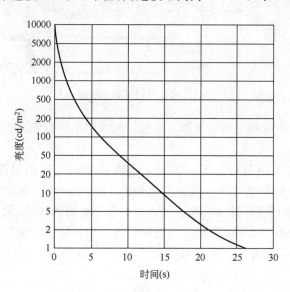

图 3　亮度-时间曲线

1.2.3　过渡段设计照度值

考虑白天过渡处照度的渐变，将过渡段（取 15m）分成三段，每段长 5m。第一段设计照度为 850lx，第二段设计照度为 500lx，第三段设计照度为 150lx，如图 4 所示。

本设计中夜间室内外亮度按 4∶1 取值，设计时将过渡段的车道常用照明灯具只开一半，此时车道入口处照度为 25lx，考虑夜间小区道路照明约为 8lx，满足夜间过渡照明要求，可不另行设计。

2　人工过渡照明

根据以上计算，由于车道本身原有设计的照度值为 50lx，则需要在第一段照明增设照度 800lx，第二段照明增设照度 450lx，第三段照明增设照度 100lx。

对于过渡段的大照度照明，采用高压钠灯作为光源，配节能电感镇流器，灯具发光效率约为 100lm/W。

经计算，可在第一段处增设两盏 250W 高压钠灯（光通量为 28000lm），第二段处增设两盏 150W 高压钠灯（光通量为 16000lm），第三段处增设两盏 35W T5 型荧光灯（光通量为 3300lm），即可满足相应过渡照明要求。

灯具布置如图 4 所示：图中过渡照明单独设一个回路 N3，过渡段车道普通照明分为两个回路 N1 和 N2 供电，白天控制车道照明为全亮，夜间为 1/2 亮，以利于过渡照明的连续性。

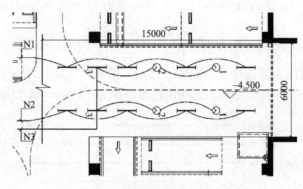

图 4　过渡照明灯具布置图

在以上设计中，通过利用高效光源，分组、分时控制等措施减少电能消耗，达到了一定的节能目的。

人工过渡照明的年耗电量如下：该地下车库一个出入口的过渡照明设备总功率为 957w，假设每天使用时间为 12h，则年耗电量为 4191.7kWh。电价按 0.57 元/kWh，则年电费为 2389 元，该地下车库含有两个出入口，年总电费为 4778 元。

由于在计算中采用的年平均散射照度为固定值，而实际上，室外照度是随着季节变化和时间早晚推移而不断变化的，所以虽然设计了人工过渡照明，减少了事故的发生，但过渡效果不理想。

3　自然光过渡照明

采用自然光作为照明光源是最节能最环保的方案，但由于自然光的储存和可控技术还不成熟，所以人们需要先将太阳能转换为电能，再将电能转换为可控的光能，转换过程中损失了大量的能量。但地下车库的过渡照明恰恰可以避免这个劣势，直接利用室外日照，这是由其照明特性决定的。

过渡照明的特点：即室外地平面的照度越高，过渡处需要的照度也越高，室外地平面的照度越低，过渡处需要的照度也越低。鉴于此，此时可以考虑利用自然光作为过渡照明。

3.1　自然照度实测值

选取已建成的某地下小型车库进行照度实测作为设计参考。该车库的车道宽、高参数及建造地点与本设计项目相近，不同的是该车库的两个出入口相邻且布置在一条直线上，与车库成 T 字形布置，这种构造使得过渡处的采光相对于两个分散的出入口更为充足。

测试前关闭该车库入口处的过渡照明，分别对车库外地平面、车库入口处各段及车库内车道的水平照度进行测试，测试设备采用数字照度计（测试量程为 20000lx 时分辨率为 1lx，测试量程为 200lx 时分辨率为 0.1lx），测试数据如下：

测试时间：2016 年 1 月 27 日，12：00～12：30。

天气：多云转阴。

由于测试时云层较厚，地面照度中直射照度成分较少，几乎为散射照度，车库外地面水平照度实测值为 7340lx，如图 5 所示。

图 5　车库外地面照度

该测试车库入口处采用上扬式设计，使得入口处可以采集到更多的日照，入口处照度实测值为 4210lx，如图 6 所示。

进入车库后，测试照度值迅速降低，离入口 3m 处测试照度约为 390lx，离入口 6m 处测试照度约为 169lx，离入口 9m 处测试照度约为 39lx，此时外界日光对室内照度的影响较微弱，水平面照度几乎为电气照明所提供。车库内车道上照度实测平均值约为 33lx。

由此可见，仅在自然条件下，室外反射的光线虽然可以为过渡段提供一部分照度，但由于照度值下降太快，不能满足规范对过渡段的照度要求。在其他天气条件下的几组测试

图6　车库入口处照度

数据也反映了类似的规律，限于篇幅，不一一列出。

3.2　自然光过渡照明设计

鉴于自然光进入车库后迅速减少，不能直接满足过渡照明需求。我们可以根据所需照度值采取分段弱化室外亮度的措施，将弱化后的室外光线分别引入到相应过渡段达到形成过渡照明的目的。

文献5中介绍了一种自动百叶，该装置可以通过自动调节百叶保持稳定的室内日光照度水平，如图7所示。该思路可以作为本设计中的参考。

图7　自动百叶装置

参照前述计算可知过渡段距离为15m，可以考虑在入口处增设一段长15m宽6m的格栅顶板，通过实验和建筑设计实现白天室外亮度与过渡段始端处亮度变化比为15：1、与过渡段末端处亮度变化比为260：1，将格栅镂空部分由多到少渐变排列，形成一个自然的过渡照明段。该段照明将随着外界照度变化而变化，达到形成过渡照明的目的。但在夜间由于格栅的遮挡，过渡段的自然照度会低于马路的照度，此时需要补充约6lx的人工照明作为过渡。

4　结论

通过以上分析，可知地下车库白天利用自然光作为过渡照明比采用电光源作为过渡照明不但更符合视觉要求，且更具环保、节能的优势。建筑照明不仅仅是人工照明，而是人工照明与自然照明的有效结合，这也需要电气专业与建筑专业的良好合作，在有条件的状态下尽量利用自然光进行照明，达到合理用能，有效节能的目的。

参考文献

[1] 马玉成，孔令旗，郭忠印. 隧道入口基于照明过渡的安全运营车速及控制对策 [J]. 山东交通学院学报，2007，15（1）：79-84.

[2] JGJ 100—2015 车库建筑设计规范 [S]. 北京：中国建筑工业出版社，2015.

[3] CECS45—92 地下建筑照明设计标准 [S]，1992.

[4] GB 50034—2013 建筑照明设计标准 [S]. 北京：中国建筑工业出版社，2014.

[5] IES. THE LIGHTING HANDBOOK [M]. Tenth Edition. IESNA，2011.

20　地下车库 LED 灯具的照度计算

摘　要：针对市场情况和 LED 产品特点，本文根据 T5 荧光灯和 LED 灯的性能参数，比较了 T5 荧光灯和 LED 灯的优缺点，对地下车库 LED 灯具照明的照度进行了详细计算，给出了地下车库 LED 灯具合理布置方案。

关键词：LED；地下车库；照度计算；DIALUX 仿真

0　引言

近年来，随着国民经济的迅猛发展，建筑行业蓬勃发展，LED 照明技术日益成熟，其产品应用范围越来越广。结合实际项目发现市场上 LED 产品居多，荧光灯越来越少见，针对市场情况和 LED 产品特点，有必要对比荧光灯和 LED 的性能参数。目前，很多企业开发生产的替代 T5、T8 直管荧光灯和一体化球泡灯产品，只是临时替代产品，性价比并不高，不是目前 LED 产品的发展方向。在地下车库的照明设计中，往往采用对应的 LED 灯管替代 T5、T8 直管荧光灯，而没有进行实际 LED 灯具照度计算，下面从如下几个方面进行对地下车库中 LED 灯具的照度计算进行阐述。

1　地下车库中 LED 灯具的选用

表 1 可以看出，T5 荧光灯的光效和 LED 支架灯的光效相差不大，在地下室车库使用 LED 支架灯的优势在于其平均寿命要长很多。

灯具参数对比表　　　　　　　　　　　　　　　　　　　　　表 1

灯具类型	单灯功率	光通量	色温	光效	显色指数	平均寿命
T5 荧光灯 1×28W	32W	2600lm	4500K	82lm/W	70	12000h
LED 支架 1×16W	16W	1450lm	6000K	90lm/W	60～70	＞40000h
LED 支架 1×30W	30W	2700lm	6000K	90lm/W	60～70	＞40000h

另外 LED 灯方便调光，一般来说，在带红外调光功能 LED 支架灯的价格是 T5 荧光灯的 1/3 时，可减少灯具维护工作量和工程节能节电。

选用 LED 支架灯有 16W 和 30W 常用的两种规格，根据标准《电磁兼容限值谐波电流发射限值（设备每相输入电流≤16A）》GB 17625.1—2012，对于有功输入功率大于 25W 的照明灯具，其谐波电流有严格的限制要求，本文地下车库的照明灯具选用 LED 支架 1×30W。

2　采用平均照度法计算地下车库照度

现拟定地下车库场景为 8m×8m 的柱网，长为 32m，宽为 8m，层高为 4.2m。利用

《照明设计手册》（第三版）进行平均照度计算。根据《照明设计规范》和《汽车库建筑规范》给出的照明标准值表2、表3。

车库照明标准值　　　　表2

名称		规定照度作业面	照度（lx）	眩光值 UGR	显色指数 R_a	功率密度（W/m²）	
						现行值	目标值
机动车停车区域	行车道（含坡道）	地面	50	28	60	2.5	2
	停车位		30	28	60	2	1.8
非机动车停车区域	行车道（含坡道）	地面	75	—	60	3.5	3
	停车位		50	—	60	2.5	5

公共车库照明标准值　　　　表3

名称	参考平面及其高度	照度（lx）	眩光值 UGR	显色指数 R_a	照度均匀度 U_0	功率密度限值（W/m²）	
						现行值	目标值
公共车库	地面	50	—	80	0.6	2.5	2.0

利用系数法计算平均照度的基本公式：

$$E_{av} = N\phi UK / A$$

式中　E_{av}——工作面上的平均照度，lx；

ϕ——光源光通量，lm；

N——光源数量；

U——利用系数；

A——工作面面积，m²；

K——灯具的维护系数。

车道照明计算，其中，$E_{av}=50$lx，$h_r=2.6$m，$RI=lb/h_r(l+b)=32\times8/2.6\times(32+8)=2.5$，$U=0.83$，$K=0.6$，则：$N=E_{av}\cdot A/\phi UK=50\times32\times8/2700\times0.83\times0.6=9.5$盏考虑光衰15%，$N=9.5\times(1+15\%)=10.9$，取12盏。

车位照明计算，其中，$E_{av}=30$lx，$h_r=2.6$m，$RI=lb/h_r(l+b)=32\times8/2.6\times(32+8)=2.5$，$U=0.83$，$K=0.6$，则：$N=E_{av}\cdot A/\phi UK=30\times32\times8/2700\times0.83\times0.6=5.7$盏，考虑光衰15%，$N=5.7\times(1+15\%)=6.6$，取6盏。

车道和车位照明灯具布置图1所示。

在8m×8m的柱网中，车道照明LED支架1×30W灯具布置为两排，间距为5～5.5m；车位照明LED支架1×30W灯具布置为一排，间距为5～5.5m。功率密度值为1.06W/m²。

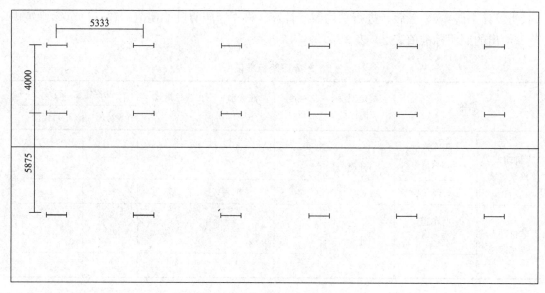

图 1　车道和车位照明灯具布置

3　采用 DIALUX 进行计算仿真

同样拟定地下车库进行 DIALUX 进仿真场景数据，长为 32m，宽为 8m，层高为 4.2m，维护系数为 0.6，灯具安装高度为 2.6m，顶棚反射比 30％，地面反射比 10％，墙面反射比 10％，建立照明模型，进行仿真计算的结果如图 2 和图 3。

可以看出，较平均照度计算法的灯具布置要更多。在 8m×8m 的柱网中，车道照明 LED 支架 1×30W 灯具布置为两排，间距为 4m；车位照明 LED 支架 1×30W 灯具布置为一排，间距为 4m。功率密度值为 1.41W/m²。

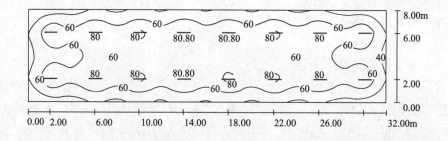

空间高度：4.200m，安装高度：2.600m，维护系数：0.60　　　　　单位为 lx. 比例 1：229

表面	ρ(%)	平均照度(lx)	最小照度(lx)	最大照度(lx)	最小照度/平均照度
工作面	/	61	23	83	0.378
地板	10	60	22	84	0.370
天花板	30	13	6.59	19	0.513
墙壁(4)	10	32	8.54	72	—

图 2　车道照明仿真结果

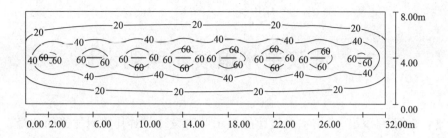

空间高度：4.200m，安装高度：2.600m，维护系数：0.60　　　　　　　　　　　　　单位为 lx. 比例 1∶229

表面	ρ(%)	平均照度(lx)	最小照度(lx)	最大照度(lx)	最小照度/平均照度
工作面	—	33	7.39	72	0.224
地板	10	33	7.15	71	0.217
天花板	30	6.86	2.76	14	0.402
墙壁(4)	10	14	4.10	63	—

图 3　车道照明仿真结果

4　结语

综上所述，地下车库中采用 LED 支架 1×30W 灯具，灯具间距布置为 4～5m，可满足地下车库的照度要求。LED 在车库照明中有其广泛的应用范围和发展空间，有其巨大的商业潜力，随着 LED 技术的进步，性价比的提高，实际应用经验的丰富，LED 照明应用将快速步入商业化，系列化，规模化，标准化的轨道。LED 照明应用和照明节电工作是一个综合性的问题，需要多方面的支持与关注，认真总结正反两方面的经验，正确应用 LED 照明，这对推进我国 LED 照明事业的健康发展，对缓解国家目前电力供应的紧张状况，节约经费开支，实现低碳经济，节能减排，都具有其实际的意义。

参考文献

[1] GB 50034—2013.照明设计规范［S］.北京：中国建筑工业出版社，2014.

[2] JGJ 100—2015.车库建筑设计规范［S］.北京：中国建筑工业出版社，2015.

[3] 北京照明学会照明设计专业委员会.照明设计手册［M］.第三版.北京：中国电力出版社，2016.

[4] 中国航空规划设计研究院.工业与民用配电手册［M］.第四版.北京：中国电力出版社，2016.

[5] 王晖.LED 照明在地下车库中的应用.智能建筑电气技术［J］.LED 照明在建筑中的应用专辑，2014 年 10 月第 8 卷第 5 期.

[6] 李炳华.浅谈 LED 在室内照明中的应用.智能建筑电气技术［J］.LED 照明在建筑中的应用专辑，2014 年 10 月第 8 卷第 5 期.

21　武汉美术馆展示照明设计

摘　要：介绍了武汉美术馆室内展厅的展示照明设计，对其照明方式的选择、光源色温、防眩光方案进行了较为详细的介绍；总结了由历史保护建筑改造而成的美术馆展示照明设计的特点和难点。

关键词：美术馆；展示照明；展品保护；色温；防眩光措施

1　项目概况

图1　武汉美术馆

武汉美术馆（图1）由原汉口金城银行（1958年改为武汉市少年儿童图书馆）及其建筑群改造而成。原金城银行建筑群是我国第一代建筑大师、建筑泰斗庄俊先生的代表作品，是武汉近代建筑中的经典之作，现为武汉市一级保护建筑。以三角岛上的这组保护建筑为主体，改造扩建形成美术馆，是武汉市对历史保护建筑再利用的全新尝试。这幢4层的钢筋混凝土建筑于1931年落成，其最大的特点是，正面的七间八柱，采用西方古典的廊柱样式。

2006年由武汉市城市规划设计研究院与我院联合完成其改扩建施工图设计，改、扩建后的武汉美术馆总建筑面积为12139m²，共设5个展厅，展线总长度达1000余米。建筑主体为地下一层、地上三层，局部五层，建筑主体高度19.5m，属多层建筑，建筑耐火等级为一级。

原金城银行、金城里和新建北入口通过连廊沟通，形成顺畅的参观路线。美术馆由展览陈列区、藏品库区、技术与行政办公区、中庭活动区、出租画廊、观众服务休息区等部分组成，承载着收藏、研究、陈列展览、教育、交流和社会服务 6 大功能。

　　武汉美术馆的照明设计包括藏品库房照明、展厅照明、其余场所的一般照明、室外照明和应急照明。由于篇幅所限，本文将重点分析总结展厅部分的展示照明设计，希望能对类似工程的照明设计起到一定借鉴作用。

2　展厅照度标准

　　由于我国尚未针对美术馆规范其展厅展品的照明设计标准，我们在设计中遵守的现有规范有：《建筑照明设计标准》《博物馆建筑设计规范》及《博物馆照明设计规范》。根据《建筑照明设计标准》GB 50034—2013 中表 5.3.8-3 "博物馆建筑陈列室展品照明标准值及年曝光量限值"要求，展品照度标准值按展品的类别划分为三档，见表 1。

博物馆建筑陈列室展品照明标准值及年曝光量限值　　　　表 1

类别	参考平面及其高度	照度标准值(lx)	年曝光量(lx. h/a)
对光特别敏感的展品：纺织品、织绣品、绘画、纸质物品、彩绘、陶(石)器、染色皮革、动物标本等	展品面	≤50	≤50000
对光敏感的展品：油画、蛋清画、不染色皮革、角制品、骨制品、象牙制品、竹木制品和漆器等	展品面	≤150	≤360000
对光不敏感的展品：金属制品、石质器物、陶瓷器、宝玉石器、岩矿标本、玻璃制品、搪瓷制品、珐琅器等	展品面	≤300	不限制

　　注：1. 陈列室一般照明应按展品照度值的 20%～30% 选取；
　　　　2. 陈列室一般照明 UGR 不宜大于 19；
　　　　3. 一般场所 R_a 不应低于 80，辨色要求高的场所，R_a 不应低于 90。

　　根据建设方的展厅设计总体规划，要求 1～3 号展厅按雕塑等对光不敏感的展品展厅设计，4 号、5 号展厅按绘画等对光敏感的展品展厅设计。按上述标准，4 号、5 号展厅的展品面照度标准值不高于 50lx，其余各厅均采用不高于 150lx 的照度标准值；雕塑照明的照度标准值为 300lx。

　　此外，根据《博物馆照明设计规范》，"对于平面展品，照度均匀度不应小于 0.8，对于高度大于 1.4m 的平面展品，照度均匀度不应小于 0.4。"考虑到光源衰减、不同厂家灯具效率差异等因素，初始设计照度值稍高于照度标准值。1 号、2 号、3 号厅展墙画面平均设计照度 E_{av} 在 165～220lx 之间，现场实验实测结果约为 200lx；4 号、5 号厅展墙画面平均设计照度 E_{av} 在 60～70lx 之间，实测结果约为 65lx；实测与设计值存在一定差异的原因主要在于产品差异和光源功率限制。设计中使用了调光装置，以满足 1～3 号展厅不高于 150lx，4 号、5 号展厅不高于 50lx 的照度标准值。实测结果表明，各展厅的画面照度均匀度在调光器控制下均完全符合规范要求。

　　雕塑照明的初始设计照度为 330～410lx（同时开启两套灯时），现场实验实测结果为 350～450lx，每组雕塑照明均由四套独立控光的专用投光灯（可调光）来实现。

　　展厅一般照明初始设计照度为 50～90lx（全部开启时），可由 C-BUS 智能照明系统局部开启。

3　展厅照明方式

展厅是美术馆中最核心的部分，也是照明技术要求最高的部分。包括序厅在内，武汉美术馆共有六个面积合计 $4230m^2$ 的专业展厅，所有展厅均以展出平面绘画、书法作品为主，同时考虑雕塑、工艺品等的展示。展馆内不设置展柜或嵌入式玻璃展墙。

3.1　布展方式及内容

各展厅主要的展示面为墙面及活动展墙，展示内容为油画、国画、版画、水彩画、浮雕、剪纸作品等；由于本馆为旧建筑改造，因此，受结构限制，各展厅装修后的展墙高度从 2.8～8.3m 不等，适合不同幅面的平面作品。其中，1 号、2 号、4 号、5 号厅展墙高度在 3.1～3.4m 范围内，适合展出高度为 0.5～2m 的平面作品，3 号厅为大厅，展墙高度可达有 8m，可展出高度上限为 6m 的平面作品。

3.2　墙面展示照明

（1）光源选择

根据《博物馆照明设计规范》，"在陈列绘画、彩色织物以及其他多色展品等对辨色要求高的场所，光源一般显色指数（Ra）不应低于 90。对辨色要求不高的场所，光源一般显色指数（R_a）不低于 80。"一般光源的 R_a 值越大，灯的颜色还原性越好。通常认为 R_a 值大于 90 的光源的色彩还原质量较好，而 R_a 值小于 80 的光源则不适用于美术馆照明。同样的，考虑到光辐射对展品的损害，《博物馆照明设计规范》也规定了在展厅照明中应选用色温小于 3300K 的光源作照明光源。

因此，在本设计中主要展厅的画面投光灯照明以色温 3000K、R_a＝99 的卤素光源为主，局部使用了色温 2900K、R_a＝99 的光源；洗墙灯照明和展厅一般照明则使用了色温 4000K、R_a＝95 的节能荧光光源。

（2）灯具选择

由于各厅展出作品规格差异很大，因此，要求照明除具有准确性以外，还应具有很强的适应性和灵活性。

为了同时满足大、中、小幅画面在照度、均匀度方面的要求，各展厅的画面展示照明采用了两组灯具系统，根据陈列需要分别开启：一组洗墙灯具提供大画面照明，另一组轨道式专业投光灯提供中、小幅画面照明，灯具的位置、投光角度可调。每组灯具均带有调光装置以满足各种材质作品对照度的不同需求。

此外，为了便于对不同规格的画面进行更精确地投光，设计时考虑了不同配光投光灯的搭配比例，如：每面展墙同一款投光灯具要求中等配光与宽配光分别占 2/3 及 1/3，当展出不同规格画面时，灯具可进行调换以满足要求。

4 号、5 号展厅为展出绘画、纸质物品、彩绘、陶（石）器等部分对光敏感的展品设计。根据规范要求，画面平均照度应控制在 50lx 以内。在低照度状况下，为使观看者的注意力集中到画面上，选用了光束角可调、光斑形状可调、配可调焦镜头的特型投光灯具。

（3）展品保护措施

某一光源对光灵敏的展品损坏程度由以下三个因素决定：灯光的光谱组成、照度值与照射时间。虽然光对光敏物品的损坏是不可避免的，但可采取某些适当的措施以减少损害。比如尽可能地杜绝紫外辐射，限制照度与减少光照时间等。

首先，我们在设计时采用了滤光片来除去紫外线高能辐射。因紫外对人眼来说是不可见光，不影响色觉，滤去紫外辐射对观展是没有影响的。而大部分荧光灯都辐射紫外线，一般情况下荧光灯只适用于一般照明，因此在展厅中使用的所有灯具上都使用了滤光片。

其次，物体受损程度与光照成比例，所以减少照度是一种有效方式。但在美术馆展示条件下，有色觉与鉴赏艺术品的细节必须有一最小的照度水平，同时亦使参观者沿展线参观时视觉有一个适应过程。本设计中严格按规范执行，在展出光敏物品时，4号、5号展厅展品画面的平均照度低于50lx。

此外，减少物体光照时间对展品的保护也很有帮助。所以，在 C-BUS 系统设计时，将人体红外探测仪与展厅灯相关联。当展厅内某展品所在区域有人活动时，相应展品的画面投光灯才会打开，而在参观者离开展品区域后再延时熄灭，以此来达到减少光照时间的目的。而对光特别敏感的展品，更应该在展出一段时间后应放回藏品库区中保存一段时间，再择机取出展示。

（4）防眩光设计

由灯具、窗户或其他光源引起的视野中进入过强的光，或者过强的光直接经反射进入眼睛都会造成眩光的产生。从光源及其反射中去掉眩光，以防止它们损伤眼睛是很重要的。设计灯具安装位置时，注意人与展品的相对位置，防止光源在有光泽的画面或玻璃画框上形成正反射即可以减少眩光对观展的影响。如在5号展厅设计中，画面最大高度2m为基准（即最不利高度条件，小画面的眩光范围小，易满足），观看距离为画面对角线的1～1.5倍（取3m）；画面距地高度0.6m，画面安装倾角取3°，视线高度1.5m。经视线分析计算得出在最不利的画面条件下，天棚上可安装灯具的无眩光区域为距墙1.17～1.65m范围内（图2）。综合考虑照明效果和美观因素，轨道式投光灯的安装距离最终确定为距墙1.5m。

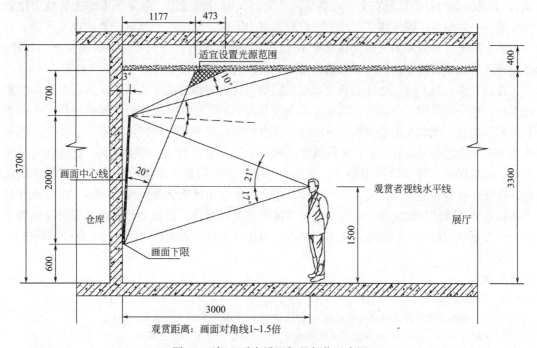

图2 天棚上适宜设置灯具部位示意图

3.3 雕塑、工艺品照明

光线的入射角度、各方向上光线的强弱变化可使雕塑/装置的阴影位置、浓淡程度产生变化，呈现出不同的视觉效果。为使灯光的可变性、适应性更强，设计中在每个雕塑/装置展位附近的投光灯轨道上单独设置了四套雕塑专用投光灯；每套灯具的位置、出光强度和光束角均可调。

3.4 一般照明

目前我国美术馆照明没有相应的展厅展品设计规范和标准，为控制展品年曝光量，不少美术馆的展厅中均未设置一般照明，仅靠展品重点照明所产生的溢散光来形成展厅交通空间照明，大量重复、光色相同的光斑常带来单调、压抑的空间感。本次设计打破了这一通行惯例，在所有展厅中增设了一般照明，且在一般照明的灯具选型上选择了配光呈椭球状分布的吊灯，以提高展厅的空间亮度。光源有意选择了4200K的色温，与展品照明光源的色温形成反差，以改善展厅光环境气氛。

为避免分散参观者的注意力及减少光照损害，当展出对光特别敏感的物品时（照度标准值不高于50lx），一般照明仅在入口处开启。

4 设计体会和总结

以三角岛上的这组保护建筑为主体，改造扩建形成美术馆，是武汉市对历史保护建筑再利用的全新尝试。将面积和层高都很有限的历史保护建筑改造成空间和功能要求较高的美术馆，对设计人员是个重大挑战。本工程始于2005年，历时3年，经历了多次重大设计修改，于2008年秋季竣工。

在原金城里部分，庄俊先生设计有大量造型优美、典雅的西式侧窗。如对这些侧窗进行一定的技术处理（加设百叶窗、格栅，在窗玻璃上贴吸收紫外线的薄膜或使用防紫外线玻璃），即可为室内提供足量安全、可靠的天然光，又可节约能源。但受美术馆选址地理位置的限制，一方面为了隔绝四周汽车等噪声对观展的影响，创造一个相对安静的观展环境，另一方面也出于安全方面的考虑，在对美术馆进行装修改造时，将展厅沿街的侧窗全部封死，使所有展厅都成为完全依赖人工照明的封闭空间。这不能不说是设计中的一点遗憾。

在设计中，我们深深地体会到美术馆的照明设计具有很强的工艺要求，是一个复杂的系统工程，单一的任何一个建筑、美术或者电气专业都不能很好完成其展示照明设计。必须要从技术和观光、观赏人的心理多个方面综合考虑协调，并力求把现代新技术、新概念更多地应用于美术馆的照明设计中去，才能营造出赋有生命、充满活力、感觉逼真、整体优化的光环境，满足展示和保管的照明要求。此外，还应该重视的是美术馆和博物馆在实际使用功能、性质上有着明显差异。美术馆照明设计不应简单套用博物馆照明设计规范，而应该针对美术馆这种特殊建筑制定出一套完整的美术馆建筑设计规范，以避免目前在某些新建的美术馆中因大量使用低照度、低色温人工光源而导致作品失真，造成难以估量的文化经济损失。

参考文献

[1] GB 50034—2013.建筑照明设计标准 [S].北京：中国建筑工业出版社，2013.

[2] JGJ 66—2015.博物馆建筑设计规范 [S].北京：中国建筑工业出版社，2015.

[3] GB/T 23863—2009.博物馆照明设计规范 [S].北京：中国标准出版社，2009.

[4] 孙成群.博物馆照明设计 [J].智能建筑与城市信息.2004，8（5）.

22　光导管照明技术及其工程应用

摘　要：本文介绍了光导管照明系统的工作原理及其在建筑工程中的应用，以实际应用案例分析了该项技术在舒适性、经济性及节能环保等方面的优越性，指出它是一项值得推广的绿色照明应用技术。

关键词：光导管；绿色照明；经济性；节能与减排

0　引言

据统计，照明用电量约占社会总用电量的20％，如何从照明系统实现节电，无疑将成为节能环保措施的重要一步。目前建筑照明节电措施主要对光源、灯具和控制方式进行处理，比如采用高效节能型荧光灯、LED灯、无极灯等，或是采用高反射率的灯具从而提升整灯光效，再或是采用智能照明控制方式，控制灯具的开关或者对灯具进行调光以满足不同需求时的照明照度水平以达到省电节能的目的。还有一种更加节能的措施就是直接利用自然光，而光导管的应用使得这一技术手段在工业与民用建筑领域得以更好体现，由于采集太阳光的光导管绿色照明系统结构简单、安装方便、成本较低、实际照明效果好等优点，因此在国外发展十分迅速，应用也比较广泛。如今，这项技术也已在国内不少城市建筑中得以应用，节能效果也十分显著，对于提倡发展绿色建筑的今天，此项技术更应该得以充分的展示和推广。见图1、图2。

图1　某大学体育馆光导管照明实例

1　光导管照明系统工作原理

1.1　系统主要由以下三个部分组成

图 2　某城市低碳科技馆光导管照明实例

1.1.1　采光区

利用透射和折射的原理通过室外的采光装置高效采集太阳光、自然光，并将其导入系统内部，该功能由采光罩实现。采光罩有半球型、平板型等，采用亚克力材质，具有透光率高、抗冲击性强、耐摩擦、能有效隔离 90％以上的紫外线且表面平滑光亮，经风刮雨淋就可实现自清洁功能。见图 3。

图 3　光导管照明采光罩

1.1.2　传输区

对导光管内部进行反光处理，采用七彩无极限管道专利技术，光线反射率可高达 99.7％，显色指数达 97％以上，光线传输距离高达 20m，还能 0°～90°随意转弯，以保证光线的传输距离更长、更高效。

1.1.3　输出区

由漫射器将比较集中的自然光均匀、大面积地照到室内需要光线的各个地方，从黎明到黄昏甚至阴天或雨天，该照明系统导入室内的光线仍然十分充足。漫射器采用 3D 纳米漫射镜片或进口 PC、亚克力材料加工而成，不易破碎，透射性、扩散性高、显色性好、透光率达 90％以上，经过漫射的光线为全光谱、无眩光、无频闪，还可以通过调光器进行光线控制，调整室内照度。

图 4　光导管照明漫射器

光导管照明主要技术参数表　　　　　　　　　　　　表 1

型号	管道尺寸(直径)	采光罩有效日光采集面积	参考照明面积 (照度值按地面 100lx,光导管长度 4m)	光线可传输距离
290DS	350mm	1032cm^2	23～28m^2	9m+
330DS	530mm	2129cm^2	30～50m^2	15m+
750DS	530mm	4838cm^2	30～50m^2	15m+
M74-基础单元	740mm	—	50～70m^2	20m+
M74-扩光单元	740mm	—	60～90m^2	20m+

1.2　系统主要特点

光导管采光系统 100％利用自然光照明,可以有效降低建筑物内部 80％以上白天照明;无能耗,一次性投资,无需维护,使用寿命可长达 25 年,节约能源,创造效益,同时也减少了大量二氧化碳和其他污染物的排放。系统各部件所使用的材料为健康环保型材料,可充分回收利用,不产生二次污染。光导管采光系统将阳光引入室内,避免了人们长期在电光源下生活和工作,减少电磁污染,降低疾病发病率,另外,也减少了白天因停电引起的安全隐患和用电引起的火灾隐患,直接采集室外自然光、太阳光、能过滤 90％以上的有害紫外线,导入室内的光线达到全光谱、无频闪、无眩光、使工作环境更加舒适,减少长期处在灯光下引起的视觉疲劳。

1.3　光导管照明的应用范围

主要应用于单层建筑、单层地下室及建筑顶层空间等（图 5）,其中包括大型的体育场馆、工业厂房、物流中心、地下空间、学校、医院、展览馆、火车站、地铁站、机场、港口、商场、酒店、超市、别墅、高级会馆等建筑。

图 5　光导管照明系统的应用

2 光导管照明的应用案例

2.1 光导管照明系统的应用

光导管照明技术是一项非常节能的照明技术,无需消耗电能,合理利用自然光,将室外光线引入室内,体现了真正意义上的绿色健康照明技术。随着光导管技术的不断进步,产品价格的降低,该照明技术也得到了越来越多的推广和应用,仅武汉地区就有诸多项目投入使用,如我院设计的武汉市民之家、武汉光谷未来科技城等。随着国家大力倡导发展绿色建筑,该技术会有更好的发展应用前景,下面就该产品技术在武汉市民之家项目上的应用进行介绍和分析。

武汉市民之家位于湖北省武汉市江岸区,占地面积 9.92 万 m^2,建筑规模 12.34 万 m^2,是武汉市重要的标志性、景观性建筑。市民之家项目被市政府列为 2012 年为民办理的"十件实事"之首,该项目施工图由我院进行设计,2010 年 7 月开工建设,2012 年 9 月投入使用。该项目采用了自然采光、太阳能光伏发电、透水地面、太阳能热水、节能照明、中水回收、地源热泵等 20 多项绿色节能技术,是一座现代化的政务建筑,既有高新的科技元素,也有浓厚的艺术、人文气息,还有时尚的环保理念,是一座现代化绿色建筑的典范。

本项目的电气节能新技术应用主要包括智能照明控制系统、太阳能光伏发电系统及光导管照明系统,其中光导管照明系统主要在建筑物地下室车库及地上六层资料室、洽谈、政务公开区、走廊等区域,共设置了 30 多套光导管装置,下面仅以其在地下室部分的应用对光导管照明系统进行讨论分析说明。

地下室设置的 10 套光导管主要应用于车道及车位照明,光导管照明采光罩均安放在对应地下车库区域的地面绿化带上,可保证日光充分导入地下车库,因光导管需要穿地下室顶板出地面,光导管预留孔洞尺寸需要与结构专业进行协调配合,同时设备安装时的防水处理要做好,否则容易引起地下室漏水。按每个结构柱网(8.4m×8.4m)中间布置一根光导管,均匀布置,采用 290DS 开放式光导装置,光导管管径 350mm,根据地下室的土建基础条件及照度要求,确定采用 2m 长光导管,采光罩距地面 300mm,漫射器距地下室顶板 400mm,管间布置间距 8.4m。

根据《建筑采光设计标准》GB 50033—2013 中国光气候分区图可知,武汉地区位于Ⅳ区,属于光照资源比较富裕的地区,天然光年平均总照度 $30{\leqslant}E_q{<}35$klx,以全年平均总照度值 $E_q{=}32.5$klx 进行计算,通过 visual 软件进行照度计算分析,可得车库光导管区域平均照度可达 79lx,比标准规定的车库照度标准 50lx 略高,满足使用要求,实际运营效果表明,该系统能在大多数天气条件下满足白天地下车库的照度要求,晴朗天气的照明效果更好。地下室同时设置智能照明控制系统,在阴雨天和夜晚,室内采光不足时开启电光照明以满足车库照度需求。见图 6、图 7。

2.2 光导管照明系统的经济性分析

光导管照明系统提供的是日间照明,考虑阴雨天采光不足等因素,照明用电量以平均每天 9h 的时间计算。根据设计图纸地下室该区域车道和车位照明安装灯具共 100 盏,采用 28W 节能型单管荧光灯,设备安装功率共计 28W×100=2.8kW,可得一天日间照明耗电量为 2.8kW×9h=25.2kWh,另考虑灯具附件电子镇流器的附加耗电量,按照明用电

图6　武汉市民之家地下室光导管照明系统

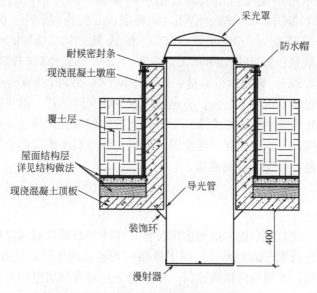

采光罩

防水帽

耐候密封条

现浇混凝土墩座

覆土层

屋面结构层
详见结构做法

现浇混凝土顶板

导光管

装饰环

漫射器

400

图7　光导管照明装置剖面图

量的 10％考虑，其用电量为 25.2kWh×10％＝2.52kWh，所以一天日间照明总耗电量约为 27.72kWh。电费以商业用电 1 元/kWh 计算，一大日间照明总用电费用约为 27.72 元。

由此可见，本项目地下室光导管照明系统一年节省用电 27.72kWh×365＝10118kWh，节约电费 10118kWh×1 元/kWh＝10118 元，另外考虑电力照明设备的维护费和更换费，分别按 300 元/年，200 元/年考虑，一年可省 500 元，一年共省运营管理费用 10118＋500＝10618 元，本工程光导管照明设备费为 7500 元/套，另考虑设备安装费 350 元/套，地下室光导管总投入费用＝10（套）×7850（元/套）＝78500 元，静态回收期＝光导管照明设备总投入费用/年度总节省能源费用＝78500 元/10618 元＝7.4 年。

光导管的尺寸和长度对光线的引入有较大的影响，管径越大，光导管越短，所引入的自然光越充分，光线传输损耗越小，照度越高。由于武汉市民之家地下室应用的光导管管径偏小，安装数量较少，所产生的经济性还不算高，而根据已经竣工投入使用的光谷未来科技城地下室的应用情况，其优越性就得到了充分的体现，该项目地下室共采用了 30 多套大管径的光导管装置，建成后实际照明效果非常好，而且整个项目的静态回收期大约为 4 年。

2.3 光导管照明系统的节能与减排分析

在节能环保方面，火力发电的生产过程中会耗费大量的非可再生资源，同时会释放二氧化碳等有害气体，并伴随着热污染。

我国现在还是主要以火力发电为主的国家，火力发电厂所使用的燃料基本上是煤炭，全国煤炭消费总量的 49％用于发电。所以，在节能分析中主要计算煤的消耗量，其中每节约 1 度电（1kWh），就相应节约了 0.4kg 标准煤和 4L 净水。因此，在武汉市民之家项目中地下室采用光导管照明系统后，一年可节约标准煤：0.4kg/kWh×10118kWh＝4047kg，折合原煤：4047kg/0.7143＝5665.7kg；节约净水：4L/kWh×10118kWh＝40472L。

火力发电过程中每产生 1 度电会释放出不同量的有害气体：CO_2：0.997kg/kWh，SO_2：0.03kg/kWh，NO_x：0.015kg/kWh，碳粉尘：0.272kg/kWh。由此该项目地下室采用光导管照明系统后，一年可减少 CO_2 排放量：10118kWh×0.997kg/kWh＝10087.6kg，SO_2 排放量：10118kWh×0.03kg/kWh＝303.5kg，NOx 排放量：10118kWh×0.015kg/kWh＝151.8kg，碳粉尘排放量：10118kWh×0.272kg/kWh＝2752.1kg。

综上所述，煤炭属不可再生资源，省电即可减少煤炭的消耗，减少因煤炭燃烧而引起的大气污染，同时光导管照明系统完全利用自然光的物理特性，通过反射和折射的原理将自然光进行充分利用，不需要消耗其他能源，而且光导照明系统大部分设施可进行回收利用，真正做到了绿色、环保、节能减排。

3 结束语

光导管照明是一项非常节能的照明应用技术，在建筑照明领域其应用虽然有一定的局限性，易受日照条件及天气的影响，适用于日照时间较长的地区，且导光距离不宜过长，主要适用于工业厂房，大型室内体育建筑，单层地下空间或顶层空间等，但其应用天然光所达到的舒适的照明效果，良好的经济性，又无需消耗能源，具有很好的节能减排作用，是一项值得推广的绿色照明应用技术。

参考文献

[1] 赵金剑. 绿色公共建筑电气设计要求简析 [J]. 建筑电气. 2012 (3)：35-39.

[2] 李旭东，孙震. 建筑工程电气设计中的节能问题 [J]. 建筑电气. 2013 (9)：50-53.

[3] GB 50378—2006. 绿色建筑评价标准 [S]. 北京：中国建筑工业出版社，2006.

[4] 李蔚. 建筑电气设计常见及疑难问题解析 [M]. 北京：中国建筑工业出版社，2010.

[5] 李蔚. 建筑电气设计要点难点指导与案例剖析 [M]. 北京：中国建筑工业出版社，2012.

[6] 李蔚. 建筑电气设计关键技术措施与问题分析 [M]. 北京：中国建筑工业出版社，2016.

第三章　建筑物防雷与接地系统

23　建筑物防雷设计中的防侧击问题探讨

摘　要：本文以国家现行防雷相关规范为依据，并通过实例，对建筑物防直击雷、防侧击、防雷接地等问题进行了分析探讨，总结了防侧击等问题的设计技术要求，并提出了外墙形式防侧击建议做法。

关键词：直击雷；防侧击；接闪器；做法；分析比较

0　引言

建筑物防雷一直是电气专业设计与施工中的热点和难点。从 2010 年《建筑物防雷设计规范》GB 50057—2010（以下简称《防雷规范》）的发布，到 2015 年 D500 系列标准图集《防雷与接地》（以下简称《防雷图集》）的修编实施，建筑物防雷的设计与施工参照 GB/T 21714.3—2015/IEC 62305-3：2010《雷电防护　第 3 部分：建筑物的物理损坏和生命危险》（以下简称《IEC 规范》）进行了较大的修改，其中对防直击雷也有很多新的要求。但很多电气工程师认为防直击雷措施就是在屋面设置接闪网，没有很好地理解《防雷规范》中防直击雷中防侧击的要求。

下面笔者从防直击雷的基本概念入手，结合《防雷规范》、《防雷图集》、《IEC 规范》、《民用建筑电气设计规范》JGJ 16—2008（以下简称《民规》）、新版《民用建筑电气设计规范》征求意见稿（以下简称《民规意见稿》）、《建筑物防雷工程施工与质量验收规范》GB 50601—2010（以下简称《防雷验收》）中建筑物防直击雷中防侧击的要求，深入地分析一下建筑物防侧击设计与施工的一些具体措施。

1　基本概念

根据《防雷规范》第 2.0.13 条术语可知，直击雷是指闪击直接击于建（构）筑物、其他物体、大地或外部防雷装置上，产生电效应、热效应和机械力者。

《IEC 规范》第 5.1.1 条描述"外部 LPS（笔者注：lightning protection system 防雷装置）是在没有引起热和机械损坏，也没有触发火灾或爆炸的危险火花的情况下，截获击向建筑物的直击雷（包括建筑物侧边的闪击），把雷电流从雷击点引导到地面并泄放到地球内部"。

由上述定义可知，建筑物防直击雷应该包括雷电直接击于建筑物屋顶、阳台、侧墙等处的防护措施，可见防侧击只是防止击雷措施的一部分，并无"侧击雷"之说。

而《民规》第 11.3.1 条中描述"第二类防雷建筑物应采取防直击雷、防侧击和防雷电波入侵的措施"、第 11.4.1 条中描述"第三类防雷建筑物应采取防直击雷、防侧击和防雷电波入侵的措施"将防直击雷和防侧击并列有欠妥当。《民规意见稿》第 11.3.1 条中描述"第二类防雷建筑物外部防雷应采取防直击雷、防侧击的措施"、第 11.4.1 条中描述"第三类防雷建筑物雷电防护系统包括外部防雷装置和内部防雷装置，外部防雷应采取防直击雷、防侧击的措施"也未调整,希望能引起规范编制组的重视。

建筑物屋顶的防直击雷措施已被电气工程师们熟知,相关规范中的措施、做法也基本相同,就不做过多的探讨。下面重点探讨防直击雷中的防侧击的要求及做法。

2　相关规范中防侧击的要求及分析比较

以第二类防雷建筑物为例来分析防侧击的不同要求,详见表1。

从表1可以看出,《防雷规范》和《IEC规范》主要是强调建筑物上部外墙上的接闪器设置,而《民规》和《防雷验收》主要强调的是防雷等电位连接。几个规范的侧重点不同,宜综合分析各规范相关条款目的,选用经济、合理、美观的防雷措施。

首先,我们通过《IEC规范》附图及一栋100m高建筑物防雷示意图来分析一下《防雷规范》中第二类防雷建筑物应采用的防直击雷措施,详见图1、图2。

不同规范中防侧击要求　　　　　　　　　　　　　　　　　　　　表1

规范名称	防侧击要求
《防雷规范》	1　对水平突出外墙的物体,当滚球半径45m球体从屋顶周边接闪带外向地面垂直下降接触到突出外墙的物体时,应采取相应的防雷措施。 2　高于60m的建筑物,其上部占高度20%并超过60m的部位应防侧击,防侧击应符合下列规定: 1)在建筑物上部占高度20%并超过60m的部位,各表面上的尖物、墙角、边缘、设备以及显著突出的物体,应按屋顶上的保护措施处理。 2)在建筑物上部占高度20%并超过60m的部位,布置接闪器应符合对本类防雷建筑物的要求,接闪器应重点布置在墙角、边缘和显著突出的物体上。 3)外部金属物,当其最小尺寸符合本规范第5.2.7条第2款的规定时,可利用其作为接闪器,还可利用布置在建筑物垂直边缘处的外部引下线作为接闪器。 4)符合本规范第4.3.5条规定的钢筋混凝土内钢筋和符合本规范第5.3.5条规定的建筑物金属框架,当作为引下线或与引下线连接时,均可利用其作为接闪器。 3　外墙内、外竖直敷设的金属管道及金属物的顶端和底端,应与防雷装置等电位连接
《民规》	当建筑物高度超过45m时,应采取下列防侧击措施: 1　建筑物内钢构架和钢筋混凝土的钢筋应相互连接。 2　应利用钢柱或钢筋混凝土柱子内钢筋作为防雷装置引下线。结构圈梁中的钢筋应每三层连成闭合回路,并应同防雷装置引下线连接。 3　应将45m及以上外墙上的栏杆、门窗等较大金属物直接或通过预埋件与防雷装置相连。 4　垂直敷设的金属管道及类似金属物除应满足本规范第11.3.6条的规定外,尚应在顶端和底端与防雷装置连接
《民规意见稿》	在2008年版规范基础上增加:当建筑物高度大于或等于250m时,结构圈梁中的钢筋应每层连成闭合环路,并应同防雷装置引下线连接;250m以上的垂直敷设的金属管道应每50m与防雷装置连接
《IEC规范》	在高于60m的建筑物上,侧闪击主要发生于表面的节点、角落和边缘之处。为保护高层建筑物的上部分(即,通常为建筑物高度的上20%处)和安装其上的设备,应安装接闪器。 对于高于120m的建筑物,高于此值的所有部分都受到威胁,应加以防护
《防雷验收》	建筑物顶部和外墙上的接闪器必须与建筑物栏杆、旗杆、吊车梁、管道、设备、太阳能热水器、门窗、幕墙支架等外露的金属物进行电气等电位连接

由图1可看出,《IEC规范》要求建筑高度大于60m的建筑物上部20%部分侧墙要像

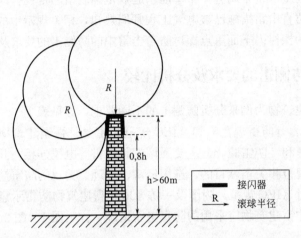

图1 根据"滚球"法 LPS 接闪器设计（IEC 62305-3：2010 附图 A.6 的一部分）

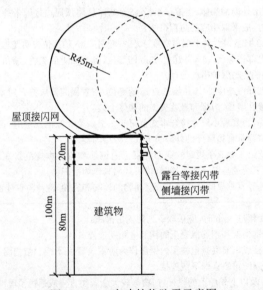

图2 100m 高建筑物防雷示意图

屋顶一样设置接闪器。

再来看图2，屋顶和露台等处的接闪器布置都是大家的通用做法，没有什么异议，关键是侧墙处接闪器的设置，我们要仔细分析一下。如表1中《防雷规范》第4.3.9条要求"在建筑物上部占高度20%并超过60m的部位，各表面上的尖物、墙角、边缘、设备以及显著突出的物体，应按屋顶上的保护措施处理"、"接闪器应重点布置在墙角、边缘和显著突出的物体上"。即要求在建筑物上部侧墙的墙角、边缘和显著突出的物体上按屋顶防雷保护措施设置接闪网。然而很遗憾，《防雷图集》中并未给出侧墙的接闪网做法，故电气设计师大都按照规范要求在设计说明中描述防侧击的做法，未像屋顶一样在图纸上画出侧墙接闪网，施工单位也大都不了了之。

下面进一步根据建筑物外墙的建筑结构形式来分析一下侧墙的防雷做法，详见表2。

不同外墙形式的防侧击建议做法　　　　　　　　表 2

外墙建筑结构形式	防侧击做法	备注
金属框架结构	直接利用建筑物周边金属框架作为接闪器,即可满足防侧击要求	
幕墙结构	利用建筑物边、角等处幕墙金属主龙骨作为接闪器,幕墙金属主龙骨应与防雷引下线可靠连接	
钢筋混凝土结构、剪力墙结构	利用建筑物墙角、边缘的柱内或剪力墙内钢筋作为接闪器	建筑物周边有雨棚、挑檐或花坛,人员不易到达
	在建筑物墙角、边缘等处明敷接闪器(为了美观,建议采用热镀锌扁钢或不锈扁钢贴装)	建筑物周边有人停留
砖墙或其他轻质墙体	在建筑物墙角、边缘等处明敷接闪器(为了美观,建议采用热镀锌扁钢或不锈扁钢贴装)	

通过表1还发现,相对于《防雷规范》,《IEC规范》还一条另外的规定"对于高于120m的建筑物,高于此值的所有部分都受到威胁,应加以防护"。我们还是通过1栋200m高建筑物防雷示意图来分析两者的差别,详见图3、图4。

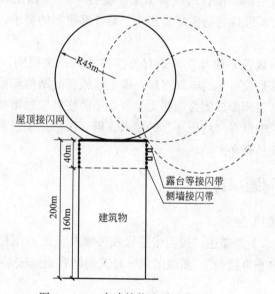

图 3　200m 高建筑物防雷示意图（一）

图3是满足《防雷规范》要求的防雷示意图,图4是满足《IEC规范》要求的防雷示意图。我们可以发现,图4的防侧击保护范围大很多。因为随着建筑物高度的增加,遭雷击的风险也会明确增加。故建议建筑高度超过150m的建筑物,除应满足《防雷规范》的防侧击要求外,还宜在高于120m的侧墙增设防侧击措施。

接下来分析一下《民规》及《民规意见稿》中的防侧击的要求。其防侧击的核心条款是"结构圈梁中的钢筋应每三层连成闭合回路,并应同防雷装置引下线连接"、"当建筑物高度大于或等于250m时,结构圈梁中的钢筋应每层连成闭合环路,并应同防雷装置引下线连接",即是"均压环"的设置、防雷等电位的连接。按照《防雷规范》和《IEC规范》

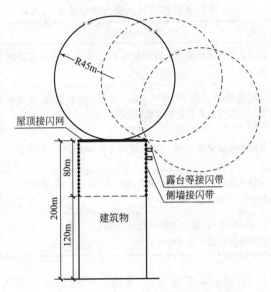

图 4　200m 高建筑物防雷示意图（二）

的规定是属于内部防雷范畴，虽说后续有条文"应将 45m 及以上外墙上的栏杆、门窗等较大金属物直接或通过预埋件与防雷装置相连"是外部防雷的要求，但缺失对建筑主体的防侧击要求。

同时，根据《防雷规范》第 4.3.5 条有关描述及其条文说明，采用土建施工的绑扎法、螺丝、焊接等也算是较可靠的电气连接，即土建施工时结构圈梁中的钢筋本身已形成闭合回路，电气专业再强调形成闭合回路无必要，还会使施工时增加大量电气连接的工作量，所以《防雷规范》中没有"均压环"的要求。但《民规》中强调结构圈梁中的钢筋与同防雷装置引下线连接是有必要的。

3　几个防雷接地问题探讨

3.1　屋面接闪带的安装

《防雷规范》第 4.3.1 条描述"接闪带应设在外墙外表面或屋檐边垂直面上，也可设在外墙外表面或屋檐边垂直面外"。新版图集《建筑物防雷设施安装》15D501 也有多种相关做法，如图 5。

上述做法分析：因雷电最容易击向建筑物顶部最外侧的边、角，故接闪带也应布置于建筑物顶部的最外侧，以防止雷电对建筑物的损坏。

然而笔者近期验收的几个项目，其屋面女儿墙上接闪带还是按老图集做法，设在女儿墙的中间，不满足《防雷规范》要求，如图 6。当雷电击中建筑物顶部最外侧墙角（边）时，易造成建筑物损坏及建筑碎块高空坠落伤人事故。

3.2　地下室防水层对接地电阻的影响

笔者近期遇到一个有四层地下室、筏板基础的大型高层建筑，地下室施工完回填后测试几处接地电阻为 0.90～0.95Ω，电阻值明显偏高（此项目位于武汉的一个湖边，土壤电阻率应该较低），待建筑主体施工完后，屋顶测试的接地电阻很可能大于 1Ω。笔者调研分

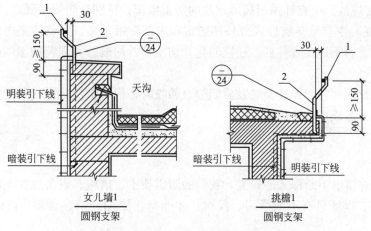

图5 屋面女儿墙、挑檐接闪带做法

图6 错误的接闪带做法

析后发现，因本项目为筏板基础，无桩基础，地下室外墙和底板外都有一层绝缘防水层，大大提高了基础的接地电阻。后通过地下室四周预留的接地连接板补充了一圈人工接地体才把地下室接地电阻降到 0.6Ω 以下。

同时，笔者查阅《防雷规范》第4.3.5条第2款有规定"当基础的外表面有其他类的防腐层且无桩基可利用时，宜在基础防腐层下面的混凝土垫层内敷设人工环形基础接地体。"而现在大部分地下室都有绝缘防水层、保温层，所有当无桩基础时，应特别注意补充人工接地体。

4 归纳与总结

（1）建议 D500 系列标准图集中补充防侧击的具体做法，方便设计和施工人员统一做法。

（2）《防雷规范》中宜补强超高层建筑的防雷措施，特别是防侧击要求。

（3）《民规》中宜重新梳理区分外部防雷和内部防雷条文，并将防侧击措施作为防直击雷的一部分，而不是二者并列。还宜弱化"均压环"的概念，强调圈梁内钢筋应与防雷引下线连接即可。

（4）电气设计师宜在设计交底及后期检查验收时，把防雷接地做法落到实处，以免留下安全隐患，并造成不必要的损失。

5　结语

随着人类对雷电不断深入的研究，我们的防雷技术、措施、设备也在不断地发展和更新，作为电气工程师只有不断学习、探讨，才能拿出更加经济、合理、高效的防雷接地图纸。

参考文献

［1］GB 50057—2010 建筑物防雷设计规范［S］.北京：中国计划出版社，2011.

［2］JGJ 16—2008 民用建筑电气设计规范［S］.北京：中国建筑工业出版社，2008.

［3］GB 50601—2010 建筑物防雷工程施工与质量验收规范［S］.北京：中国计划出版社 2010.

［4］中南建筑设计院股份有限公司.15D501 建筑物防雷设施安装［M］.北京：中国计划出版社，2016.

［5］李蔚.建筑电气设计关键技术措施与问题分析［M］.北京：中国建筑工业出版社，2016.

24　三角形或梯形屋顶平面建筑物防雷等效面积计算

摘　要：本文通过对《建筑物防雷设计规范》相关计算公式的分析，得出三角形或梯形屋顶平面建筑物的等效面积一般计算式，为三角形或梯形屋顶平面建筑物年预计雷击次数计算提供参考。

关键词：建筑物防雷设计规范；三角形或梯形屋顶平面；等效面积；年预计雷击次数

0　引言

我们在进行建筑物防雷设计时，首先是根据《建筑物防雷设计规范》GB 50057—2010（以下简称《雷规》）附录 A 计算出与建筑物接收相同雷击次数的等效面积（以下简称等效面积）并得出建筑物年预计雷击次数，然后根据雷击次数对建筑物进行防雷分类，而《雷规》附录 A 关于等效面积的计算公式是以矩形平面为例给出的，在现实生活中，三角形（梯形）平面建筑物有很多，对于此类建筑物，其等效面积如何计算，笔者给出通过分析得出的等效面积一般计算式，希望与同行共同学习交流。

1　年预计雷击次数的计算

根据《雷规》式 A. 0. 1，$N = k \times N_g \times A_e$

式 A. 0. 2，$N_g = 0.1 \times T_d$

式中　N——建筑物年预计雷击次数（次/a）；

　　　k——校正系数，在一般情况下取 1；位于河边、湖边、山坡下或山地中土壤电阻率较小处、地下水露头处、土山顶部、山谷风口等处的建筑物，以及特别潮湿的建筑物取 1.5；金属屋面没有接地的砖木结构建筑物取 1.7；位于山顶上或旷野的孤立建筑物取 2；

　　　N_g——建筑物所处地区雷击大地的年平均密度（次/km²/a）；

　　　A_e——与建筑物截收相同雷击次数的等效面积（km²）；

　　　T_d——年平均雷暴日，根据当地气象台、站资料确定（d/a）。

得出，k、N_g 较容易取得，A_e 才是计算年预计雷击次数的关键。

2　等效面积 A_e 的计算

等效面积 A_e 应为其实际面积向外扩大后的面积，即 $A_e =$ 实际面积＋扩大面积，扩大面积的计算又与扩大宽度有关，扩大宽度的值相当于接闪杆杆高在地面上的保护宽度（当滚球半径为 100m 时），由《雷规》式 D. 0. 1-2，$r_0 = \sqrt{h(2h_r - h)}$ 取 $h_r = 100$，即得出：

（1）当建筑物高度小于 100m 时，其每边的扩大宽度 $D = \sqrt{H(200 - H)}$，此时

$$A_e = [LW + 2(L + W)\sqrt{H(200 - H)} + \pi H(200 - H)] \times 10^{-6} \ (即式 A. 0. 3-2)；$$

（2）当建筑物高度等于或大于100m时其每边的扩大宽度直接取为建筑物高度，此时

$$A_e = [LW + 2H(L+W) + \pi H^2] \times 10^{-6}（即式 A.0.3-5）$$

式中 D——建筑物每边的扩大宽度（m）；

L、W、H——分别为建筑物的长、宽、高（m）

同时，周围建筑物对建筑物等效面积 A_e 的影响，由于周围建筑物的高低、远近都不同，准确计算很复杂，《雷规》综合考虑 IEC 相关规定给出了附录 A.0.3 条第 2、3、5、6 款规定。

3 三角形（梯形）平面建筑物等效面积 A_e 的分析

《雷规》图 A.0.3 是以矩形为例给出等效面积 A_e 示意图，那么三角形或者梯形如何计算呢？

（1）不妨我们先来分析图 A.0.3 和式 A.0.3-2 的关系，为便于说明问题，将图 A.0.3 中每一小块面积标上序号，如图 1 所示：

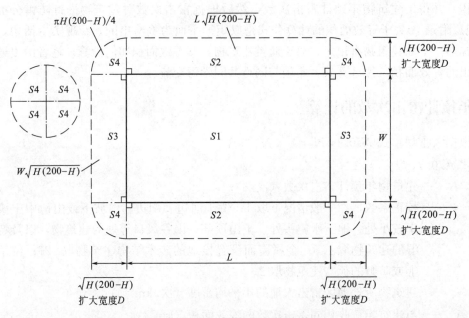

图 1 矩形平面建筑物的等效面积

图中虚线所包围的面积即为等效面积 A_e，4 个 S4 合成一个以 D 为半径的圆形，

$$A_e = S1 + 2S2 + 2S3 + 4S4 = [LW + 2(L+W)\sqrt{H(200-H)} + \pi H(200-H)] \times 10^{-6}$$

即得到《雷规》式 A.0.3-2，同时，上式也可理解为

$$A_e = [矩形面积 + 矩形周长 \times D + \pi D^2] \times 10^{-6} \tag{1}$$

（2）同理，三角形平面建筑物等效面积见图 2：

图中虚线所包围的面积即为等效面积 A_e，S5、S6、S7 合成一个以 D 为半径的圆形，

$$A_e = S1 + \cdots + S7 = [三角形面积 + 三角形周长 \times D + \pi D^2] \times 10^{-6} \tag{2}$$

（3）再如，梯形平面建筑物等效面积见图 3：

图中虚线所包围的面积即为等效面积 A_e，S6、S7、S8、S9 合成一个以 D 为半径的

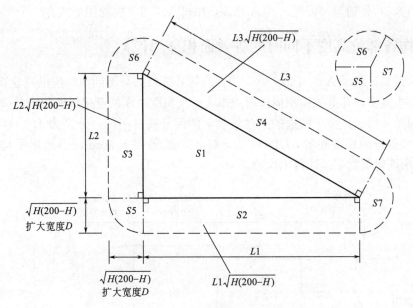

图 2　三角形平面建筑物的等效面积

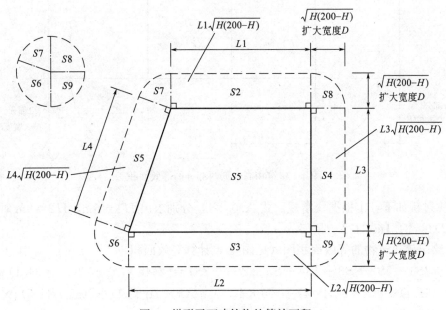

图 3　梯形平面建筑物的等效面积

圆形，

$$A_e = S1 + \cdots + S9 = [梯形面积 + 梯形周长 \times D + \pi D^2] \times 10^{-6} \quad (3)$$

（4）综合分析式（1）（2）（3）可知，三角形（梯形）平面建筑物等效面积一般式如下：

$$A_e = [三角形（梯形）面积 + 三角形（梯形）周长 \times D + \pi D^2] \times 10^{-6} \quad (H < 100m) \quad (4)$$

当 H 等于或大于 100m 时，将 D 直接用 H 代替，即：

$$A_e = [三角形（梯形）面积 + 三角形（梯形）周长 \times H + \pi H^2] \times 10^{-6} \quad (H \geqslant 100m) \quad (5)$$

式（4）（5）分别为《雷规》式 A.0.3-2 和式 A.0.3-5 的通用形式。

4 建筑物各部位高度不同时的等效面积 A_e 计算

根据《雷规》附录 A.0.3 条 7 款，当建筑物各部位的高不同时，应沿建筑物周边逐点算出最大扩大宽度，其等效面积应按每点最大扩大宽度外端的连接线所包围的面积计算。

例：如图 4 所示，位于湖边的某建筑物，两部分高度不同，分别为 $H1=6m$，$H2=9m$，对应该部分的长度相等，$L1=L2=45m$，宽度 $W=50m$，当地年平均雷暴日为 29.7d/a，求该建筑物年预计雷击次数。

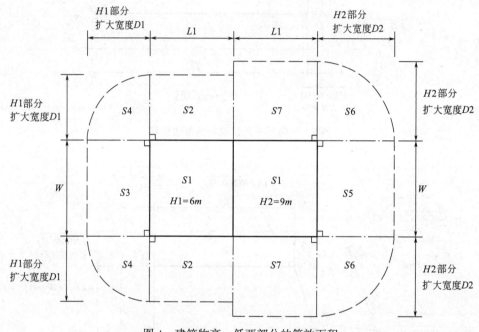

图 4 建筑物高、低两部分的等效面积

计算过程如下：①根据《雷规》式 A.0.3-1，分别求出 $H1=6m$，$H2=9m$ 对应的扩大宽度 $D1=34.1m$，$D2=41.5m$。

② 绘出该建筑物的等效面积图（见图 4），计算等效面积

$A_e=2S1+2S2+S3+2S4+S5+2S6+2S7=[2(45\times50)+2(45\times34.1)+(50\times34.1)+2(\pi\times34.1^2/4)+(50\times41.5)+2(\pi\times41.5^2/4)+2(45\times41.5)]\times10^{-6}=0.0175km^2$。

③ 根据《雷规》式 A.0.1、式 A.0.2 得出年预计雷击次数

$N=0.1\times k\times T_d\times A_e=0.1\times1.5\times29.7\times0.0175=0.078$ 次/a。

5 结束语

建筑物年预计雷击次数的计算与建筑物防雷分类息息相关，计算结果的准确与否直接关系到建筑物防雷措施是否得当。因此，在平时设计工作中，设计者应能根据各类建筑物的参数准确计算出其年预计雷击次数，不应以偏概全，粗略计算，更不能不加计算直接确

定建筑物防雷分类。

　　本文通过对三角形（梯形）平面建筑物进行图文分析，得出了其等效面积一般计算式，望各位同行不吝赐教，共同探讨学习。

参考文献

[1] GB 50057—2010 建筑物防雷设计规范 [S]．北京：中国计划出版社，2011.

[2] GB 50343—2012 建筑物电子信息系统防雷技术规范 [S]．北京：中国建筑工业出版社，2012.

[3] 邹越华，关象石．对《建筑物防雷设计规范》的理解 [J]．建筑电气，2013，32（3）：8-16.

25　带女儿墙屋面接闪器设置方案探讨

摘　要： 本文依据标准 GB 50057—2010 和 IEC 62305：2010，比较了建筑物防雷设计中滚球法、网格法、保护角法的保护原理和适用范围。分析了带女儿墙屋面接闪器布置的定位原则，分析显示，对于带女儿墙屋面，宜优先在女儿墙上设置一圈接闪带，当该接闪器满足滚球法对主屋面平台的保护时，主屋面可不再采用网格法设置接闪网格。

关键词： 防雷；接闪器；滚球法；网格法；女儿墙

0　引言

《建筑物防雷设计规范》GB 50057—2010 第 4.3.1 条和 4.4.1 条对民用建筑物防雷设计中接闪器的布置原则提出了以下方法，即滚球法、网格法或者二者的组合。

与此同时，《雷电防护第 3 部分：建筑物的物理损坏和生命危险》IEC 62305-3：2010 第 5.2.2 条认为，建筑物屋面接闪器的定为原则通常有三种，分别为滚球法、网格法和保护角法。其中，滚球法适用于任何场所；网格法适用于对平面表面的保护；保护角法适用于外形简单的建筑物，但受到接闪器高度的限制。

在建筑物防雷设计过程中，对于带女儿墙屋面的建筑物，通常直接采用网格法。且施工图审查过程中，对于网孔的大小也严格把控。但考虑到带女儿墙的屋面已不属于规范所表述的"纯粹的平面表面"，因此，本文试图采用滚球法对该类型建筑物屋面接闪器的设置原则作一定的探讨。

1　建筑物屋面接闪器的设置原则

1.1　IEC62305 关于屋面接闪器的设置原则

由 IEC62305-1：2010《雷电防护第 1 部分：总则》第 8.2 条可知，国际电工委员会将建筑物雷电防护等级（LPL）分为 Ⅰ～Ⅳ类。雷电防护等级对应的最大雷击电流的相关参数如表 1 所示。

IEC62305 中不同雷电防护等级对应的最大雷击电流参数值　　　　　　　　表 1

首次正极性短时间雷击			LPL			
电流参数	符号	单位	Ⅰ	Ⅱ	Ⅲ	Ⅳ
电流峰值	I	kA	200	150	100	
短时间雷击电荷	Q_{SHORT}	C	100	75	50	
单位能量	W/R	MJ/Ω	10	5.6	2.5	
时间参数	$T1/T2$	μs/μs	10/350			

由 IEC62305-1：2010 第 A.4 条可知，根据电气-几何模型，滚球半径 r（最后击距）与首次短时间雷击电流的峰值有关。其关系式为：

$$r = 10 \times I^{0.65} \tag{1}$$

式中　r——滚球半径（m）；

　　　I——峰值电流（kA）。

综合上式 1 和 IEC62305-1：2010 表 4 可知，不同雷电防护等级最小雷击电流值及其对应的滚球半径如表 2 所示。

IEC62305 中不同最小雷击电流值及其对应的滚球半径　　表 2

参数	符号	单位	LPL			
			I	II	III	IV
最小电流峰值	I	kA	3	5	10	16
滚球半径	r	m	20	30	45	60

IEC62305-1：2010 认为，对于雷击模型，接闪器的截收效率取决于雷电流最小参数和相关的滚球半径。直接雷击防御区域的几何边界可用滚球法确定。对给定的滚球半径 r，可以假定峰值大于对应的最小电流峰值 I 的所有雷闪都会被自然或专设接闪器所截收。

由 IEC62305-3：2010 第 5.2.2 条可知，各种防雷等级对应的滚球半径、网格尺寸、保护角大小如表 3 和图 1 所示。

IEC62305 中不同防雷等级对应的滚球半径、网格尺寸、保护角最大值　　表 3

LPS 分类	防护方法		
	滚球半径 r(m)	网格尺寸 W(m)	保护角 α(°)
I	20	5×5	见图 1
II	30	10×10	
III	45	15×15	
IV	60	20×20	

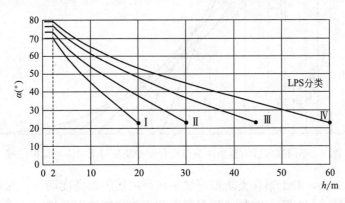

图 1　各防雷等级不同接闪器高度对应的保护角值

注：1. 图中各分类数据超出黑点时，不能采用保护角法。此时仅可采用滚球法和网格法。

　　2. h 为接闪器顶部与被保护区域参考平面之间的距离。

　　3. h 小于 2m 时，保护角不会变化。

以表 3 中第Ⅳ类防雷等级为例，第Ⅳ类防雷等级对应的滚球半径为 60m。取 10m、20m、30m、40m、50m、60m 几个典型的接闪器高度，将这些接闪器的高度值对应到图 1 中的相关曲线，则接闪器高度与保护角相互对应的数值如表 4 所示。

IEC62305 中第Ⅳ类防雷等级对应的接闪器高度与保护角值　　　表 4

LPS 分类	接闪器高度 h（m）	保护角 α（°）
Ⅳ	10	65
	20	54
	30	45
	40	37
	50	30
	60	23

对表 4 中不同高度接闪器采用滚球法和保护角法时所对应的保护区域进行作图，则相应保护区域范围如图 2 所示。

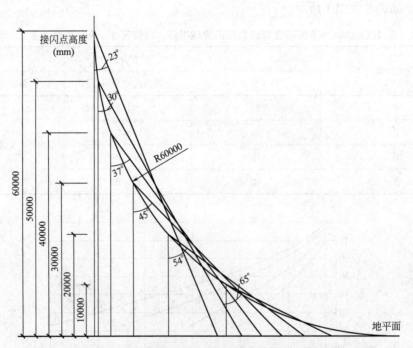

图 2　不同高度接闪器采用滚球法和保护角法时所对应的保护区域

由图 2 可以看出，对于第Ⅳ类防雷等级中典型的接闪器高度而言，保护角法和滚球法在保护的空间总量上相接近。对其他防雷等级和不同高度接闪器进行分析可知，保护角法和滚球法在保护的空间总量上也存在类似的关系。限于篇幅，本文不一一列出。

由 IEC62305-3：2010 第 A.1.4 条可知，按国标图集《建筑物防雷设施安装》15D501 进行明敷的接闪带（通常安装高度为 150mm）属于分离式网格，暗敷的接闪带属于非分离式网格。分离式网格示意图如图 3 所示，图 3 中认为滚球模型透过网格平面的最大空间距离为击穿距离 h_1。

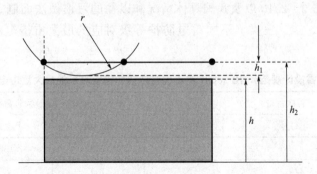

图 3　分离式网格法的击穿距离示意

注：图中 h 表示建筑物高度；h_1 表示滚球击穿距离；h_2 表示接闪网格安装高度。

以表 3 中第Ⅲ类防雷等级为例，滚球半径为 45m，接闪网格为 15m×15m，对分离式接闪网格的击穿距离 h_1 进行作图示意，如图 4 所示。

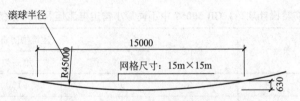

图 4　分离式接闪网格对应的最大击穿距离示意

由图 4 可知，对于 45m 滚球半径，采用网格法时大约存在 630mm 的最大击穿距离。经计算可知，不同防雷等级的滚球半径与网格尺寸对应的最大击穿距离如表 5 所示。

IEC62305 中不同防雷等级的滚球半径与网格尺寸对应的最大击穿距离　　　　表 5

LPS 分类	防护方法		
	滚球半径 r(m)	网格尺寸 W(m)	最大击穿距离 h_1(m)
Ⅰ	20	5×5	0.157
Ⅱ	30	10×10	0.420
Ⅲ	45	15×15	0.629
Ⅳ	60	20×20	0.839

因此，可以认为网格法是基于滚球法衍生出来的一种简易的设计方法，具有和滚球法中滚球半径对应的保护区域，但存在一定击穿距离。

综上可知，网格法源于滚球模型，其保护区域与滚球法接近但不完全重合。与滚球法相比，存在一定的保护盲区（即最大击穿距离所表示的空间范围内滚球模型可触及的建筑物及其附属物不能被网格所保护），因此在使用过程中应注意其适用范围。

1.2 《建筑物防雷设计规范》GB 50057 关于屋面接闪器的设置原则

由《建筑物防雷设计规范》GB 50057—2010 第 5.2.12 条条文说明可知，我国防雷标准是结合 IEC62305-3：2010 以及我国具体情况和以往的习惯做法而制定的，将建筑物雷电防护等级分为一、二、三类。不同雷电防护等级对应的最大雷击电流参数值，如表 6 所示。

《建筑物防雷设计规范》GB 50057 中不同雷电防护等级对应的最大雷击电流参数值　表 6

首次雷击			建筑物防雷类别		
电流参数	符号	单位	第一类	第二类	第三类
电流峰值	I	kA	200	150	100
短冲击负荷	Q_{short}	C	100	75	50
能量比	W/R	kJ/Ω	10.000	5.625	2.500
时间参数	$T1/T2$	$\mu s/\mu s$	10/350		

由上文式 1 可知，《建筑物防雷设计规范》GB 50057—2010 中不同雷电防护等级最小雷击电流值及其对应的滚球半径如表 7 所示。

《建筑物防雷设计规范》GB 50057 中不同最小雷击电流值及其对应的滚球半径　表 7

参数	符号	单位	建筑物防雷类别		
			第一类	第二类	第三类
最小电流峰值	I	kA	5	10	16
滚球半径	r	m	30	45	60

为避免保护角法与滚球法在保护空间上的部分矛盾，《建筑物防雷设计规范》GB 50057—2010 舍弃了 IEC62305：2010 中的保护角法。其接闪器布置仅包含滚球法和网格法。各种防雷等级对应的滚球半径、网格尺寸如表 8 所示。

《建筑物防雷设计规范》GB 50057 中不同防雷等级对应的滚球半径、

网格尺寸及最大击穿距离　表 8

建筑物防雷类别	防护方法		
	滚球半径 r(m)	网格尺寸 W(m)	标准网格对应的最大击穿距离 h_1(m)
第一类防雷建筑物	30	5×5 或 6×4	0.104
第二类防雷建筑物	45	10×10 或 12×8	0.279
第三类防雷建筑物	60	20×20 或 24×16	0.839

由表 8 可以看出，在相同滚球半径条件下，相较于 IEC60305—2010 而言，《建筑物防雷设计规范》GB 50057—2010 中对应的网格尺寸相同或者更小，因而使得击穿距离也相应相同或减小。可以认为，《建筑物防雷设计规范》GB 50057—2010 是基于我国国情在 IEC60305—2010 基础上的简化和调整。二者在模型原理上是相一致的。因此，前文中关

于 IEC60305—2010 的相关分析结论也同样适用于我国建筑物的防雷设计。

2　带女儿墙屋面接闪器的设置方案

以某城区消防站营房建筑物为例，建筑物长 46m、宽 19.1m、屋面结构标高 18.3m，女儿墙高 19.8m，地上部分 4 层，局部地下一层。依据《建筑物防雷设计规范》GB 50057—2010，计算雷击次数为 0.0694 次/a，考虑该建筑物的重要性，按第二类防雷建筑设防。防雷设计过程中若采用网格法设置接闪器，则应对该建筑物屋面设置不大于 10m×10m（或 12m×8m）的接闪带网格，利用建筑物结构柱内两根不小于 $\phi16$ 主筋作为防雷引下线，引下线间距不大于 18m，屋面接闪器及引下线布置如图 5 所示。

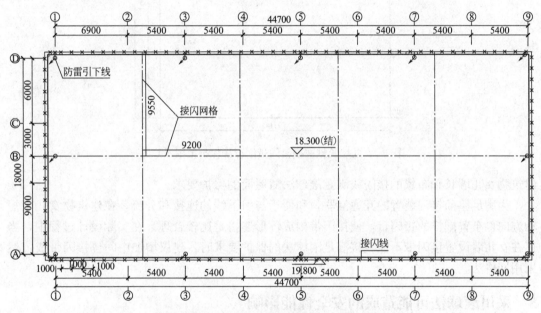

图 5　某消防站营房屋面接闪器及引下线布置图

由于该建筑物女儿墙高出主屋面 1.5m，因而设计中考虑采用滚球法来布置接闪器。为避免较高的接闪杆可能引起更大的雷击概率，因此优先考虑采用基于接闪带的滚球法。设计时，在女儿墙外侧区域设置一圈接闪带（安装高度为 150mm，支持卡间距为 1m），参见图 5。对图 5 中沿长轴布置的两根接闪线的滚球保护范围进行作图示意，如图 6 所示。

由图 6 可以看出，沿女儿墙长轴布置的两根接闪带可使得滚球模型不能接触到主屋面。为得出准确结论，本文将对图 6 进行定量分析。本工程中，接闪线安装高度 h 为 19.95m，滚球半径为 45m，接闪线间距离 D 为 19.1m，根据《建筑物防雷设计规范》GB 50057—2010 附录 D.0.6 的分析过程如下：

由于 $2\sqrt{h(2h_r-h)}=2\sqrt{19.95(2\times45-19.95)}=74.77\text{m}>19.1\text{m}$，因此，两根接闪线之间保护范围最低点的高度应按《建筑物防雷设计规范》GB 50057—2010 式 D.0.6-1 进行计算：

$h_0=\sqrt{h_r^2-(D/2)^2}+h-h_r=\sqrt{45^2-(19.1/2)^2}+19.95-45=18.925\text{m}$，该计算数值比屋面标高 18.3m 高出 0.625m，该计算结论与作图法一致。由此可知，该工程中，沿

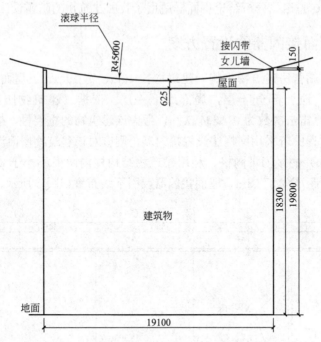

图6　女儿墙长轴两根接闪带滚球法保护范围示意图

建筑物女儿墙长轴布置的接闪线满足滚球法对屋面的保护要求。

　　为满足屋面接闪装置的互通互联，和便于与引下线的连接和分流，在建筑物女儿墙短轴方向也布置同样的接闪带，使接闪带构成环形连接是比较合理。在实际设计过程中，当仅在女儿墙设置接闪带不能直接满足滚球法的保护要求时，建议增加中间位接闪带或依然采用网格法。

3　采用滚球法可能造成的安全性能影响

　　上文所述工程项目中，滚球法与网格法在满足保护范围且引下线设置相同的前提下，网格法将屋面有效接闪器纵横连通，而滚球法仅将女儿墙有效接闪器环形连通。由于采用滚球法所使用的接闪器较网格法简洁，因此需要考虑采用滚球法相较于网格法时所造成的安全性能影响。

　　3.1　滚球法对引下线分流能力的影响

　　以图5所示工程为例，当预计最大雷击电流（150kA）击中轴1-轴A处接闪器，则150kA雷击电流将被12根引下线进行第一次向下分流，雷击最近端轴1-轴A处引下线将分得最大的雷电流，雷击最远端轴9-轴D处引下线将分得最小的雷电流。本文分析中，仅考虑最大分流处的情况。

　　关于引下线的分流系数，由IEC62305-3：2010附录C可知，接闪器/引下线中的雷电流分流系数k_c取决于接闪器的类型、引下线数量、引下线及互联环形导体的位置以及接地装置类型。对于多条引下线的分流系数k_c的取值如图7及式2所示。

$$k_c = 1/2n + 0.1 + 0.2\sqrt[3]{c/h} \tag{2}$$

式中　n——引下线的总数量；

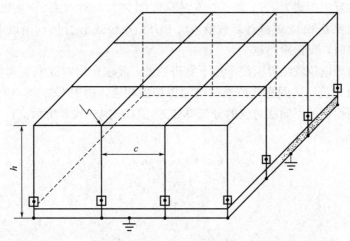

图 7　多条引下线的相关参数示意

c——相邻两引下线之间的距离；

h——相邻两环形导体之间的距离（或高度）。

注：1. 式 2 是对立方体建筑物的近似计算且 $n \geqslant 4$。h 和 c 的值假设在 3～20m 之间变化。

2. 如果有内部引下线，计算 n 值时，应予以考虑。

上文所示工程设计中最大引下线间距为 12.3m，平均间距为 10.85m，设计中，要求各层圈梁内两根主筋形成闭环且与防雷引下线有效电气连通，各层圈梁与板内钢筋有效电气连通。

由式 2 可知，对于图 5 而言（不设置网格内部引下线），采用网格法和采用滚球法时，二者的引下线总数量、相邻两引下线的间距以及相邻两环形导体的间距参数均相同，因而计算结果也将相同。且由《建筑物防雷设计规范》GB 50057—2010 附录 E.0.1 可知，当引下线根数 n 不少于 3 根，且接闪器成闭合环或网状的多根引下线时，分流系数可为0.44。因此，此时对于两种接闪器布置方式而言，引下线的分流能力可以认为是相同的。

3.2　引下线反击距离的影响因素

由《建筑物防雷设计规范》GB 50057—2010 第 4.3.8 条可知，对于第二类防雷建筑物，金属物或线路与引下线间在空气中的间隔距离 S_{a3} 应满足下式的要求。

$$S_{a3} \geqslant 0.06 k_c l_x \tag{3}$$

式中　l_x——引下线计算点到连接点的长度（m），连接点即金属物或电气和电子系统线路与防雷装置之间直接或通过电涌保护器相连之点。

对于本工程而言，假设金属物或电气和电子系统线路与第 4 层楼板钢筋网之间直接或通过电涌保护器相连，则可将 l_x 取为 4.2m。

本工程中 n 取 12，最大 c 值为 12.3m，h（第四层层高）为 4.2m，由上文式 2、式 3，此时，k_c 值为：$k_c = 1/2n + 0.1 + 0.2 \sqrt[3]{c/h} = 1/(2 \times 12) + 0.1 + 0.2 \sqrt[3]{12.3/4.2} = 0.4278$；

最小空气中反击距离为：$S_{a3} \geqslant 0.06 k_c l_x = 0.06 \times 0.4278 \times 4.2 = 0.1078m$。

当利用所有外墙处柱内主筋作为引下线时，n 取 22，最大 c 值为 6.9m，此时，k_c 值为：$k_c = 1/2n + 0.1 + 0.2 \sqrt[3]{c/h} = 1/(2 \times 22) + 0.1 + 0.2 \sqrt[3]{6.9/4.2} = 0.3587$；

最小空气中反击距离为：$S_{a3} \geqslant 0.06h_{r}l_{x} = 0.06 \times 0.3587 \times 4.2 = 0.0904m$。

该计算数值比 n 取 12 时的计算数值（0.1078m）约减小 16%。由以上分析可知，当引下线设置越多时，反击距离越小。

若假设防雷等电位联结界面位于地下室进线处，要求金属物或电气和电子系统线路与地下室基础楼板钢筋网之间直接或通过电涌保护器相连，由 IEC62305-3：2010 图 C.4 中公式可知，由屋面而下不同层对应的分流系数 k_{c} 值如式 4～式 8 所示：

$$k_{c1} = 1/2n + 0.1 + 0.2\sqrt[3]{c/h} \tag{4}$$

$$k_{c2} = 1/n + 0.1 \tag{5}$$

$$k_{c3} = 1/n + 0.01 \tag{6}$$

$$k_{c4} = 1/n \tag{7}$$

$$k_{m} = k_{c4} = 1/n \tag{8}$$

注：各符号含义同式 2。

同时，由《建筑物防雷设计规范》GB 50057—2010 图 E.0.2 中公式可知，当引下线根数 n 取 12 时，从上至下各层（地面共 4 层、地下室 1 层）k_{c} 值和 l_{x} 值如表 9 所示。

各层对应的 k_{c} 和 l_{x} 值   表 9

层数	4 层	3 层	2 层	1 层	地下室
分流系数 k_{c}	0.4278	0.1833	0.0933	0.0833	0.0833
l_{x} (m)	4.20	4.25	3.90	5.95	5.40

根据表 9 所列计算数据和 IEC62305-3：2010 图 C.4 中公式，此时最小空气中反击距离为：

$$S_{e} \geqslant 0.06(k_{c1}l_{x1} + k_{c2}l_{x2} + k_{c3}l_{x3} + k_{c4}l_{x4} + k_{c5}l_{x5})$$
$$= 0.06 \times (0.4278 \times 4.2 + 0.1833 \times 4.25 + 0.0933 \times 3.9 + 0.0833 \times 5.95 + 0.0833 \times 5.4)$$
$$= 0.2306m$$

该计算数值约为对第 4 层设置防雷等电位联结时计算数值（0.1078m）的 2 倍。由以上分析可知，对每层进行雷电等电位联结，对减小反击距离的作用比较明显。

3.3 滚球法对电磁屏蔽能力的影响

关于电磁屏蔽，由于接闪器网格尺寸远大于结构顶板内的钢筋格栅尺寸，因此可以认为，当引下线网格相同时，屋面接闪器网格对钢筋混凝土建筑物的电磁屏蔽作用可以忽略。

综上可知，对于图 5 所示工程实例，当引下线设置越多时，反击距离越小；防雷等电位联结界面离分析点越近时反击距离越小；而反击距离的大小与屋面接闪器为环形或网格的关系并不明显。

因此，对于钢筋混凝土屋面建筑物，相较于网格法而言，采用滚球法利用同一建筑物永久性高处平面安装的接闪器对低处平台进行保护的设计思路是可行的。

4 结语

本文依据《建筑物防雷设计规范》GB 50057—2010 和 IEC62305：2010 系列规范，对带女儿墙屋面的钢筋混凝土建筑物接闪器布置方案进行一定的分析，得出了当女儿墙上的接闪带可以满足滚球法对屋面的保护时，可以不再对主屋面采用网格法进行保护的结论。

该设计思路也可推广至屋顶设备机房屋面接闪器对主屋面的保护、主屋面接闪器对裙房屋面的保护等，有效地简化了网格法对屋面接闪器的布置需求，有利于建筑物造型的美观和简化接闪器装置后期的维护、检测工作。

参考文献

［1］李蔚.建筑电气设计关键技术措施与问题分析［M］.北京：中国建筑工业出版社，2016.

［2］李蔚.建筑电气设计常见及疑难问题解析［M］.北京：中国建筑工业出版社，2010.

［3］GB/T 21714.1—2015/IEC62305-1：2010 雷电防护第 1 部分：总则［S］.北京：中国标准出版社，2015.

［4］GB/T 21714.3—2015/IEC62305-3：2010 雷电防护第 3 部分：建筑物的物理损坏和生命危险［S］.北京：中国标准出版社，2015.

［5］GB 50057—2010 建筑物防雷设计规范［S］.北京：中国计划出版社，2011.

［6］Vernon Cooray. Lightning Protection［M］.London，United Kingdom：The Institution of Engineering and Technology，2010.

26　超高层建筑物电源引入处 SPD 冲击电流选型探讨

摘　要：本文依据《建筑物防雷设计规范》GB 50057 和 IEC 62305，对超高层建筑物低压电源引入处电力电缆直击雷电流进行分流计算，结论显示，计算冲击电流值 I_{imp} 存在远小于 12.5kA 的情况。同时，依据 IEC 62305 给出的公式，对 $10/350\mu s$ 波形和 $8/20\mu s$ 波形雷电流的幅值、电荷量、单位能量、陡度进行比较，并按照《建筑物防雷设计规范》GB 50057—2010 所示算例，提出了当计算冲击电流值较小且无匹配的 I 级试验 SPD 产品选型时，可以考虑采用 20 倍最大放电电流 I_{max} 值的 II 级试验 SPD 产品适当进行替换。

关键词：直击雷；分流计算；浪涌保护器；$10/350\mu s$ 波形；$8/20\mu s$ 波形

0　引言

由文献 1 可知，在建筑电气防雷设计过程中，通常存在 SPD 位置设置不当，参数选择有误等问题[1]。关于超高层建筑物电源引入的总配电箱处（从室外引入时）SPD 冲击电流值的选型，一直存在争议，通常做法是直接采用 I_{imp} 值为（或大于）12.5kA 的 I 级试验 SPD。而很少采用《建筑物防雷设计规范》GB 50057—2010[2] 中的计算公式来作为 SPD 冲击电流值的选型依据。对此，本文试图依据《建筑物防雷设计规范》GB 50057 和 IEC 62305 等标准做出一定的定量分析，对该处 SPD 冲击电流选型进行如下探讨。

1　规范对电源引入处 SPD 冲击电流值的规定

1.1　《建筑物防雷设计规范》GB 50057 对电源引入处 SPD 冲击电流值的选型规定

《建筑物防雷设计规范》GB 50057—2010 第 4.2.4-8 条规定[2]，在电源引入的总配电箱处应装设 I 级实验的电涌保护器。电涌保护器的电压保护水平值应小于或等于 2.5kV。每一保护模式的冲击电流值，当无法确定时，冲击电流应取等于或大于 12.5kA。第 4.2.4-9 条规定，电源总配电箱处所装设的电涌保护器，其每一保护模式的冲击电流值，当电源线路无屏蔽层时（本文仅考虑无屏蔽层的情况）宜按式（4.2.4-6）计算（本文为式 1）。同时，第 4.3.8-6 条和第 4.4.7-2 条也有类似的规定，仅计算雷电流的取值不同[2]。

$$I_{imp}=0.5I/nm \tag{1}$$

式 1 中，I 为雷电流（kA），一类防雷建筑物取 200kA，二类防雷建筑物取 150kA，三类防雷建筑物取 100kA；n 为地下和架空引入的外来金属管道和线路的总数；m 为每一线路内导体芯线的总根数。

1.2　IEC 规范对电源引入处 SPD 冲击电流值的选型规定

IEC 60364 第 5-53 部分：电气设备的选择安装，第 534 节：过电压保护电器[3] 第 534.2.3.4 条，SPD 放电电流 I_n 和冲击电流 I_{imp} 的选择一节中有如下规定：当按 IEC 61312-1

规定装设 SPD 时，符合 IEC 61643-1 的雷电冲击电流 I_{imp} 应根据 IEC 61312-1 计算，更具体的要求在 IEC 61643-12 中给出。如果电流值无法确定，则每一保护模式的 I_{imp} 值不应小于 12.5kA。

　　IEC 61643-12：2002 低压配电系统的电涌保护器（SPD）第 12 部分：选择和使用导则[4] 附录 D 给出了进入配电系统部分雷电流总和的简易计算，其雷电分流示意图如图 1、图 2 所示，计算公式如式 2、式 3 所示。式中，R_N 为中性线接地电阻；$R_{E,G}$ 为被击建筑物的接地电阻；$R_{E,i}$ 为连接至该低压配电系统的第 i 个建筑物的接地电阻；$R_{E,E}$ 为除 $R_{E,G}$ 外的总电阻；I_L 为建筑物雷电电流；I_M 为进入电源系统的雷电流。

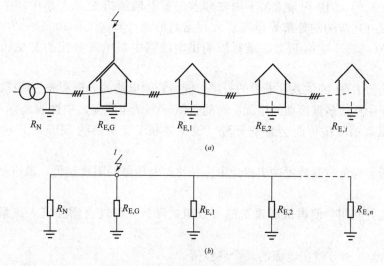

图 1　进入配电系统部分雷电流示意图（第 1 部分）

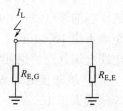

图 2　进入配电系统部分雷电流示意图（第 2 部分）

$$R_{E,E} = \frac{1}{\dfrac{1}{R_N} + \sum_{i=1}^{n} \dfrac{1}{R_{E,i}}} \tag{2}$$

$$I_M = \frac{I_L}{1 + \dfrac{R_{E,E}}{R_{E,G}}} \tag{3}$$

　　IEC 61643-12：2002 第 I.1.2 条：建筑物内部电涌电流的分配[4] 中有如下表述，假设 50% 的总雷电流通过给定建筑物的雷电保护系统的接地端入地，剩余 50% 电流（I_s）通过建筑物分散在系统中，如外部的导电部分，电源和通信线等。在每个设备中流动的电流值（I_i）可用式（4）来估计。式中 n 为设备个数。

$$I_i = I_s/n \tag{4}$$

IEC 61643-1：2005，MOD附录A：应用Ⅰ级实验时对SPD的考虑一节规定，SPD优选值Ipeak相当于计算值I_v，如式5所示[5]。式中m为导线根数。

$$I_v = I_i/m \tag{5}$$

IEC 62305-4：2010第D.3.2条认为[6]，在考虑SPD可能承受的威胁水平时，电流分布简单的假设是有用的。但是保持已作假定的前后的相关性是重要的，另外，已经假定流经SPD的部分电流和初始放电电流的波形相同，事实上这个波形可能被建筑物导线阻抗改变。

IEC 62305-1：2010附录E，不同安装点的雷电浪涌第E.2.1条中，关于雷击建筑物时流过连接到建筑物的外部导电部件和线路的浪涌计算与GB 50057—2010第4.2.4-9条相同[7]。IEC 62305-1第E.2.2条对影响供电线路中雷电流分流的常见因素做了如下分析[7]：

（1）因比值L/R的关系，电缆的长度可能会影响电流的分流和波形特征。

（2）对于中性线多点接地的情况，可能会使50%的电流流过中性线。

（3）变压器的阻抗可能会影响分流（设置并联于变压器的SPD时，这种影响可以忽略）。

（4）变压器与负载侧装置冲击接地电阻相比，变压器的阻抗越低，流进低压系统的浪涌电流越大。

（5）其他并联用户使得低压系统的等效阻抗降低，可能会增加流入该系统的部分雷电流。

1.3 规范中SPD冲击电流的几个典型值

1.3.1 闪电直接击在线路上时

由GB 50057—2010第4.2.3-2条[2]可知，对于第一类防雷建筑物，当全线采用电缆有困难时，应采用钢筋混凝土杆和铁横担的架空线，并应使用一段金属铠装电缆或穿钢管直接埋地引入。架空线与建筑物的距离不应小于15m。在电缆与架空线连接处，尚应装设户外型电涌保护器。电涌保护器、电缆金属外皮、钢管和绝缘子铁脚、金具等应连接在一起接地，其冲击接地电阻不应大于30Ω。该转换处装设的电涌保护器应选用Ⅰ级实验产品，其每一保护模式应选冲击电流等于或大于10kA。

分析如下：当雷电击中靠近终端电杆的架空线（三相四线）[2]，第一次分流时，雷击点两侧的导体各分流50%；第二次分流时，终端杆（铁横担已接地）与电缆进行各占50%；第三次分流时，电缆金属外皮与四根导体各占20%。不同防雷等级时的计算值如表1所示。

雷击架空线时电缆转换处每一导体分流计算值　　表1

防雷等级	线路直击雷电流(kA)	计算分流值(kA)
第一类防雷	200	10
第二类防雷	150	7.5
第三类防雷	100	5

经比较可知，表1计算结论与GB 50057—2010第4.2.3-2条和条文说明4.2.3条表5相关数值相同。

1.3.2　闪电击于建筑物接闪器时

闪电击于建筑物接闪器时，如图3所示（原图参见IEC 62305-4：2010图D.3[6]）。当建筑物冲击接地电阻与外部等效冲击接地电阻相当时，雷电流的50%由建筑物接地系统泄流至大地，剩余50%由连接至该建筑物的金属服务设施进行分流。

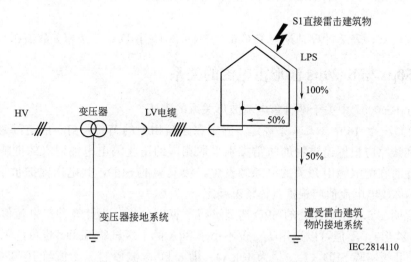

图3　闪电击中建筑物接闪器电流分配示意图

尽管实际应用中，由于各种因素，使得实际分流与假设不一致，但若假设电力电缆以外的其他所有金属管线设施的分流值均由电力电缆承担，最终雷电流的50%全部由连接至该建筑物的电力电缆进行分流，则这种假设是相对保守的，且还有如下因素：

（1）由文献8可知，随着雷电流在导线上传输，雷电电压波形的陡度和幅值均会降低。因而也可认为雷电流在引下线的传导过程中由于电阻和电感的影响，引下线接近地面处的雷电流能量和波形陡度对于初始放电时也会降低，但计算时依然按雷电流未衰减处理。

（2）对于TN系统由于PEN线多处重复接地，其泄放雷电流的路径更短、接地电阻更小，PEN线实际可能分得该路径电流的50%[7]。同样为保守考虑，计算时PEN线按与相线相同分流能力处理。

（3）超高层建筑物的工频接地电阻通常不大于1Ω，其对应冲击接地电阻通常也不大于1Ω[2]，而变配电房与其他相关建筑物的等效冲击接地电阻也大约为1Ω（IEC 60634-4-44：2007认为等效工频接地电阻为$0.5R_E$，当变压器中性点工频接地电阻R_E为4Ω时，则对应冲击接地电阻不大于2Ω）。

综上可知，对于超高层建筑来说，假设雷电流的50%由连接至该建筑物的电力电缆进行分流，以此来计算每一保护模式的冲击电流值是基本可行的。基于此，对几种简单的模型进行分流计算，计算值如表2所示。

防雷等级	屋面直击雷电流(kA)	1组进线电缆时的计算分流值(kA)	2组进线电缆时的计算分流值(kA)	3组进线电缆时的计算分流值(kA)
第一类防雷	200	25	12.5	8.33
第二类防雷	150	18.75	9.375	6.25
第三类防雷	100	12.5	6.25	4.17

雷击建筑物屋面接闪器时每一导体分流计算值　　　　　　　表 2

注：进线电缆为三相四线制，接地形式为 TT 或 TN-C-S 式，电缆无屏蔽层。当接地形式为 TN-S 式或电缆有屏蔽层时，计算值将会变小。

经比较可知，表 2 计算结论与 IEC 62305-4：2010 第 D.3.2 条相关数值相同[6]。

2 10/350μs 与 8/20μs 波形雷电流的关系

2.1 GB 50057 中关于两种雷电流波形关系的表述

GB 50057—2010 中 4.5.4 条规定，固定在建筑物上的节日彩灯、航空障碍灯及其他用电设备和线路应根据建筑物的防雷类别采取相应的防止闪电电涌侵入的措施。4.5.4-3 条规定，此时在配电箱内开关的电源侧设置二级实验的 SPD，其电压保护水平不应大于 2.5kV，标称放电电流值应根据具体情况确定[2]。

条文说明 4.5.4-2 对此处的 SPD 选型进行了算例分析，当计算冲击电流值为 2kA 时（10/350μs 波形），不但可以选用 I_{imp} 值不小于 2kA 的 I 级试验 SPD，也可选用 I_n 值不小于 20kA 的 II 级实验 SPD（I_{max} 值为 40kA）。即 8/20μs 波形的 I_{max} 值与 10/350μs 波形的 I_{imp} 值的换算倍数可按 20 倍考虑。

2.2 IEC 规范关于雷电波形相关参数的定义

由 IEC 61643-12：2002 低压配电系统的电涌保护器（SPD）第 12 部分[4]：选择和使用导则附录 I 第 1.2 条可知，雷电冲击电流包括两个关键参数，第一个是快速上升时间，用于决定由于感应效应引起的电压值，第二个是长持续时间，本质上与冲击能量有关。文献 9 对几种雷电参数的定义如式（6）～式（8）所示。

最大电流陡度：
$$(d_i/d_t)_{max} \tag{6}$$

电荷量 Q：
$$\int i d_t \tag{7}$$

单位能量：
$$W/R = \int i^2 d_t \tag{8}$$

IEC 62305-1：2010 附录 A.3 有以下描述[7]：对指数衰减的雷击（$T_1 \ll T_2$），首次雷击电荷和能量的近似值可用式（9）～式（11）计算。式中，I 表示雷电流峰值，T_1 表示波头时间，T_2 表示半值时间，d_i/d_t 表示雷电流陡度。

雷电流波头时间：
$$T_1 = I/(d_i/d_t) \tag{9}$$

雷电流电荷量：
$$Q_{SHORT} = (1/0.7)IT_2 \tag{10}$$

雷电流单位能量：
$$W/R = (1/2)(1/0.7)I^2 T_2 \tag{11}$$

由 IEC 62305-1：2010 附录 D.3 可知[7]，对于具体流经某一入地路径的电流峰值，电流的相关参数可按式（12）～式（15）计算。式中，k 为分流系数。

分支电流：
$$I_P = kI \tag{12}$$

分支电流电荷量：$\qquad Q_{\mathrm{P}} = kQ$ (13)

分支电流单位能量：$\qquad (W/R)_{\mathrm{P}} = k^2(W/R)$ (14)

分支电流陡度：$\qquad (d_i/d_t)_{\mathrm{P}} = k(d_i/d_t)$ (15)

由式 9～式 15 对三种防雷等级的 $10/350\mu s$ 波形雷电流进行计算，相关计算值如表 3 所示。

10/350μs 波形的雷电流参数计算值　　　　　表 3

防雷等级	雷电流 I(kA)	电荷量 Q_s(C)	单位能量 W/R(MJ/Ω)	平均陡度 I/T_1(kA/μs)
第一类防雷	200	100	10	20
第二类防雷	150	75	5.6	15
第三类防雷	100	50	2.5	10

表 3 的计算结果，与 IEC 62305-1：2010 表 3[7] 和 GB 50057—2010 表 F.0.1-1[2] 的相关数值相同。

2.3　$10/350\mu s$ 与 $8/20\mu s$ 波形雷电流的电荷与单位能量比较

文献 10 认为，对于同等数值下的脉冲电流，$10/350\mu s$ 测试波形的能量比 $8/20\mu s$ 测试波形的能量约大 20 倍，该文献同时给出了两种电流波形的比较图，如图 4 所示。

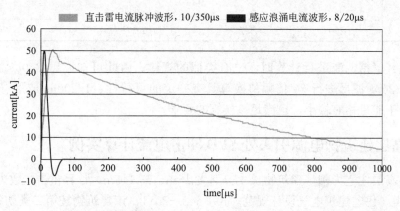

图 4　相同幅值的 $10/350\mu s$ 与 $8/20\mu s$ 雷电流波形比较

因此，可以考虑将幅值相差 20 倍的 $10/350\mu s$ 测试波形与 $8/20\mu s$ 测试波形进行比较。如以 I_{imp} 为 10kA 的 10/350 波形电流和 I_{max} 为 200kA 的 8/20 波形电流进行比较分析，波形简图如图 5 所示。

通过式（9）～式（15）对图 5 中两种波形的相关参数进行计算，计算结果如表 4 所示。

10/350μs 波形（10kA）与 8/20μs 波形（200kA）参数比较　　　　　表 4

雷电流波形	雷电流幅值 I(kA)	电荷量 Q_s(C)	单位能量 W/R(MJ/Ω)	平均陡度 I/T_1(kA/μs)
$10/350\mu s$	10	5	0.025	1
$8/20\mu s$	200	5.71	0.571	25

一类防雷等级对应的首次负闪（$1/200\mu s$ 波形）最大电流为 100kA，当正闪的分流计

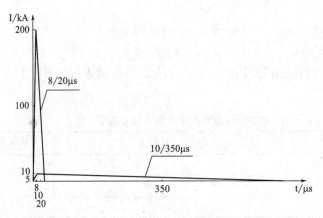

图5 10/350μs波形（10kA）与8/20μs波形（200kA）简图

算为10kA时，此时负闪的分流计算将为5kA。对首次负闪作同样的分析，计算结果如表5所示。

1/200μs波形（5kA）与8/20μs波形（200kA）参数比较 表5

雷电流波形	雷电流幅值 I(kA)	电荷量 Q_s(C)	单位能量 W/R(MJ/Ω)	平均陡度 I/T_1(kA/μs)
1/200μs	5	1.43	0.0036	5
8/20μs	200	5.71	0.571	25

当采用其他雷电流进行计算时，也有类似的规律。由此可知，10/350μs波形（首次正闪）与8/20μs波形进行20倍幅值换算具有一定的可行性，1/200μs波形（首次负闪）的雷电流由于能量相对较小，也满足该换算的要求。

3 某超高层建筑物电源引入处SPD冲击电流计算实例

以某超高层住宅为例（建筑物长47m、宽16m、高145m，计算雷击次数为0.314次/年），同时由《住宅建筑电气设计规范》JGJ 242—2011，该建筑物按第二类防雷建筑物设防（屋面接闪器受雷击时最大正闪电流为10/350μs波形150kA，最大负闪电流为1/200μs波形75kA）。由于负闪和侧击雷的最大雷电流较小，因而主要对最大正闪雷电流进行分析。

本工程住户用电由地面公变（独立建筑物）引多回路低压电源（电缆沟敷设），电源电压220/380V，三相四线制。公共用电和消防用电由地下一层专变引多回路低压电源，电源电压220/380V，三相四线制。低压配电系统接地形式均为TN-S系统，入户电源处PE线均做重复接地。各回路进户电缆详情如表6所示。

某超高层住宅进线电缆表 表6

回路编号	电缆来源	进线电缆型号与规格	供电对象
GWL1	引自地面独立公变	WDZB-YJY-4×240+1×120	一单元:1~14层住户
GWL2	引自地面独立公变	WDZB-YJY-4×240+1×120	一单元:16~29层住户
GWL3	引自地面独立公变	WDZB-YJY-4×240+1×120	一单元:31~45层住户

续表

回路编号	电缆来源	进线电缆型号与规格	供电对象
GWL4	引自地面独立公变	WDZB-YJY-4×240+1×120	二单元:1～14 层住户
GWL5	引自地面独立公变	WDZB-YJY-4×240+1×120	二单元:16～29 层住户
GWL6	引自地面独立公变	WDZB-YJY-4×240+1×120	二单元:31～45 层住户
WPE1	引自地下一层专变	BTLY-3×185+2×95	一单元消防主供
WPE1R	引自地下一层专变	BTLY-3×185+2×95	一单元消防备供
WPE2	引自地下一层专变	BTLY-3×185+2×95	二单元消防主供
WPE2R	引自地下一层专变	BTLY-3×185+2×95	二单元消防备供
WP1	引自地下一层专变	WDZB-YJY-2(4×120+1×70)	一级负荷主供
WP1R	引自地下一层专变	WDZB-YJY-2(4×120+1×70)	一级负荷备供

工程设计中假设仅电力电缆参与直击雷电流分流,其他金属服务设施,如市政水、暖、天然气金属管道、弱电系统、消防系统等均不参与分流。

由于专变建筑(地下室)与本建筑为同一个整体,其接地系统与本建筑物接地系统共用,因此由专变引来的电缆不参与直击雷分流。本文假设公变接地系统与地下室接地网不共用接地(当共用接地时,由公变引来的电缆同样也不参与直击雷分流)。因此,最大直击雷电流的 50% 仅由公变处引来电缆进行分流。公变进线电缆的计算冲击电流值为:$150×0.5/6/5=2.5kA$,每根导体将分得 $10/350\mu s$ 波形 2.5kA 的雷电流。

对于其他因素产生的雷电流,由于采用电缆沟敷设,电缆全段处于 LPZ0B 区,可参考 GB 50057—2010 第 4.2.3 条条文说明表 5 选取。通常闪电击于电缆附近时的感应电流参数可取 1.875kA、$8/20\mu s$;闪电雷击于建筑物附近时取 0.15kA、$8/20\mu s$;闪电雷击于建筑物的感应雷时取 7.5kA、$8/20\mu s$。

综上,应按回路中最大雷电流因素选取 SPD 冲击电流值。因此,在各电缆进线处,应选用 I_{imp} 值不小于 2.5kA 的 SPD(Ⅰ级实验)。当无合适的Ⅰ级试验 SPD 可选择时,也可考虑采用 I_{max} 值不小于 50kA 的 SPD(Ⅱ级实验)[2]。其 I_n 值由厂家参数确定,一般为(或略小于)I_{max} 值的 1/2[11]。

4　关于 SPD 冲击电流选择时的建议

由 IEC 62305-4:2010 第 D.3.3 可知,通常,对直接或部分雷电流(直击线路/直击建筑物)情况下应该采用Ⅰ类测试 SPD,对感应效应(雷击线路附近/雷击建筑物附近)情况下应采用Ⅱ、Ⅲ类测试 SPD。但许多建筑物或进入线不需要进行直击雷防护,所以Ⅰ类测试 SPD 不需要,只需要设计适当的Ⅱ类测试 SPD 系统即可[6]。

由 IEC 61643-12Edition 2.0:2008 表 2 可知,SPD 冲击电流 I_{imp} 的优选值为 1kA、2kA、5kA、10kA、12.5kA、20kA[12]。

因此,本文建议对电源进线处的直接或部分雷电流,一般应采用Ⅰ级实验的 SPD。但由于市场上大部分Ⅰ级实验的 SPD 产品的冲击电流值通常不低于 12.5kA,选择余地较少。当计算雷击电流很小(如 2.5kA 及以下乃至数百安培),采购不低于 12.5kA 的Ⅰ级实验的 SPD 显得明显过大和浪费时,可考虑替换为 20 倍 I_{max} 值的Ⅱ级实验的 SPD。同时也建议厂家设置更多等级 I_{imp} 值的 I 级实验的 SPD 以供选择。

另外，由 IEC 62305-4：2010 第 D. 3. 3 可知，耐受能量比安装点要求高的 SPD 会使 SPD 工作寿命增长[6]。因此，对于雷击概率较大的情况，其 SPD 冲击电流选择时宜在计算值基础上适当预留余量。

5 结语

本文依据 GB 50057 和 IEC 62305 等规范，对超高层建筑物直击雷分流和雷电流波形参数进行一定的定量分析，得出了通常设计中电源引入的总配电箱处 SPD 冲击电流值可能存在选型过大的结论。同时，对 SPD 厂家提出了根据 IEC 规范中冲击电流优选值增加 I 级实验 SPD 种类的建议。另外，本文数据仅依据规范条文得出，尚需要一定的实验进行验证，且考虑现场的复杂性，本文分析及结论仅作为探讨之用。

参考文献

[1] 李蔚，张宽，冯涛.建筑电气设计说明易错问题评析 [J].建筑电气，2009，28（6）：30-32.

[2] GB 50057—2010 建筑物防雷设计规范 [S].北京：中国计划出版社，2011.

[3] GB 16895. 22—2004/IEC 60364-5-53：2001：A1：2002 建筑物电气装置第 5-23 部分：电气设备的选择和安装隔离、开关和控制设备第 534 节：过电压保护电器 [S].北京：中国标准出版社，2005.

[4] GB/T 18802. 12—2006/IEC 61643-12：2002 低压配电系统的电涌保护器（SPD）第 12 部分：选择和使用导则 [S].北京：中国标准出版社，2006.

[5] GB 18802. 1—2011/IEC 61643-1：2005，MOD 低压电涌保护器（SPD）第 1 部分 低压配电系统的电涌保护器性能要求和试验方法 [S].北京：中国标准出版社，2011.

[6] GB/T 21714. 4—2015/IEC 62305-4：2010 雷电防护 第 4 部分：建筑物内电气和电子系统 [S].北京：中国标准出版社，2015.

[7] GB/T 21714. 1—2015/IEC 62305-1：2010 雷电防护 第 1 部分：总则 [S] 北京：中国标准出版社，2015.

[8] 谢施君，曾嵘，李建明等.变电站雷电侵入过电压波形特征及其影响因素的仿真 [J].高电压技术，2016，42（5）：1556-1564.

[9] Vernon Cooray. Lightning Protection [M]. London, United Kingdom：The Institution of Engineering and Technology，2010：926-927.

[10] OBO Bettermann. 防雷保护系统应用指南 [M].2014.

[11] ABB.终端配电保护产品 [M].2013.

[12] International Electrotechnical Commission. IEC 61643-12 Edition 2. 0 Low-voltage surge protective devices – Part 12：Surge protective devices connected to low-voltage power distribution systems – Selection and application principles [S]. Geneva，Switzerland：2008.

27 SPD 安装位置及接线方式的选择

摘 要：本文介绍了低压系统不同接地形式下的 SPD 接线方式，分析了各接线方式的特点及优劣，为设计方、安装方提供参考。

关键词：电涌保护器（SPD）；接地形式；"3＋0"接线方式；"3＋1"接线方式；"4＋0"接线方式

0 引言

雷电产生的瞬态冲击过电压或涌压以及由投切大功率设备而产生的操作过电压对建筑物电气装置有极大的危害。因此，在电源线路上安装电涌防护器（SPD）能有效地泄放电涌能量和降低过电压幅度，从而抑制过电压，达到保护设备与人身安全的目的。

1 SPD 安装方式的选择

SPD 安装位置及安装接线方式与低压系统接地方式以及电源可靠性有密切关系，通常的接线方式有：

（1）SPD 的"3＋0"接线方式，是在相导体（L1、L2、L3）与接地导体（PE）之间安装 3 个限压型 SPD，如图 1 中的 SPD5。

（2）SPD 的"4＋0"接线方式，是在相导体（L1、L2、L3）、中性导体（N）与接地导体（PE）之间分别安装 4 个限压型 SPD（图中 4），如图 2。

（3）SPD 的"3＋1"接线方式，是在相导体（L1、L2、L3）与中性导体（N）之间安装 3 个 SPD，再在中性导体（N）与接地导体（PE）之间安装一开关型 SPD，如图 3。

2 TN 系统中 SPD 的安装

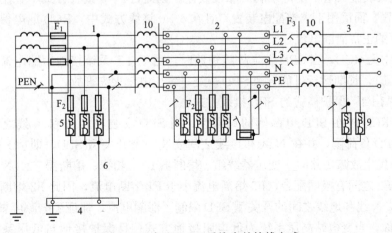

图 1 SPD 在 TN-C-S 系统中的接线方式

TN 系统分为 TN-C 系统和 TN-C-S 系统。通常情况下，若变电站与低压电气装置不在同一建筑物内时，低压接地系统采用 TN-C-S 系统，在低压电气装置电源进线处将 N 线接地，并引出 PE 线。此时，只需在三根相线和 PE 线之间安装 SPD，即"3+0"保护接线方式，如图 1 中的 SPD5。当 PE 线和 N 线分开 10m 以外，应在 N 线和 PE 线之间加一个 SPD，防止受雷电感应产生闪电电涌，如图 1 中的 SPD8。

对于 TN-S 系统，由于 PE 线和 N 线在变电站内短路接地，变电所至低压电气装置的线路可能受到闪电电涌，因此三根相线、N 线与 PE 线之间均需安装 SPD，即"4+0"保护接线方式，类似于图 1 中的 SPD8。

3 TT 系统中 SPD 的安装

3.1 "4+0"保护模式的 SPD 接线方式

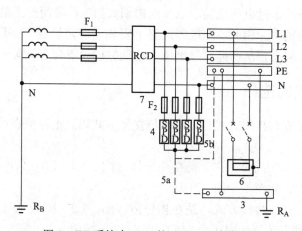

图 2 TT 系统中 SPD 的"4+0"接线方式

此接线方式需在 SPD 电源侧安装漏电保护装置（RCD），当 SPD4 发生故障短路时，由漏电保护装置切除电源。另一方面，当系统电压波动时，SPD 上的泄漏电流会随着变化，当泄漏电流大于 RCD 动作电流时，RCD 同样将切除电源。上述两种情况均会导致 RCD 后的电气装置失电，使得系统可靠性变差。因此，4+0 接线方式不宜用于电源进线处的配电装置，而适用于末端配电装置，且在 4+0 接线方式中，RCD 漏电保护整定值必须大于 SPD 的正常泄漏电流。

若系统中无 RCD，当 SPD 发生故障短路时，由于 TT 系统接地短路电流较小，不足以熔断 F2、F1，长期运行可能导致 SPD 燃烧，发生电气火灾事故。

3.2 "3+1"保护模式的 SPD 接线方式

考虑到 RCD 放在 SPD 电源侧的局限性，当 SPD 安装在相线和 N 线之间时，可将 RCD 放在 SPD 负荷侧，并在 N 线和地线之间安装一个开关型 SPD，即"3+1"接线方式。当 SPD 发生故障短路时，变压器绕组、熔断器 F1、相线、熔断器 F2、N 线构成短路回路。F1、F2 之间有极间配合，F2 熔断电流小于 F1 熔断电流，因此 F2 熔断，切除故障 SPD。同时，N 线和地线之间的开关型 SPD 限制了泄漏电流，保证了电源可靠性。

另一方面，当变电站高压系统为低电阻接地方式，且保护接地与低压系统接地相连

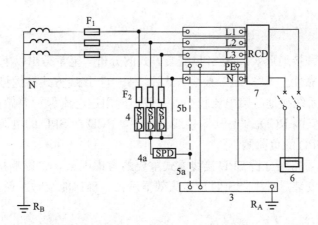

图 3　TT 系统中 SPD 的"3+1"接线方式

时，若高压侧发生接地故障，则低压侧电气装置上会产生 $R_B \times I_E + U_0$[①] 的工频应力电压 U_2[②]，此电压加在 SPD 两端。由于高压系统为低电阻接地方式，短路电流大，因此 U_2 值较大。若采用"4+0"接线方式，则 SPD 可能会被击穿或烧毁，因此应采用"3+1"接线方式。而当变电站高压系统为不接地、谐振接地、高阻接地等非有效接地方式时，由于短路电流小，U_2 值不大，则可采用"4+0"接线方式或"3+1"接线方式。

"3+1"接线方式相对于"4+0"接线方式，其相当于两个 SPD 串联在相线与地之间，在一定程度上提高了过电压残压，对其后面的设备有一定的保护作用。

4　IT 系统中 SPD 的安装

IT 系统通常不引出中性线。当 SPD 短路失效时，由于回路阻抗高，接地电流小，因此需采用 RCD 作为保护装置切除电源，SPD 采用"3+0"接线方式，RCD 在 SPD 的电源侧。

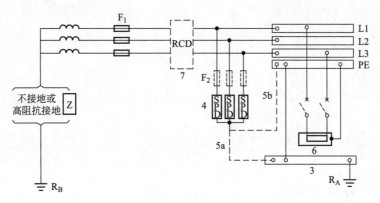

图 4　IT 系统中 SPD 的"3+0"接线方式

---

①　R_B 为变电站高压系统保护接地电阻，I_E 为流经变电站高压系统保护接地电阻的接地故障电流，U_0 为低压系统相电压。

②　U_2 为故障持续期内线导体与低压装置的低压设备外露可导电部分之间的工频应力电压。

5　结束语

通过对上述 3 种接地形式及其 SPD 安装方式的分析，笔者得出以下结论：

（1）在电源可靠性上，"3＋1"接线方式比"4＋0"接线方式有优势。

（2）由于 TT 系统接地故障电流较小，一般不能用过电流保护兼做接地故障防护，因此在 TT 系统中需安装 RCD。"4＋0"接线方式中，RCD 在 SPD 的电源侧，"3＋1"接线方式中，RCD 在 SPD 的负荷侧。

（3）SPD 失效短路是分析 SPD 接线方式重要的考虑因素，它影响接线方式以及 RCD 的位置。另外，在安装过程中，SPD 应带失效显示器，确保能及时发现并更换 SPD。

参考文献

［1］GB 50057—2010 建筑物防雷设计规范［S］.北京：中国计划出版社，2010.

［2］GB/T 16895.10—2010/IEC 60364-4-44：2007 低压电气装置第 4-44 部分：安全防护　电压骚扰和电磁骚扰防护［S］.北京：中国标准出版社，2011.

［3］王厚余.建筑物电气装置 600 问［M］.北京：中国电力出版社，2013.

28　室外照明系统接地形式及接地电阻浅析

摘　要：本文分析了室外照明采用 TN-S 和 TT 两种接地形式的优缺点，并探讨了 TT 接地系统的接地电阻取值要求、剩余电流保护器动作电流取值要求、灵敏度校验及选择性要求。

关键词：TN-S 系统；TT 系统；20m；剩余电流动作保护器；接地电阻；灵敏度；选择性

0　引言

室外照明系统的接地形式是采用 TN-S 系统还是采用 TT 系统，一直是一个值得讨论的问题。根据新颁布的《民用建筑电气设计规范》JGJ 16—2008（以下简称新《民规》）第 10.9.3 规定"安装于室外的景观照明中距建筑物外墙 20m 以内的设施，应与室内系统的接地形式一致，距建筑外墙大于 20m 宜采用 TT 接地形式""室外分支线路应装设剩余电流动作保护器"。由此推广到室外道路照明、庭院照明等也可参照此规定。

为什么规定 20m 的界线？为什么室外照明推荐采用 TT 接地形式？TT 接地形式实施中有什么值得注意的地方？

1　规定 20m 的界线原因

笔者认为有两个原因。原因一：根据新《民规》条文说明第 12.7.1 条可知，两个接地系统在电气上要真正分开，在地下必须满足一定的距离，否则两个接地系统形式上是分开了，而电气上实际仍未分开，理论上两个接地系统互不影响的距离为无限远，实际工程可取 20m。故要求室外照明距建筑物外墙 20m 以内的设施，应与室内系统的接地形式一致，多为 TN-S 系统。

原因二：室外照明距建筑物外墙 20m 以内时，配电线路较短，阻抗较小，当线路末端发生单相接地故障时，其故障电流往往也较大，容易使断路器或熔断器动作。故此时采用与建筑物接地形式一致的 TN-S 系统也较为安全。

2　室外照明系统采用两种接地形式的比较

2.1　TN-S 系统

如图 1，TN-S 接地形式是把中性线 N 和专用保护线 PE 严格分开，当系统正常运行时，专用保护线上没有电流，只是中性线上有不平衡电流。PE 线对地没有电压，所以电气设备金属外壳接地保护是接在专用的保护线 PE 上，安全可靠。但其缺点也很突出，主要有以下几点：一是室外照明线路容易遭到损坏，如果 PE 线断开，就起不到保护作用，可能导致电击事故；二是建筑物内部通常采用 TN-S 或 TN-C-S 接地形式，能保证安全的一个重要前提条件是建筑内部均作了等电位联结，室外照明环境却难以实现等电位联结，

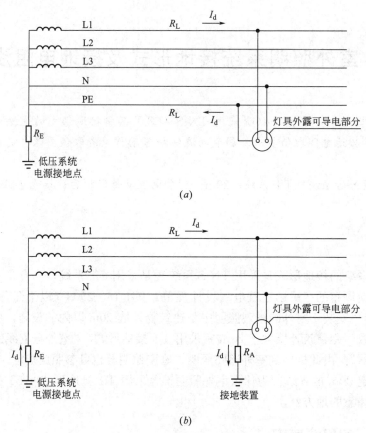

图 1　两种接地形式图示

（a）TN 系统；（b）TT 系统

当别处或其中某台灯具发生接地故障时，引自电源的 PE 线还可能将故障电压传导至室外照明装置外壳而造成危险，王厚余先生编著的《低压电气装置的设计安装与检验》第六章已对此问题详尽的论述；三是室外照明一般负荷比较分散，配电线路较长，当线路末端发生单相接地故障时，其故障电流往往也较小，难以使线路首端的断路器或熔断器动作，不能切断故障电路，而导致危险；四是供电回路增设了 PE 线，提高了工程造价。

2.2　TT 系统

如图 1，TT 接地形式是将电气设备的金属外壳直接接地，当系统内发生接地故障时，其故障回路阻抗除部分线路电阻外，还串联有电源侧的系统接地电阻 R_E 和电气装置外漏导电部分的保护接地电阻 R_A。故其故障回路阻抗较 TN 系统的故障回路阻抗大，故障电流相对较小，一般不能用熔断器或断路器的瞬时过电流脱扣器兼做接地故障保护，而应使用剩余电流保护器作接地故障保护，其保护灵敏度更高，更为安全可靠。但由于户外潮湿等因素，如果线路过长，其泄漏电流较大，如果整定电流不当（整定值过小），将会导致误动作，所以要求正确合理整定其动作电流。

2.3　小结

由上述比较，笔者认为当室外照明配电线路较短，距建筑物外墙 20m 以内，其单相接地故障电流满足断路器或熔断器动作要求时，可采用 TN-S 接地形式。但考虑到"以人为本""安全第一"等因素，距建筑物外墙 20m 以外的室外照明接地形式宜优先采用 TT 系统。

2.4　实例分析

2.4.1　例一

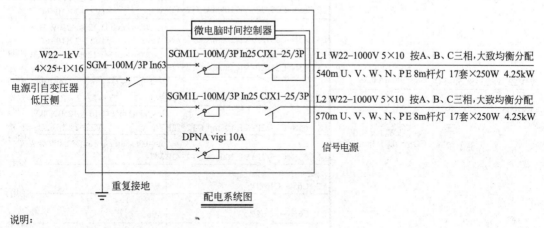

图 2　室外道路照明系统图举例一

如图 2 是笔者曾经见到的某设计院室外道路照明的配电系统图及说明。乍一看，图纸没什么问题，PE 线、重复接地、剩余电流动作保护器都有，好像很安全。但仔细琢磨，还是有不少问题。首先是设计者概念不清晰，系统混乱，不知是 TN-S 系统，还是 TT 系统。说是 TN-S 系统，却要求每盏灯具单独接地；说是 TT 系统，配电回路却带了 PE 线。其次是其未指定剩余电流动作保护器的动作电流整定值 $I_{\triangle n}$。另外本实例采用三相断路器控制三个单相回路灯具，不符合新《民规》10.7.7 条 "在照明分支回路中，不得采用三相低压断路器对三个单相分支回路进行控制和保护"的规定。

设计者不惜成本的将 PE 线、重复接地、剩余电流动作保护器都用上了，却起到了相反的作用，增加了投资，失去了 TT 系统应有的安全性。

2.4.2　例二

如图 3 是笔者推荐采用的室外照明配电系统图，采用带剩余电流保护的 TT 系统。

3　TT 系统实施中的注意问题

3.1　TT 系统接地电阻要求

当室外照明采用 TT 接地形式时，其单灯接地电阻如何确定呢？笔者发现相关规范资料均未明确。下面来详细分析一下其接地电阻要求。

3.1.1　理论依据

根据新《民规》第 12.4.6 条规定：

当采用剩余电流动作保护器时，接地电阻应符合式（1）要求：

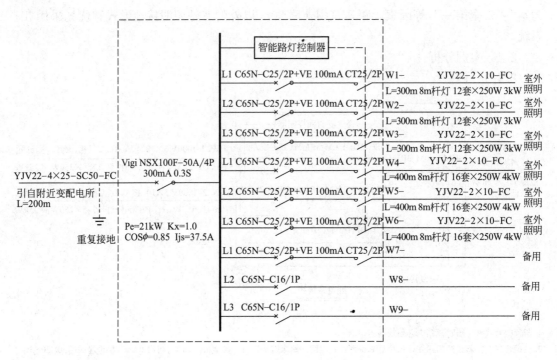

说明:

1. 室外照明灯具光源采用金卤灯,金卤灯自带节能电感镇流器及电容补偿器,功率因数大于0.9,防护等级为IP65。

2. 本工程室外照明配电系统采用带剩余电流保护的TT系统。为保证行人安全,在各灯具基础下方打入L50×5 (L=2.5m)
   镀锌角钢作为接地极,接地极应与灯杆可靠联接,要求各灯接地电阻不大于30Ω。

3. 室外照明控制柜设于室外,底部设混凝土基础,柜底距室外地坪0.5m,电源引自附近配电房。照明控制柜设智能
   路灯控制器,具有光控、时控及手动控制功能。室外照明控制柜应重复接地接地电阻不大于10Ω。

4. 室外照明控制柜电源引自附近变配电所,变配电所系统接地电阻为4Ω。

图3　室外道路照明系统图举例二

$$R_A \leqslant 25V/I_{\triangle n} \tag{1}$$

式中　R_A——外露可导电部分的接地电阻和 PE 线电阻（Ω）;

　　　$I_{\triangle n}$——剩余电流动作保护器动作电流（mA）。

而对于 TT 接地形式,PE 线一般很短,电阻很小,可忽略不计,故 R_A 即可当作外露可导电部分的接地电阻,如图 1 所示。

由式（1）式可知,要确定的 R_A 大小,只需确定剩余电流动作保护器的 $I_{\triangle n}$ 即可。

3.1.2　$I_{\triangle}$ 的确定

由《工业与民用配电设计手册》第四版第十一章第 7 节 "剩余电流动作保护器（RCD）" 章节内容可知,为避免误动作,剩余电流动作保护器的整定值 $I_{\triangle n}$ 应大于正常运行时线路和设备的泄漏电流总和的 2 倍,即

$$I_{\triangle n} \geqslant 2I_L \tag{2}$$

式中　I_L——正常情况下,线路和灯具可能产生的最大泄漏电流。

根据《工业与民用配电设计手册》第四版 "剩余电流动作保护器" 章节,配电线路的泄漏电流估算值可见表1。

220/380V 单相及三相线路埋地、穿管沿墙泄漏电流　单位：mA/km　　表 1

绝缘材质	导线截面(mm²)					
	4	6	10	16	25	35
聚氯乙烯	52	52	56	62	70	70
聚乙烯	17	20	25	26	29	33

根据《灯具一般安全要求与试验》GB 7000.1—2002 第 10.3 节要求，室外 I 类灯具最大泄漏电流约 1mA/套。当室外照明为单相配线时，其灯具等总泄漏电流为各灯具设备泄漏电流之和。

根据式（2）及表 1 等，笔者将不同截面、不同长度的聚乙烯绝缘和聚氯乙烯绝缘室外线路总泄漏电流计算如下：

附表 1：单相室外照明线路（聚乙烯绝缘）总泄漏电流值

附表 2：单相室外照明线路（聚氯乙烯绝缘）总泄漏电流值

由表 1 及附表 1～2 可看出，对于一般室外照明回路，为防止正常运行时误动作，其剩余电流动作保护器动作电流 $I_{\triangle n}$ 不宜只取 30mA，而应根据线路材料、长度、所带灯具数量等的不同，取值 30mA、100mA 或 300mA 等。

3.1.3　TT 系统接地电阻计算

由上述分析及式（1）可知：

当 $I_{\triangle n}$＝30mA 时，$R_A \leqslant 25V/0.03A＝833\Omega$；

当 $I_{\triangle n}$＝100mA 时，$R_A \leqslant 25V/0.1A＝250\Omega$；

当 $I_{\triangle n}$＝300mA 时，$R_A \leqslant 25V/0.3A＝83\Omega$。

根据上述计算可知，为保证可靠性，当单灯接地电阻不大于 83Ω 时，可满足上述 $I_{\triangle n}$ 的各种取值要求。实际工程中，为保证可靠性，单灯接地电阻可适当减小。

3.1.4　其他结论

由表 1 可知，室外照明线路宜采用聚乙烯绝缘的电线、电缆（如 YJV 型），而不宜采用聚氯乙烯绝缘的电线、电缆（如 BV 型、VV 型），因聚氯乙烯绝缘的电线、电缆单位长度泄漏电流大得多。

3.2　TT 系统剩余电流动作保护器动作灵敏度校验

现在来校验一下，当回路 $I_{\triangle n}$ 为 300mA，单灯接地电阻为 75Ω，发生接地故障时，剩余电流动作保护器动作的灵敏度、可靠性。按《低压配电设计规范》GB 50054—2011 规定，剩余电流保护的动作电流 $I_{\triangle n}$ 应符合：

$$I_d \geqslant 1.3 I_{\triangle n} \tag{3}$$

式中　I_d——接地故障电流（A）。

如图 4 所示，当发生接地故障时，忽略系统阻抗及变压器阻抗，则相保回路总电阻：

$$R_{php}＝R_E＋R_L＋R_A R_T/(R_A＋R_T) \tag{4}$$

式中　R_E——电源重复接地电阻，一般不超过 4Ω；

R_L——相保回路线路总接地电阻，本情况下一般也只有几欧；

R_T——人体接地电阻，而在潮湿环境人体接地电阻主要由人体内阻抗决定，由《电流通过人体的效应　第一部分：常用部分》GB/T 13870.1—1992 可知，此种情况下人体内电阻约为 1000Ω。

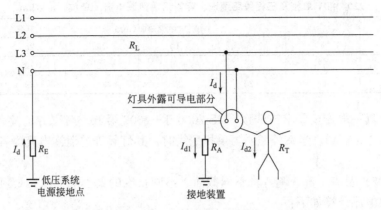

图 4　TT 系统发生接地故障时故障回路阻抗

由式（4）可知，R_A 取值为 75Ω 时，对 R_{php} 值起决定作用的即为 R_A，故当发生接地故障时：

接地故障电流　$I_d = U_0 / R_{php}$，

可近似看作　$I_d = U_0 / R_A = 220/75 = 2.9A > 1.3 \times 0.3 = 0.39A$

当 $I_{\triangle n} = 30mA$、$100mA$ 时，更满足灵敏度要求。

所以当回路发生接地故障时，剩余电流动作保护器能够迅速动作，切断故障回路，保证安全。

3.3　TT 系统室外照明保护电器的选择性配合

根据《城市道路照明设计标准》CJJ 45—2015 第 6.1.5 条要求，为避免单灯故障造成大面积灭灯，尽可能减小故障影响范围，道路照明各单相回路应单独进行控制和保护，每个灯具应设有单独保护装置。

对于配电线路保护装置为断路器的 TN-S 道路照明回路，因发生单相接地故障时，回路短路电流较大，单灯保护装置可选用熔断器。

采用 TT 接地形式的道路照明回路可否选用熔断器作为单灯保护装置呢？我们先看一个例子，还是用 2.4.2 例二（图 3），假设选用熔体额定电流 I_n 为 4A 的熔断器作为单灯保护装置，校验配电回路保护电器是否满足选择性配合要求。

先计算当回路末端发生单相接地故障时的短路电流大小。

由图 1 及式（4）可知，短路回路电阻为：

$R_{php} = R_E + R_L + R_A$

由已知条件可知：

$R_E = 4\Omega$；$R_A = 30\Omega$；

$R_L = 0.2km \times 0.87\Omega/km + 0.4km \times 2.18\Omega/km = 1\Omega$

故 $R_{php} = R_E + R_L + R_A = 35\Omega$

单相短路电流 $I_d = U_0 / R_{php} = 220/35 = 6.3A$

此处参照旧版《低压配电设计规范》GB 50054—95 表 4.4.8-1 及表 4.4.8-2 可知：

切断接地故障回路时间小于或等于 5s 的 I_d / I_n 最小比值 4.5；

切断接地故障回路时间小于或等于 0.4s 的 I_d / I_n 最小比值 8。

本实例 $I_d/I_n=6.3/4=1.6$，远不能保证在 5s 内切断接地故障回路。

而本实例支线剩余电流保护器 $I_{\triangle n}=100\text{mA}$，

由式（3），$1.3\times0.1=0.13\text{A}<6.3\text{A}$ 可保证在不大于 1s 时间内迅速切断故障回路。

故本实例选用熔断器作为单灯保护装置无法满足选择性配合要求。

即使将灯具接地电阻降为 10Ω，

$I_d=U_0/R_{php}=220/15=14.7\text{A}$，$I_d/I_n=14.7/4=3.7$，

也不能满足选择性配合要求。灯具接地电阻再降低对满足选择性配合的帮助也不明显，且成本增加较快。

换一个思路，将室外照明回路首端的剩余电流动作保护器改为带延时功能且作用于信号，而用单灯熔断器来切断接地故障电流。由新《民规》第 12.4.6 条可知，当单灯接地电阻满足公式 $R_A\leqslant50/I_a$ 时（I_a 为熔断器在规定时间内的有效熔断电流），即可保证用电回路安全。

由此可知，上例中 $R_A\leqslant50/4=12.5\Omega$，可取 $R_A=10\Omega$。

故为保证选择性，采用 TT 接地形式的道路照明回路可采用延时作用于信号的 RCD 与熔断器结合的接地故障保护方式。也可采用两级 RCD 保护方式，即照明回路首端 RCD 选用 100mA 或 300mA 延时型（延时 0.3～0.4s），末端灯具 RCD 选用 30mA 无延时型，不过这种方式成本较高。

当然对于供电连续性要求不高的室外景观照明、庭院照明则不配置单灯保护装置。

4　结论

1. 采用 TT 接地形式室外照明线路宜采用聚乙烯绝缘的电线、电缆（如 YJV 型），而不宜采用聚氯乙烯绝缘的电线、电缆（如 BV 型、VV 型），否则其剩余电流动作保护的 $I_{\triangle n}$ 应整定得更高；

2. 室外照明回路宜采用带剩余电流动作保护的 TT 接地形式，其动作电流宜根据回路线路长度、灯具数量进行估算，一般不宜取 30mA，而应取 100mA 或更高；

3. 为保证选择性，采用 TT 接地形式的道路照明回路可采用延时作用于信号的 RCD 与熔断器结合的接地故障保护方式。也可采用两级 RCD 保护方式，即照明回路首端 RCD 选用 100mA 或 300mA 延时型（延时 0.3～0.4s），末端灯具 RCD 选用 30mA 无延时型。

部分泄漏电流相关参数见附表 1～附表 7。

单相室外照明线路（聚乙烯绝缘）总泄漏电流值（mA）　　附表 1

总泄漏电流(mA)		线路截面(mm²)/单位长度泄漏电流(mA/km)						
		4	6	10	16	25	35	50
线路长度(m)	灯具数量	17	20	25	26	29	33	33
100	4	5.7	6	6.5	6.6	6.9	7.3	7.3
200	8	11.4	12	13	13.2	13.8	14.6	14.6
300	12	17.1	18	19.5	19.8	20.7	21.9	21.9
400	16	22.8	24	26	26.4	27.6	29.2	29.2

续表

总泄漏电流(mA)		线路截面(mm²)/单位长度泄漏电流(mA/km)						
500	20	28.5	30	32.5	33	34.5	36.5	36.5
600	24	34.2	36	39	39.6	41.4	43.8	43.8
700	28	39.9	42	45.5	46.2	48.3	51.1	51.1
800	32	45.6	48	52	52.8	55.2	58.4	58.4
900	36	51.3	54	58.5	59.4	62.1	67.5	65.7
1000	40	57	60	65	66	69	73	73

注：1. 表中室外灯具泄漏电流按 1mA/套估算；2. 表中室外灯具间距按 25m 计算。

　　线路 RCD 动作电流宜取值为 30mA

　　线路 RCD 动作电流宜取值为 100mA

　　线路 RCD 动作电流宜取值为 300mA

单相室外照明线路（聚氯乙烯绝缘）总泄漏电流值（mA） 附表2

总泄漏电流(mA)		线路截面(mm²)/单位长度泄漏电流(mA/km)						
线路长度(m)	灯具数量	4	6	10	16	25	35	50
		52	52	56	62	70	70	79
100	4	9.2	9.2	9.6	10.2	11	11	11.9
200	8	18.4	18.4	19.2	20.4	22	22	23.8
300	12	27.6	27.6	28.8	30.6	33	33	35.7
400	16	36.8	36.8	38.4	40.8	44	44	47.6
500	20	46	46	48	51	55	55	59.5
600	24	55.2	55.2	57.6	61.2	66	66	71.4
700	28	64.4	64.4	67.2	71.4	77	77	83.3
800	32	73.6	73.6	76.8	81.6	88	88	95.2
900	36	82.8	82.8	86.4	91.8	99	67.5	107.1
1000	40	92	92	96	102	110	110	119

注：1. 表中室外灯具泄漏电流按 1mA/套估算；2. 表中室外灯具间距按 25m 计算。

　　线路 RCD 动作电流宜取值为 30mA

　　线路 RCD 动作电流宜取值为 100mA

　　线路 RCD 动作电流宜取值为 300mA

家用和类似用途电器正常允许泄漏电流值通用要求 附表3

设备名称	泄漏电流
O类、OI类和Ⅲ类电器	0.5mA
移动式Ⅰ类电器	0.75mA
固定式Ⅰ类电动电器	3.5mA

续表

设备名称	泄漏电流
带有可拆开或单独断开电热元件的固定式Ⅰ类电热电器	0.75mA 或按每个(组)元件的额定输入功率 0.75mA/kW 计算,两者中取较大值,但整个电器最大泄漏电流值为 5mA
其他固定式Ⅰ类电热电器	0.75mA 或按电器的额定输入功率 0.75mA/kW 计算,两者中取较大值,但最大泄漏电流值为 5mA
Ⅱ类电器	0.25mA

家用电器正常泄漏电流　　　　　　　　　附表 4

家用电器名称	泄漏电流(mA)	家用电器名称	泄漏电流(mA)
空调器	0.75	抽油烟机	0.5
电热水器	0.25	白炽灯	0.03
洗衣机	0.75	荧光灯	0.02
电冰箱	1.5	电视机+VCD	0.25
饮水机	0.25	电熨斗	0.25
微波炉	0.75	卫生间排风机	0.06
电饭煲	0.5		

被测住宅电气设备正常泄漏电流　　　　　　附表 5

回路名称	设备名称	泄漏电流(mA)	
		单项	合计
厨房插座	微波炉	0.46	
	电饭煲	0.31	
	抽油烟机	0.32	1.29
	BV-2.5 相线,长 31m	0.30	
卫生间设备	电热水器	0.42	
	排气扇	0.06	0.72
	BV-2.5 相线,长 25m	0.24	
一般插座	洗衣机	0.32	
	电冰箱	0.19	
	台灯 3×0.03	0.09	
	计算机	3.10	
	电熨斗	0.25	5.69
	饮水机	0.19	
	电视机 2×0.31	0.62	
	落地灯 2×0.11	0.22	
	BV-2.5 相线,长 73m	0.71	

续表

回路名称	设备名称		泄漏电流（mA）	
			单项	合计
空调插座	设备	空调器	1.60	1.95
	BV—2.5 相线，长 36m		0.35	
照明	设备	荧光灯 5×0.11	0.55	1.54
		白炽灯 3×0.03	0.09	
	BV—2.5 相线，长 93m		0.90	

① 落地灯可按荧光灯计算泄漏电流。
② 空调器为室内机、落地式或墙挂式。
③ 荧光灯装于钢筋混凝土顶板上，附电感式整流器。

220/380V 线路每公里泄漏电流（mA/km）　　　　附表 6

绝缘材质	截面（mm²）												
	4	6	10	16	25	35	50	70	95	120	150	185	240
聚乙烯 YJV	17	20	25	26	29	33	33	33	33	38	38	38	39
聚氯乙烯 VV	52	52	56	62	70	70	79	89	99	109	112	116	127
橡皮	27	32	39	40	45	49	49	55	55	60	60	60	61

电动机泄漏电流（mA）　　　　附表 7

运行方式	额定功率（kW）												
	1.5	2.2	5.5	7.5	11	15	18.5	22	30	37	45	55	75
正常运行	0.15	0.18	0.29	0.38	0.5	0.57	0.65	0.72	0.87	1.00	1.09	1.22	1.48
电动机启动	0.58	0.79	1.57	2.05	2.39	2.63	3.03	3.48	4.58	5.57	6.60	7.99	10.54

参考文献

［1］刘屏周，卞铠生，任元会，姚家祎，丁杰.《工业与民用配电设计手册》第四版.北京：中国电力出版社，2016.12.

［2］王厚余.《低压电气装置的设计安装与检验》第三版.北京：中国电力出版社，2019.3.

［3］JGJ 16—2008 民用建筑电气设计规范［S］.北京：中国建筑工业出版社，2008.

［4］GB 50054—2011 低压配电设计规范［S］.北京：中国计划出版社，2012.

29　楼板构造对卫浴间局部等电位联结功能的影响

摘　要：本文对住宅卫浴间局部等电位联结的作用进行了分析，结果显示局部等电位联结可以将卫浴间内接触电压降低到 12V 左右。但对于建筑楼板钢筋网不贯通连接的住宅，局部等电位联结边界面处存在大于 50V 的接触电压，通过回路首端保护开关切断故障电源可及时消除边界面危险接触电压。

关键词：卫浴间；局部等电位联结；接触电压；等电位边界面

0　引言

现代住宅建筑多采用现浇钢筋混凝土式建造方法，结构的纵横钢筋互相连接贯通，整个建筑物形成良好的天然近似等电位条件，且各层楼板钢筋网也与建筑基础内作为接地系统的钢筋相连通。现行标准图集《等电位联结安装》15D502 中关于浴室等电位联结的做法也主要是针对这种住宅[1]。与此同时，由于住宅建筑形式的多样化，还有很多建筑结构内钢筋没有天然连通或仅少量连通的情况，譬如早期住宅建筑多采用预制板地板，新兴装配式建筑采用预制和现浇相结合的地板。这些建筑物的天然等电位条件以及各层钢筋网与大地连通条件均不如现浇钢筋混凝土式建筑。本文将对住宅卫浴间局部等电位联结保护能力进行分析，来探讨不同楼板结构条件下局部等电位联结功能的区别。

1　卫浴间电击安全附加防护措施

对于工频交流而言，一般情况下可以认为干燥环境下的安全电压为 50V，潮湿场所的安全电压为 25V，水中的安全电压为 12V[2]。考虑可能存在盆浴的情况，故本文中以卫浴间内湿润场所安全电压为 12V，卫浴间外干燥场所安全电压为 50V 作为参考。

由于人体在水湿润条件下皮肤阻抗急剧下降，使得电击风险大大增加，且由于浴室属于封闭场所，有碍于发现和救援。而 RCD 保护器亦存在发生故障的概率及 RCD 对于 PE 线传导的危险电位无能为力等原因。所以卫浴间的电击防护附加措施不但需要设置 RCD，还需要将接触电压控制在安全范围内，而限制接触电压值的有效措施之一就是局部等电位联结。GB 16895.13—2012/IEC 60364-7-701：2006 中关于卫浴间附加防护措施也有相同的要求，即同时设置 RCD 保护器和辅助（局部）保护等电位联结[3]。

2　建筑钢筋网连通时局部等电位联结分析

本文以某小区住宅卫浴间为例，分析当卫浴间发生接地故障时局部等电位联结的作用。配电系统情况如下：住宅电源引自小区 10/0.4kV 变配电房，供电电压为 380/220V，变配电房接地电阻为 4Ω。低压系统接地形式为 TN-C-S 式，电缆进入建筑物处做重复接地，接地电阻为 1Ω（考虑共用接地）。变压器参数为：10/0.4kV、1000kVA、D，yn11 连接，$u_k\%=4.5$，$\Delta P_k=10.3kW$。变压器高压侧系统短路容量 $s_s''=200MVA$。供电回路各段电缆的参数如表 1 所示。

	供电回路各段电缆的参数		表 1
电缆路径	电缆材质	电缆截面（mm²）	电缆长度（m）
进线总干线	WDZB-YJV	4×185	80
竖井总干线	WDZB-YJV	4×185＋1×95	40
电井支干线	WDZB-YJV	4×50＋1×25	5
电表箱到住户配电箱	BYJ	3×10	20
住户配电箱至卫浴间外	BYJ	3×2.5	8
卫浴间内	BYJ	3×2.5	2

经查表、计算，可知高压侧系统（归算到 400V）、变压器以及母线三部分总的相保电阻约为 0.0021Ω。对于 WDZB-YJV 型电缆，考虑中小截面电缆的电阻比电感大得多，且电抗值对计算接触电压影响不大，故计算时仅考虑系统电阻。图 1 为仅设总等电位联结方式时的配电线路图。

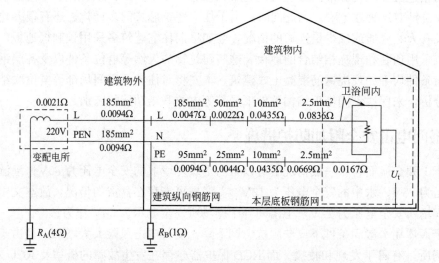

图 1　仅设总等电位联结方式的配电线路图

图 1 中，回路总电阻 $R \approx 0.2958\Omega$，单相故障电流：$I = U/R = 220/0.2958 = 743.7\text{A}$；PE 线电阻 $R_{PE} = 0.1409\Omega$。经计算，可知接触电压：$U_t = I \times R_{PE} = 743.7 \times 0.1409 = 104.8\text{V} > 12\text{V}$。

由此可见，当仅设总等电位联结时，卫浴间内接触电压远远超过 12V，达不到保护的要求。在此情况下，按国标图集 15D502 设置局部等电位联结，且将 LEB 连接至本层钢筋网，配电线路如图 2 所示。

由图 2 可以看出，此时的接触电压 U_t 仅为卫浴间内一段 PE 线上的电位差，经计算，可知：

$U_t = I \times R_{PE1} = 743.7 \times 0.0167 = 12.4\text{V}$，计算结果略大于安全电压要求的 12V；当将浴室配电导线截面增大至 4mm² 时，计算接触电压将降为 9.8V。由此可见，局部等电位

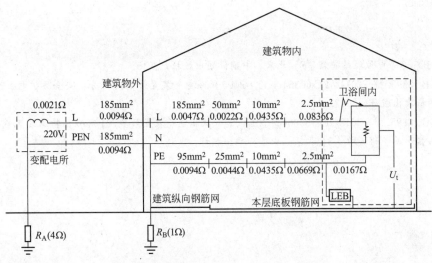

图 2　设局部等电位联结方式的配电线路图

联结对于降低接触电压，发挥了明显的作用。

3　建筑钢筋网不连通时局部等电位联结分析

当住宅建筑钢筋网不连通时，即取消图 2 中"本层底板钢筋网"和"建筑纵向钢筋网"，仅在卫浴间内设置底板等电位网格和墙内等电位均衡线。按国标图集的做法设置局部等电位联结后，卫浴间内的接触电压情况与图 2 等同。但由于本层地板内钢筋网并未天然连通，当发生接地故障时，在卫浴间局部等电位联结的边界面内、外可能存在不同的电位，计算接触电压为：

$$U_{RC} = I \times R_{PE2} + U_{RB} = 743.7 \times 0.1242 + 743.7 \times 0.0094 / (4+1+0.0094) \times 1 = 92.37 + 1.40 = 93.8V > 50V;$$

计算结果显示，此时局部等电位联结边界面处存在危险接触电压。如果不加措施处理，将存在一定的电击风险。

由 GB 16895.21—2011/IEC 60364-4-41：2005 可知[2]，对于 TN 系统单相交流供电而言，不超过 32A 的终端回路，在故障情况下自动切断电源的时间最长为 0.4s。这个时间限值无论对于末端微断的瞬时脱扣（脱扣时间不大于 0.1s）还是漏电保护器（脱扣时间不大于 0.3s）而言，均可满足要求。尽管此时边界面处存在危险接触电压，但由于此处的电击风险比卫浴间内大大降低，因此可以通过切断故障电源来消除接触电压以降低电击风险。但应注意卫浴间供电回路首端保护开关相关参数的整定应满足规范要求，且卫浴间内照明回路应安装 RCD 保护开关，或者将卫浴间内的照明灯具与插座等共用回路。

4　结束语

通过以上分析可知，当发生接地故障时，卫浴间局部等电位联结对降低卫浴间内接触电压发挥了明显的作用。但当楼板内层钢筋网不贯通连接时，卫浴间局部等电位边界面处会存在大于 50V 的接触电压，对于这种情况可以通过回路首端的保护开关切断故障电源来降低电击风险。

参考文献

[1] 15D502 等电位联结安装 [S].北京：中国计划出版社，2015.

[2] GB 16895.21—2011/IEC 60364-4-41：2005 低压电气装置第 4-41 部分：安全防护电击防护 [S].北京：中国标准出版社，2012.

[3] GB 16895.13—2012/IEC 60364-7-701：2006 低压电气装置第 7-701 部分：特殊装置或场所的要求　装有浴盆和淋浴的场所 [S].北京：中国标准出版社，2012.

第四章　绿色建筑电气设计与节能环保

30　电气节能设计应重视中性线过流问题

摘　要：现代建筑中 LED 照明灯具、调光设备、充电桩、变频器等谐波源设备大量增加，由零序谐波导致的中性线电流过流问题已经影响到建筑物的用电安全及消防安全，本文从中性线过流问题产生的根源进行分析及探讨，提出了相应的防控措施，对建筑电气设计过程应对中性线过流问题有积极意义。

关键词：中性线过流；谐波源；零序谐波；四极开关；有源滤波器

0　引言

现代建筑越来越强调节能设计，由于节能技术及节能产品的大量使用，近年来，建筑物中谐波源逐年呈上升趋势，导致大楼供配电系统中性线电流过流现象日益突出，众所周知，中性线过流会导致电缆绝缘水平加速老化、温度升高，严重时会导致中性线损毁引发"断零"现象，导致严重的供配电系统故障，甚至引发电气火灾，威胁建筑物消防安全。根据近 10 年的统计，建筑物中性线电流过流问题使得其绝缘老化破损要远远高于相线，分支回路中，由于中性线过流老化导致的事故也远远高于相线。

近些年来，虽然业内对于谐波问题及由此引起的中性线过流问题已经有过很多探讨，但部分电气设计人员尚未充分认识到中性线过流问题引起的危害，在电气节能设计中仅仅强调对节能技术及节能产品的应用，并未对由此带来的中性线过流问题采取针对性的防控措施，导致供电系统存在着严重的用电安全及消防隐患，因此，笔者对建筑物中电气节能设计带来的中性线过流问题进行分析探讨，以期引起业内同行的重视。

1　中性线过流问题的产生

理论上，当三相电力系统负载平衡时，系统中性线 N 是不会流过电流的，事实上，实际电网运行过程中，三相电力系统负载从不会完全平衡，即使在设计中能尽量做到三相平衡，在实际用户用电过程中，单相负载的变化和随机性以及同时率问题，也很难保证不平衡度在可控范围内。但是，三相不平衡导致的中性线存在电流现象并不会导致过流，只有在中性线叠加了谐波电流以后才会产生过流现象，因此中性线过流问题的根源还是在于谐波。

用傅里叶级数分析高次谐波电流可以知道，三相奇次谐波中，分为正序谐波、负序谐波、零序谐波，正序谐波的相序与基波相序相同（比如第 7、13、19……次谐波都是正序谐波），负序谐波的相序与基波相序相反（比如第 5、11、17……次谐波都是负序谐波），零序谐波不形成相序（与基波相序无关，第 3、9、15……次谐波都是零序谐波）。因此，无论是正序谐波还是负序谐波，它们在中性线中的矢量和为零，不会形成电流，而零序谐波产生的零序电流在中性线中会产生叠加，如图 1 所示。

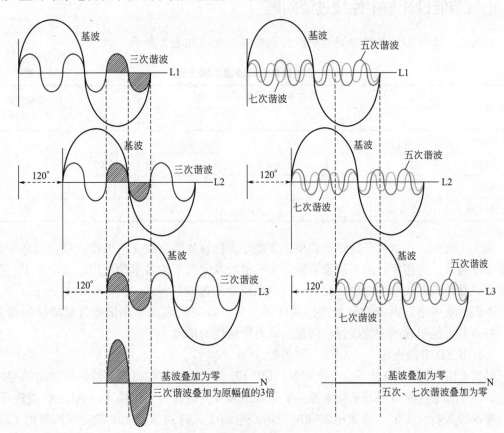

图 1　谐波电流在中性线的叠加

　　综合分析可知，谐波电流对中性线电流的影响主要是由零序谐波（特别是 3 次谐波）造成，虽然其他高次谐波也会产生各类危害，但是并不会对中性线电流增加产生较大的影响。

2　供配电系统设计与中性线过流问题

　　中性线过流问题越来越令人担忧，一个重要的原因在于，基于对四级开关可能出现的"断零"故障的担忧，我国电气行业规范及标准均对四极开关的使用做了限制，通常国内项目中四级断路器的使用占比尚不足 20%，业界一直以来对四级开关的态度就是要慎用，我国现行的规范中，仅有对相线过载保护的要求，尚无对中性线过流设置保护的相关要求。

　　因此在供配电系统设计中，除某些设置了剩余电流保护的回路采用四极开关外，其他各级配电从上到下均采用三极开关，即使流过中性线的电流值超过电缆允许的载流量，也不能及时报警和切除负载回路，这就导致供配电系统中出现了一个中性线过流保护的盲区，在零序谐波含量较高的回路，如果不加以特别的控制，出线中性线过流现象，容易导致中性线的发热损毁，引起严重的系统故障并危害消防安全。

3 电气节能设计与中性线过流问题

建筑物中常见的传统性非线性负载的谐波电流含量如表 1 所示。

传统非线性负载的谐波电流含量   表 1

负载名称	各次谐波畸变率 THD_{Ih}（%）					总畸变率 $THDt$（%）
	3	5	7	11	13	
节能灯	24	10	7	5	3	27.5
计算机	14	7.1	4.8	2.5	2.1	16.7
UPS	1.1	6.3	6.5	2.8	5.1	11
变频空调	2.0	37.5	16.9	7.2	4.8	42

由表 1 可知，传统的非线性负载中，节能灯、计算机等负载 3 次谐波含量远远高于其他非线性负载。近些年，随着国家节能政策的推行及电气节能技术的应用，又产生了一些新的非线性负载，这些谐波源无疑会对供电系统带来各种危害。

下面对这些谐波源谐波分量进行具体的分析，以期梳理出零序谐波含量较高的谐波源，并对其可能引起的中性线过流问题采取有针对性的措施。

3.1 LED 节能光源

其实 LED 光源本身并不会产生谐波，但 LED 照明在工作时需要相应的驱动电源与之配套，而工作于交流市电的驱动电源主要是以高频开关电源为工作模式的 AC-DC 变换器，其自身的输入特性决定了输入电流和电压将产生畸变，特别是大功率低功率因数的 LED 照明，这种畸变将更为严重，因此在大量使用时极易造成照明配电线路中有严重的高次谐波电流成分。随着开关电源类电子产品的应用及普及，国际电工委员会制定了 IEC 61000-3-2，我国也制定了强制性认证标准《电磁兼容限值谐波电流发射限值（设备每相输入电流≤16A）》GB 17625.1—2012 等法规（以下简称认证标准），对用电设备的电压电流波形失真做出了具体限制和规定，如对于输入有功功率＞25W 的 LED 照明灯具，规范要求谐波电流不应超过表 2 限值。

C 类设备谐波含量限值   表 2

谐波次数	基波频率下输入电流百分数表示的最大允许谐波电流（%）
2	2
3	$30 \times \lambda$（λ 是电路功率因数）
5	10
7	7
9	5
$11 \leqslant n \leqslant 39$（仅有奇次谐波）	3

按上述标准，如电路功率因数取 0.9，则开关电源的 3 次谐波含量≤27%。对于功率

≤25W 的 LED 灯具，认证标准没有谐波的相关测试要求，但是实际应用中，由于市场中 LED 开关电源质量的良莠不齐及缺乏有效的监管机制，经实际测试，有的开关电源 3 次谐波含量甚至达到 60%～80%，极易引起中性线过流问题。工程实践表明，采用 LED 光源的景观照明、建筑物泛光照明回路，中性线过流问题尤其突出。

3.2　LED 调光设备

传统的舞台灯光调光设备采用可控硅技术，对于输入的正弦波波形破坏严重，导致中性线电流升高问题非常突出。而现代建筑中，高端酒店、商业甚至高端写字楼对于照明调光技术的采用也越来越普遍，针对 LED 新型光源的全面应用，LED 调光模块的应用也越来越多。

目前市场上对于 LED 灯具采用的主流调光技术主要有：LED 可控硅调光技术、0～10V 电磁调压技术、数字调光技术等，但无论是采用何种技术，均会对正弦波波形造成破坏，导致谐波的产生，尤其是 LED 可控硅调光技术仍占据了主流市场，其调光过程中导致的中性线电流升高现象日益严重。实验表明，当可控硅移相调压至半压并满载输出时，中性线电流可以达到相线电流的 1.86 倍左右，因此调光设备应用较多的回路，中性线过流问题亦应引起足够的重视。

3.3　充电桩设备

根据住房和城乡建设部电动汽车充电设施配建标准，公共建筑配套停车场和社会公共停车场均应配建不少于 10% 的充电桩车位，很多地方的标准均要求不低于 20%，发达城市充电桩的配建比例甚至更高，可以预见，随着电动汽车的逐步普及，充电桩负载在整个变配电系统所占比重会越来越高。

由于充电桩的工作模式中存在交直流整流过程，因此会产生谐波，针对交直流充电桩的谐波研究表明，在不同的充电阶段，充电桩谐波的畸变率不同。表 3 是对市场上某 110kW 直流充电桩及 7kW 交流充电桩充电稳定工作状态下的谐波电流含量测试数据。

某直流及交流充电桩的谐波含量　　　　　　　　　　　　　　　　表 3

负载名称	各次谐波畸变率 THD_{Ih}（%）					总畸变率 $THDt$（%）
	3	5	7	9	11	
110kW 直流充电桩	3.13	1.55	0.71	0.62	0.25	3.63
7kW 交流充电桩	27.1	8.4	4.2	2.7	1.9	28.84

由表 3 数据可以看出，直流充电桩的谐波含量相对较小，而交流充电桩的谐波分量特别是 3 次谐波含量较高，目前民用建筑中，居住建筑交直流充电桩的比例一般都大于 10:1，公共建筑一般都大于 4:1，交流充电桩的比例占了绝大多数，因此，由其引起的谐波影响不应忽视。

3.4　变频调速设备

现在节能建筑中，变频调速设备在空调水泵、电梯、生活水泵的节能运行策略中越来越多地被采用。变频器在其整流及逆变过程中，由于主电路的"交流—直流—交流"转换会产生高次谐波，引起中性线电流上升。但是对变频器的谐波含量分析表明，其 3 次谐波含量较少，主要以 5 次谐波及 7 次谐波为主，不是引起建筑物中性线过流问题的主要源头。

综合上述，建筑物中零序谐波含量较高的谐波源主要是节能灯、LED 灯具开关电源、照明调光模块、计算机负载、交流充电桩回路等，因此在设计中应对这些负载类回路需重点关注，对中性线过流问题采取针对性的措施。

4 针对中性线过流问题的防控策略

4.1 对于谐波源

对于谐波源的专项治理是解决谐波问题及中性线过流问题的根本途径，治理谐波其最有效的方法无疑是采用无源滤波装置（LC）及有源滤波器（APF）等。其中有源滤波器能够选择性地滤除各次谐波，自动识别负荷谐波含量变化，准确迅速地跟踪补偿，应优先考虑。

但由于谐波电流计算涉及诸多因数，精确的仿真建模算法既复杂又不实用，在设计阶段，电气设计人员往往难于收集到足够的电气设备谐波数据，可以按公式：$I_H = 0.15 \times K_1 \times K_2 \times S_T$ 进行估算，作为选取有源滤波器的依据，式中 I_H 为谐波电流，A；K_1 为变压器的负荷率，K_2 为补偿系数；S_T 为变压器容量，kVA。

对于 K_2 值的选取，一般来说，无干扰的项目（如写字楼、商住楼等）取 0.3～0.6，中等干扰项目（如电脑、空调、节能灯相对集中的办公楼、体育场馆、剧场、电视台演播室、银行数据中心、一般工厂）取 0.6～1.3，强干扰项目（如通信基站、电弧炉、大量 UPS、EPS 变频器、焊接、电镀、电解、整流等工厂）取 1.3～1.8。

然而，在实际的电气设计中，很多设计人员只简单地认为在变电所设置了有源滤波器等专项治理谐波的设备，就能够解决电网中的所有谐波问题。但是这种理解是错误的，电源侧的谐波治理，对于注入电网的谐波污染的确有明显的改善，但并不能有效解决供电回路中的中性线过流问题。笔者认为，在设计中，应该针对末端设备采取一些有针对性的谐波治理手段，如在一些谐波较严重的负载侧，针对谐波源的谐波分量的不同，安装有针对性的谐波治理产品（如谐波保护器等），将谐波消除在发生源，矫正谐波影响而产生畸变的电源波形，从而降低谐波电流的影响。

4.2 对于零序谐波含量较高的回路

对一些谐波含量大的负载干线回路，应选用中性线与相线同截面的电缆，必要时采用加大电缆截面或加大中性线截面的措施。

《低压配电设计规范》第 3.2.9 条 GB 50054—2011 及《低压电气装置 第 5-52 部分：电气设备的选择和安装 布线系统》GB/T 16895.6—2014 附录 E "三相平衡系统中的谐波电流效应"（简称 GB/T 16895.6—2014 附录 E）的规定中，给出了关于 3 次谐波电流在四芯和五芯电缆中的换算降低系数（表 4），要求根据换算后的相线电流或中性线电流两者中的大值，作为选择四芯（等截面）电缆的依据。

四芯和五芯电缆存在谐波时的降低系数　　　　　　　　　　　　　　　　　表 4

相电流的 3 次谐波含量（%）	换算系数	
	规格选择以相电流为准	规格选择以中性线电流为准
0～15	1.0	—
>15，且≤33	0.86	—
>33，且≤45	—	0.86
>45	—	1.0

然而在设计过程中，该规范条文常常被设计人员忽视，即使是 3 次谐波分量严重的供电回路，仍然按照相线的电流来选择电缆截面，导致电缆截面偏小，在设计使用中留下安全隐患。

按表 4 的规定，举例如下：如回路中的计算电流 I_c＝100A，当 3 次谐波为 10％、30％、40％、60％、80％时，在不考虑其他敷设条件的降低系数条件下，选择导线截面计算表如表 5 所示。

三相四线制线路不同 3 次谐波含量时导线截面选择　　表 5

3 次谐波含量(％)	按相线电流选截面(A)	按中性线电流选截面(A)	5 芯铜芯交联电缆(mm²)(35℃空气中敷设)
10	100		35
30	116		50
40		140	70
60		180	120
80		240	150

由此可见，谐波分量的不同会导致电缆的截面选型出现很大的差异，结合本文对各类谐波源谐波含量的分析，笔者建议，设计人员应着重重视以下供电回路，在设计中采取加大中性线截面的措施。

（1）采用集中型开关电源驱动的大功率 LED 照明灯具回路，如室外景观照明回路及建筑物泛光照明回路，宜至少考虑 50％的 3 次谐波分量，按中性线电流选取电缆。

在实际工程中，这些回路是中性线过流问题的重灾区，在多个工程项目案例中均有发生，如笔者在参与某超高层建筑竣工验收过程中，景观亮化施工单位反映在调试过程中某景观照明回路主电缆发热厉害，而主开关并未跳闸，经核查景观设计图纸，按照相线电流计算选取的电缆截面是合理的，很明显问题出在中性线上。现场测试后，该回路电流参数如表 6 所示。

某项目景观照明回路中性线过流问题实测数据　　表 6

灯具安装容量(kW)	选用电缆	A 相线电流(A)	B 相线电流(A)	C 相线电流(A)	中性线电流(A)	不平衡度(％)
52(LED灯具)	WDZA-YJY-4×50＋1×25	94	101.2	99.8	150.5	167

经对电流参数分析，中性线电流已经达到了相线平均电流的 167％，很明显是由于 LED 开关电源引发的照明线路上零序谐波叠加导致的中性线过流现象。

经现场测试找到问题根源后，另外增加了一条 $1×95mm^2$ 的中性线电缆，电缆发热问题才得到解决。

（2）采用小功率 LED 灯具为主的室内照明回路，宜至少考虑 30％的谐波分量，按相线电流选取电缆并考虑 0.86 的降低系数。

（3）LED 调光回路尤其是采用可控硅调光技术的调光回路，宜至少考虑 50％的谐波分量，按中性线电流选取电缆。

（4）计算机负载回路，宜考虑 20％左右的谐波分量，按相线电流选取电缆并考虑 0.86 的降低系数。

（5）对于交流充电桩供电主回路，宜考虑 25％的谐波分量，按相线电流选取电缆并考虑 0.86 的降低系数。

（6）采用变频技术的空调回路及电梯供电回路，应采取中性线与相线等截面的 4＋1 型电缆。

4.3 对电气火灾监控系统

电气火灾监控系统现在已经在建筑消防设计中全面应用，但是电气设计人员在进行系统的设计时，往往片面地将剩余电流式电气火灾探测器等同于电气火灾监控探测器，忽视测温式电气火灾监控探测器的作用。

实际上，按相线温升条件合理选取的开关及电缆，对相线过载及发热问题已经有了很完善的保护，在中性线没有保护的情况下，对测温式电气火灾探测器的合理应用，能够很好地监控中性线是否存在过流问题。因此，为了防控 3 次谐波引起的中性线过流问题，应在 3 次谐波分量含量较高的回路装设测温式电气火灾监控探测器。

另外需要注意的是，《火灾自动报警系统设计规范》GB 50116—2013 第 9.2.1 条规定："剩余电流式电气火灾监控探测器应以设置在低压配电系统首端为基本原则"，此条文针对的是剩余电流式电气火灾探测器。

然而很多设计人员根据此条规范将测温式电气火灾监控探测器设置在变配电所的出线端，对于放射式回路，此做法没有问题，但是对于多级配电的回路及树干式供电的分支回路，将测温式电气火灾探测器设置在首端是极不合理的，并没有起到必要的监控作用，应将测温式电气火灾探测器尽量安装在分支回路处，才能起到很好的监控作用，如图 2 所示。

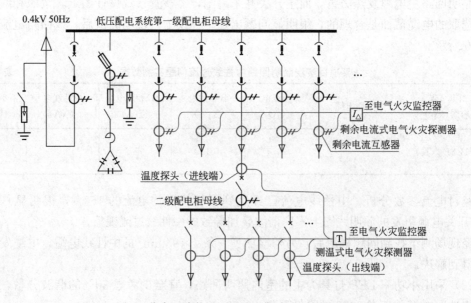

图 2　分支回路装设测温式电气火灾探测器示意

4.4 中性线过流专项治理

目前市场上已经有一些比较成熟的三相不平衡电流以及中性线过流问题专项保护产品。这类产品（原理如图3所示）中，数字信号处理器采集中性线电流信号，通过能量单元进行电流调节，或通过逆变单元发出反相谐波电流，从而减小中性线电流，还可以通过继电保护单元在中性线过流或过热限值时，输出跳闸信号，断开回路开关的相线。但考虑到经济性因素，尚不能在建筑中大量采用，设计人员可以根据项目情况适当选用。

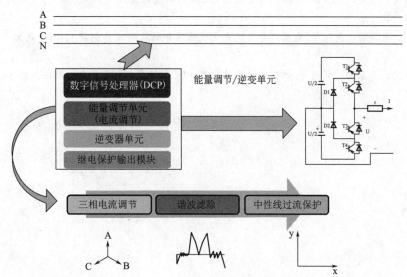

图3　一种中性线过流保护设备工作原理图

5　结束语

中性线过流问题的治理关键还是在源头，《电磁兼容限值谐波电流发射限值（设备每相输入电流≤16A）》GB 17625.1—2012已经对各类产品的谐波电流限制做了相关规定，一方面应加强对各类接入电网的设备的产品标准检验，另一方面，应在设计中加强对中性线过流问题的预判，对谐波问题进行专项治理，包括对于零序谐波分量较高的回路合理选择电缆截面，设置必要的电气火灾监控措施等，多管齐下，才能解决中性线过流问题，提高供电系统的安全保障。

此外，笔者认为，有必要对四极开关的使用重新进行审视。目前国际上对四极开关的使用非常普遍，占比超过了70%，且根据IEC 60364-4-43 431.3标准中的定义可知四极断路器的中性极具有先合后分的特点，四极开关的安全性完全可以由其产品结构性能保证。随着电气节能技术不断推广应用，一味夸大四级开关的"断零"风险，使得供配电系统中性线过流时缺乏必要的保护，可能会导致中性线的发热损毁，引发"断零"事故，乃至严重的系统故障并危害消防安全。因此，笔者建议，TN-S或TN-C-S系统中，在零序谐波分量严重的回路，应提倡、允许使用四极开关。从目前使用情况来看，供配电系统中三相回路剩余电流式断路器以及双电源转换开关均采用四极，并无相关断零案例的报告，可见，四级开关的安全性还是很高的。以上属笔者个人观点，不当之处请业内同行指正。

参考文献

[1] 12SDX101-2 民用建筑电气设计计算及示例 [S].北京：中国计划出版社，2012.

[2] GB 17625.1—2012 电磁兼容限值谐波电流发射限值（设备每相输入电流≤16A）[S].北京：中国标准出版社，2013.

[3] 管永高，牛涛，倪盼盼.电动汽车直流充电桩接入对电网谐波的影响分析 [J].电力需求侧管理，2017，19（3）：10-14.

[4] 周娟，任国影，魏琛等.电动汽车交流充电桩谐波分析及谐波抑制研究 [J].电力系统保护与控制，2017，45（5）：18-25.

[5] 刘振忠，西蒙田，周焱等.四极断路器的选用 [J].智能建筑电气技术，2016，10（4）：80-84.

31 LED 照明谐波分析及其对配电设计的影响

摘　要：由于光源能效高，LED 照明得到大力推广。然而 LED 照明的驱动电源特性使得照明配电线路中存在大量高次谐波，谐波的产生使得照明系统的设计与配电变得更加复杂。本文结合照明相关标准规范，从 LED 照明谐波产生原理出发，分析谐波对照明系统设计的影响，提出了 LED 照明系统配电设计的若干要点。

关键词：LED 照明；谐波；配电设计；驱动电源

0 引言

低碳节能是当今社会发展的趋势，LED 照明因其光源能效高而节能，且调光性好，使其应用得到大力推广。由 LED PN 结的导通特性决定，它能适应的电源的电压和电流变动范围十分狭窄，LED 照明需要低压直流驱动，LED 照明灯在工程中大量采用开关电源来提供驱动。为了降低低压直流电流在各种输送环节耗损，LED 灯具一般采用恒流电源模块驱动，采用分布式局部低压直流供电模式，每个灯具单独设置驱动模块，与灯具结合形成一体化产品，可直接接入市电 220V 交流电源。这种恒流电源驱动模式解决了低压传输损耗的问题，却带来了谐波污染和中性线电流过大等问题。恒流驱动模块的电路框架图主要部分如图 1，市电 220V 交流电先经过整流桥，输出为直流电，再经过恒流处理环节，形成恒流输出。

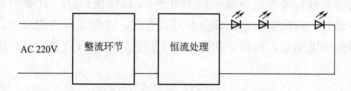

图 1　恒流驱动模块的电路框架图

由于整流器件的单向导电作用，在正、反相电压作用下，其电阻值完全不同，因而整流器前端市电输入电流也是非正弦的。由于系统参数、整流器相数、接线方式和运行条件的不同，这种非正弦波形都有程度不同的畸变。畸变的电流波形可分解为基波及一系列不同频率和幅值的谐波，加上恒流处理环节的非线性特性，恒流驱动模块使得市电输入电流发生畸变，谐波进入市电系统。

1 照明系统谐波含量标准要求

正弦波形的市电电压为 LED 照明灯供电，主要谐波成分为奇次谐波，根据傅里叶展开，输入电流可以表达为：

$$\dot{I} = \dot{I}_1 + \dot{I}_3 + \dot{I}_5 + \cdots = \sqrt{2}\,I_1 \sin w\,(t+\varphi) + \sqrt{2}\,I_3 \sin 3w\,(t+\varphi) + \sqrt{2}\,I_5 \sin 5w\,(t+\varphi) + \cdots$$

其中 $\dot{I}_1$，$\dot{I}_3$，$\dot{I}_5$ 分别为基波、3 次谐波、5 次谐波分量，w 为市电电源角频率。在

LED 照明三相配电系统中，市电各相电流的相角差为 120°，因此各相三次谐波相角差为 120×3−360＝0°，即各相照明回路电流相角差为 0，在中性线上叠加。同理，9 次谐波，12 次谐波均会在中性线上叠加，而相线中高次谐波均存在。

根据标准《电磁兼容限值谐波电流发射限值（设备每相输入电流≤16A）》GB 17625.1—2012，对于有功输入功率大于 25W 的照明灯具，其谐波电流不应超过表 1 给出的对应限值；对于有功功率小于等于 25W 的放电灯，其谐波电流应至少符合以下两个要求中的一个：（1）谐波电流不超过规定的每瓦允许的最大谐波电流限值；（2）3 次谐波电流畸变率不应超过 86%，5 次谐波不超过 61%[1]。

谐波电流限值表（有功输入功率大于 25W 的照明灯具）　　　　　表 1

谐波次数 n	基波频率下输入电流百分数表示的最大允许谐波电流(%)
2	2
3	30λ（λ 为功率因数）
5	10
7	7
9	5
11~39(仅有奇次谐波)	3

2　LED 照明回路中导线截面的选择

在实际的工程设计过程中，往往是利用整个回路灯具标称总功率和供电工频电压来计算回路电流，通过截流量来确定导线截面。对于 LED 照明回路，计算的回路电流仅为实际回路电流基波部分，高次谐波电流部分并没有考虑，这个是存在隐患的。

从导线发热的角度而言，作用于相线上的实际运行电流有效值为（高次谐波仅考虑 3、5 次谐波）：

$$I_L=\sqrt{I_1^2+I_3^2+I_5^2}$$

作用于零线上的实际运行电流为（高次谐波仅考虑 3、5 次谐波）：

$$I_N=3I_3$$

在照明配电设计过程中，我们通常是按照基波计算电流 I_1 来选择导线截面。根据标准 GB 17625.1—2012 的规定，对于有功输入功率大于 25W 的照明灯具，3 次谐波和 5 次谐波的最大谐波含量为 30λ % 和 10%，相线及中性线上的实际运行电流大小为

$$I_L=\sqrt{I_1^2+I_3^2+I_5^2}=\sqrt{1+0.09\lambda^2+0.01}\,I_1<1.05I_1$$

$$I_N=3I_3=3\times0.3\lambda I_1=0.9\lambda I_1<0.9I_1$$

因此对于 LED 照明配电系统，单相配电回路的相线及中性线均可按电流 $1.05I_1$ 来选择导线截面；对于三相配电回路，相线可按电流 $1.05I_1$ 来选择导线截面，中性线可按电流 $0.9I_1$ 来选择导线截面。根据计算结果会发现，对于有功输入功率大于 25W 的照明灯具，如果满足规定要求，谐波电流对照明系统设计的影响很小。

对于有功功率小于等于 25W 的放电灯，3 次谐波和 5 次谐波的最大谐波含量为 86%

和 61%，相线及中性线上的实际运行电流大小为：

$$I_L = \sqrt{I_1^2 + I_3^2 + I_5^2} = \sqrt{1 + 0.86^2 + 0.61^2}\, I_1 = 1.46 I_1$$

$$I_N = 3 I_3 = 3 \times 0.86 I_1 = 2.58 I_1$$

因此对于 LED 照明配电系统，单相配电回路的相线及中性线均可按电流 $1.46 I_1$ 来选择导线截面，对于三相配电回路，相线可按电流 $1.46 I_1$ 来选择导线截面，中性线可按电流 $2.58 I_1$ 来选择导线截面。在这种情况下，导线截面仅仅按照计算电流 I_1 来选择误差很大，因此要慎用有功功率小于等于 25W 的 LED 灯具，或者对灯具提出谐波含量要求，否则按照电流 $2.58 I_1$ 来选择导线截面会增加较大的工程费用。

以上两种计算结果是针对 LED 照明灯具产生谐波含量满足标准上限值的情况下得出的，在 LED 照明设计过程中，可以根据谐波含量的情况来确定实际运行电流 $I_L = I_1/k$，$I_N = 3\mu I_1/k$，k 为校正系数，μ 为谐波含量百分比，简化处理可按表 2 选择导线截面。

含有谐波电流时的计算电流校正系数[2]　　　　　　　　　表 2

相电流中三次谐波分量 μ（%）	校正系数 k		相电流中三次谐波分量 μ（%）	校正系数 k	
	按相线电流选择截面	按中性线电流选择截面		按相线电流选择截面	按中性线电流选择截面
0～15	1.0		33～45		0.86
15～33	0.86		>45		1.0

3　LED 照明回路中断路器的选择

照明系统中供电电压一般不超过 400V，多采用 C 型微型断路器，其瞬时脱扣范围见表 3。

瞬时脱扣范围[3]　　　　　　　　　表 3

脱扣形式	脱扣范围
B	$3 I_n \sim 5 I_n$（含 $5 I_n$）
C	$5 I_n \sim 10 I_n$（含 $10 I_n$）
D	$10 I_n \sim 20 I_n$（含 $20 I_n$）

其中，I_n 为断路器整定电流。然而，LED 灯在启动时存在尖峰电流，其大小为稳定运行电流（含谐波）I_L 的 10～12 倍，所以断路器在保护照明回路的同时，要避开尖峰电流，避免在回路通电时尖峰电流大于断路器动作电流而脱扣。因此，必须满足

$$5 I_n > 12 I_L = 12 I_1/k \ \text{即} \ I_n > (2.4/k) I_1$$

k 为表 2 中的校正系数。因此，C 型断路器的整定值必须大于回路运行电流的 2.4 倍。D 型断路器虽然脱扣电流值更大，能够避开更大的尖峰电流，但是其短路保护灵敏度会低很多，且因为脱扣电流偏大存在发热问题，对于负载稳定的照明回路，更适合 C 型断路器[3]。

4 结束语

LED 照明有着巨大的优势，对其充分认识并合理设计才能使其得到大力推广。根据以上分析可知，LED 照明系统与传统照明系统的特性存在巨大差异，在设计过程中，不可套用传统设计思路，尤其在导线和保护开关的选择时应充分考虑谐波对照明系统的影响，必须经过仔细计算和校验，这样才能保证 LED 照明在使用过程中不会出现安全问题，有利于进一步推广使用。

参考文献

[1] GB 17625.1—2012.电磁兼容限值谐波电流发射限值（设备每相输入电流≤16A）[S].北京：中国标准出版社，2012.

[2] 刘屏周，卞铠生，任元会等.工业与民用建筑供配电设计手册（第四版）[M].北京：中国电力出版社.

[3] 杨光.LED 照明的谐波及配电设计 [C].海峡两岸第十八届照明科技与营销研讨会，贵阳，2011：148-156.

32　能效管控一体化系统在大型铁路站房中的设计与应用

摘　要：本文以某特大型铁路站房为例，论述了能效管控一体化系统的关键技术要点，包括其特点、功能、架构、组成等。基于节能测试数据，采用能效管控一体化系统可使建筑整体节能效果优良。

关键词：能效管控一体化；深度集成；系统群控；风水联调；能耗数据分析

0　引言

在我国，国家实施节约与开发并举，且节约是能源发展战略的首位。《交通建筑电气设计规范》JGJ 243—2011 第 17.4.6 条要求"单体建筑面积 20000m² 及以上的交通建筑应采用能耗监测管理系统，实现分项能耗数据的实时采集、计量、准确传输、科学处理及有效存储"；《铁路电力设计规范》TB 10008—2015 第 12.1.4.7 要求"大型、特大型旅客站房等建筑物的机电设备监控系统应具备能源管理功能"；《公共建筑节能设计标准》GB 50189—2015 第 6.4.1 条要求"公共建筑宜设置用电能耗监测与计量系统并进行能效分析和管理"。

从国家政策、规范条文中不难看出，公共交通建筑对节能降耗的要求尤为重视。现代化大型高铁站房具有站房面积大、功能集成度高、人员流量大，空调、照明、动力、电梯等设备对电能、水、天然气等能源的消耗量大等特点。因此在大型铁路站房实施能效管理系统，对节能增效、提高经济效益都具有重要意义。

根据能效管理系统的定义：能源管理系统通过对建筑物整体和局部实时能耗数据的采集、监视，进行数据分类、趋势分析、指标追踪，提供报警信息并输出日报、月报、年报、统计和报表，为企业提供能源设计、运行、维护、使用的全生命周期的管理建议和方案，从而实现能效管理水平的提升。目前国内能源设施的单项节能技术在大型铁路站房的节能中得到了较为普遍的应用，但由于自成系统节能空间有限，站房缺乏综合管理用能设施设备的统一调度平台，无法挖掘节能潜力和降低无效能耗，未能从根本上解决系统整体能耗损失。根据铁路大型客站能源消耗现状的专项调查统计，大型客站每年每平方米的能耗约为 160kWh/（a·m²），部分客站甚至超过 250kWh/（a·m²）。

因此，建立基于"监测—分析—管控"闭环能源管理理念的能效综合管理平台，整合空调、照明、电梯、配电等多个孤立系统，实现对能耗系统科学精细化的一体化综合管理，是提升大型铁路站房能效的关键。本文即以某特大型铁路站房为例，论述能效管控一体化系统的关键技术要点，包括其特点、功能、架构、组成等，并测试该系统的节能效果。

1　能效管控一体化系统的关键技术要点

南宁东站总建筑面积 26.7 万 m²，其中站房建筑面积 12 万 m²，为特大型铁路客运枢纽站。站房设置能效管控系统对站房内各机电设备系统用能进行综合管控。

1.1 系统特点及功能

本能效管控系统通过深度集成技术，将变配电系统、动力系统、照明系统、中央空调机电设备与设施能效管控系统深度集成入机电设备及能效管控系统，并进行统一设计，采用相同的应用软件，以实现被集成子系统的全部功能，完全满足日常运行管理要求，适应站房人群密集、持续运行时间长等特点。

机电设备与设施能效管控系统具备模式控制、群控以及手动控制等功能，可实现：数据采集自动化；能耗可视化水平和可追溯能力的提高；能耗信息指标化；综合能效分析。

1.2 系统架构

在系统架构设计上，本站房机电能效管控系统遵循分散采集、集中分析管控、网页监视、资源与信息共享的原则，采用分层分布式的体系架构。主要分为系统主站层、网络通信层、现场测控层。

（1）主站系统

以运行服务器和数据库服务器为核心，采用分层分布式系统体系架构，对客站设施内的用能设备进行分项数据采集、信息在线分析和自动能效管控。

为了保障通信的快速与可靠，系统在站房各个区域分散布置了多个数据通信子站，汇集站房内所有负载回路或设备的能耗与能效监控智能单元，构建星形结构的光纤主干网络，用于连接主站系统与各数据通信子站，实现客站能效管控一体化系统的硬件网络体系。

系统主要配置包括：中央管理主站、光纤主干以太网络、就地功能操作分站、系统通信子站和就地控制箱、智能驱动装置单元、智能仪表数据采集等部分。其中，中央管理主站由服务器、工作站和主站通信成套装置构成，集中放置于消防控制室内。

主站是系统的监视与控制中心，用于集中处理和存储现场各监测和控制设备上传的数据，同时下达自动控制命令。

（2）通信网络

采用光纤以太网络（单模多芯光缆组成）作为整个系统的主干数据传输通道，实现中央管理主站和分区通信子站之间的数据互联，所有能耗数据和环境参数由此传输。

主干网络通过专用的弱电线槽和镀锌穿线管敷设，路径由中央管控主站到各个子系统主站，子系统主站到区域通信设备，采用星形网络拓扑结构。

（3）现场通信

设备采用带光口、网口的上行端口和带 8 个 RS485 的下行端口的通信子站，可对下行总线扩展到 16 端口，按照就近集中原则，在出站层、出站夹层、站台层、站台夹层、高架层、高架夹层等不同区域分别配置。

为充分实现对站内所有主要负载设备运行能耗和能效参数监测，对主要能耗设备的负载回路装设就地监测单元，并使用 RS485 现场总线连接网络，物理层介质主要采用低烟无卤阻燃的屏蔽双绞线，无线传输作为补充，以便实现灵活的布线。

1.3 系统组成

本客运站房机电设备能效管控系统通过深度集成技术，将变配电子系统、中央空调子系统、照明子系统、动力子系统深度集成入机电设备能效管控系统，并进行统一设计。机电设备能效管控系统由以下5个部分共同组成。

（1）中央管控主站系统

中央管控主站系统是车站机电设备能效管控系统的数据中心和能效管理中心，设置在站台层北区建筑设备监控中心，对站房内的设备进行集中监控，对能耗进行集中管理，采用模块化设计，易于扩展，并预留与其他管理系统的连接条件。如图1所示，为机电能效管控系统总拓扑图。

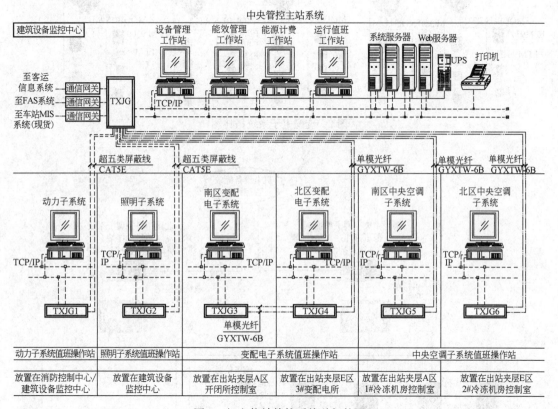

图1　机电能效管控系统总拓扑图

（2）变配电子系统

本子系统采用智能配电系统，利用现代测控技术和通信技术，对车站变电所低压配电系统低压侧回路能耗和状态进行采集分析，对部分开关进行远程分合闸控制，并预留接口给远动控制系统和铁路综合调度系统。本子系统能自动记录和分析电能耗使用趋势，对总量进行数据和成本分析，自动优化电能使用模型，提出合理化建议。如图2所示，为变配电子系统拓扑图。

（3）中央空调子系统

本子系统采用中央空调能效智能管控系统，实现对站房冷冻机房内管路工艺参数、设备的运行、故障状态、全电量参数进行监测，并根据计算出的末端负荷调整设备的运行台数和运行频率，来满足站房末端舒适度的要求。如图3所示，为中央空调子系统拓扑图。

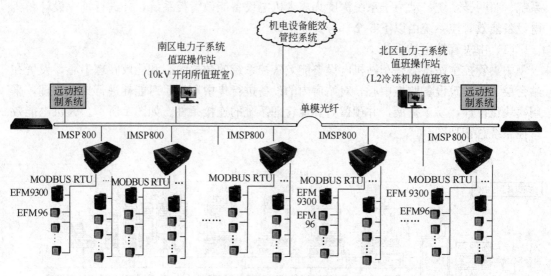

图 2　变配电子系统拓扑图

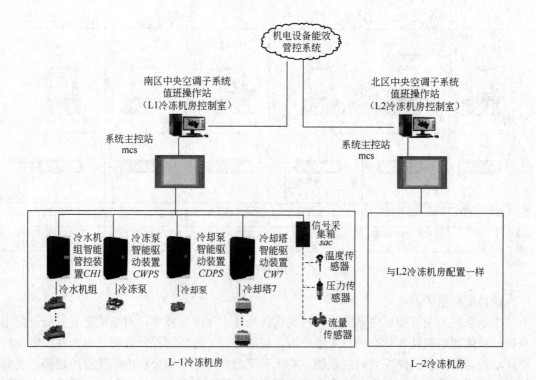

图 3　中央空调子系统拓扑图

（4）照明子系统

本子系统采用智能照明管控系统，对站房的站台、站台雨棚、出站厅、南北换乘厅、东西联系通廊、大空间候车厅、建筑物景观照明等场所的照明配电回路配置开关模块、智能监测装置，区域配置场景面板来实现按照客户需求驱动开关模块控制回路通断，进而调节站房内的照度，达到铁路站房照度要求。如图 4 所示，为智能照明子系统拓扑图。

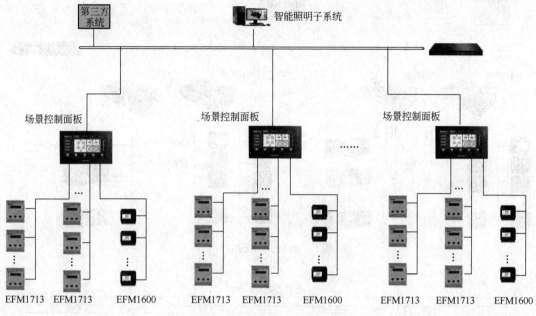

图4　智能照明子系统拓扑图

（5）动力子系统

本子系统主要是对车站高架夹层、高架层、站台层、出站层、站台夹层、南北换乘厅的动力设备、环境参数进行集中监测、智能管理与控制。通过对高铁站房的环境参数进行测量，并对动力设备用能明细、用能过程进行监测和分析，在满足机电设备控制功能的前提下，加入能效调节的闭环调节，提升了设备的能效水平，而且，通过能源管理功能促进能源管理体系的完善，在管理手段上实现了节能运行，进而保障及时预警、告警，减少或避免动力设备使用故障。如图5所示，为动力子系统拓扑图。

2　照明及空调子系统节能效果分析

根据用能对比分析（图6），空调年用电量占整个站房用电量的39.22%，照明用电占20.78%。空调用电分为制冷站用电、末端空调用电、室外机等3大用电部分，其中制冷站与末端空调具有节能控制装置，占总空调用电的约87.99%。照明用电分为公共区照明、景观照明、应急照明、广告照明4大部分，其中公共区照明与景观照明具有节能控制装置，占总照明用电的约82.71%左右。因此在项目中，以智能照明子系统、中央空调子系统为例分析节能效果。

2.1　智能照明系统节能分析

对站房的站台、站台雨棚、出站厅、南北换乘厅、东西联系通廊、高架层候车厅、建筑物景观照明等场所的照明进行智能管控。为了测试站房智能照明系统的节能效果，选取高架层区域的照明设备作为节能测试的对象，并根据照明系统不断完善过程，在每一个阶段随机挑选某一天进行24h照明能耗记录。

（1）节能方案比选

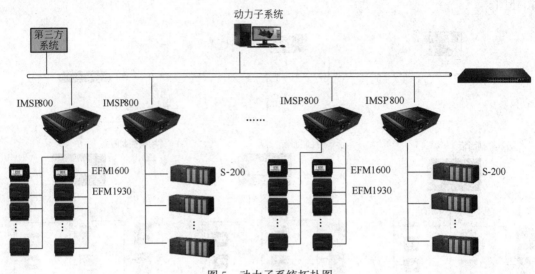

图 5　动力子系统拓扑图

分项用能对比分析

分项	日对比			月对比			年对比		
	今日用量	昨日用量	增量值	当月用量	上月用量	增量值	今年用量	去年用量	增量值
照明用电	6656.0000	7076.9000	-420.9000	325146.3000	324621.5000	524.8000	2736595.3321	1955051.2672	781544.0649
空调用电	18751.6000	22624.5000	-3872.9000	1271179.1000	1408206.5000	-137027.4000	5165075.3810	4112491.8565	1052583.5245
动力用电	3482.8000	4050.3000	-567.5000	191981.1000	212742.0000	-20760.9000	1504702.4327	776986.6520	727715.7807
其他	6237.0000	6774.4000	-537.4000	318960.1000	512405.3000	-193445.2000	3762622.2767	1582905.9592	2179716.3175
商业									

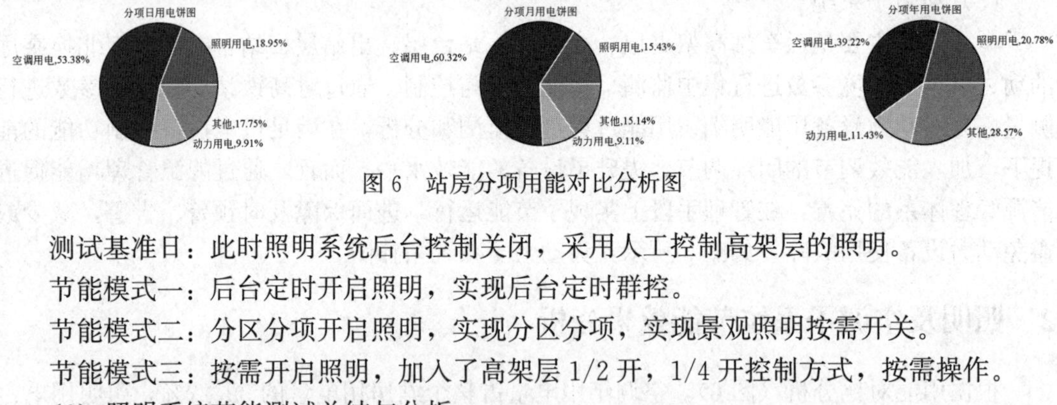

分项日用电饼图　空调用电,53.38%　照明用电,18.95%　其他,17.75%　动力用电,9.91%

分项月用电饼图　空调用电,60.32%　照明用电,15.43%　其他,15.14%　动力用电,9.11%

分项年用电饼图　空调用电,39.22%　照明用电,20.78%　动力用电,11.43%　其他,28.57%

图 6　站房分项用能对比分析图

测试基准日：此时照明系统后台控制关闭，采用人工控制高架层的照明。

节能模式一：后台定时开启照明，实现后台定时群控。

节能模式二：分区分项开启照明，实现分区分项，实现景观照明按需开关。

节能模式三：按需开启照明，加入了高架层 1/2 开，1/4 开控制方式，按需操作。

（2）照明系统节能测试总结与分析

根据测试记录表，对比节能测试基准日，则不同照明模式下效果如表 1 所示。

照明系统节能测试分析表　表 1

测试日期	节能方案	基准日耗电量（kWh）	测试日耗电量（kWh）	节电量（kWh）（与基准日对比）	节电率（与基准日对比）
1 月 6 日	节能模式一	7144.40	6686.40	458.00	6.41%
2 月 2 日	节能模式二	7144.40	5517.80	1626.60	22.77%
3 月 16 日	节能模式三	7144.40	3629.10	3515.30	49.20%

综上所述，本站房在运用智能照明系统后，照明节能效果明显，为站房节约了大量照明用电。综合比较各种节电方案，每年可以产生的经济效益，如表 2 所示。

智能照明测试点节电方案经济效益分析表   表 2

方案 ＼ 节电	节电率 （与基准日对比）	节电量(kWh) （与基准日对比）	年节省金额(万元) （365 天/年,0.9 元/度）
节电模式一	6.41%	458	15.0453
节电模式二	22.77%	1626.6	53.43381
节电模式三	49.20%	3515.3	115.4776

在实际应用过程中考虑到实际情况的复杂多变性，不可能仅仅固定采用某一种节电方案，实际产生的经济效益会小于单一节电方案下计算产生的效益。

2.2 空调能耗数据分析

本站房中央空调系统主要包括水系统和风系统 2 个部分。水系统的主要设备包括冷水机组、冷冻泵、冷却泵与冷却塔；风系统主要包括混合式空调机组与新风机组。

中央空调能效管控系统是中央空调设备的驱动与控制系统，通过合理的调节中央空调设备运行参数，既可以改善用户舒适度，又可以提高系统能效，降低设备能耗。为了验证评估中央空调管控系统的节能效果，分 3 种模式对站房中央空调设备节能效果做了测试。

（1）仅对空调风系统控制节能测试

空调风系统在 2 个时段分为 2 种模式进行测试。

节能模式测试：通过末端对于空调冷量的需求计算，得出最节能的运行参数，并协同调整风机运行频率和冷冻水表冷阀的开度大小来满足末端对于空调冷量的需求。

常规模式测试：空调机组风机以固定的频率运行，仅通过调节冷冻水表冷阀的开度大小来满足末端对于空调冷量的需求。

根据测试记录结果，对数据进行汇总分析，结果如表 3 所示。

空调风系统节能测试结果分析   表 3

设备位置	数量	节能运行 能耗(kWh)	常规运行 能耗(kWh)	日节电量(kWh)	节电率
站台夹层	22	1408.90	3196.00	1787.10	55.92%
高架夹层	12	3246.2	5730.2	2484.00	43.35%
总计	34	4655.10	8926.20	4271.1	47.85%

（2）仅对空调水系统进行控制节能测试

本站房分为南北两套中央空调水系统。空调水系统在 2 个时段分为 2 种模式进行测试。

节能模式测试：通过冷冻水出回水的温度计算出末端对于空调冷量的需求，得出最节能的运行参数，并协同调整冷冻泵、冷却泵的运行频率和冷冻泵、冷却泵开启的数量来满足末端对于空调冷量的需求。

常规模式测试：开启固定数量的冷冻泵、冷却泵，并以固定的频率运行，当末端冷量发生变化的时候，通过增加或者减少冷冻泵、冷却泵的数量达到满足末端对于冷量的需求。

根据测试记录结果，对数据进行汇总分析，结果如表 4 所示。

空调水系统节能测试结果分析 表 4

	设备位置	数量	节能运行能耗(kWh)	常规运行能耗(kWh)	日节电量(kWh)	节电率
南区冷冻机房	冷水机组	4	15374.40	16987.84	1613.44	9.49%
	冷冻泵	4	4502.20	6012.95	1510.748	25.12%
	冷却泵	4	4298.10	5739.45	1441.354	25.11%
	冷却塔	4	946.10	956.56	10.461	1.09%
	总计	16	25120.80	29696.80	4576.003	15.40%
北区冷冻机房	冷水机组	2	15251.80	16776.98	1525.18	9.09%
	冷冻泵	3	3318.60	4446.92	1128.324	25.37%
	冷却泵	3	3465.00	4643.10	1178.1	25.37%
	冷却塔	4	549.60	555.10	5.496	0.99%
	总计	12	22585.00	26422.10	3837.1	14.52%
南北区总计		28	47705.80	56118.90	8413.10	14.99%

（3）对中央空调系统进行风水联调控制节能测试

中央空调系统风水联调节能运行模式下，在保证冷量输出的情况下，系统自行协调风系统空调机组、制冷主机、冷冻泵、冷却泵、冷却塔风机等设备的最佳运行状态；当末端冷量发生变化时，系统根据冷量需求的变化特性，综合考虑传热特性、惯性时间，预测冷量需求，多阶段、分批次、选择性协同调整空调机组、制冷主机、冷冻泵、冷却泵、冷却塔风机等设备的运行策略；通过多区域的末端回风温湿度、送风温/湿度等特性，提前预测冷量需求，并进行系统的预先调整。

根据测试结果计算，站房中央空调系统风系统节电率为 39.8%，水系统节电率为18.2%，中央空调综合节电率为 24.2%，10 月份空调运行时单日平均节电量为4766.10kWh。结果如表 5 所示。

空调风水联调节能测试结果分析 表 5

测试参数	初始	终止	初始	终止
运行模式	常规模式		管控模式	
室外温度(℃)	20~31		21~31	
记录时间	2015/10/15 20:00	2015/10/16 20:00	2015/10/16 21:00	2015/10/17 21:00
风系统小计(kWh)	5472.3		3291.9	
风系统节电率(%)	39.80%			
水系统小计(kWh)	14217.1		11631.4	
水系统节电率(%)	18.20%			
系统合(kWh)	19689.4		14923.3	
节省电(kWh)	4766.1			
系统综合节电率(%)	节省电度/常规模式消耗电度＝24.20%			

（4）节能数据分析

① 本空调节能测试分为 3 种情况，其中风系统单独测试时节电率为 47.85％，水系统单独测试时节电率为 14.99％，风水联调时风系统节电率为 39.8％，水系统节电率为 18.2％，总节电率为 24.2％。

② 风水联调相对于风系统单独测试时，由于站房投入使用的风柜数量较少（20 台比 34 台），风柜实际承载的负荷大，导致节电率稍有下降（39.8％比 47.85％），由此可以推测如果风水联调时开启的风柜数量和风系统单独测试时数量相等，则风系统的节能率还会上升。

③ 风水联调时，水系统节电率比单独测试时有所上升（18.2％比 14.99％），说明本站房中央空调系统风水联调比风、水系统单独管控节能效果更好。

2.3　整体能耗分析

根据测试数据显示中央空调系统综合年节能率约 24.20％，站房总节能率中空调节能率为 39.22％×87.99％×24.20％＝8.35％。

根据测试数据显示智能照明系统综合年节能率约 49.20％，站房总节能率中照明节能率为 20.78％×82.71％×49.20％＝8.46％。

则可推算出，站房年节能率为 8.35％＋8.46％＝16.81％。

按目前站房一年消耗的电能为 2223 万度（2015 年数据），电价 0.9 元/度计算，对站房采取能效管控后，相对于粗放式用能每年节约的金额为：2223/（1－16.81％）×16.81％×0.9＝404 万元。

2.4　能耗比较

将本站与南京南站、上海虹桥站这两个规模相近站房能耗分析对比可以得知，本站房在机电能效管控系统的应用下，其单位面积能耗相对于其他两站房，单位面积能耗最低，是南京南站的 65.23％，是上海虹桥站的 63.72％，如表 6 所示。

2015 年各大型站房能耗对比　　表 6

站房	南京南站	上海虹桥站	南宁东站
建筑面积（万 m^2）	28.15	26.9	26.7
年能耗（t 标准煤）	14939.73	14615.46	9242.67
年发送旅客量（万人/次）	2793.82	6526.12	920.7
单位面积能耗（kg 标准煤/m^2）	53.07	54.33	34.62

3　变配电及动力子系统节能降耗措施

3.1　变配电子系统

对 10kV 高压柜所有回路、0.4kV 低压柜、电容补偿、馈出线回路设置智能监测装置，系统通过监测装置采集电流、电压、功率、频率等能耗参数；并对采集的参数进行有效性验证、分类能耗数据计算、建筑总能耗计算等，以此建立有效的电能管控平台，进入能效管控一体化系统，为用户提供电能消耗成本结构优化管理，实现节能降耗目标。

3.2　动力子系统

对动力配电系统主进线回路、不小于 5kW 的馈线回路设有能耗和电能质量监测装置，对每个末端电控箱设有能耗、状态监测与管理控制装置。

系统采集风机、水泵、电扶梯等设备能耗参数、状态参数，以及温湿度、CO_2 浓度等环境参数，并对采集的能耗参数进行有效验证，分类能耗数据计算、单位面积动力能耗计算等，并存储更新数据库，判断能耗状态，进行报警提示，进而对站房单位面积能耗、空调单位面积能耗、折标煤、CO_2 排放量等多种能耗指标进行分析对比，提出能效管控优化方案。

4 结束语

得益于能效管控一体化系统的成功应用，南宁东站年综合节能率达 16.81% 以上，年节约费用 400 万元以上，节能效果明显。本系统研发的相关技术装置、硬件设备、运行软件已实现了系列化、标准化、模块化，具备了很好的成套性、系统性、通用性，在应用中可细分为多个子系统，各系统可共用通信和集中的监控软件平台。因此，本系统成果具有广阔的应用前景，适合在其他大型铁路站房及各类大型公共建筑中推广应用，从而推动我国绿色建筑技术、节能环保技术、智能建筑与智慧城市技术的创新发展，创造显著的经济效益、社会效益和生态效益。

参考文献

[1] 中国航空工业规划设计研究院.工业与民用配电设计手册（第四版）[M].北京：中国电力出版社，2016.

[2] 李蔚.建筑电气设计要点难点指导与案例剖析 [M].北京：中国建筑工业出版社，2012.

[3] 李蔚.建筑电气设计关键技术措施与问题分析 [M].北京：中国建筑工业出版社，2016.

[4] 白永生.建筑电气弱电系统设计指导与实例 [M].北京：中国建筑工业出版社，2015.

[5] 上海现代建筑设计（集团）有限公司.建筑节能设计统一技术措施 [M].北京：中国建筑工业出版社，2009.

[6] JGJ 243—2011 交通建筑电气设计规范 [S].北京：中国建筑工业出版社，2012.

[7] TB 10008—2015 铁路电力设计规范 [S].北京：中国铁道出版社，2016.

[8] GB 50189—2015 公共建筑节能设计标准 [S].北京：中国建筑工业出版社，2015.

33　光伏发电技术在建筑领域应用的经济性分析

摘　要：本文通过对光伏发电技术在具体工程项目中的应用实例分析，探讨在建筑领域合理设计和应用光伏发电技术的思路、方法及其经济性分析。

关键词：光伏发电技术；经济性；可研分析；建筑节能

0　引言

随着我国经济社会的快速发展，人们对于新能源的需求量不断增加。光伏发电技术在建筑领域的大量应用，一方面极大地提高了建筑节能水平，另一方面因未能有效实现能源的合理配置及科学利用，导致存在着一定程度的资源浪费。本文通过对光伏发电技术在具体工程项目中的应用实例分析，探讨在建筑领域合理设计和应用光伏发电技术的思路、方法及其经济性分析。

1　原理及特性

1.1　工作原理

光伏发电的主要原理是半导体的光电效应，光电效应就是光照使不均匀半导体或半导体与金属结合的不同部位之间产生电位差的现象。

多晶硅经过铸锭、破锭、切片等程序后，制作成待加工的硅片。在硅片上掺杂和扩散微量的硼、磷等，就形成 P-N 结。然后采用丝网印刷，将精配好的银浆印在硅片上做成栅线，经过烧结，同时制成背电极，并在有栅线的面涂一层防反射涂层，电池片就至此制成。电池片排列组合成电池组件，就组成了大的电路板。一般在组件四周包铝框，正面覆盖玻璃，反面安装电极。有了电池组件和其他辅助设备，就可以组成发电系统。为了将直流电转化为交流电，需要安装电流转换器。发电后可用蓄电池存储，也可输入公共电网。发电系统成本中，电池组件约占 50%，电流转换器、安装费、辅助部件以及其他费用占另外 50%。

1.2　光伏发电的优缺点（见表1）

光伏发电的优缺点　　　　　　　　　　　　　　　　　　　　　　　　　　　表1

优点	缺点
①太阳能是人类取之不尽用之不竭的可再生能源，具有充分的清洁性、绝对的安全性、相对的广泛性、确实的长寿性和免维护性、资源的充足性及潜在的经济性等优点	①太阳能电池板的生产具有高污染、高能耗的特点，在现有的条件下，生产一块 1m×1.5m 的太阳能板必须燃烧超过 40kg 煤，但即使低效率的火力发电厂也能够用这些煤生产约 130kWh 的电
②与常用的火力发电系统相比，无枯竭危险	②照射的能量分布密度小，即要占用巨大面积
③安全可靠，无噪声，无污染排放	③获得的能源同四季、昼夜及阴晴等气象条件有关

续表

优点	缺点
④不受资源分布地域的限制,可利用建筑屋面的优势	④目前相对于火力发电,发电机会成本高
⑤能源质量高,无需消耗燃料和架设输电线路即可就地发电供电	⑤光伏板制造过程中不环保
⑥建设周期短,获取能源花费的时间短	

1.3 转化率

单晶硅大规模生产转化率:19.8%～21%；大多在17.5%。目前来看再提高效率超过30%以上的技术突破可能性较小。

多晶硅大规模生产转化率:18%～18.5%；大多在16%。和单晶硅一样,因材料物理性能限制,要达到30%以上的转化率的可能性较小。

砷化镓太阳能电池组的转化率比较高,约23%。但是价格昂贵,多用于航空航天等重要地方。基本没有规模化、产业化的实用价值。

薄膜光伏电池具有轻薄、质轻、柔性好等优势,应用范围非常广泛,尤其适合用在光伏建筑一体化之中。如果薄膜电池组件效率与晶硅电池相差无几,其性价比将是无可比拟的。在柔性衬底上制备的薄膜电池,具有可卷曲折叠、不怕摔碰、重量轻、弱光性能好等优势,应用前景更加广阔。

1.4 效率衰减

晶硅光伏组件安装后,暴晒50～100d,效率衰减约2%～3%,此后衰减幅度大幅减缓并稳定,每年衰减0.5%～0.8%,20年衰减约20%。单晶组件衰减要少于多晶组件。非晶光做组件的衰减低于晶硅。

因此,提升转化率、降低每瓦成本仍将是光伏未来发展的两大主题。无论是哪种方式,大规模应用如果能够将转化率提升到30%,成本在每千瓦五千元以下(和水电相平),那么人类将在核聚变发电研究成功之前得到最广泛、最清洁、最廉价的几乎无限的可靠新能源。

2 系统组成

2.1 独立光伏发电

独立光伏发电也叫离网光伏发电。主要由太阳能电池组件、控制器、蓄电池组成,若要为交流负载供电,还需要配置交流逆变器。独立光伏电站包括边远地区的村庄供电系统,太阳能户用电源系统,通信信号电源、阴极保护、太阳能路灯等各种带有蓄电池的可以独立运行的光伏发电系统。

2.2 并网光伏发电

并网光伏发电就是太阳能组件产生的直流电经过并网逆变器转换成符合市电电网要求的交流电之后直接接入公共电网。

并网系统可以分为带蓄电池的和不带蓄电池的并网发电系统。带有蓄电池的并网发电系统具有可调度性,可以根据需要并入或退出电网,还具有备用电源的功能,当电网因故停电时可紧急供电。带有蓄电池的光伏并网发电系统常常安装在居民建筑；不带蓄电池的并网发电系统不具备可调度性和备用电源的功能，一般安装在较大型的系统上。

并网光伏发电有集中式大型并网光伏电站，一般都是国家级电站，主要特点是将所发电能直接输送到电网，由电网统一调配，向用户供电。但这种电站投资大、建设周期长、占地面积大，还没有太大发展。而分散式小型并网光伏，特别是光伏建筑一体化光伏发电，由于投资小、建设快、占地面积小、政策支持力度大等优点，是并网光伏发电的主流。

2.3 分布式光伏发电

分布式光伏发电系统，又称分散式发电或分布式供能，是指在用户现场或靠近用电现场配置较小的光伏发电供电系统，以满足特定用户的需求，支持现存配电网的经济运行，或者同时满足这两个方面的要求。

分布式光伏发电系统的基本设备包括光伏电池组件、光伏方阵支架、直流汇流箱、直流配电柜、并网逆变器、交流配电柜等设备，另外还有供电系统监控装置和环境监测装置。其运行模式是在有太阳辐射的条件下，光伏发电系统的太阳能电池组件阵列将太阳能转换输出的电能，经过直流汇流箱集中送入直流配电柜，由并网逆变器逆变成交流电供给建筑自身负载，多余或不足的电力通过联接电网来调节。

2.4 结构组成

光伏发电系统是由太阳能电池方阵、蓄电池组、充放电控制器、逆变器、交流配电柜、太阳跟踪控制系统等设备组成。

3 发电成本

现如今，光伏发电的成本已下降不少，在南美等国光伏发电已经与零售电价持平，甚至是低于零售电价，未来光伏发电的成本还将进一步凸显。其次，火力发电会带来极高的环境治理成本，二十次的巴黎气候峰会便是引导各国积极启动碳交易市场定价机制，由此给高耗能企业带来的成本增加显而易见，因此从这个角度而言，当光伏发电投资成本降至 8 元/W 以下，度电成本降至 0.6~0.9 元/kWh，煤炭发电成本将高于光伏发电。

4 项目实例分析

4.1 项目所处地理位置及气候条件

武汉地质资源环境工业技术研究院工程位于九省通衢的武汉市中心区域。武汉是中国重要的科研教育基地、中国高等教育最发达的城市之一，武汉高等院校众多。

气温：受内陆及长江中游气候的影响，武汉属亚热带季风性湿润气候区，具有雨量充沛、日照充足、四季分明，夏高温、降水集中，冬季稍凉湿润等特点。1 月平均气温最低，为 3.0℃；7 月平均气温最高，为 29.3℃，夏季长达 135d；春秋两季各约 60d。初夏梅雨季节雨量较集中，年降水量为 1205mm，年无霜期达 240d。

4.2 项目概况

本项目为湖北省武汉市武昌区地质资源环境工业技术研究院部分单体建筑。建筑类型为多层办公建筑，太阳能光伏发电总装机容量约 56kWp。发电量全部独立用于室外照明及部分室内照明，采取蓄电池的储电方式。

4.3 技术方案

4.3.1 设计构想

地质资源环境工业技术研究院，建筑风格体现科技、庄重、阳光、绿色及节能的特点，光伏系统在建筑楼上不能破坏原有建筑设计的风格。所以我们拟采用在屋顶上安装，与建筑相结合，使光伏系统在楼下任何地方都不会看到，保持原建筑设计风貌。

在进门大厅或走廊里安装显示屏，展示整个系统的适时运行状况。既可了解系统运行情况，又可对社会起到宣传作用。本项目采用先进的能量管理及数据监测与远传技术，对整个建筑的每个发电组串单元的运行状态及发电质量进行有效监控，同时对整个光伏建筑一体化系统总体运行情况进行实时监控和数据远程传输，系统运行数据通过 LED 显示屏实现实时发电情况展示，可显示当前系统总发电量、系统电压、电流、系统效率等重要系统数据，同时采集当地温度、太阳辐射等数据，并可通过总控计算机实现能量调度和管理。

能量管理和数据远传系统主要由计量系统、总控计算机、辅助计算机、电子显示屏和能量管理软件等组成。

数据的远程传输通过网络传感器，将有关的电信号，如电压、电流、电量传至中心控制室的计算机，对光伏系统进行监测，并能够对系统运行状态、日/月/年发电量、每日最大功率输出等系统关键数据进行采集，通过网络实现数据远传。

4.3.2 技术设计方案

1.组件安装

经计算，这 5 栋多层办公建筑楼顶共可安装 200Wp 晶体硅组件 280 块，总功率 56kWp，光伏组件安装方式采用平铺式或支架式铺设。

平铺式就是完全与建筑相结合（图 1）；支架式就是先做电池板支架（图 2），再在支架上铺设。

图 1　平铺式铺设示意图

图 2　支架式铺设示意图

2. 组件参数

组件参数见表 2。

组件参数　　　　　　　　　　　　　　　　　　　　　　表 2

Parameters(参数) \ Type(型号)		MBP200
Electricity Performanc (电学性能)	Wp(最大功率) Peak Power Output(W)	200
	Vmp(最佳工作电压) Maximum Power Voltage(V)	27.5
	Imp(最佳工作电流) Maximum Power Current(A)	7.28
	Isc(短路电流) Short Circuit Current(A)	8.01
	Voc(开路电压) Open Circuit Voltage(V)	33.7
	Maximum System Voltage (最大系统电压)	1000VDC
Mechanical Performance (机械性能)	Wind Bearing (抗风强度)	130km/h
	Number & Type of Cells (数量和型号)	54PCS Poly cells 156mm×156mm
	Working Temperature (工作温度)	−40～90℃

续表

Parameters(参数)	Type(型号)	MBP200
Solar panel Temperature Coefficient （温度系数）	Power TK(PN)	−0.47%/℃
	Open Circuit Voltage TK(UOC)	−0.38%/℃
	Short Circuit Current TK(ISC)	+0.10%/℃

3. 发电量

本项目太阳能光电建筑一体化项目总装机容量 56kWp，根据武昌的地理位置和气候条件，以及设计单位长期积累的武汉地区太阳能发电能力的实测数据，预计本系统年发电量约为 69440kWh。

4. 检测和监控

项目设计时，每组光伏构件阵列下部都预留有维护空间，以方便设备检测和维修，且在每组光伏构件和每个逆变器安装传感器，将有关的电信号如电压、电流、电量传至中心控制室的计算机，按气候的变化进行测量、记录，监测光伏阵列在各种气候条件下的发电效率，以验证设计方案，并为进一步的方案优化提供依据。此外，太阳能光伏发电系统还有以下检测预留方案：

1）预留分接线箱和总接线箱，通过分接线箱的功率检测和总接线箱的功率检测比较，可以判断出太阳能发电系统各个电池构件的工作状态。

2）通过安装了专用软件的计算机，可以在当地监控每个逆变器的性能和运行状态，包括发电量、发电功率、光伏电池阵列电压、电流及交流输出参数和温度，并可以长期储存逆变器上的各个参数（逆变器只能储存总发电量和一个星期内的数据）。

3）通过专用传感器可以测量当地温度、日照辐射、风力。

4）通过安装了专用软件的计算机网络，可以实现远程监控逆变器的性能和运行状态，包括发电量、发电功率、光伏电池阵列电压、电流和交流输出参数以及专用传感器采集的当地温度、日照辐射、风力等参数，并具有故障报警功能，便于及时维修排查故障。通过长期监控也可以了解逆变器的运行情况，查找系统运行中可能存在的问题，及时加以解决。见图 3。

4.4 技术经济分析

4.4.1 综述

本项目是在地质资源环境工业技术研究院内部多层办公楼之上建设的太阳能光电建筑一体化系统。其主要发电单元为太阳电池材料，设备主要由逆变器、配电箱、蓄电池及其他辅助性装置组成。为此，投资的重点是太阳电池材料、蓄电池和逆变器等设备的配置上，这与传统的电站建设将投资重点放在动力发电机组设备上有所不同。同时，此光伏发电系统建成后，只发生日常管理维护费用及设备的更新维护费用，并不需要其他流动资金的投入，故可谓"一次投资，寿命期内受益"。项目正式运营之后产生的电量全部为自用，不产生直接收益，但可减少业主单位从公用电网摄取的电能，节约电费开支，形成一定的间接收益。

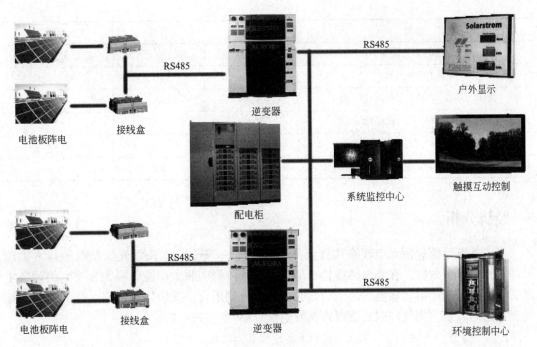

图3　检测与监控系统图

4.4.2　投资估算

项目建设总规模：

总投资：约160万元（不含基建投资费用，下同）

总功率：56kWp

年发电量：约69440kWh

项目寿命期（N）：＞25年（不含蓄电池）

以上估算不含太阳能照明及亮化部分

4.4.3　节能减排计算

根据国家发改委有关火电厂的发电煤耗数据：平均每发一度电（即1kWh）需耗标准煤360g（理论值）；然而工业锅炉每燃烧一吨标准煤，就会排放2620kg二氧化碳、6kg二氧化硫及3.6kg氮氧化物等大量污染物（因此，燃煤锅炉的废气排放是大气的主要污染源之一）。

本项目形成的56kWp太阳能发电系统，年发电量可达6.94万kWh，即系统的年节能量为69440kWh。因此，每年节能减排量见表3。

每年节能减排量　　　　　　　　　　　　　　　　　　　　　　　　表3

名称	数量	单位	备注
日平均发电量	190.3	kWh(度)	
年平均发电量	69440	kWh(度)	
每年可节约电费	83328	元	1.2(按1.2元/度)
每年可节约标煤	24.9	t	

名称	数量	单位	备注
每年可节约柴油	29.1	t	
每年可节约水	235.6	t	
每年可减少 CO_2(二氧化碳)排放量	57900	kg	
每年可减少 SO_2(二氧化硫)排放量	479.2	kg	
每年可减少 NO_2(二氧化氮)排放量	353.5	kg	
每年可减少粉尘排放量	418.4	kg	

5　经济分析

光伏发电系统包括光电转换和直流/交流逆变两个环节。太阳能光伏发电的基本物理原理是光生伏打效应。在光电转换这个环节，光伏阵列吸收太阳能转换为直流电的效率主要受到了太阳能辐射和板温的影响，同时老化、阵列组合、灰尘以及直流线路的损耗都是需要考虑的因素。光伏阵列的逐时直流发电量（kWh）表达式为

$$E_{dc} = \eta_s \times [1 - \alpha(T_c - 25℃)] \times Q \times S \times K_1 / 3.6$$

式中：η_s 为太阳能电池厂商提供的标准测试条件的光电转换效率；α 为温度系数（$℃^{-1}$），与太阳能电池材料有关；Q 为倾斜面逐小时太阳总辐射（MJ/m^2）；T_c 为阵列板温（℃）；S 为光伏组件有效面积（m^2）；K_1 为光伏阵列由于老化、失配、尘埃遮挡、直流回路线路等原因的损失系数。

由公式可以看出，太阳能电池光电转换效率、倾斜面逐小时太阳总辐射值、光伏组件面积是发电量的关键参数，在太阳能电池光电转换效率没有本质的提高之前，增加组件面积和提高倾斜面逐小时太阳总辐射值是增加发电量、提高经济性的唯一选择。

根据上面的实例分析，在湖北武汉地区，其倾斜面逐小时太阳总辐射值较低，如组件面积也受到大幅限制，那么经济性较差也就可想而知了，回收年限理论上为 20 年，如把设备损耗计算上，实际年限可能更长。

6　结论

在国内大部分日照时间较短的区域，建筑光伏发电并不是最好的选择，只有在有大面积屋顶的火车站、机场航站楼或大型公共建筑中应用才有经济价值，而在新疆等日照充分的Ⅰ类地区，建筑光伏发电是一个不错的选择。

参考文献

[1] GB 50797—2012.光伏发电站设计规范 [S].北京：中国计划出版社，2012.

[2] 李蔚.建筑电气设计常见及疑难问题解析 [M].中国建筑工业出版社，2010.

[3] 徐静，陈正洪，唐俊，李芬.建筑光伏并网发电系统的发电量预测初探 [D].电力系统保护与控制，2012.

第五章　火灾自动报警与消防联动控制系统

34 大型航站楼火灾自动报警系统设计要点

　　摘　要： 航站楼工程由于其使用功能的特殊性，与普通公共建筑有较大区别，具有楼层区域宽广、疏散流线复杂、机电设备繁多、人员高度密集等特点，因此在进行火灾自动报警系统设计尤为重要，本文以某大型航站楼项目为例，从火灾报警、系统配置、火灾扑救及运维管理等多个方面进行认真思考，从而选取完备合理的火灾自动报警系统设计方案。

　　关键词： 消防控制室；消防电源；高大空间；火灾探测器选择；消防联动控制；超细干粉控制系统

0　引言

　　本项目从可研立项到项目完工交付，设计团队经历了从项目前期消防性能化设计、系统方案比选、与消防及运维部门沟通、初步设计与施工图设计、消防专项审查、施工及竣工验收、转场投运等多道程序，期间又遇到了《火灾自动报警系统设计规范》《建筑设计防火规范》等规范的改版更新、施工配合调整、消防验收整改等困难，故总结项目设计和施工过程中出现的一些值得关注的问题，如消防控制室的供电、探测器的选择、联动的逻辑关系等，以供同类型项目参考。

1　工程概况

　　航站楼建筑面积约 50 万 m^2，其中地上 42.5 万 m^2，地下 6.96 万 m^2，建筑总高 41.4m。航站楼由中部的 4 层航站主楼和两翼的 2 层指廊和连廊组成，采用混流设计。航站楼主楼从上到下分别为：办票大厅和国际/国内出发层（14.0m 标高）、国际到达层（9.50m 标高）、国内候机、到达层和行李提取厅（5.10m 标高）、旅客集散厅（±0.00m 标高），地下室主要是设备用房及行李处理房。本建筑耐火等级为一级，屋面结构形式为钢网架结构，铝镁锰金属屋面，属二类防雷建筑。

2　系统及消防控制室的确定

　　消防控制室作为火灾扑救时控制、管理中心，是航站楼安全保障的重要设备用房，故消防控制室位置的选择非常重要。航站楼由航站楼主楼加东西两侧指廊、与 T2 连廊组成，建筑物总长为 1188m（包括主楼及两侧指廊的总长），宽 354.6m，连接 T2 的总连廊长 366.2m。

　　根据航站楼建筑平面布局及功能分区、机场公安管理需求，并结合火灾自动报警系统设备特点，在一层航站楼主楼区域设置一间消防控制室，东西连廊区域各设置一间消防分控室（消防控制室选择的位置直通室外，且消防车均可直接到达）。

　　位于主楼区域的消防控制室主要负责管辖区域内的火灾报警及消防水泵、风机等消防设备的联动及控制，并将两个分控室的报警及联动信号通过通信线路传至消防控制室内的火灾报警主机及联动控制器，以实现对整个航站楼内所有火灾报警信号处理和集中显示，并对消防联动设备进行集中控制、监视、显示和检测。

设置在东、西连廊区域的消防分控室，分别负责东、西两侧指廊及连廊区域内的火灾报警及消防风机、电磁阀等消防设备的联动控制，其报警及联动信息均通过光纤传至主楼内的消防控制室。

航站楼火灾自动报警系统形式为控制中心报警系统，为确保主控室与分控室之间报警主机的可靠通信，设计采用光纤环网连接方式（火灾自动报警系统构架图如图 1 所示），即通信线路任何一点发生故障，对整个航站楼内的火灾自动报警系统无影响。

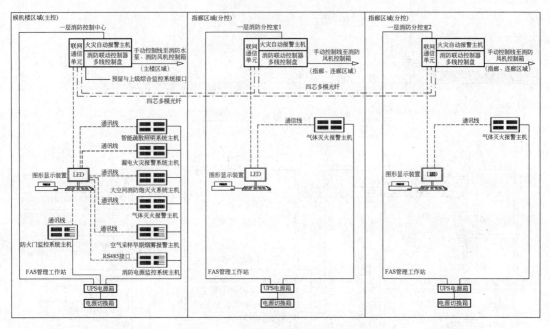

图 1　火灾自动报警系统构架图

航站楼火灾自动报警系统中报警点位约 13000 个，监视和控制点约 8000 个，除了火灾自动报警主机、联动控制器等设备外，与消防联动相关的系统设备如消防炮控制器及显示装置、智能应急疏散照明系统主机、漏电火灾报警主机、消防电源监控系统主机、防火门监控系统主机、空气采样系统报警主机、安防系统监控终端等均设置在消防控制室内；消防分控室内仅设置火灾自动报警主机、联动控制器、手动控制盘及消防图像显示装置。因此消防控制室面积的确定需根据各系统设备来确定。设计时应考虑各设备的布置摆放，明确各控制室面积。本工程主楼区域设置的消防控制室面积约 120m²，东、西连廊设置的消防分控室面积约 80m²。消防控制室的位置示意图如图 2 所示，消防控制室平面布置图如图 3 所示。

3　系统电源设置

1）消防控制室内电源的设置。火灾自动报警系统系统供电是整个系统设计最容易忽略的部分。根据《火灾自动报警系统设计规范》GB 50116—2013 第 10.1.1 条规定，火灾

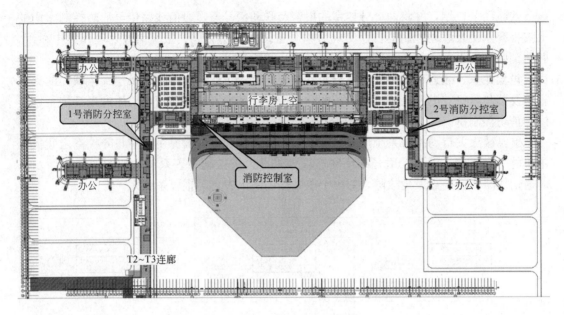

图 2　消防控制室位置示意图

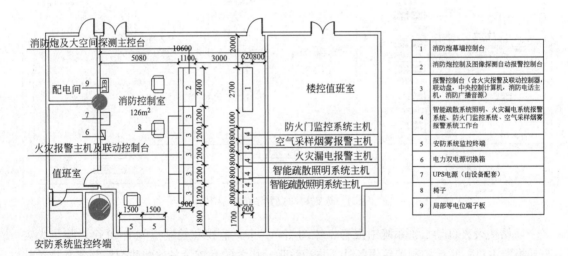

图 3　消防控制室平面布置图

自动报警系统应设置交流电源和蓄电池备用电源。设计初期常规做法是在消防控制室设置一个双电源切换箱，出线回路开关及线缆均预留，后期由施工方进行深化实施。由于本项目跟消防有关的系统设备种类多，对电源可靠性要求高，故设置在消防控制室内与消防有关的设备电源均采用 UPS 电源装置供电，还需考虑应急电源的输出功率为消防系统设备全负荷功率的 1.2 倍。经过计算，在消防控制室设置一台 20kVA 的 UPS 电源装置，两个分控室分别设置一台 10kVA 的 UPS 电源装置，供电时间 3h。

2）直流 24V 电源的设置。火灾自动报警及消防联动系统 DC24V 电源设置与建筑规模、供电距离、消防设备的多少有关，为确保系统的稳定可靠，系统电源的配置应从以下几个方面考虑：

（1）线路满载需保证末端设备电压足够。当导线长、线路电流大时，导线上压降就非常显著，所以导线选择不当会使消防设备因电压不足而无法启动。配置电源时，应保证线路末端电压大于用电设备的最小工作电压。可以通过增大线径的方式减少末端电压损失，还可以利用火灾报警控制器延时输出功能，通过软件编程的方式，对同一回路上的设备进行分时控制，即同一时间内外控设备数量减少。在此项目中，为确保系统线路的可靠，电源线截面采用 $4mm^2$ 的铜芯线缆，经实际测试，电源线长达 250m 时电压损失不明显。

（2）确保提供足够电源电流容量。防火卷帘门、风机、水泵都是通过中间继电器来控制的，选用的继电器阻值一般在 500Ω 以上，此类设备不是产生压降的主要原因，而排烟阀、风口、气体灭火启动钢瓶等电磁阀类联动设备动作电流比较大，如电磁阀的电阻值一般为 36Ω，动作电流为 0.65A，门口执行机构电流多在 1～2A，故这类设备的启动电流大，对线路压降造成的影响也很大。在这些区域，可以通过设置区域直流电源箱。通过单独设置直流电源箱，把外部设备电源与模块的电源分开，更能保证模块的正常工作，也减少了外部电源对系统的干扰。本项目采用了分区域设置直流电源箱的方式对末端联动设备进行供电。

4 火灾探测器的选择及布置

航站楼的探测器分为以下几类：

1）点式感烟及感温探测器的设置：在高度小于 12m 的空间如办公室、门厅、设备用房等部位设置点式智能感烟探测器，吸烟室、发电机房、厨房等空间设置感温探测器，有可靠联动要求或分步动作的场所同时设置感烟及感温探测器。设计时应注意无吊顶区域结构梁高对探测器的影响，需提前与建筑结构专业进行沟通确认，对无吊顶区域梁高数据进行复核，探测器的布置需满足《火灾自动报警系统设计规范》GB 50116—2013 6.2.3 条的规定。

本项目强弱电间、行李设备平台层、行李用房、高度小于 2m 的设备夹层等部位，梁高均大于 600mm 以上，初设阶段按照有简单吊顶的方式进行设计估算，但在后期实施过程中取消了吊顶，则需要考虑梁高对探测器布置的影响，后期较初步设计阶段增设了近 3000 只火灾报警探测器。

2）高大空间火灾探测器的设置：四层出发层，建筑高度在 14～24.5m 之间，对高大空间的保护目前设计上采用的火灾探测器主要有红外光束感烟探测器、光截面图像探测器、空气采样早期烟雾探测器和双波段图像探测器这几种，各探测器的适用场所如下：

（1）红外光束探测器适用场合（图4）

适合火灾阴燃阶段，且高度大于 12m，在探测器光路上无固定遮挡物、无大量粉尘、干粉、水雾和蒸汽等环境比较洁净的高大空间场所；无强磁场、高温和较大振动干扰绕的高大空间场所。

（2）光截面图像探测器适用场合（图5）

适用于大空间和其他特殊空间，可以对保护空间实施任意曲面式覆盖，适合火灾阴燃阶段，光截面探测器采用非接触式探测，对环境适应能力强、可用于有一定震动及干扰光线较强的场所。

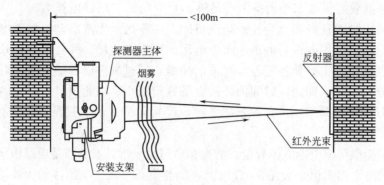

图 4　红外光束感烟探测器安装示意图

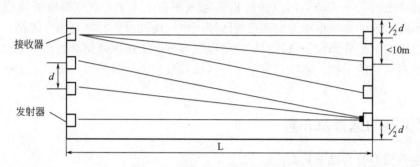

图 5　光截面图像探测器安装示意图

（3）空气采样早期烟雾探测器适用场合（图 6）

适合火灾阴燃阶段，且无大量粉尘、干粉、水雾和蒸汽等环境比较洁净的高大空间场所；有较强的电磁辐射容易引起其他探测器误报的高大空间场所；有固定遮挡物和移动遮挡物的高大空间场所；有高速空气流、低温、人员不宜进入的场所。

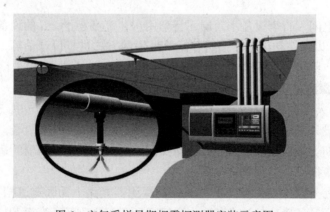

图 6　空气采样早期烟雾探测器安装示意图

（4）双波段图像探测器适用场合（图 7）

双波段图像探测器适用于火灾发展迅速产生大量的烟和火焰辐射的高大空间场所；无大量粉尘、蒸汽、水雾、油雾等环境相对洁净的场所；无强光、白炽灯等光源直接或间接照射的场所。

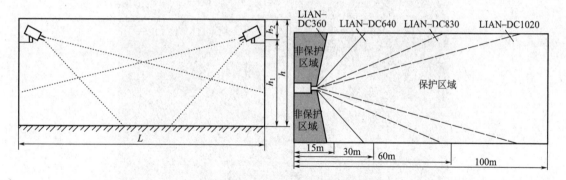

图7　双波段图像探测器安装示意图

根据规范要求，高度大于12m的空间场所宜同时选择两种及以上火灾参数的火灾探测器。设计初期考虑使用双波段图像型、红外光束探测器作为高大空间火灾自动探测装置，同时双波段图像型火灾探测器还作为自动消防水炮的定位装置。但实际上，对航站楼这样具有高大空间、大跨距（18m×18m）特点的建筑，在四层出发层使用线性光束感烟探测器是不合适的。因设计中要考虑烟气分层的影响（通过实验可得知烟气上升过程中，在6～7m出现第一次分层，上升至11～12m处开始出现第二次分层），故在烟气分层区域设置火灾探测器有利于火灾的早期探测。航站楼主楼区域长为414.5m，宽354.6m，若采用红外光束感烟探测器，则需要在烟气分层区域进行两行探测器的安装，红外光束感烟探测器安装要求间距不大于14m，接收器和发射器之间的距离不大于100m，此方案难以操作，受限较多。原因之一是影响顶棚的美观，分层安装需从顶棚往下安装吊杆；其次顶棚在不同部位悬挂广告牌、引导屏等，对探测器有很大干扰。故设计采用空气采样早期烟雾探测器作为早期探测的预警，安装时探测器主机装设与四层马道夹层上，采样管根据顶棚天花的模数，按8m×8m的间距进行安装，在高于16m的空间采样管沿钢柱往下敷设，每隔3m设置一个采样点，保证16m以下区域至少有两个采样孔设置在开窗或空调对流层下1m处。

本项目高大空间采用双波段图像探测器加空气采样早期烟雾探测器的方式进行保护。如图8所示，采样孔在顶棚天花的拼缝处设置，整个顶部空间美观整洁，即使有遮挡物也不会对火灾探测器的使用效果造成影响。

5　消防设备的联动控制

本工程消防系统多而全、控制逻辑复杂，四层高大空间区域超出国家消防技术标准，属于消防性能化的范围，这些区域不能按常规的防火分区实现联动控制，故需对此区域内的消防设备联动控制要求进行相应的调整。重点讨论以下几个系统：

5.1　门禁释放按钮及消防联动逻辑设置原则

规范要求火灾时消防联动控制器具有打开疏散通道上由门禁系统控制的门的功能。对航站楼这样的特大型建筑，单层面积大，功能复杂，部分区域门禁还涉及安检及安全，一旦火灾时释放所有疏散通道上的门禁，势必带来很大的安全隐患，给航站楼的管理造成极大的难度。经过与消防、航站楼管理部门的沟通，对性能化区域，采用了虚拟防火分区的

图 8　空气采样早期烟雾探测器现场效果图

方式。在虚拟防火分区内，按照功能区域进行设置门禁释放按钮，具体设置原则为：

根据不同楼层、不同功能分区（如指廊区、行李提取大厅、迎客大厅）分为 12 个区域。发生火灾时，释放相应区域的门禁即可，也不会对其他区域造成较大的影响，航站楼管理部门可就以上设置原则制定相应的应急策略。

5.2　FA 系统与行李系统（BHS）的接口及联动关系

在行李系统穿越防火分区处，装设有防火卷帘门。火灾自动报警系统与卷帘门、BHS 的关系如下：

火灾确认后，通过模块将报警信息传递给 BHS 系统的 PLC，然后 PLC 控制 BHS 动作，清空皮带上的行李并停止，把卷帘门可以动作的信号返给火灾报警系统。系统主机得到认可消息后发布命令给卷帘门，卷帘门开始动作，下降到底后，返回信号给 BHS。其他如开、关门请求信号，开、关门到位请求信号等，BHS 系统负责把 BHS 子系统与卷帘门之间的联锁信号线由防火卷帘门控制箱引至 BHS 各子系统的远程 I/O 控制箱处（见图9）。由此可以知道行李系统是不能直接控制卷帘门的，必须要通过与火灾报警系统对接后，间接控制卷帘门，并获得反馈信息。本项目的具体做法为在防火卷帘门控制箱处设置模块箱，内设三只控制/反馈模块，2 只模块用于防火门控制箱，1 只报警并接入行李系统 PLC，完成上述联动功能。

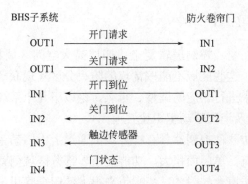

图 9　BHS 系统与防火卷帘门之间的联索信号示意图

施工时注意要求机电安装承包商在消防卷帘门附近提供消防报警信号源接口，从该接口到行李系统 PLC 控制的线缆连接、接口信号连接、控制处理等工作均由行李系统承包人负责。

5.3　超细干粉灭火系统的联动控制

航站楼内设有超细干粉的设备间近 300 间。按照常规做法，超细干粉的联动控制同气体灭火系统，实现此功能必须设置单区气体灭火控制盘、紧急启停按钮、放气信号灯、声光报警器等设备（见图 10）。

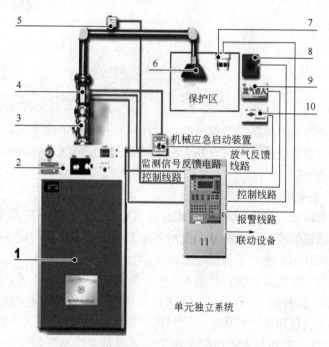

图 10　单区气体灭火联动控制系统图

在本项目中，若超细干粉系统的联动控制也按此方法进行设计和实施，则仅此一项控制系统的设备造价高达 400 多万元。因设备间数量较多，且均为无人值守机房，经过与相关部门的沟通，在满足和功能和现场实施的前提下，设计采用了简化方案：

设计采用一只控制/反馈模块与超细干粉灭火装置的电控阀连接，控制/反馈模块接入火灾自动报警系统中（火灾报警系统主机可显示具体灭火的区域），以此方式实现系统的自动控制；在强弱电间门外设置一只启动按钮，按钮与电控阀通过硬线直接连接，以实现现场手动操作功能。采用此方案，可实现消防控制室对超细干粉系统的远程控制、信号反馈、手自动控制功能，节省造价 300 多万元，也通过了消防部门的验收许可。简化后的超细干粉灭火系统联动控制图如图 11 所示。

6　设计与施工中应注意的问题

6.1　模块的设置

根据规范要求，每个报警区域内的模块宜相对集中设置在本报警区域内的金属模块箱中。但本项目消防设备多、位置比较分散，如果将模块集中设置在配电间内，虽然便于维

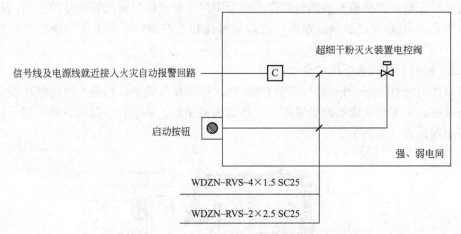

图 11 超细干粉联动控制系统图（简化）

护管理，但出线回路长，提高了工程造价。设计采用相对集中的方式，如在配电间、空调机房等设备间内设置模块箱，同时对联动回路单独设置探测回路和电源线路，可有效节省造价，也便于后期维护。

6.2 消防广播系统

本项目利用航站楼公共/业务广播系统作为火灾应急广播。系统采用 IP 系统广播，设计时应注意广播线缆的选择，光纤及铜缆均要求采用阻燃型线缆，设备需符合国家消防电子产品质量检验的选用标准，能提供检验报告。

根据《火灾自动报警系统设计规范》4.8.8 条要求，火灾确认后，应同时向全楼进行广播。施工单位在实施过程中容易对此条文产生误解，实施时没有按照防火分区/消防联动分区进行编码，仅仅用了七只模块分别对四个指廊、一层、二层、四层进行分区，这不符合规范 4.8.10 条中提到的消防控制室能手动或按预设控制逻辑联动选择广播分区。故设计需明确要求在消防控制室将各个防火分区/消防联动分区的报警信号接入消防广播应急切换装置，实现分区广播，并能在火灾时全楼播放应急广播。

6.3 消防设备的手动控制功能

消防设备的手动控制功能分为两种，一种是采用专用线路直接连接至设置在消防控制室内的消防联动控制器的手动控制盘，实现"硬"性手动功能；另一种是通过消防联动控制器上的按钮实现"软"性手动功能。

采用专用线路实现手动控制方式的设备有：防排烟风机、消防水泵、预作用阀组和快速排气阀前的电动阀、雨淋阀组。

采用消防联动控制器上的按钮实现手动控制方式的设备有：排烟系统、防烟系统中加压送风口、电动档烟垂壁、排烟口、排烟窗、排烟阀，非疏散通道上设置的防火卷帘门、电动窗、门禁系统。故设计时需要提出在消防联动控制器实现以上设备的手动控制功能，以防设备采购和安装时漏掉此部分。

6.4 与其他专业的配合

手动报警按钮、声光报警装置的安装高度，要与装饰专业配合；大空间消防水炮控制盘的安装位置，注意要设置在方便消防管理人员操作，且能观察水炮动作的位置。

6.5 大面积大空间消防联动策略

根据区域功能特点、防火分隔条件等因素合理划分火灾联动控制分区，每个控制分区面积不大于5000m²，标高不同的层分别作为不同的控制分区。

行李用房消防联动分区如图12所示：

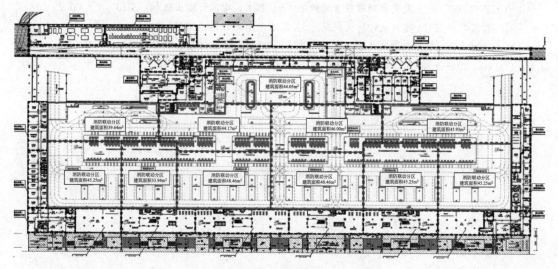

图12 消防联动分区

当火灾发生时，对于联动控制分区的主要控制要求如下：

（1）将与控制分区进行防火分隔的防火卷帘降落到底。

（2）应切断火灾控制区域与消防无关的各种设备电源。

（3）接通火灾区域应急照明及疏散指示照明系统。

（4）紧急广播转入火灾状态，按疏散预案首先通知火灾控制区域人员进行疏散，并逐步通知其他区域。

（5）与防排烟无关的送风机与回风机的联锁关系解除，合用设备和各种风阀转为火灾控制状态。启动防烟分区的风口，并启动排烟风机；与该火灾控制区域内火灾排烟相关的送风机开始动作。

（6）消防电梯待命，电动扶梯立即停止工作。

6.6 消防通信

项目验收阶段，消防部门提出航站楼未设置消防无线通信系统。在航站楼弱电设计中已设置机场公安专用的350M无线通信系统，可作为消防统一指挥、调度的分支，此方案技术上可行，但需要得到消防部门的认可。

7 结束语

航站楼的火灾报警系统是一项比较复杂的系统工程，需要关注的不仅仅只是以上几点，设计及实施的细节更需要注意。在设计大型公共建筑的火灾自动报警系统时，必须进行多方案比较；对超出规范要求的部分，应积极与当地消防部门和专家、运维管理单位加强沟通，做出合理的方案选择；在施工过程中随时根据项目实施情况及时调整。

消防无小事，消防工程关系到国家和人民的生命财产安全，我们每个人都应该引起高度重视。

参考文献

[1] GB 50116—2013 火灾自动报警系统规范 [S]. 北京，中国计划出版社，2013.

[2] GB 50016—2014 建筑设计防火规范 [S]. 北京，中国计划出版社，2014.

[3] GB 50347—2004 干粉灭火系统设计规范 [S]. 北京，中国计划出版社，2014.

[4] DB42 294—2004 超细干粉灭火设计施工规范 [S]. 2004.

35 超高层建筑消防给水系统联动控制设计探讨

摘　要：本文阐述了消防给水系统联动控制设计要点及消防给水泵的启泵控制方式，结合相关新规范和新图集，重点分析了不同类型的超高层建筑消防给水系统及其与火灾自动报警系统的联动控制设计要点，并对新规范及新图集中的一些设计疑点问题进行分析，以供探讨。

关键词：超高层建筑；消防给水系统；联动控制；启泵方式；消防转输泵

0 引言

作为火灾救援的重要设施，消防给水系统的重要性不言而喻，而超高层建筑（建筑高度大于100m）由于高度高，人员相对密集，一旦发生火灾等事故，安全疏散救援难度倍增，所以消防联动及灭火系统的动作可靠性应得到有效保证，为灭火救援提供保障。超高层建筑有多种消防给水系统，应准确把握与之对应的火灾自动报警系统的联动设计，根据系统形式的控制要求，各系统设备特点，进行针对性的设计，才能使各系统做到无缝衔接，准确动作，各司其职。

本文通过阐述消防给水系统联动控制设计要点及消防给水泵的启泵控制方式，结合相关新规范和新图集，将重点分析不同类型的超高层建筑消防给水系统及其与火灾自动报警系统的联动控制设计要点，并对新规范及新图集中的一些设计疑点问题进行分析。

1 消防给水系统报警联动控制设计

1.1 消防给水系统报警联动设计要点

消防给水系统与火灾自动报警及联动控制系统有关联的设施，主要涉及消防给水泵（消火栓泵、喷淋泵等）、消防稳压泵、消防转输泵、消防水池、高位消防水箱（池）、压力开关、消火栓按钮、水流指示器、信号阀、流量开关等，各设施的主要功能，控制要求及报警联动配置如表1所示。

消防给水系统设备及联动控制设计　　　　　　　　　　　　　　　　　　　　表1

消防给水系统设备	作用	联动控制要求	火灾自动报警系统设备配置
水流指示器	喷淋系统中将水流信号转换成电信号的一种报警装置	监视水流指示器的动作和复位状态，将其正常工作状态和动作状态信号上传至消防控制室	输入模块
信号阀	喷淋系统中具有电信号反馈的阀门	监视信号阀门的开启、关闭，将其正常工作状态和动作状态信号上传至消防控制室	输入模块
消火栓按钮	将按钮报警信号上传至消防控制室	显示消火栓按钮的正常工作状态和动作状态及位置等信息	-

消防给水系统设备	作用	联动控制要求	火灾自动报警系统设备配置
压力开关	检测水压并与设定值相比较,在设定点输出开关信号,进行报警及联锁启动消防泵	将压力开关正常工作状态和动作状态信号上传至消防控制室;在消火栓系统及喷淋系统中,出水干管上的压力开关或报警阀压力开关的动作信号作为触发信号联锁启动消防水泵	输入模块
流量开关	检测水量并与设定值相比较,在设定点输出开关信号,进行报警及联锁启动消防泵	将流量开关动作信号上传至消防控制室,并作为触发信号联锁动作于启动消防水泵,有稳压泵的消防管路中流量开关仅动作于报警	输入模块
消防水池	火灾消防供水水源	消防水池就地水位显示,同时消控室也能显示消防水池水位,能进行最高和最低水位报警	输入模块
高位水箱(池)	初期火灾消防供水水源	能进行最高和最低水位报警,高压消防给水系统中,低水位和次低水位可联锁动作于向水池供水的转输水泵	输入模块
消防稳压泵	联合供水系统中,保证管网处于充满水的状态,并保证管网内的压力	将稳压泵启、停动作信号上传至消防控制室,由稳压装置压力控制器自动控制稳压泵启、停。应能显示稳压泵电源工作状态和故障报警信息	输入模块,稳压泵消防电源监控模块
消防转输泵	将低区消防水源加压引至高区消防水箱(池)中	消控室能显示消防转输泵的启、停状态和故障状态,应能手动和联动控制消防转输泵启、停,并显示其动作反馈信号。消防水泵控制柜在平时应使消防水泵处于自动启泵状态;消防水泵不应设置自动停泵的控制功能,停泵应由具有管理权的工作人员根据火灾扑救情况确定。应能显示消防泵电源的工作状态和故障报警信息。由上一级消防给水泵(或转输泵)启泵信号联锁逐级启动	输入/输出模块,消防泵消防电源监控模块
消防给水泵	将消防水源中的水加压,以满足灭火时对水压和水量的要求	消控室能显示消防水泵的启、停状态和故障状态,应能手动和联动控制消防水泵启、停,并显示其动作反馈信号。消防水泵控制柜在平时应使消防水泵处于自动启泵状态;消防水泵不应设置自动停泵的控制功能,停泵应由具有管理权的工作人员根据火灾扑救情况确定。消防水泵出水干管上设置的压力开关、高位消防水箱出水管上的流量开关,或报警阀压力开关等信号应能直接自动启动消防水泵。应能显示消防泵电源的工作状态和故障报警信息	输入/输出模块,消防泵消防电源监控模块

1.2 消防给水系统启泵方式

消防给水泵启泵信号的配置包含手动和自动两种状态,消防水泵控制柜在平时应使消防水泵处于自动启泵状态。如图1所示,为消防给水系统启泵方式,其中联动控制不应受消防联动控制器处于自动或手动状态影响。

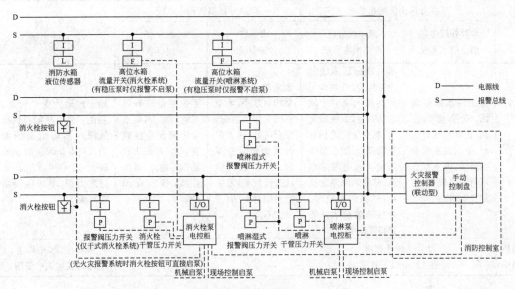

图 1　消防给水系统启泵方式

2　超高层消防给水系统及其报警联动控制要点

2.1　超高层常用消防给水方式

如何有效发挥超高层建筑消防给水系统的作用，实现消防给水系统与火灾自动报警系统的互联互通，准确动作，需要电气设计人员对工程项目的消防给水系统有一个全面的认识和深度的了解。针对国内大多数超高层建筑室内消防给水系统，并结合近年实施的规范《火灾自动报警系统设计规范》GB 50116—2013（以下简称"《报警规范》"）、《消防给水及消火栓系统技术规范》GB 50974—2014（以下简称"《消火栓规范》"）、《自动喷水灭火系统设计规范》GB 50084—2017（以下简称"《喷淋规范》"），及新图集《常用水泵控制电路图》16D303-3 相关内容（以下简称"《水泵控制图集》"），对超高层建筑中主要的几种消防给水方式及其报警联动控制设计要点进行介绍和分析（表 2）。

超高层建筑中主要的几种消防给水方式及特点　　　　　　　表 2

	并联分区消防给水系统		串联分区消防给水系统		重力式消防给水系统
	水泵并联分区消防给水系统	减压阀分区消防给水系统	水泵转输串联	水泵直接串联	
特点	高、低区设有独立的消防给水泵及水泵接合器等	高、低区共用一组消防给水泵，低区采用减压阀减压供水	利用中间转输水箱及转输泵逐级把消防水源提升至高区以满足消防用水要求	与转输串联形式相似，只不过高区是直接从下一级水泵的供水管上吸水，而不是从中间转输水箱吸水	建筑物最高处设置高位消防水池，水池的水以重力方式向以下各消防给水分区减压供水，要求消防水池有效容积能满足建筑在火灾延续时间内室内消防总用水量

	并联分区消防给水系统		串联分区消防给水系统		重力式消防给水系统
	水泵并联分区消防给水系统	减压阀分区消防给水系统	水泵转输串联	水泵直接串联	
优缺点	系统供水简单清晰，安全可靠性高，控制系统较简单；缺点是水泵台数略多，因此泵房所需面积较大，初期投资略高	有并联分区系统的全部优点，并减少了消防给水泵和中间水箱数量，系统较简洁，减少泵房面积和初期投资，缺点是减压阀失效会带来串压问题，影响系统运行，另消防泵故障，全楼消防给水系统都将受影响	该系统消防给水泵功率较小，系统管网工作压力低，安全可靠，缺点是各区均要设置泵房，占地较多，因此造价较高，系统控制相对复杂，安全性不高	系统稳定性和可靠性较差，需要水泵之间配合度较高，存在水泵出水扬程不稳定，逐级叠加，超压现象严重	该方式最为安全可靠，避免了供电故障和机械故障对消防给水的影响。缺点是因消防水池较大，需占用顶层较多建筑面积，增加顶层结构荷载
适用范围	适用于供水高度在120m以下建筑		适用于各种超高层建筑		推荐在300m以上超高层建筑中使用

2.2 并联分区消防给水系统联动控制

如图2和图3所示，低区着火时，火灾初期消防供水由高位消防水箱减压供水，等水箱水压降到一定值，此时由流量开关先于低区消防泵出水干管压力开关动作于启动低区消防水泵加压供水，对于减压阀并联分区系统，由流量开关启动全楼共用消防水泵，两种系统启泵方式均满足图1要求；高区着火时，火灾初期消防供水由屋顶消防稳压系统压力控制器联锁启动稳压泵供水，流量开关动作于报警，待水箱水压下降到一定值后，由消防泵出水干管压力开关启动高区消防水泵，其启泵方式满足图1要求。

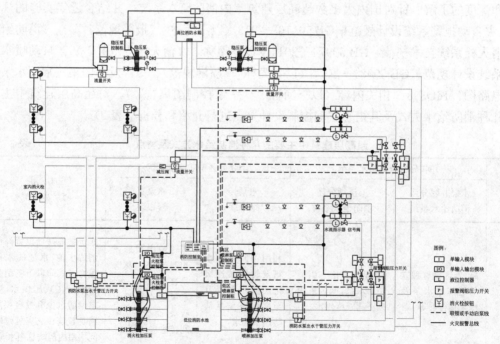

图2 并联分区消防给水系统及报警联动控制示例

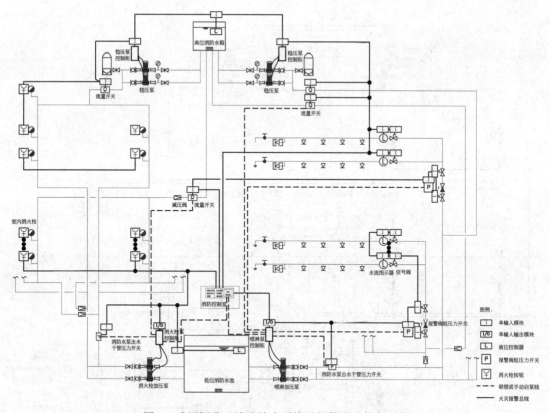

图 3　减压阀分区消防给水系统及报警联动控制示例

2.3　串联分区消防给水系统联动控制

如图 4 所示，低区着火时，火灾初期由中间设备层转输水箱（兼低区高位消防水箱）供水，等水箱水压降到一定值，因无稳压装置，此时由流量开关先于低区消防泵出水干管压力开关动作于启动低区消防水泵，低区转输水泵不启动，启泵方式均满足图 1 要求。

高区着火时，火灾初期消防供水由屋顶消防稳压装置压力控制器联锁启动稳压泵供水，流量开关仅动作于报警，待水箱水压下降到一定值后，由中间设备层高区消防泵出水干管压力开关启动高区消防水泵，同时由高区消火栓泵或喷淋泵任一台动作信号联锁启动低区对应的一台转输泵，当消火栓泵和喷淋泵同时启动时，启动低区两台转输泵，每组转输水泵需要设置两个联动模块及两组消控室手动多线控制，以确保两台转输水泵分别对应于消火栓和自喷系统，将低区消防水池水源提升至转输水箱。

2.4　重力式消防给水系统联动控制

如图 5 所示，中、低区着火时，由中间设备层减压水箱向着火区减压供水，消防管路流量开关或报警阀组压力开关动作于启动最上一级给屋顶消防水池供水的消防转输泵，再由该泵联锁以下各级转输水泵逐级启动，将低区消防水池水源提升至屋顶消防水池，再由屋顶水池逐级给下面各区消防减压水箱供水；顶部高区着火时，火灾初期消防供水由屋顶消防稳压装置压力控制器联锁启动稳压泵供水，流量开关仅动作于报警，待水箱水压下降到一定值后，由屋顶消防给水泵出水干管压力开关启动高区消防给水泵，消防给水泵启泵

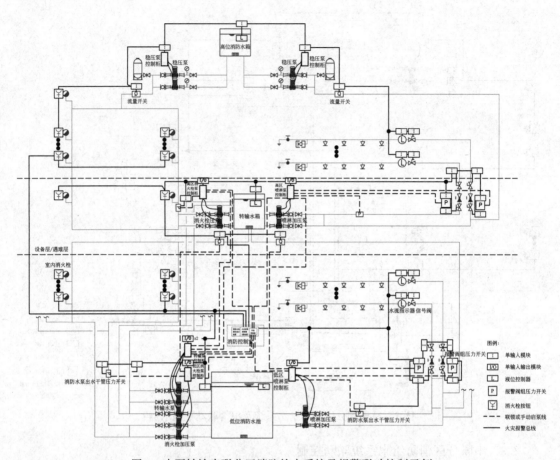

图 4　水泵转输串联分区消防给水系统及报警联动控制示例

信号作为触发信号联锁启动最上一级转输泵，再由该泵联锁以下各级转输水泵逐级启动，将低区消防水池水源提升至屋顶消防水池，每组转输水泵需要设置两个联动模块及两组消控室手动多线控制，以确保两台转输水泵分别对应于消火栓和自喷系统。

以上介绍了超高层建筑中应用较为广泛的几种消防给水系统及其报警联动控制要点，通常超高层建筑消防给水系统都是几种给水方式进行组合，针对不同类型的超高层消防给水系统，应根据消防给水系统的动作原理，设计与之配套的报警联动控制，使消防给水系统运行通畅，关键时刻不误动、不拒动。

3　消防给水系统报警联动设计新规及新图集疑点分析

《报警规范》《消火栓规范》《喷淋规范》《水泵控制图集》陆续颁布实施，其条文中对消防给水系统报警联动控制设计，部分条款及图集内容存在疑点和出入，主要对以下几点内容进行分析，以供探讨。

1）针对"喷淋系统的启泵方式，新规范和新图集不符"的问题

《报警规范》第4.2.1条第1款联动控制方式仅规定由湿式报警阀压力开关动作信号直接控制启泵，《喷淋规范》第11.0.1条第1款联动控制方式规定由消防水泵出水干管上设置的压力开关、高位消防水箱出水管上的流量开关和湿式报警阀组压力开关动作信号直

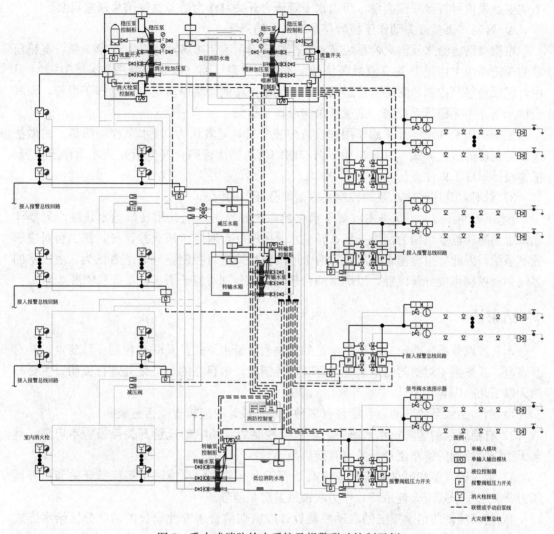

图5　重力式消防给水系统及报警联动控制示例

接控制启泵，而《水泵控制图集》相关内容其联动控制方式也仅由湿式报警阀组压力开关动作信号直接控制启泵。按规范正式实施日期来看，喷淋泵的启泵方式应以《喷淋规范》为准。

所以，笔者认为，喷淋系统的启泵方式应有7种：①火灾自动报警系统联动控制启泵；②喷淋泵出水干管压力开关联锁启泵；③喷淋系统湿式报警阀压力开关联锁启泵；④喷淋泵控制柜机械启泵；⑤喷淋泵控制柜手动控制启泵；⑥消防控制室多线手动控制启泵；⑦喷淋系统流量开关联锁启泵，各控制方式见图1。在此强调指出，对于有稳压泵控制的喷淋系统，其流量开关仅动作于报警，而不直接启泵。

对超高层建筑，高区消防给水泵出水干管压力开关因水流变化而动作较流量开关灵敏，宜作为主要触发信号联锁启泵，而流量开关可作为后备触发信号联锁启泵，对于流量开关设置较多且距水泵控制柜较远的场合，可只报警不启泵，以节省管线。

而低区流量开关因水流变化较水泵出水干管压力开关动作灵敏，此时应以流量开关作为主要触发信号直接联锁启泵,而出水干管压力开关可作为后备触发信号联索启泵。

2)针对"流量开关动作于报警还是启泵"的问题

根据《消防给水及消火栓系统技术规范规》图示图集 15S909 第 90 页第 5 条:有稳压泵的消防系统中流量开关只做报警信号,不直接启泵。而《水泵控制图集》293～294 页中,屋顶稳压泵控制消防供水管路只有顶部区域,在此管路中流量开关动作于报警,而其余供水管路中无稳压泵控制,流量开关均动作于启泵。

根据稳压泵和流量开关的作用和设置位置分析,笔者认为,《水泵控制图集》的做法应该是正确的表达方式,只有在稳压泵控制的消防供水管路,其流量开关才动作于报警,报警设计时应予以注意。

3)针对"共用转输水泵的控制是否需要分开"的问题

《水泵控制图集》299 页中,对于消火栓系统和喷淋系统共用转输给水设施,需要注意每组消防转输水泵均为两用一备,转输水泵的第一台对应于消火栓系统,第二台对应于喷淋系统,因此每组转输水泵需设置两个联动模块来进行控制,同时笔者认为,消控室的多线手动控制也应分开设置,以确保两台转输水泵分别对应于消火栓系统和喷淋系统。

4   结束语

本文重点分析目前超高层建筑常见的几种消防给水方式及其联动控制设计要点,并对新规范、新图集中对消防给水系统报警联动控制设计中存在的分歧之处进行说明,主要归纳为以下几点内容:

1)消防给水泵的联动触发信号有多种方式,设计时应核查是否有缺漏。

2)有稳压泵的消防给水系统中,稳压泵控制的管路中的流量开关仅报警不启泵,其余无稳压泵控制的管路流量开关可直接启泵。

3)消火栓系统和喷淋系统都应含有干管压力开关、屋顶消防水箱流量开关和报警阀压力开关(仅干式消火栓系统)作为联锁触发启泵信号。

4)超高层消防给水系统的联动控制设计应密切结合水专业设计的消防分区给水方式及控制要求进行针对性的设计。

参考文献

[1] 李蔚.建筑电气设计关键技术措施与问题分析 [M].北京:中国建筑工业出版社,2016.

[2] 胡峻,冯晓良.超限高层建筑消防给水系统的联动控制 [J].湖北土建,2015:153-158.

[3] 孙明利,潘硕,郑克白.超高层建筑消防给水系统可靠性探讨 [A].全国第一届超高层建筑消防学术会议论文集.2014:62-69.

[4] 衣兰凯,赵乐乐,李志刚.消防水泵启泵方式及设计存在的问题探讨 [J].给水排水,2017,42(6):137-140.

[5] GB 50116—2013 火灾自动报警系统设计规范 [S].北京:中国计划出版社,2013.

[6] 16D303-3 常用水泵控制电路图 [S].北京:中国计划出版社,2016.

[7] 李蔚.建筑电气设计常见及疑难问题解析 [M].北京:中国建筑工业出版社,2010.

[8] 李蔚.建筑电气设计要点难点指导与案例剖析 [M].北京:中国建筑工业出版社,2012.

36 火灾自动报警系统中环形与树形总线形式优缺点探讨

摘　要：本文通过对我国火灾自动报警系统环形总线和树形总线的分类、总线短路隔离器的作用以及接线方式的分析，总结了两种总线结构的优缺点及适用范围。

关键词：环形总线；树形总线；总线短路隔离器；火灾自动报警系统

0　引言

火灾自动报警系统中，其探测报警系统主要由触发装置（火灾探测器、手动报警按钮）、报警装置（声、光警报器、消防应急广播）及火灾报警控制器组成。火灾探测器、手动报警按钮通过报警总线与火灾报警控制器连接，火灾报警控制器通过对探测器上传的报警信息进行分析、运算和处理后，确认火警信号，发出报警及联动控制指令。因此，火灾报警控制器相当于火灾自动报警系统的大脑，而报警总线相当于系统的神经网络。而该系统的稳定性和可靠性不仅取决于首端火灾报警控制器以及末端探测器、警报器的性能，还取决于报警总线是否可靠。

目前，国内报警总线主要采用二线制，总线形式主要为环形和树形形式两种，本文就两种形式的优缺点进行一些探讨。

1　火灾自动报警系统总线分类

美国国家消防协会（NFPA）编制的火灾报警规范《National Fire Alarm and Signaling Code》将系统总线分为了六类：Class A、Class B、Class C、Class D 及 Class E，美国国家消防协会（NFPA）对这六类总线形式的定义如表 1 所示。

火灾自动报警系统总线分类　　　　　　　　　　　　　表 1

总线类别	总线需满足条件		
Class A	包含一个冗余路径	断路时可以继续工作，并返回信号	单根线接地时，能产生一个故障信号
Class B	不包含冗余路径	断路时，无法工作	单根线接地时，能产生一个故障信号
Class C	包含一到多个通信路径，通过端到端的通信来验证总线的可靠性		
Class D	具有故障保护功能，在通信异常时，可以继续工作		
Class E	不具有监控功能		
Class X	包含一个冗余路径	断路时可以继续工作，并返回信号	单根线接地时可以继续工作，并返回信号

根据美国国家消防协会（NFPA）的定义，Class A 总线具有冗余路径，断路时可以产生一个故障信号；Class B 总线没有冗余路径，断路时总线功能消失；Class C 总线包含

一到多个通信路径，通过端到端的通信来验证总线的可靠性；Class D 总线具有故障保护功能，在通信异常时可以继续工作；Class E 总线为定义为不具有监控功能的总线；Class X 总线与 Class A 类似，但是它在断路和短路故障时均需要维持正常工作，并返回故障信号。

　　根据以上定义，我们目前主要应用的两种总线形式，环形总线和树形总线就是 Class A 与 Class B 总线，前者总线具有冗余路径，在总线断路时可以产生一个总线故障信号；后者总线不具有冗余路径，在总线断路时总线功能消失。两类总线形式在总线异常，影响总线正常运行时，都需要产生一个故障信号。

2　环形总线与树形总线形式

2.1　树形总线

　　目前国内项目中比较常用的为树形形式，该形式将回路中的探测器、警报器、联动模块等依次通过总线与火灾报警控制器相连，通常在干线中具有分支，如图 1 所示。

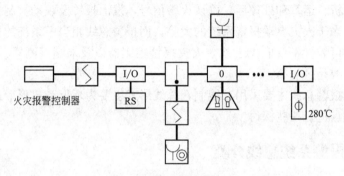

图 1　树形总线连接方式

　　该总线形式在总线某处发生开路故障时，该故障点后部的所有设备与火灾报警控制器断开，失去与火灾报警控制器的通信。而在总线某一点发生短路或接地故障时，整个回路电压降低，也会失去与控制器的通信，在情况严重时将烧毁主机接口，影响整个控制器的工作。因此树形接法通常会在首端设置一处短路隔离器，以免某个回路发生短路故障时，影响整个系统正常运行。

2.2　环形总线

　　环形接法是将回路中的探测器、报警器、联动模块等依次通过总线与火灾报警控制器相连，并最终返回火灾报警控制器，形成一个环形通路，通常在干线中没有分支，如图 2 所示。

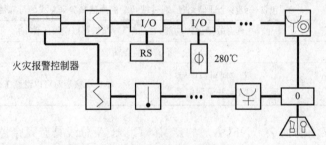

图 2　环形总线连接方式

该总线形式双向都可以传输信号，提供了一条冗余的传输路径，因此在总线任一点发生开路故障时，不会影响整个回路的正常运行。在总线某一点短路时，线路首末两端的短路隔离器断开整个回路，以免影响整个系统的正常运行。

通过上述两种形式的比较可知，任何一种形式，在发生短路故障时，整个回路都无法正常工作。

3　总线短路隔离器的作用与接线

针对以上问题，《火灾自动报警系统设计规范》GB 50116—2013 对系统总线上设置总线短路隔离器做了详细要求"3.1.6 系统总线上应设置总线短路隔离器，每只总线短路隔离器保护的火灾探测器、手动火灾报警按钮和模块等消防设备的总数不应超过 32 点；总线穿越防火分区时，应在穿越处设置总线短路隔离器"。通过设置总线短路隔离器，在发生短路故障时立即切断故障部分，尽可能保障整个系统的功能不受影响。

这里需要说明的是，树形总线短路隔离器产品和环形总线短路隔离器产品是不一样的，两者不可通用。

下文将通过几张接线图来说明树形和环形结构总线断路器产品的接线形式。

（1）如图 3 所示，为某树形报警总线短路隔离器接线示意图。

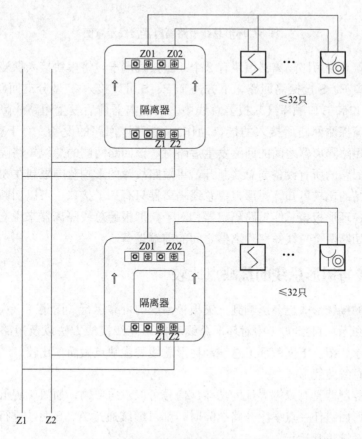

图 3　树形总线短路隔离器接线示意图

图 3 中，总线短路隔离器的 Z1、Z2 为信号二总线输入端子，Z01、Z02 为信号二总线输出端子，动作电流为 100mA。树形报警总线短路隔离器分别并联接入报警总线上，当其中一个总线短路隔离器后的回路发生短路时，该总线短路隔离器动作，将该故障回路的所有设备与报警总线断开，将短路故障影响的范围限制在 32 个点位以内。

（2）如图 4 所示，为某环形报警总线短路隔离器接线示意图。

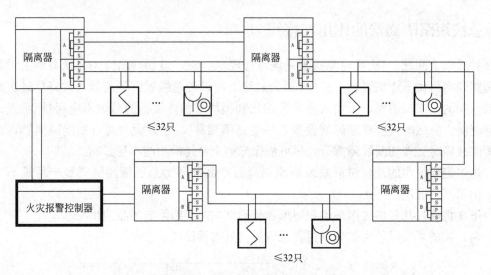

图 4　环形总线短路隔离器接线示意图

该环形报警总线短路隔离器模块有 2 个 4 路接线端子，将模块接入探测总线。其中 A 口上方两个端口 P、S 接探测回路，下方两个 P、S 可以接入 T 型分支回路或者不接，B 口同 A 口。A 口和 B 口顺序接入报警总线中，当隔离器前后发生短路故障时，该隔离器都会动作（故障探测回路所接入的接口动作），断开该回路的设备。对于整个回路来说，当某两个总线短路隔离器之间的回路发生短路时，该回路两侧的总线短路隔离器会同时动作，将该故障回路的所有设备与总线断开，将短路故障的影响范围限制在 32 个点位以内。

由两种产品的比较可知，树形报警总线隔离器只有一个接口，可以切断隔离器所带分支回路的设备；环形报警总线短路隔离器相对于树形报警总线隔离器来说有两个接口，可以分别动作，切断两个总线短路隔离器之间的前端设备。

4　环形总线与树形总线的优缺点比较

报警总线的接线形式也会影响到火灾报警系统的可靠运行，图集《〈火灾自动报警系统设计规范〉图示》14X505-1 中对环形总线和树形总线接线方法以及短路隔离器的设置都有详细的图示介绍。下面就环形总线和树形总线的优缺点做简单比较。

（1）环形总线接线形式

火灾报警控制器具有双端寻址的功能、信号可以双向传输，如图 5 所示。

在整个环形回路任一点发生开路故障时，都可继续通过 A、B 两端进行通信，以免通信中断，影响系统正常运行。

在环形回路任一点发生短路时，短路点两端的总线短路隔离器动作，系统会隔离这一

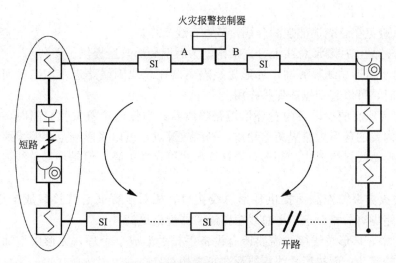

图 5　环形总线形式两端通信

部分设备，保障其他线路现场设备正常工作，将系统受故障影响范围降低到最小；同时可以通过隔离器动作位置，迅速查找线路故障点。

（2）树形总线接线形式

火灾报警控制器只有单端寻址方式，如图 6 所示。

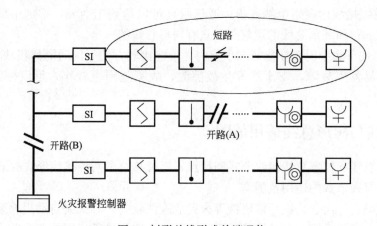

图 6　树形总线形式单端通信

在树形回路分支上发生开路时，开路（A）后的部分设备将失去与火灾报警控制器的通信，当开路发生在树形回路干线上时，开路（B）后的设备全部失去与火灾报警控制器的通信，影响范围较大。

在树形回路分支上发生短路时，该分支上的总线短路隔离器动作，系统隔离这一部分设备。但是当树形回路总线上发生短路时，则整个回路全部设备均无法正常工作，且无法定位故障点，有悖于总线短路隔离器设置的初衷。

（3）优缺点比较

综上所述，环形总线接线形式有如下优点：

① 在总线任意处开路时，可以保证线路的安全，主干线短路时也可以保证回路中所

有现场设备正常工作。

② 可以避免在总线根部强制分线，节省布线工作量。

③ 部分产品支持环形总线上分支结构，为后期局部改造提供了便利。

④ 相对于树形总线隔离器，环形总线隔离器在总线因线路进水、绝缘问题导致总线间阻抗异常时，可以起到隔离保护作用。

⑤ 可以为所有前端设备内置环形短路隔离器，当任何位置发生故障时，故障点两侧的前端设备内置的环形短路隔离器动作，隔离故障点，可以将影响范围缩减到最小。

相对树形总线接线形式，环形总线接线形式可靠性更高。但是环形总线接线形式也有以下缺点：

① 需要火灾报警控制器提供环形总线接口，相对于普通总线接口成本更高。同时，环形总线短路隔离器相对于树形总线短路隔离器价格更高。

② 施工中，环形总线接线需要所有设备手拉手形成一个环，无形中增加了线路的长度，布线比较复杂；而树形总线接线形式布线相对自由。

③ 环形总线接线形式为双向通信，相对于树形总线传输距离较短。

而相对于环形总线接线形式，树形总线接线形式的优点主要有：

① 只需要普通总线接口和总线短路隔离器，相对于环形接线形式，成本约低 20% 左右。

② 树形接线形式布线自由，可以在干线上分支，方便现场施工和后期改造。

③ 树形总线接线形式为单端通信，通信距离可以达到 1500m，增加中继模块可将信号延长至 3000m；而环形总线的通信距离只有树形总线的一半。

④ 隔离模块可集中设置在接线端子箱内，检修比较方便。同时隔离模块集中设置时，干线较短，不易发生故障，支干线发生故障时，故障范围也较小，可以控制在 32 个点位内。

5 环形总线与树形总线适用范围

根据环形总线和树形总线接线形式和特点，笔者总结了两种接线形式的适用范围。

（1）树形接线形式的适用范围

对于大型酒店、商业、机场候机楼等火灾危险性较大，对火灾自动报警系统可靠性要求较高的场所，建议采用环形总线接线形式。而且，这些场所每层或每个防火分区面积较大，比较容易成环，相对普通树形接线形式需要的线缆长度增加不大。

（2）环形接线形式的适用范围

在欧洲、北美、南美等市场，目前只接受环形总线的消防报警系统，会明确提出火灾报警控制器必须提供环形总线接口。而且，根据公安部发布的《建筑高度大于 250m 民用建筑防火设计加强性技术要求（试行）》（公消〔2018〕57 号），第二十三条也明确提出，火灾自动报警系统的消防联动控制总线应采用环形结构。因此我国建筑高度大于 250m 的民用建筑，也必须采用环形总线接线形式。

对于住宅、办公等火灾危险性相对较小的场所，每层面积较小，特别是住宅建筑，除超高层住宅外，只需要在公共部位设置火灾自动报警系统，布线不易成环，采用环形接线形式比较浪费，因此建议采用树形总线接线形式，可以节约成本。

　　由于采用树形总线接线形式在主干线路发生开路或者短路时影响范围较大，笔者建议，可将树形总线隔离模块集中设置在接线端子箱内，各树形总线隔离器再放射至各前端设备，减少主干线路的敷设长度和范围，虽然会增加总线电缆的长度，增加成本，但是可以有效减小主干线路故障的概率，增加系统可靠性。

6　结束语

　　对于火灾自动报警系统总线形式，目前国内产品主要以树形结构为主，设计师也多习惯于设计树形结构。但是随着越来越多的国外消防报警品牌的引入，这些品牌大多可以提供兼容环形总线和树形总线的接口。而国内产品也开始提供环形总线结构的工程解决方案，推出了环形总线接口和环形总线隔离模块等产品。国内一些特殊场所（如大型联索酒店等）咨询公司也会提出环形总线结构要求，特别是公安部对建筑高度大于 250m 民用建筑必须采用环形总线结构的要求，对国内厂家和设计师提出了新的要求。

　　相信随着国内消防报警厂家研发能力和设计能力不断增强，业主对火灾自动报警系统稳定性及可靠性的要求不断提高，环形总线产品也会越来越普及，设计师应根据不同工程的性质以及业主方需求等因素，选择合适的系统形式。

参考文献

　　[1] NFPA. NFPA 72：2016 National Fire Alarm and Signaling Code.

　　[2] GB 50116—2013 火灾自动报警系统设计规范 [S]. 北京：中国计划出版社，2014.

　　[3] 常立强. 总线短路隔离器的设计——解读《〈火灾自动报警系统设计规范〉图示》[J]. 建筑电气，2014，33（9）：27-30.

　　[4] 万跃敏. 火灾自动报警系统环形总线设计应用 [J]. 建筑电气，2015，34（3）：13-17.

　　[5] 14X505-1《火灾自动报警系统设计规范》图示 [S]. 北京：中国计划出版社，2014.

37　消防水泵工频巡检的一种设计思路

摘　要： 目前市场上大多数消防巡检设备均是利用变频器实现低频巡检以达到巡检水泵电机的目的的，本文从常用水泵控制电路图二次控制原理出发，提出一种工频巡检的新的设计思路，以实现对整个消防系统的全面巡检。

关键词： 消防巡检；工频巡检；控制电路；泄压旁路；消防电源监控系统

0　引言

随着建筑规模的不断扩大以及复杂程度的逐渐增加，建筑消防成了一个需要不断完善进步的学科。一直以来，消防给水系统普遍存在着一个问题：在建筑发生火灾时，很多消防水泵在接到火灾自动报警系统发出的联动控制信号及手动多线控制信号后不能顺利启动，延误了灭火时机，给人们的生命安全和财产造成了极大的危害。究其原因，主要是消防水泵在平时无火情时不工作，在长时间下处于泵房潮湿的环境，水泵电机极易出现锈蚀、锈死现象，此外，控制系统及消防给水管路、阀门的故障在平时未得到发现、解除也是一个不容忽视的原因。针对上述情况，有必要在平时对消防给水系统进行周期性的全面巡检，以保证消防水泵的机械性能和电气性能始终处于良好状态。

《固定消防给水设备 第1部分：消防气压给水设备》GB 27898.1—2011 第5章内容对固定消防给水设备的控制要求做了描述，属于强制执行部分，其中均提到了对消防水泵的巡检要求；《消防给水及消火栓系统技术规范》GB 50974—2014 在第12.2.7.3章节中，提出消防水泵控制柜面板应设置巡检状况显示，在第13.1.10.4章节中，再次提出水泵控制柜应有自动巡检功能，并对巡检内容给出说明，在第11.0.16章节，给巡检功能做出了最基本的描述。由此可见，消防水泵需要进行定期巡检，实时反馈巡检状态。

1　传统低频巡检系统的弊端

伴随着建筑消防问题的日益突出及人们防火意识的逐渐加强，消防巡检系统也逐渐纳入到了消防配电系统中。然而目前行业内很多消防巡检设备均是利用配电旁路加变频器的工作原理对消防水泵进行巡检，这种短时间低频、低转速的自启动巡检方式虽然可以大大降低火灾发生时因水泵电机不能正常运行而造成的人们生命财产危害，但是，水泵电机仅仅是消防水系统的动力机构。

除水泵电机外，整个消防供水系统还应包括：消防电源装置（为系统提供电源），消防水泵配电、控制装置（为确保消防水泵能正常运行所设置的控制线路、器件），消防管网阀门、开关表计等附件（为确保以正常水压不断地为消火栓、喷淋供水），任一部件都不可或缺。所以，仅对消防水泵电机进行定期巡检，而不同时对电源、配电控制系统和阀门管网进行巡检，当出现火情时，即使水泵电机完好无损，仍然可能因电源、控制系统或阀门管网的故障导致整个消防灭火供水系统不能正常投入工作。

2　工频巡检电路设计思路

　　针对目前市场上大多数消防巡检设备都只是定期巡检了水泵电机，而控制系统和阀门管网水压等都没有纳入巡检范围的情况，笔者认为，有必要改进巡检思路，扩大巡检范围，做到在平时非火情时定期全面巡检，彻底消除安全隐患。

　　因此，基于上述问题，笔者在国家建筑标准设计图集《常用水泵控制电路图》16D303-3典型设计的基础上增加了巡检功能，通过对消防水泵控制原理的修改以实现非火情时的定期自动工频巡检，同时对消防水系统泄压旁路的合理利用保证了工频巡检过程中的超压问题，最后再辅以消防电源监控系统的实时运行电压、电流检测，以保证整个消防水系统可靠运行。

　　此处仅就消防水泵全压启动修改举例，其余启动方式类似；工频巡检流程原理图、一次配电主回路及消防水泵控制电路图分别如图1～图3所示。

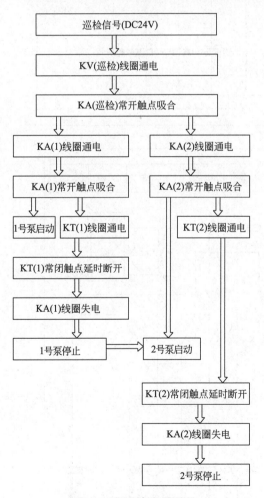

图1　工频巡检流程原理

说明：1.本图以SAC打在右边为例，用1号泵备2号泵。

2.采用电子式时间继电器，备泵延时时间=2×主泵延时间。

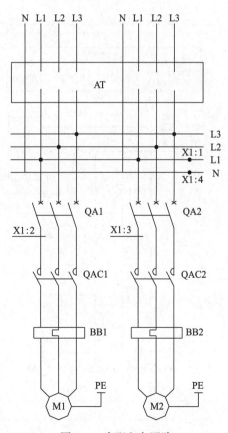

图2　一次配电主回路

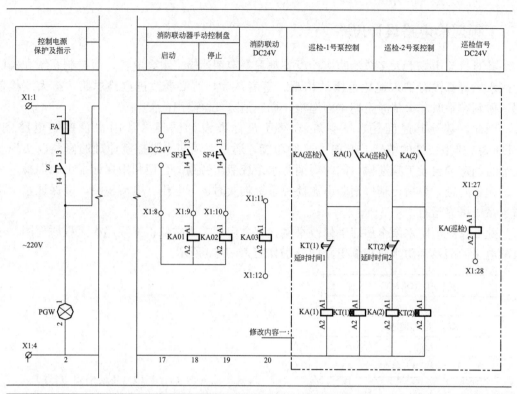

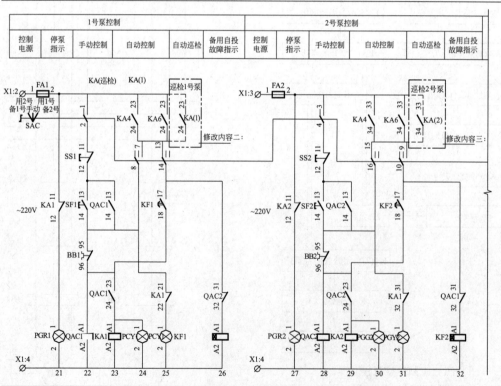

图 3　消防水泵控制电路图

注：图中框选区域为本次修改位置，其余部分为图集《常用水泵控制电路图》16D303-3 内容。

3　消防给水系统泄压旁路的合理利用

巡检过程中，消防水泵工频运行，水泵出水，然而此时为模拟火情，消防给水管路系统此时为一封闭系统，为防止消防水路系统官网超压，必须考虑防超压问题。给水排水专业在消防给水系统中设置了泄压旁路系统（图4），旁路泄压阀压力设定为水泵扬程的1.2倍，当巡检过程中管网压力达到该设定值时，泄压阀打开，消防水回流至消防水池。通过对消防水系统泄压旁路的合理利用，完全可以做到水泵工频运行而不破坏末端消防官网设施，达到全面巡检水泵电机、各管道阀门、开关表计的目的，使得消防给水系统一直维持在正常待命的状态。

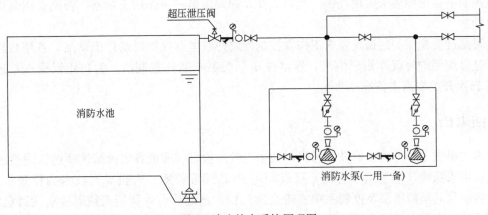

图4　消防给水系统原理图

4　消防电源监控系统的有机结合

根据消防设计要求，在设置有消防给水系统的项目中必须设置消防电源监控系统。工频巡检过程中，通过消防电源监控系统同时对消防水泵配电回路侧的电压、电流进行实时监控，将监控信号返回至消防控制室的监控主机。消防电源监控系统实时记录电压和电流信息，并通过通信线传送至火灾报警系统的图形显示装置，实时显示其动态信息，运维人员亦可以通过该数据更好地掌握系统状态，同时也能为故障排除提供强力帮助。

5　巡检信号来源

巡检信号从消防控制室发出，可以利用火灾自动报警系统增加巡检功能信号，利用火灾自动报警联动系统总线定期定时发送巡检启泵信号；也可以由专用设备定期定时发出巡检信号；然而不管哪种信号发出方式均要求具备手动发出指令的功能。另外，通过火灾自动报警主机功能实现火警信号优先级大于巡检信号，火情发生时，巡检会自动退出。

6　消防设备过载保护的正确设置

对于消防风机、消防补风机、正压送风机等无备用风机的消防设备，不宜装设过负荷保护，当装设过负荷保护时应仅动作于信号。

对于设有固定备用泵的消防泵类等设备，其工作泵的过负荷保护应作用于跳闸，备用泵过负荷保护时应仅动作于信号。

以上论述为消防设备过负荷保护的设置原则，过负荷保护作用于跳闸或者信号是由控制回路的热继电器完成的，而不是由主回路断路器完成。并且为了防止电动机轴封锈蚀，发生堵转导致启动过程中的断路器意外跳闸，所以回路的断路器不设过负荷保护。

7 需要改进的方面

《常用水泵控制电路图》16D303-3 中关于有备用机组的消防水泵控制系统都配置了 SAC 手动选择开关，通过操作 SAC 选择开关可以任意设定两台泵主备关系，并且主备泵通过热继电器辅助触头实现互锁，所以工作泵热继电器必须作用于跳闸，否则备用泵将无法启动。

可是过负荷保护的设置要求工作泵控制回路热继电器保护时动作于跳闸，备用泵热继电器过负荷保护时仅作用于信号，所以主备泵关系不能任意调换，为防止误操作，建议 SAC 转换开关取消主备选择功能。

8 结束语

本文提供了一种巡检的设计思路，利用工频巡检可以模拟真实火情达到巡检完整的消防灭火供水系统，基于这个思路，可以利用 PLC 编程技术、人机界面技术为控制核心，通过智能化对消防水泵及控制系统实现全面巡检。该巡检设计利用工频巡检实现对电源、控制系统、水泵电机、水系统管路阀门的系统全面监测，以及建筑物已设置的消防电源监控系统及火灾自动报警系统，有助于降低消防设备运维成本。对于设有固定备用泵的消防泵类等设备，其工作泵的过负荷保护应作用于跳闸，备用泵过负荷保护时应仅动作于信号；工频巡检的缺点是由于泵组工频运行，较低频巡检运行需要消耗较多的电能。

参考文献

[1] GB 50055—2011 通用用电设备配电设计规范 [S]. 北京：中国计划出版社，2016.

[2] JGJ 16—2008 民用建筑电气设计规范 [S]. 北京：中国建筑工业出版社，2008.

[3] GB 50974—2014 消防给水及消火栓系统技术规范 [S]. 北京：中国计划出版社，2014.

[4] GB 27898.1—2011 固定消防给水设备 [S]. 北京：中国标准出版社，2011.

[5] 16D303-3 常用水泵控制电路图 [S]. 北京：中国计划出版社，2016.

[6] 李蔚. 建筑电气设计关键技术措施与问题分析 [M]. 北京：中国建筑工业出版社，2016.

38 谈联动电动阀取代消防水泵巡检柜的可行性

摘 要：公安部颁布的行业性强制标准对消防给水设备性能要求和试验方法作出了规定，很多厂家为此推出了消防巡检柜。但该设备成本高，运维复杂。本文对联动电动阀巡检取代消防柜巡检的可行性进行了探讨。

关键词：消防水泵巡检柜；低频巡检；工频巡检；联动电动阀巡检

0 前言

近年来国内推出了消防泵自动巡检装置，这种装置的主控制设备就是变频调速器，巡检方式为低频巡检，此设备成本高，维护管理复杂。另有一种巡检方式为工频巡检。现对低频巡检和工频巡检的原理和特点分析如下。

1 低频巡检原理和特点

低频巡检是以独特的低速方式运行，它对消防给水不必做较大的改动。在低速巡检方式中，消防泵转速较低，其出水压力较小。

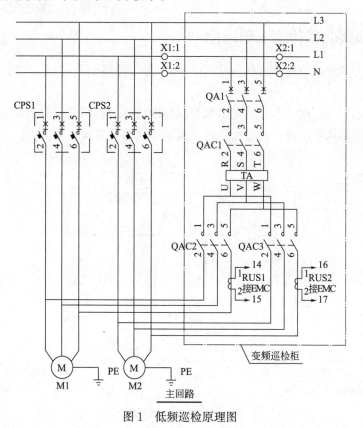

图 1 低频巡检原理图

如图1所示，巡检流程：巡检控制器启动后，变频控制器输出一个较低的频率（0～10Hz）去逐台驱动消防水泵，水泵以每分钟低于300转的速度运转。

其特点：由于是变频调速器驱动泵组，这种启动方式不会对水泵有机械冲击；巡检时，由于水泵转速低，系统不会出水，也不会对管网增压，无造成管网或喷淋头破裂之虑；启动电流低，对于电网的影响较小；除对水泵进行巡检外，还可对供电电源的欠压、缺相、负载短路、过载、电路故障均能做出报警。

2 工频巡检原理和特点

工频巡检是定期将消防泵以额定转速运行一段时间后自动停泵。为保证自动巡检时消防泵运行的压力对系统不造成破坏，必须对消防泵原有的进出水管路进行调整完善。

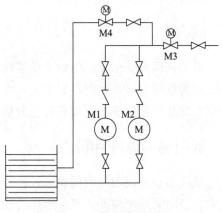

如图2所示，巡检流程：进入巡检模式后，M3关闭，M4开启，主备泵轮流开启，达到巡检的效果。

其特点：结构简单可靠，设备维护管理简易；设备造价低廉；较好地模拟消防给水的实际工况，对水泵巡检的同时也对主电路及供水管网进行实战模拟巡检。

图2 工频巡检原理图

3 联动电动阀取代传统工频巡检

工频巡检方式较低频巡检有些许劣势，笔者有一种新的简便式巡检方式来弥补这些问题。

如图3所示，在不改变水专业进出水管路的前提下，利用其原有的试水阀及其干管的出水阀，将其改造成电动阀，通过火灾自动报警主机编程实现自动巡检。

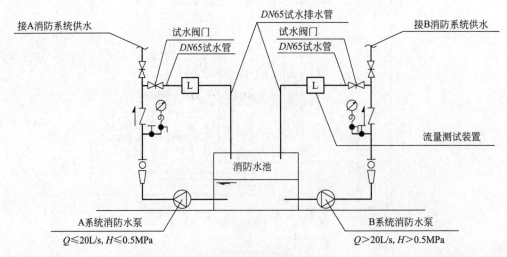

图3 联动电动阀原理图

巡检流程：利用火灾自动报警系统逻辑运算，在周期内联动消防水泵启动。巡检开始时，通过电动阀先关闭供水干管的出水阀以保证供水管网不受影响，然后开启试水阀进入实验状态，两阀门不可同时开启。试水阀开启，消防控制室接到反馈信号后，联动开启消防泵，进入实验状态。逐台启动消防泵，时间不少于 2min，巡检天数可根据不同地区、不同季节和水泵房的环境条件确定。当在自检接到火警信号时，应立即中断巡检运行，系统优先进入火灾模式。

4　联动电动阀巡检与低频和工频巡检比较

4.1　联动电动阀巡检与低频巡检比较

联动电动阀巡检模拟火灾发生场景，通过火灾自动报警系统触发，可以更好地全方位的检测整个消防系统；如果在巡检过程中发生火灾，低频巡检柜发生故障无法退出巡检，即便是机械应急启动装置也无法启动消防泵，后果不堪设想；增加无谓的投资包括运行、维修和管理费用；低频巡检设备复杂，产品质量参差不齐，项目走访中经常发现物业人员对其保养不当，出现锈死的情况，导致整个系统瘫痪却又无人问津。

4.2　联动电动阀巡检与工频巡检比较

联动电动阀巡检从巡检方式上仍属于工频巡检，但其无需对原有水路进行改造，仅对原阀门替换为电动阀，通过火灾自动报警系统实现巡检，简单可靠，同时减少一次投资及物业管理费用。也充分满足了中华人民共和国公安部颁布的《固定消防给水设备的性能要求和实验方法》GA 30.2—2002 中规定。

4.3　关于联动电动阀巡检的误区

4.3.1　联动电动阀巡检会对消防管网增压，造成管网超压

根据《建筑给水排水设计规范》GB 50015—2003（2009 年版）中第 3.4.11 款中规定：当给水管网存在短时超压工况，且短时超压会引起使用不安全时，应设置泄压阀。如果消防泵工频巡检中超压，超过泄压阀设定压力时，即自动开启泄压，不影响整个水路压力，且可以较早发现问题，以便及时解除；根据《消防给水及消火栓系统技术规范》GB 50974—2014 中第 5.1.11 款中规定：单台消防水泵的流量不大于 20L/s、设计工作压力不大于 0.50MPa 时，泵组应预留测量用流量计和压力计接口，其他泵组宜设置泵组流量和压力测试装置，从规范中可以看出水专业系统本身就对其管网流量压力进行测试的要求，我们亦可以通过火灾自动报警系统对其进行检测报警，提升可靠性。综上，对消防管网的增压的担心，不免有些借题发挥，小题大做。

4.3.2　联动电动阀巡检无法对供电电源的欠压、缺相、负载短路、过载、电路故障均能做出报警。

消防泵供电回路的检测完全可以由消防电源监控系统对其进行实时的监控、检测、报警，真正地做到物尽其用，恰如其分。

4.3.3　联动电动阀巡检耗电量大，运行费用高。

该巡检依托火灾自动报警系统，仅巡检时才需运行，且运行时间较短。相比低频巡检方式，几十千瓦的巡检装置终日通电运行，孰高孰低，一目了然。

4.3.4　联动电动阀巡检启动电流大会频繁地对供电电网造成冲击。

对于电网的冲击，我们可以通过变压器对供电负荷的分配及错峰制定巡检时间，以减

少消防泵启动对电网的影响。但 110kW 及以上的消防泵频繁启动对电网的影响还有待考量。

5 结束语

联动电动阀巡检方式较传统巡检方式有着明显的优势，但其与火灾自动报警系统的衔接，程序的编写还需要与相关单位配合，验证其可行性。笔者认为 110kW 以下的消防泵无需专门设置消防巡检柜，本着简单的就是可靠的原则，利用工程中原有的系统完成对消防设备巡检是最节约、可靠、便捷的方式。

参考文献

[1] 李蔚.建筑电气设计关键技术措施与问题分析 [J].2016（6）：196.

[2] 傅勇平，谢华.消防泵自动巡检存在的问题及解决方案 [J].建筑电气，2012（10）：45～49.

[3] GB 50015—2003 建筑给水排水设计规范（2009 年版）[S].北京：中国计划出版社，2003.

39　消防风机控制设计中易错问题探讨

摘　要： 对新旧版国标图集《常用风机控制电路图》的消防风机控制原理进行分析，对实际设计中容易出现错误的地方进行了辨析和说明，并给出了相应的调整对策。

关键词： 消防风机控制；消防地址点；常用风机控制电路图

0　引言

随着社会的发展，现代建筑物的规模越来越大，高度越来越高，建筑功能越来越复杂，大型、超大型建筑不断涌现，火灾发生的风险随着建筑规模增加而增大。大型、超大型建筑往往又是人员密集场所，一旦发生火灾，组织人员有效疏散尤为重要。消防风机是保证人员疏散通道无烟气侵入的有效措施。安全可靠的控制消防风机就变得越来越重要。

1　新旧版国标图集风机控制接线的差异和分析

国家建筑标准设计图集《常用风机控制电路图》16D303-2 是消防风机控制原理接线图的重要设计依据，但消防风机控制接线原理图接线复杂，接口多，设计人员往往不能全面理解其接线原理，导致在设计参考引用标准图集时，容易张冠李戴，出现错误。因此，对比分析《常用风机控制电路图》16D303-2 与《常用风机控制电路图》10D303-2 之间的差别，全面理解风机控制原理图，是十分必要的。为便于分析，本文仅以排烟（加压送风）风机电路图 XKY（J）F-1（单台风机单速）为例，对消防风机控制的一些问题进行分析和探讨，如表1：

消防风机控制问题　　　　　　　　　　　　　　　　　　　　　　　表1

类别	《常用风机控制电路图》10D303-2	《常用风机控制电路图》16D303-2
手动直启	在消防控制室内设置一个"SF"按钮开关控制风机直接启动	消防控制室内设置"SF2""SF3"两个手动按钮和KA4、KA5 两个继电器手动控制风机直接启动和停止
状态监控	监控信号返回至消防系统	增加了消防风机停止返回信号，监控信号返回至消防模块（箱）
手动直启线型	2根	3根
状态监控线型	10根	12根
分析	消防风机无论处在手动状态、停止状态、自动状态中的任何一种状态，消防控制室值班人员都能直接启动风机，但无法直接停止消防风机。消防风机返回信号至何处，未交代连接的具体设备，仅指明至消防系统，给设计人员和施工人员造成困惑	消防风机只有处在自动控制状态，消防控制室值班人员才能够直接启动或停止风机，明确消防风机返回信号至消防模块（箱）。手动选择开关"SAC"无论处在自动、停止、手动状态中的何种状态，状态信号均应反馈到消防控制室

续表

类别	《常用风机控制电路图》10D303-2	《常用风机控制电路图》16D303-2
结论	旧版国标图集手动直启接线方式不满足《火灾自动报警系统设计规范》GB 50116—2013"4.5.3 防烟系统、排烟系统的手动控制方式,应能在消防控制室内的消防联动控制器上手动控制送风口、电动挡烟垂壁、排烟口、排烟窗、排烟阀的开启或关闭及防烟风机、排烟风机等设备的启动或停止,防烟、排烟风机的启动、停止按钮应采用专用线路直接连接至设置在消防控制室内的消防联动控制器的手动控制盘,直接手动控制防烟、排烟风机的启动、停止"。消防风机在手动或停止状态消防控制室值班人员都能够直接启动风机,给消防风机检修、测试人员带来安全隐患。新版图集手动直启接线方式只有消防风机处在自动控制状态下,消防控制室值班人员才能够通过直启按钮直接启动或停止消防风机。因此,采用这种接线方式,消防风机在准工作状态时,必须设置在消防自动控制状态。新版图集加强了对消防风机状态监控,并明确要求监控信号通过消防模块(箱)反馈至消防控制室,这种做法比旧版图集做法更符合现在消防设计理念	

2　风机配电箱设计中存在的常见问题探讨

图 1 为某工程的排烟风机配电箱系统图。在设计过程中,由于未对国标图集 16D303-2 的风机控制原理图深入理解,设计人员常常将消防风机手动启停导线的芯数弄错,将导线芯数标注为 5 芯、6 芯、7 芯的均有之。消防联动控制线,有标注 4 芯的,也有标注 5 芯的,线型标注随意。从中可以看出此风机配电箱有以下问题:

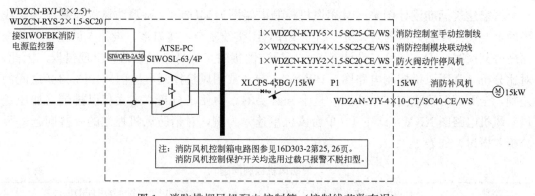

图 1　消防排烟风机配电控制箱(控制线芯数有误)

（1）国标图集《常用风机控制电路图》16D303-2,消防手动直启线和消防联动控制线的导线芯数是明确的,分别为 3 芯和 12 芯。本图虽然采用标准图集的接线方式,却给出错误的导线芯数,施工人员无法按照设计图纸接线而完成标准图集的控制要求。火灾时消防风机可能就无法按照预先设定的要求工作,存在安全隐患。

（2）在大型、超大型建筑中,消防风机数量多达上百台甚者几百台,每台风机均按照 7 芯设计,大量的消防风机直启线全部集中在消防控制室手动控制盘上,接线密集,对消防安全是非常不利的。另外消防控制室需要的桥架也会非常大。

（3）消防风机直启线、消防联动控制线线型不符。在大规模、超大规模建筑中,消防风机数量多,消防风机距离消防控制室距离远,消防风机直启线,消防联动控制线数量不符,也会影响施工造价。

因此,消防风机配电箱控制原理图应该遵从新版标准图集,手动直启线仅需 3 根,其余的 12 芯消防监控信号线全部接入消防模块（箱），通过消防总线进入消防控制室。故正确的消防风机配电箱系统图如图 2 所示。

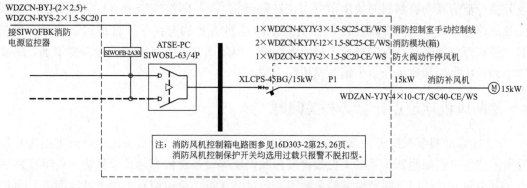

图 2　消防排烟风机配电控制箱（控制线芯数正确）

3　火灾自动联动系统中风机控制设计存在的问题

图 3 为某工程火灾自动报警及消防联动系统图，为便于说明问题，对系统图进行简化。通过前面的分析可以发现此图存在以下几点问题：

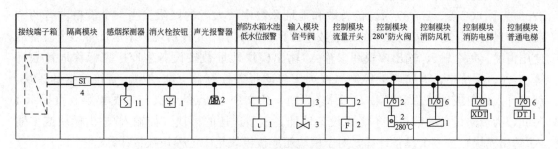

图 3　火灾自动报警及消防联动系统图

（1）根据国标图集 16D303-2 第 14 页排烟（加压送风）风机电路图 XKY（J）F-1，280℃阀与消防风机控制器 KA7：A1 和 TC：3 端口相连接，一根两芯控制电缆即可满足要求。而消防风机手动直启线需要一根三芯电缆控制线才能满足要求。因而，280℃阀与消防风机控制器之间的导线线型与消防风机手动控制线的线型应有所区别。

（2）通过总线接入消防风机的控制的模块数量不对。

新版图集要求返回的信号接线需要 12 根，输入输出信号多达 6 种。国标图集《火灾自动报警系统设计图示》14X505-1 给出的集中报警系统示例 18、19 页采用的是一个单输入/单输出模块。在防排烟系统联动控制图示 31 页中，给出的又是一个模块箱，模块箱内消防模块具体数量未定，而由设计人员根据具体工程实际情况确定。部分设计人员未能理解国标图集 16D303-2 第 14 页排烟（加压送风）风机电路图 XKY（J）F-1 中控制电路的含义，易误认为消防风机控制模块只需要一个单输入/单输出模块。目前，国内外火灾自动报警设备生产厂家生产的单输入输出模块一般只能输入和输出各一种信号共 2 种信号，接线端子接线为 4 根，还有 8 根信号线和 4 种信号无法接入消防控制系统中。因此，需要增加消防模块的数量。

分析《常用风机控制电路图》16D303-2 风机电路图 XKY（J）F-1 控制原理图，需接收并执行消防联动控制器的输出信号（消防联动信号），即接线端子 X1：10、X1：11 所接收的信号，需要向消防联动控制器输入消防返回信号的有：手、自动状态信号，风机启、停状态信号、过负荷信号等 5 种输入信号。因此图 3 消防风模块数量需要增加，需要增加的模块类别和数量为 4 个输入模块。

4　消防风机地址点计算等相关问题

《火灾自动报警系统设计规范》GB 50116—2013 中规定"3.1.5 任一台火灾报警控制器所连接的火灾探测器、手动火灾报警按钮和模块等设备总数和地址总数均不应超过 3200点，其中每一总线回路联结设备的总数不宜超过 200 点，且应留有不少于额定容量 10% 的余量；任一台消防联动控制器地址总数或火灾报警控制器（联动型）所控制的各类模块总数和不应超过 1600 点，每一联动总线回路联结设备的总数不宜超过 100 点，且应留有不少于额定容量 10% 的余量。""3.1.6 系统总线上应设置总线短路隔离器，每只总线短路隔离器保护的火灾探测器、手动火灾报警按钮和模块等消防设备的总数不应超过 32 点；总线穿越防火分区时，应在穿越处设置总线短路隔离器。"

国标图集《火灾自动报警系统设计图示》14X505-1 第 9 页提示"1、条文中提到的3200点、1600点、200点为设备总数和地址总数中较大者的极限。当一个设备占有两个或两个以上地址时，按该设备的地址数量计算；系统中不允许出现一个地址带多个设备的使用情况。每个输入/输出模块和多输入/输出模块地址数按设备生产厂家标称地址数计算。""3、系统中，消防联动控制器或火灾自动报警控制器（联动型）直接连接的模块，都应计入设备或地址总数"第 11 页提示"1、条文中 32 点的含义与本图集第 9 页提示 1不同，为消防设备的数量，不考虑设备地址。定型送检的模块（如输入/输出模块或多输入/输出模块）按一个设备计算，对于模块箱应按模块箱中的模块数量计算"。

根据以上所述，单台消防排烟风机的消防模块增加至 5 个输入模块 1 个输出模块，地址总数应该按照 6 个地址点计算，而设备数量按 1 点计算。

工程实际当中，部分设计人员易误认为一台消防风机仅需要一个单输入/单输出模块，导致会少算模块数量。特别地，大型商业综合体等建筑屋顶，一般会集中设置多台甚至十几台消防风机，少算模块的数量较多，且漏算的模块极有可能都集中在一条消防总线上。导致该消防总线实际连接设备数量超过了 100 点，直接违反了《火灾自动报警系统设计规范》GB 50116—2013 3.1.5 条中"每一联动总线回路联结设备的总数不宜超过 100 点"。

5　结论

（1）应严格遵照《常用风机控制电路图》16D303-2 要求设计消防风机直启线和消防联动控制线。

（2）消防风机在准工作状态时，必须设置在消防自动控制状态。

（3）消防风机控制模块应采用 5 输入单输出模块，地址点按 6 点计算，设备按 1 点计算。

参考文献

［1］GB 50116—2013 火灾自动报警系统设计规范［S］.北京：中国计划出版社，2013.

［2］14X505-1 火灾自动报警系统设计规范［S］.北京：中国计划出版社，2014.

［3］16D303-2 常用风机控制电路图［S］.北京：中国计划出版社，2016.

40　不同火灾探测器组合在大型复杂公共建筑中的应用

摘　要： 本文以湖北省图书馆新馆火灾自动报警系统设计为例，从消防设施的联动控制要求及几种火灾探测器工作原理出发，介绍了几种不同火灾探测器组合在大型复杂公共建筑中的应用。

关键词： 大型复杂公共建筑；火灾探测器组合；感烟探测器；感温探测器；双波段图像型火焰探测器；红外光束图像感烟火灾探测器；早期火灾报警

0　引言

近年来，随着我国经济建设的快速发展和建筑科技的长足进步，具有新的设计理念和结构形式的大型公共建筑，如体育场馆、火车站房、机场航站楼、歌舞剧院、会展中心、商业城等不断涌现，成为各地城市建设与发展的标志性建筑。这些大型公共建筑的主要特点是：建筑体量大，空间结构复杂；使用功能多样化；人员密集，流动性强。一旦发生火灾，火势蔓延迅速、烟气扩散快、人员疏散和火灾扑救难度大，因此对建筑消防设施及火灾自动报警系统设计提出了更高、更严格的要求。

1　工程概况

湖北省图书馆新馆（见图 1）为湖北省重点工程。图书馆新馆位于武汉市沙湖余家湖村地块；总用地面积为 6.72 万 m^2，建筑规模 10.082 万 m^2；地下 2 层，地上 8 层；建筑高度 41.40m。在建筑布局上由西至东共设置三个椭圆柱体中庭。东、西中庭高 32.7m，均为 1～6 层通高，中央中庭为斜椭圆柱体，顶部高度由南侧 45.0m 坡向北侧 27.5m。馆内设置阅览座席 6 279 个，藏书能力达到 1 022.3 万册，日均读者接待能力 1 万人次。除基本阅览办公服务功能外，还设有数字图书馆、少年儿童图书馆、盲文图书馆、"文化信息资源共享工程"湖北省分中心、专家研究接待室，以及报告厅、展览厅等。

图 1　湖北省图书馆新馆全景

湖北省图书馆新馆按使用性质、火灾危险性、疏散和扑救难度，属于一级保护对象，火灾自动报警系统采用集中报警系统形式，设计选用 NFS-3030 型火灾报警控制器。整个系统火灾报警及联动控制点共计 5734 点，分为 27 个总线回路（每回路智能探测器及智能模块均小于 159 点），4 个联动外控电源回路（A、B、C、D 区各一），多线手动控制点共计 55 点。火灾报警及消防联动控制器置于一层消防控制中心（兼作安防中心、广播室），并在各层各区域适当位置设置火灾区域显示器。

2　组合型火灾探测器设计选用原则

在火灾自动报警系统中，火灾探测器犹如人体的"感觉器官"，一旦发生了火情，便将火灾的物理特征量化，如烟雾浓度、温度、气体和辐射光强等特征转换成电信号，向火灾自动报警系统主机发送报警信号。而任何一种单一的探测器对火灾的探测都不可避免地存在其局限性，往往不能满足报警的准确性及联动控制要求，《火灾自动报警系统设计规范》GB 50116—2013 第 4.1.6 条明确规定："需要火灾自动报警系统联动控制的消防设备，其联动触发信号应采用两个独立的报警触发装置报警信号的"与"逻辑组合"。笔者对此规范条文的理解，火灾探测器组合并不一定要求是不同类型的火灾探测器，也可以是同种类型不同探测形式的组合。

火灾探测器组合，通常应用于以下场所：

（1）有特殊联动控制要求的场所，如疏散通道上的防火卷帘门。

（2）一些装设有自动灭火系统的场所，为防止误动作，应选用两种或两种以上探测器与门控制灭火。如气体灭火系统、雨淋灭火系统、水幕系统、水雾系统等。

（3）对报警的准确率要求较高，或误报会造成损失的场所。

因此，火灾探测器组合的选用，一方面要深刻理解规范，满足其条文要求，另一方面要根据各种场合的不同特点合理配备，下面就湖北省图书馆新馆火灾报警系统中几种火灾探测器组合的应用介绍如下。

3　普通感烟-感温探测器组合

普通感烟-感温探测器组合是设计中比较常规的一种应用，其工作原理不赘述，主要用于以下场合：

（1）疏散通道上的防火卷帘两侧。

《火灾自动报警系统设计规范》GB 50116—2013 第 4.6.3 条规定："防火分区内任两只独立的感烟火灾探测器或任一只专门用于联动防火卷帘的感烟火灾探测器的报警信号应联动控制防火卷帘下降至距楼板面 1.8m 处；任一只专门用于联动防火卷帘的感温火灾探测器的报警信号应联动控制防火卷帘下降到楼板面；在卷帘的任一侧距卷帘纵深 0.5～5m 内应设置不少于 2 只专门用于联动防火卷帘的感温火灾探测器。"因此在疏散走道上的防火卷帘两侧设置感烟-感温探测器组合，用于防火卷帘的联动控制。

（2）设有气体灭火系统的一般性场所。

图书馆大楼在地下一层变配电房、UPS 室等场所设有七氟丙烷气体灭火系统，在该场所内设置感烟-感温探测器组合，利用其组成"与"逻辑进行火灾确认。控制流程简要说明如下：感烟探测器报警，气体灭火控制器控制设在该保护区域内的警铃动作，系统进行预报警，而当气体灭火控制器接到感温探测器两路火灾报警信号后，启动设在该保护区域内、外的声光警报装置；在延时阶段，自动关闭防火门、窗，关断通风空调系统，关闭防火阀等（此时应组织人员疏散）；启动气体灭火系统钢瓶释放阀，释放气体灭火剂进行灭火，室外放气指示灯闪亮；灭火后进行事故现场处理。系统设手/自动控制转换功能。

(3) 设有雨淋灭火系统、水幕系统的场所。

图书馆大楼在 600 座报告厅设有雨淋灭火系统、水幕系统。根据规范要求，雨淋灭火系统中宜设置感烟-感温探测器组合的控制电路，控制电磁阀开启并联锁打开雨淋阀向管网供水，同时雨淋阀处压力开关动作，启动雨淋泵。因此在设有上述系统的场所设置感烟-感温探测器组合。

需要注意的是，对于一个防护区，感烟探测器和感温探测器应依据各自的设置要求分别设置，例如对于一个建筑面积为 $40m^2$ 的防护区通常需设置一只感烟探测器和两只感温探测器。

4 空气采样式烟雾探测器-感温探测器组合

可实现早期火灾报警的空气采样式烟雾探测报警系统目前已较为成熟，其探测方式仍然属于感烟探测器的范畴，工作原理概括如下：它是一种基于光学空气监控技术和微处理器控制技术的烟雾探测装置，工作时利用主机内置抽气泵将现场空气通过取样孔抽到采样探测器内，滤去灰尘颗粒后进入激光腔，用激光器照射空气样品，烟雾离子所造成的散射光被光敏元件接收并经光电转换为电信号，经控制电路处理即可输出烟雾浓度值。将空气样品中的烟雾浓度与一组预先标定的烟雾临界值进行比较，如果烟雾浓度超过临界值，则启动报警。

基于上述工作原理的空气采样式烟雾探测系统具有 4 级报警输出：警觉、行动、火警 1、火警 2，各级报警阈值可任意设定，灵敏度比传统的点式感烟探测器高约 1000 倍，非常适合于图书馆建筑中要求及早发现火灾的重点保护场所，在基本书库、特藏书库、电话及网络中心机房、保存本库、闭架书库均设计采用了空气采样式烟雾探测系统。

设计中经常会遇到这样的情况：建筑物内要求及早发现火灾的重点保护场所，往往是不宜设置常规水灭火装置的场所，该类场所通常会设置气体灭火装置，而根据《气体灭火系统设计规范》GB 50370—2005 5.0.5 条规定："自动控制装置应在接到两个独立的火灾信号后才能启动。"虽然空气采样式烟雾探测系统具有 4 级报警输出功能，但仍然只能作为一个独立的火灾报警信号，这就决定了该类场所不能单一采用空气采样式烟雾探测系统。在该类场所，可利用其第 4 级报警信号作为一个火灾报警信号，而利用普通感温探测器作为第二个独立的火灾报警信号，用于启动气体灭火系统。在气体灭火的控制流程中，空气采样式烟雾探测器的第 4 级报警仅仅取代了常规感烟探测器的作用，与常规烟—温探测器联动气体灭火的流程相同，笔者不再赘述，仅就空气采样式烟雾探测器与传统火灾报警系统及气体灭火控制主机的连接方式介绍如下：

(1) 气体灭火系统控制采用集中探测报警方式。

在此探测方式中，空气采样式烟雾探测器可按常规直接同火灾报警控制器的报警总线相接，即利用现场烟雾探测器上的 5 个无源输出接点（警觉、行动、火警 1、火警 2 和故障），通过火灾报警系统的输入模块，向火灾报警主机提供相应的 4 级报警信号及故障信号。利用其第 4 级报警信号与常规智能感温探测器火灾信号组成"与"逻辑确认火灾。火灾报警控制器通过 RS485 通信总线联动气体灭火系统，并接受其反馈信号。气体灭火系统控制原理如图 2 所示。

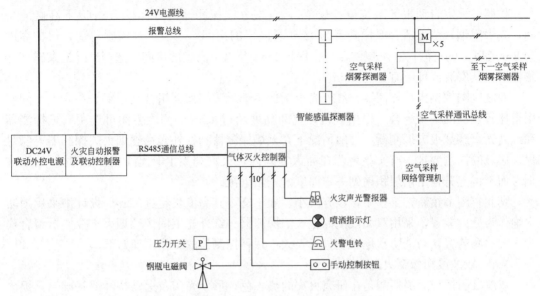

图 2　气体灭火系统控制原理图（集中探测报警方式）

（2）气体灭火系统控制采用就地探测报警方式。

此种探测方式中，空气采样式烟雾探测器与火灾报警控制器报警总线的连接方式不变，除此之外，通过一输入模块将现场烟雾探测器上的第 4 级报警信号的无源输出接点直接连接到气体灭火控制器上，与感温探测器（可采用非编码型）火灾信号组成"与"逻辑，就地报警、就地控制。并将气体灭火控制器的二级报警、手/自动、故障、喷气信号通过 RS485 通信总线反馈至火灾报警控制器，在本工程中采用的就是此探测方式，气体灭火系统控制原理如图 3 所示。

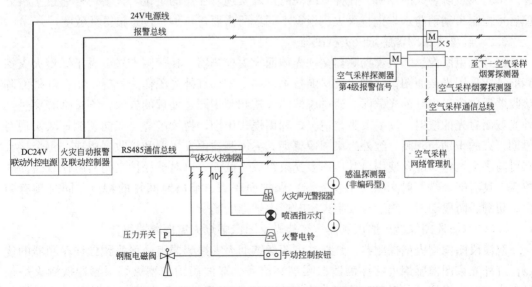

图 3　气体灭火系统控制原理图（就地探测报警方式）

5 双波段图像型火焰探测器—红外光束图像感烟火灾探测器组合

按照《火灾自动报警系统设计规范》，点型火灾探测器适合保护 20m 以下高度的房间，其中感烟探测器适合保护高度为 12m 及以下的房间；一级感温探测器适合保护高度为 8m 及以下的房间；火焰探测器适合保护 20m 及以下高度的房间；选用红外光束感烟探测器时，其安装高度不宜超过 20m。

双波段图像型火焰探测器—红外光束图像感烟火灾探测器组合是近年来在高大空间应用得比较普遍的一种组合，根据规范，空间高度超过 12m 的高大空间可选用火焰探测器和红外光束感烟火灾探测器。一般情况下，火焰探测器和红外光束感烟火灾探测器可满足保护区域的探测要求。有实验表明在高大空间内，火灾烟雾上升至 13～23m 时开始形成烟层而不再上升，当烟层积聚到一定厚度时开始下沉。

湖北省图书馆新馆工程中，设有大小三处中庭，其高度均超过 12m，设计中采用消防水炮作为灭火装置，采用双波段图像型火焰探测器—红外光束图像感烟火灾探测器组合作为火灾探测装置，与消防水炮联动进行灭火。两种探测器的工作原理如下。

5.1 双波段图像型火焰探测器

双波段图像型火焰探测是在研究火灾的热、色、形、光谱及运动特性的基础上，提出的基于彩色影像和红外影像的双波段火灾识别模型，采用图像处理、计算机视觉、人工智能等多项高新技术，实现大空间建筑早期火灾的探测和三维空间定位的火灾探测技术。基于该技术的双波段图像型火焰探测器由红外 CCD 和彩色 CCD 摄像机作为其前端设备，可同时采集红外视频图像信号和彩色视频图像信号，在探测方式上属于感火焰型火灾探测器。在火灾探测方面具有同时获得现场的火灾信息和图像信息的特点，将火灾探测和图像监控有机地结合在一起，由防火并行处理器发出预警信息，信息处理主机进行火灾确认，从而提高火灾探测报警的可靠性和响应速度，在显著增大探测距离和探测灵敏度的同时，有效地消除环境干扰，并具有良好的密封性和防腐蚀特性。保护面积可达 1200m²，用于易产生明火及阴燃火的场所。在探测的同时可以实现着火点的定位，火警信号通过主机处理后可控制自动消防水炮进行灭火。根据不同场所需要，可编程设定报警灵敏度。

5.2 红外光束图像感烟火灾探测器

红外光束图像感烟火灾探测器又称光截面火灾探测器，在探测方式上属于线型火灾探测器，它采用光截面图像感烟火灾探测技术，利用主动红外光源作为目标，结合红外面阵接收器形成多光束红外光截面、通过成像的方式和利用图像处理的方法，测量烟雾穿过红外光截面对光的散射、反射及吸收情况，利用模式识别、持续趋势、双向预测算法实现对早期火灾的识别与判断。红外光束图像感烟火灾探测器由发生器和接收器组成，每个接收器可与多个发生器配合使用。其运用多光束组成光截面，可对被保护空间实施任意曲面式覆盖，具有能分辨发射光源与干扰光源、保护面积大、响应时间短的特点；同时具有防尘、防潮、防腐功能。用于在发生火灾时产生烟雾的场所。

5.3 双波段图像型火焰探测器—红外光束图像感烟火灾探测器组合

双波段图像型火焰探测器—红外光束图像感烟火灾探测器组合可兼顾二种探测器的优点，红外光束图像感烟火灾探测器探测烟雾信号、双波段图像型火焰探测器探测火焰信号，火灾时，系统显示报警区域图像，并自动启动摄像机进行摄像，根据探测器图像信号，通过扫描确定着火点坐标进行空间定位，结合消防水炮实现大空间探测及灭火功能。系统具有以下特点：

（1）系统保护面积大、距离远、响应速度快、准确性高，可实现早期报警。

（2）系统具有分辨发射光源与干扰光源的能力，抗干扰能力强，应用范围广。

（3）系统可对被保护空间实施任意曲面式覆盖。

（4）系统具有多种火灾识别模式，可靠性高。

（5）系统主机根据现场图像信息，使用自动空间定位技术，为灭火设备定位提供技术保证，减少扑救过程中的损失。

（6）报警的同时显示火场图像信号，自动进行摄像，保留现场资料，便于事故分析。

6　结语

建筑物消防设施直接关系到人身及财产安全，做好消防设计、保证消防安全，需要设计人员对规范理解深透，根据各种探测设备的特点及适用场合，选择适宜的火灾探测技术，以真正的实现消防设施的智能化。

参考文献

［1］GB 50116—2013 火灾自动报警系统设计规范［S］.北京：中国计划出版社，2014.

［2］GB 50370—2005 气体灭火系统设计规范［S］.北京：中国标准出版社，2006.

［3］DBJ 01-622—2005 吸气式烟雾探测火灾报警系统设计、施工及验收规范［S］.2005.

41 非人员密集场所"常闭防火门"无需电气监控探讨

摘　要：本文从防火门的相关概念与业内共识入手，通过对中国和美国多个与电气消防相关规范的剖析，并结合工程实例进行分析，本着"技术可靠性、经济合理性协调统一"的设计原则与理念，得出结论如下：对每个"常开防火门"必须实施电气监控，而对于"常闭防火门"，仅需监控"人员密集场所中因管理需要平时常闭的疏散门及具有信号反馈功能的防火门"。据此，对住宅、办公等"非人员密集场所"平时常闭的疏散防火门，无需电气监控。以期与业内专家和同仁共同探讨、商榷。

关键词：常开防火门；常闭防火门；人员密集场所；机械闭门器；电动闭门器；美国消防协会 NFPA；技术措施过度化、扩大化

1 概念与共识

序号	相关概念	释义
1	防火门：建筑内防止火灾蔓延至相邻区域，且耐火极限不低于规定要求的不燃性、关闭后具有防烟性能的门	防火门应具有阻火、防烟功能。除管井检修门和住宅的户门外，防火门应具有自行关闭功能
2	常开防火门：设置在建筑内经常有人通行处的、平时打开的防火门，宜采用常开防火门，以便于平时人员通行。常开防火门应能在火灾时自行关闭，并应具有信号反馈的功能	常开防火门火灾时靠电动闭门器自动控制关闭并应反馈信号到消防控制室
3	常闭防火门：除允许设置常开防火门的位置外，其他位置的防火门因平时不经常有人通行，均应采用平时关闭的防火门，即常闭防火门，以起到阻火及防烟作用	疏散通道上的常闭防火门，平时处于关闭状态，有人通过后，闭门器将自行关闭，不需要联动。简单的机械闭门器即可实现自行关闭，无需电动闭门器。仅当它装有信号反馈装置（门磁开关）时，才需将其开、关状态信号反馈到消防控制室
4	人员密集场所：根据《中华人民共和国消防法》（2009 年）第七十三条：人员密集场所，是指公众聚集场所（宾馆、饭店、商场、集贸市场、客运车站候车室、客运码头候船厅、民用机场航站楼、体育场馆、会堂以及公共娱乐场所等），医院的门诊楼、病房楼，学校的教学楼、图书馆、食堂和集体宿舍，养老院、福利院、托儿所、幼儿园，公共图书馆的阅览室，公共展览馆、博物馆的展示厅，劳动密集型企业的生产加工车间和员工集体宿舍，旅游、宗教活动场所等。 据此，住宅、办公楼等一般性民用建筑，则属于非人员密集场所	住宅、办公楼等一般性民用建筑，属于非人员密集场所，其火灾危险性、疏散和扑救难度均低于人员密集场所

序号	业内共识	备注
1	《建筑设计防火规范》GB 50016—2014（以下简称《建规》）的职权是：对是否应该设置某系统或设备做判定（如6.5.1-防火门监控、8.4.1-报警系统、8.4.2-住宅报警系统、10.2.7-电气火灾监控系统；10.3-应急照明等）	如：哪些防火门需电气监控？哪些住宅需设火灾自动报警系统？应以《建规》为依据，而不以《火规》为依据，否则，若按《火规》，"疏散通道上各防火门"均需电气监控；若按《火规》，所有住宅（A、B、C、D类）均需设火灾自动报警系统

序号	业内共识	备注
2	《火灾自动报警设计规范》GB 50116—2013(以下简称《火规》)的职权是:如要设置某系统或设备,应该如何设计?而判定"是否应该设置某系统或设备"是《建规》的职权,不是《火规》的职权,即首先根据《建规》判定是否需设置某系统或设备,如要设置,然后依据《火规》进行设计	"防火门监控系统"的设计有此共识,"住宅火灾自动报警系统"的设计也有此共识

2　规范与理解

序号	规范及条款	理解
1	《建规》6.5.1:防火门的设置应符合下列规定: ① 设置在建筑内经常有人通行处的防火门宜采用常开防火门。常开防火门应能在火灾时自行关闭,并应具有信号反馈的功能。 ② 除允许设置常开防火门的位置外,其他位置的防火门均应采用常闭防火门。常闭防火门应在其明显位置设置"保持防火门关闭"等提示标识。 ③ 除管井检修门和住宅的户门外,防火门应具有自行关闭功能。双扇防火门应具有按顺序自行关闭的功能	① 对常开防火门:必须实施电气监控,火灾时消防控制室应能联动其自动关闭,并接收其状态信号反馈。 ② 对常闭防火门:不必实施电气监控,因不经常有人通行,平时始终处于常闭;为避免平时人为打开、突发火灾时不能起到阻火及防烟作用,应在其明显位置设置"保持防火门关闭"等提示标识。 ③ 防火门应具有自行关闭功能。疏散通道上的常闭防火门,平时人员通行后,能自行关闭(机械闭门器即可,无需电动闭门器)
2	《消防控制室通用技术要求》GB 25506—2010 5.3.3　对防火门及防火卷帘系统的控制和显示应符合下列要求: a)应能显示防火门控制器、防火卷帘控制器的工作状态和故障状态等动态信息; b) 应能显示 防火卷帘 常开防火门 人员密集场所 中因管理需要平时常闭的疏散门 及 具有信号 反馈功能的防火门 的工作状态; c)应能关闭防火卷帘和 常开防火门 ,并显示其反馈信号	本规范条款,重点针对"常开"防火门,对"常闭"防火门仅指"人员密集场所中因管理需要平时常闭的疏散门"及"具有信号反馈功能的防火门"。 所以,对住宅、办公等"非人员密集场所"平时常闭的疏散门,无需监控;对大多数采用机械闭门器、没有信号反馈功能的防火门,无需监控
3	《火规》4.6.1:防火门系统的联动控制设计,应符合下列规定: ① 应由常开防火门所在防火分区内的两只独立的火灾探测器或一只火灾探测器与一只手动火灾报警按钮的报警信号,作为常开防火门关闭的联动触发信号,联动触发信号应由火灾报警控制器或消防联动控制器发出,并应由消防联动控制器或防火门监控器联动控制防火门关闭。 ② 疏散通道上各防火门的开启、关闭及故障状态信号应反馈至防火门监控器	① 疏散通道上的防火门有常闭型和常开型。常闭型防火门有人通过后,闭门器将门自行关闭,不需要联动。 ② "疏散通道上各防火门的开启、关闭及故障状态信号应反馈至防火门监控器",此处"各防火门"应指上面《消防控制室通用技术要求》GB 25506—2010 第 5.3.9 条所述的"常开防火门、人员密集场所的常闭防火门,具有信号反馈功能的防火门",不应包含"非人员密集场所的、疏散通道上的、没有信号反馈功能的常闭防火门(机械闭门器)"。因为,非人员密集场所,其火灾危险性、疏散和扑救难度均低于人员密集场所

续表

序号	规范及条款	理解
4	①《消防控制室通用技术要求》GB 25506—2010 附录 B 、《火规》附录 B："消防安全管理信息表"： **日常防火巡查记录（6）** **基本信息**：值班人员姓名、每日巡查次数、巡查时间、巡查部位 **用火用电**：用火、用电、用气有无违章情况 **疏散通道**：安全出口、疏散通道、疏散楼梯是否畅通，是否堆放可燃物；疏散走道、疏散楼梯、顶棚装修材料是否合格 **防火门、防火卷帘**：常闭防火门是否处于正常工作状态，是否被锁闭，防火卷帘是否处于正常工作状态，防火卷帘下方是否堆放物品影响使用 **消防设施**：疏散指示标志、应急照明是否处于正常完好状态；火灾自动报警系统探测器是否处于正常完好状态；自动喷水灭火系统喷头、末端放（试）水装置、报警阀是否处于正常完好状态；室内、室外消火栓系统是否处于正常完好状态；灭火器是否处于正常完好状态 ②中华人民共和国公共安全行业标准《人员密集场所消防安全管理》GA 654—2006：7.3 防火巡查、检查；7.5 安全疏散设施管理	① 本附录表明，为确保"常闭"防火门平时处于"闭锁"状态，既有上述"保持防火门关闭"的有效提示标识，又有"日常巡查、人工管理"的措施保障，还可利用楼内设置的"视频安防监控系统"，在平时兼顾监视常闭防火门的打开、关闭状态。 因而进一步降低对"常闭防火门"实施电气监控的必要性。 ② 国家公共安全行业标准《人员密集场所消防安全管理》GA 654—2006，强调了日常防火巡查、检查、管理的重要性，其中"常闭式防火门应经常保持关闭"是"日常巡查、人工管理"的一项重要内容
5	《防火卷帘、防火门、防火窗施工及验收规范》GB 50877—2014：5.3 防火门安装；6.3 防火门调试	① 常开防火门：安装与调试内容为自动关闭门扇的控制、信号反馈装置等。 ② 常闭防火门：安装与调试内容为自动关闭的闭门器（简单的机械闭门器即可实现自动关闭，无需电动闭门器）。仅当装有信号反馈装置（门磁开关）时，才需要调试，保证其开、关状态信号反馈到消防控制室
6	美国消防协会《火灾报警系统规范》NFPA 72 National Fire Alarm and Signaling Code： 21. 8 Door Release Service. 21. 8. 1 The provisions of Section 21. 8 shall apply to the methods of connection of door hold-open release devices and to integral door hold-open release, closer, and smoke detection devices. 21. 8. 2 All detection devices used for door hold-open release service shall be monitored for integrity in accordance with Section 10. 17. *Exception: Smoke detectors used only for door release and not for open area protection.* 21. 8. 3 All door hold-open release and integral door release and closure devices used for release service shall be monitored for integrity in accordance with Section 21. 2. 21. 8. 4 Magnetic door holders that allow doors to close upon loss of operating power shall not be required to have a secondary power source	本规范条款，专讲常开防火门的电气监控要求，其功能、联动触发信号等要求，与疏散通道上的防火卷帘的要求类似。而对常闭防火门，没有电气监控要求的规定。 另，美国消防协会《建筑设计防火规范》NFPA 1 Fire Code 也有类似表述，这是欧美、日本等发达国家和地区的常规做法，我国与消防相关的上述各重要规范均借鉴了他们的做法

3　事实与分析

序号	事实	分析
	工程实例： ①某小区一高层住宅楼，总建筑面积：24648m²，32层，总高度95m。设有两个单元，每单元、每层设置4个常闭防火门、无常开防火门，则该栋楼共有256个常闭防火门。该小区共有20栋类似住宅楼，地上部分常闭防火门总数为5120个。 ②防火门监控系统的设备造价按主机、防火控制点位两部分进行预估，主机：每台20000元；常开防火门：每个300元；常闭防火门：每个200元。则上述一栋楼的防火门监控系统总投资约为71200元，整个小区设备总造价约为143万元；另加系统管材线材、设备材料安装及调试等费用约为70万元，则该小区仅在防火门监控系统上的总投资约213万元。 ③该小区开发商认为，这213万元的总投资，推高了开发成本、没有必要，专门向设计院来函要求取消该系统，表示：住宅楼常闭防火门平时长期处于自然关闭状态，门上贴有"保持防火门关闭"的醒目提示标识，小区物业平时还有"人工日常巡查"的管理措施，所以住宅楼常闭防火门监控系统应予取消	(1)经济性分析 对住宅、办公等"非人员密集场所""常闭防火门"实施电气监控，大大增加了工程造价，因为通常工程中"常闭防火门"的数量远远大于"常开防火门"，高层住宅尤甚(见本文工程实例)；而且，它在一定程度上影响和危害了对"常开防火门"(如有)的电气监控系统的简洁可靠性。 (2)可靠性分析 ①防火门具有自行关闭功能。疏散通道上的常闭防火门，长期自然关闭，平时几乎无人通行，即使平时有人通过后，也能自行关闭。简单的机械闭门器即可实现自行关闭，无需电动闭门器联动。 ②在其明显位置设置简单有效的提示标识"保持防火门关闭"，可避免平时人为打开、突发火灾时不能起到阻火及防烟作用。 ③为进一步确保常闭防火门平时处于关闭状态，还有"人工巡查、管理"的措施保障。而且，还可利用楼内设置的"视频安防监控系统"，在平时兼顾监视常闭防火门的打开、关闭状态。 (3)合理性分析 对于常闭防火门，平时被人为打开而留下火灾时未关闭的隐患，只有三个原因： ①它造成人员通行不便、严重影响人员通行，或者严重影响采光、通风，这说明此防火门选为"常闭型"不合理，应改为"常开型"，相应实施电气监控。 ②人为疏忽，偶尔通行后忘记关闭，此时，常闭防火门明显位置设置的"保持防火门关闭"提示标识，应能起到很明显的提示作用，让人记得及时关闭；且有"人工巡查、管理"的措施保障。 ③人为恶意，这种情况，只能通过教育惩处和日常巡查排除，对这种偶发恶意，交由电气监控进行技术解决是不恰当的。 可见，对非人员密集场所"常闭防火门"实施电气监控，确无必要

4　结论与导向

序号	结论	导向
1	对每个"常开防火门"必须实施电气监控，而对于"常闭防火门"，仅仅只需监控"人员密集场所中因管理需要平时常闭的疏散门及具有信号反馈功能的防火门"。所以，对住宅、办公等"非人员密集场所"平时常闭的疏散门，无需电气监控	①应把握规范精髓，把国内外多个相关规范联系起来、进行综合分析思考，并结合工程实际，兼顾"技术可靠性、经济合理性"，这样的设计才是好的设计。 ②应树立"简单的才是可靠的""与级别匹配的才是对的""针对性强的才是好的""技术可靠性、经济合理性协调统一"的重要设计原则与理念

续表

序号	结论	导向
2	对每个"常开防火门"实施电气监控,非常必要!因为火灾时,必须要联动"常开防火门"关闭,才能起到至关重要的防火分隔、阻烟阻火的作用,因此,必须要电气监控"常开防火门",即使全楼只有一个、几个"常开防火门",也必须要上电气系统、配电气设备,也必须要设置监控主机、监控模块、门磁开关、电磁释放器。 与此同时,对"人员密集场所中因管理需要平时常闭的疏散门及具有信号反馈功能的防火门"也需实施电气监控,也就是对于"人员密集场所的常闭防火门",需要设置门磁开关,使其开、关状态信号反馈到消防控制室	应准确把握"设计原则"、合理拿捏"技术分寸",即首先解决"系统是否设计"的原则问题,然后把握"系统如何设计"的尺度问题;"当设必设"并做到位,不当设就不要设,适可而止
3	注重"消防安全"是非常必要的,但一定要从实际出发,要有经济合理的考量,如果借着"消防安全"的名义,而设置一些没有实际必要的系统或设备,将大大增加工程造价和系统复杂程度,既不经济合理,又破坏了系统的简洁可靠性,是不可取的	电气设计中"技术措施过度化、扩大化;高档配置泛滥成灾、武装到牙齿;只求保险、人为拔高标准"的现象当下十分突出!应通过我们实实在在的努力,去缓和与破解这些问题,在具体工程项目设计中,真正体现和落实"技术可靠性、经济合理性协调统一"的重要设计原则与理念

参考文献

[1] GB 50016—2014 建筑设计防火规范 [S]. 北京:中国计划出版社,2014.

[2] GB 25506—2010 消防控制室通用技术要求 [S]. 北京:中国标准出版社,2011.

[3] GB 50116—2013 火灾自动报警系统设计规范 [S]. 北京:中国计划出版社,2014.

[4] GA 654—2006 人员密集场所消防安全管理 [S]. 北京:中国标准出版社,2007.

[5] GB 50877—2014 防火卷帘、防火门、防火窗施工及验收规范 [S]. 北京:中国计划出版社,2014.

[6] 美国消防协会. 火灾报警系统规范 NFPA 72 National Fire Alarm and Signaling Code [S].

[7] 美国消防协会. 建筑设计防火规范 NFPA 1 Fire Code [S].

[8] 李蔚. 建筑电气设计常见及疑难问题解析 [M]. 北京:中国建筑工业出版社,2010.

[9] 李蔚. 建筑电气设计要点难点指导与案例剖析 [M]. 北京:中国建筑工业出版社,2012.

[10] 李蔚. 建筑电气设计关键技术措施与问题分析 [M]. 北京:中国建筑工业出版社,2016.

第六章　智能化系统

42 特大型体育馆斗屏显示系统设计探讨

摘　要： 本文通过对比研究国内外体育馆斗屏设计的有关标准及规范，对近期大型体育馆斗屏显示系统的应用现状进行了调研，以某特大型体育馆斗屏设计为例，对斗屏的功能要求、基本参数、实施方案进行了探讨，以期为国内其他大型体育馆斗屏显示系统设计提供借鉴。

关键词： 特大型体育馆；LED 显示屏；斗屏；控制系统；视距；像素中心距

0 引言

作为现代社会信息发布的重要媒介，LED 显示屏技术近年得到迅速发展，国内多家 LED 屏制造商也已走在了行业的世界前列。体育迷们在观看精彩的体育比赛的同时，也被安装在体育场馆的那些播放着形式各异广告的 LED 显示屏所吸引。国内外的大型体育场馆均设置了 LED 显示屏，比分牌采用其作为新型显示装置已成为主流。

一方面，LED 显示屏发挥其对体育比赛精彩瞬间捕捉、慢镜头回放、实况直播同步、赛事信息播报、计时记分统计等功能；另一方面，巨幅的广告画面直接推送到体育场馆内数万观众面前，具有极大的渲染力，能够烘托和营造出热烈的赛场氛围。纵观欧美各大职业联赛，LED 显示屏已被广告运营商用作其投放广告的最佳载体，因此也带动了场馆 LED 显示屏需求的快速增长。

目前，通过在大型体育馆的场地中央悬挂漏斗型的中央 LED 电子显示屏及包厢上的环形屏来完成上述各项任务，整套 LED 大屏幕显示系统由斗屏、环形屏及显示屏控制系统等部分组成，而其核心设备就是悬挂于场地正中央的方体 LED 显示屏，因形似漏斗称之为"斗屏"。

通过调研发现，我国现有球馆的斗屏硬件设施远远落后于美国 NHL、NBA 等的赛事球馆。因此，国家出台相应体育产业政策，加大了体育设施建设资金的投入，建设具有高科技含量的球馆斗屏设施，构建配套的娱乐观赏服务系统。斗屏的使用除了能多方面营造赛场氛围，提高各项赛事的观赏性和娱乐性外，还能为商业演出创造有利条件。

下文将以国内某建设中的特大型甲级体育馆为实例，探讨符合目前斗屏应用设计潮流的设计方案。

1 项目概况

某体育馆座席数 1.8 万座，为特大型甲级体育馆，是全运会闭幕式主会场及竞技体操项目主赛场，同时满足承办亚运会（篮排球等单项）赛事及篮排球世锦赛等单项国际赛事需求，满足赛后文艺演出、集会、展示、全民健身的综合利用要求，是集休闲公共空间和运动功能为一体的综合型建筑。总建筑面积约为 108283m²，地上 5 层，屋面最高点 42.36m，看台观众席最高处直径 130m，主体结构形式为钢筋混凝土框架结构，基础形式为钻孔灌注桩和独立基础；体育馆鸟瞰图如图 1 所示，比赛场地平面及剖面如图 2，3 所示。

图 1　体育馆鸟瞰图

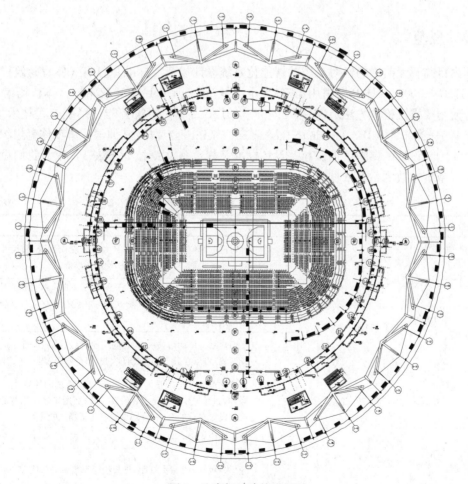

图 2　比赛场地建筑平面图

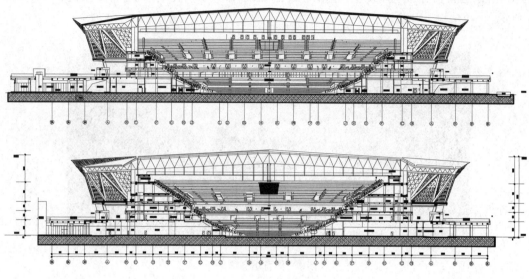

图 3　比赛场地建筑剖面图

2　设计规范

　　国内目前暂无明确的针对斗屏的智能化系统设计规范及标准，仅有《体育建筑设计规范》JGJ 31—2003、《体育场馆用 LED 显示屏规范》SJ/T 11406—2009、《体育场馆 LED 显示屏使用要求及检验方法》GB/T 29458—2012、《体育建筑智能化系统工程技术规程》JGJ/T 179—2009、《FIBA Guide to Basketball Facilities》以及其他国际单项体育组织相关标准可作为其设计的参考依据。相关设计标准及规范条文摘抄如下表 1，作为我们设计和计算斗屏基本参数的主要依据。

主要依据规范　　　　　　　　　　　　　　　　　　表 1

规范名称	编号	条款	内容
体育建筑设计规范	JGJ 31—2003	4.4.6.2	计时记分牌位置应能使全场绝大部分观众看清，其尺寸及显示方式宜根据不同项目特点和使用标准确定
体育场馆用 LED 显示屏规范	SJ/T 11406—2009	5.3.2.2	显示屏的水平视角 θ_s 不小于 ±50°；垂直上视角 θ_c 不小于 10°，平面显示屏的垂直下视角不小于 35°，斗型显示屏的垂直下视角 θ_c 不小于 50°
		5.5.1	平面显示屏屏面可按一定的宽高比例做成矩形，可做成一块或两块，可以在其上划分出图文显示区或视频显示区、时钟区
体育建筑智能化系统工程技术规程	JGJ/T 179—2009	6.2.2 条文说明	正式比赛场馆必须设置满足比赛规则要求的比赛成绩显示屏，例如通常体育馆至少要设置 1 块，而用于篮球比赛的体育馆要设置对称的 2 块，分别设置在比赛场地的两端
视频显示系统工程技术规范	GB 50464—2008	4.2.1.3	视距和像素中心距应按 $H=k \cdot P$ 计算
		4.2.1.3 条文说明	理想视距＝1/2 最大视距，理想视距系数 k 一般取 2760

规范名称	编号	条款	内容
体育场馆 LED 显示屏使用要求及检验方法	GB/T 29458—2012	5.1.3	综合体育馆中显示屏应安装在场地长轴的两端,如采用斗型结构,应安装在场地中心上空
		5.1.4	宜使场馆内固定座席 95% 以上的观众能清晰地看到屏幕显示的内容
		5.1.5	宜使比赛现场的运动员、教练员和裁判员都能够方便、清晰地看见屏幕显示的内容
		5.2.1.1	打分和评分为主的运动项目,LED 显示屏至少能够显示 16 点阵汉字 12 行,行间距不宜小于字符高度的 1/10,每行应至少能够显示 30 个汉字
		5.2.1.2	球类运动项目用 LED 显示屏至少能够显示 16 点阵汉字 12 行,行间距不宜小于字符高度的 1/10,每行应至少能够显示 36 个汉字
		5.3.1	根据字符高度用式 $H = k \cdot d$ 计算最大视距
		5.5.1	LED 显示屏的水平视角应不小于 ±50°,垂直上视角应不小于 10°,垂直下视角应不小于 20
Official Basketball Rules2017：Basketball Equipment	2017	9.1 Scoreboard/ Videoboard	Two large scoreboards orvideoboards shall be placed one at each end of the playing court
			If there is a scoreboard (cube) placed above the centre of the playing court, one duplicate scoreboard on the opposite side of the players' benches, clearly visible to both teams, will be sufficient
			Clearly visible to everyone involved in the game, including the spectators

3　斗屏基本技术参数要求

3.1　比分屏最小尺寸计算

根据 GB/T 29458—2012 第 5.3.1 条,最大视距与字符高度的计算公式

$$H_{\max} = k \cdot d \tag{1}$$

式中　$H_{\max}$——最大视距（m）;

　　　k——视距系数,一般取 345;

　　　d——字符高度（m）,字符为 16 点阵汉字。

根据规范,体育馆斗屏最大视距 $H_{\max}$ 为看台观众席最高处直径 130m 的一半,即 65m,根据上述公式计算字高:

$$d = \frac{H_{\max}}{k} = \frac{65}{345} = 0.19 \text{m} \tag{2}$$

根据 GB/T 29458—2012 第 5.2.1.1 条的规定,斗屏比分屏至少能够显示 16 点阵汉字 12 行,行间距不小于字符的 1/10,每行至少能够显示 36 个汉字。

因字高 $d = 0.19$m,合并字间距高度总和为 $0.19 \times 1.1 = 0.209$m。要满足规范至少能

够显示 12 行汉字的要求，比分屏高度为 $0.209 \times 12 = 2.51$m。

汉字宽高比设为 0.85，故字宽为 $0.19 \times 0.85 = 0.1615$m。要满足规范每行至少能够显示 36 个汉字的要求，比分屏宽度为 $0.1615 \times 27 = 5.81$m。

按显示评分项目字符数要求，计算出比分屏显示区域需满足以下最小面积：

$$S = W(宽) \times H(高) = 5.81\text{m} \times 2.51\text{m} = 14.59\text{m}^2 \qquad (3)$$

3.2　像素中心距计算

根据 GB 50464—2008 第 4.2.1 条及条文说明计算像素中心距：

因理想视距 $H_i = 1/2$ 最大视距 H_{max}，理想视距系数 k 一般取 2760，即

$$H_i = \frac{1}{2}H_{max} = \frac{1}{2}kd = \frac{1}{2}k \times 16P = \frac{1}{2} \times 345 \times 16P = 2760P \qquad (4)$$

根据已知场馆基础数据，斗屏悬挂在场地中心，则最大视距 H_{max} 应为 65m，于是

$$H_i = \frac{H_{max}}{2} = \frac{65}{2} = 32.5\text{m}$$

故，像素中心距 $P = \dfrac{H_i}{2760} \dfrac{32.5 \times 10^3}{2760} = 11.78$mm $\qquad (5)$

根据上述计算，本项目的斗屏比分牌部分技术要求：悬挂在场地中心上空的斗屏如只显示计分等文字信息，不显示视频图像内容，则其最小面积约为 14.59 m²，像素中心距不大于 11.78mm，即可满足相关规范要求。

4　斗屏主要参数指标选择

与此同时，我们对近年国内外同等规模、同等建设标准的体育馆斗屏进行了广泛调研，主要调研结果如表 2 所示：

表 2

序号	场馆名称	座席数量	建设时间	斗屏面积(m²)	像素中心距(mm)	净重(T)	备注
1	上海梅赛德斯奔驰中心	18000	2009	243	12,16	43	
2	苏州奥体中心体育馆	13000	2018	219	4,10	23.6	
3	重庆华熙 LIVE 鱼洞体育馆	16000	2018	287	5,10	30	
4	纽约巴克莱中心球馆	17732	2012	330	10	31.7	
5	纽约麦迪逊广场花园球馆	19763	2013	253	6,10	26.3	
6	加州圣何塞 SAP 中心体育馆	17562	2017	367	2.5,10	35	全球最小间距
7	多伦多罗杰斯体育馆	19500	2016	616	4	48	
8	纽瓦克保德信中心体育馆	18711	2017	890	4,10	40	全球最大面积

注：上表中像素中心距为前者为视频屏，后者为比分屏。

根据调研结果，国内同等建设标准的体育馆建设年代大多较为久远，其中央斗屏系统设计时参考的是国外 20 世纪末的规格、尺寸样式等技术指标。即使是按 NBA 中国赛标准在建中的新场馆，斗屏面积也仅在 300m² 以内，与当前的世界潮流存在较大差距，无法充分满足当前场馆多功能使用快速转换，多种信息显示及互动的需求。对比发现，欧美体育

运动配套设施较为先进的国家，近期建设的 LED 斗屏则在同时向超大显示面积和超小像素间距两个方向发展。

究其原因，现代体育场馆已在向多功能的综合性场所发展，它除了能满足各类体育比赛的要求外，还要承担各类文艺演出、大型会议或论坛的要求，这就需要显示设备能满足快速编排和转换显示内容，能视需求灵活定制不同篇幅的广告内容和提高视觉上的效果，并能快速安装及拆卸以满足每年多次比赛及商演的拆装需求。欧美国家成熟职业联赛球馆除了承担 NHL、NBA 等日常赛事外，还有大量的商业演出等活动，年举办活动次数在 200～300 场次之间。这些场馆的中央大屏系统可配合迅速地完成场景转换，无需耗费过多的时间在演艺大屏的临时搭建和拆卸上，从而大大地提高了场馆的利用率。

借鉴国内外新建同类场馆经验，并结合本场馆的实际需求，考虑一定的前瞻性，斗屏设计标准与国际流行标准看齐，将该馆斗屏系统的几项重要参数指标规定如下：视频显示屏总面积不低于 $350m^2$，点间距不大于 4mm，斗屏具有升降功能，重量不低于 50t（含提升卷扬机及维修平台），用电负荷不低于 400kW。

5　斗屏设计方案

根据场馆的需求，斗屏采用上下两层结构，并在下层内侧设置内边屏。下面对各屏体尺寸分别进行计算。

（1）斗屏上层全彩环形显示屏用于赞助商广告播放、条幅广告等，环形显示屏周长约为 57.5m，高约 1.5m，采用 6mm 像素间距的室内全彩显示屏，显示模组像素为 192×192mm。计算实际显示尺寸如表 3：

表 3

标准宽度(m)	标准高度(m)	模组宽度(mm)	模组高度(mm)	标准面积(m^2)	模组数量	实际显示宽度(m)	实际显示高度(m)	实际面积(m^2)
57.5	1.5	192	192	86.25	2392	57.408	1.536	88.18

上层环形显示屏宽为 57.408m，高为 1.536m，需要 299（宽）×8（高）的模组（箱体）组成显示屏。

（2）斗屏下层四块比分及视频屏采用软件切割方式，上半部比分屏用于比赛计时计分、数据统计，下半部视频屏用于比赛时现场实时图像画面的播放，也可全屏显示图文信息或视频等，显示屏采用 4mm 像素间距的室内全彩显示屏，显示模组像素为 192×192mm。

① 视频屏按 60 m^2 面积，显示比例 16：9，计算实际显示尺寸如表 4：

表 4

显示比例	标准面积(m^2)	标准宽度(m)	标准高度(m)	模组宽度(mm)	模组高度(mm)	模组数量	实际显示宽度(m)	实际显示高度(m)	实际面积(m^2)
16：9	60	10.327	5.809	192	192	1620	10.368	5.76	59.72

视频屏宽为 10.368m，高为 5.76m，需要 54（宽）×30（高）的模组（箱体）组成视频显示屏。

② 比分屏宽度与视频屏相同，取为 10.368m＞5.81m，完全满足规范要求，高度按满足 2.51m 计算，需要 2.51/0.192＝14 块；计算实际显示尺寸如表 5：

表 5

标准宽度(m)	标准高度(m)	模组宽度(mm)	模组高度(mm)	标准面积(m²)	模组数量	实际显示宽度(m)	实际显示高度(m)	实际面积(m²)
10.368	2.51	192	192	27.87	756	10.368	2.688	27.87

比分屏宽为 10.368m，高为 2.688m，需要 54（宽）×14（高）的模组（箱体）组成比分显示屏。

故下层的单块显示屏需 54（宽）×（30＋14）（高）的模组（箱体）组成显示屏，显示屏尺寸为：10.368×8.448m＝87.6 m²。

（3）斗屏下层内侧四块显示屏用于给邻近比赛场地的盲区观众及场上球员提供比赛计时计分及数据统计信息，采用 6mm 像素间距的室内全彩显示屏，显示模组像素为 192×192mm。计算实际显示尺寸如表 6：

表 6

显示比例	标准面积(m²)	标准宽度(m)	标准高度(m)	模组宽度(mm)	模组高度(mm)	模组数量	实际显示宽度(m)	实际显示高度(m)	实际面积(m²)
16：9	9	4	2.25	192	192	252	4.032	2.304	9.29

内侧显示屏宽为 4.032m，高为 2.304m，需要 21（宽）×12（高）的模组（箱体）组成显示屏。

最终，整个斗屏总显示面积约为 475.7m²，其中比分及视频屏总面积为 350.36 m²，方案如图 4，图 5 所示。

如前所述，考虑斗屏快速安装与拆卸，对斗屏物理结构进行综合设计，整个斗屏结构采用悬挂方式，悬挂于场馆正中间网架结构的四个球节点上。结合屋面下悬杆节点（图6），选择图中间距 16m 的 ABCD 四个节点作为荷载节点，通过吊杆固定斗屏上部维修平台的主钢梁，主梁、维修平台及吊杆设计如图 7、图 8 所示。并在钢梁上安装固定四部卷扬机，通过安装在卷扬机上的 8 根钢索完成斗屏的升降任务。

项目智能化设计与结构密切配合，对斗屏结构变形进行校验。通过分析斗屏维修平台结构件变形差（图 9），由图可知最大变形点出现在 A 点处，变形差约为 100mm，在可控范围之内。因此，该结构方案可行，不会因结构变形而对屏体显示单元造成影响。

设计通过视线分析（如图 10，图 11），吊装完成的斗屏底边距地面不低于 20m，保证看台后排观众在商演时视线不受斗屏遮挡；斗屏视距及上下垂直视角亦满足相关规范要求，无论观众处于场馆内观众席的任何位置，都可以清晰地看到屏幕上的内容。

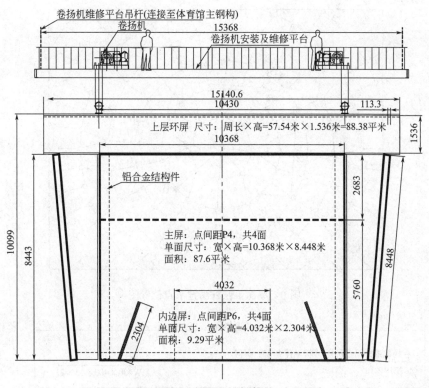

图4 斗屏立面方案图

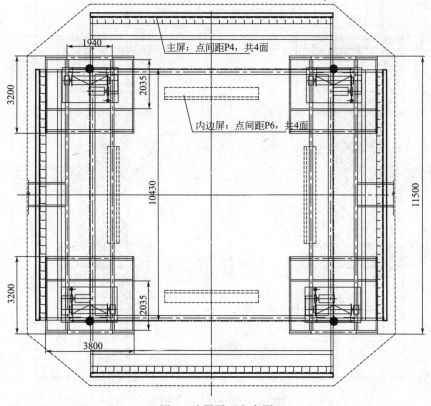

图5 斗屏平面方案图

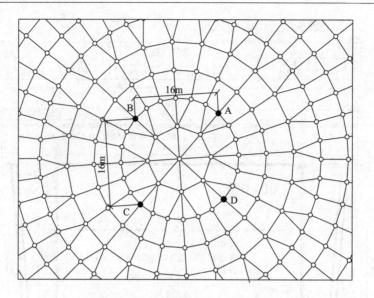

图 6　屋面下弦杆吊挂节点位置图

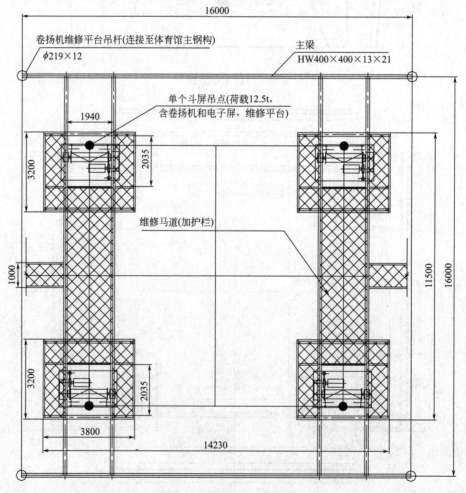

图 7　斗屏维修平台平面图

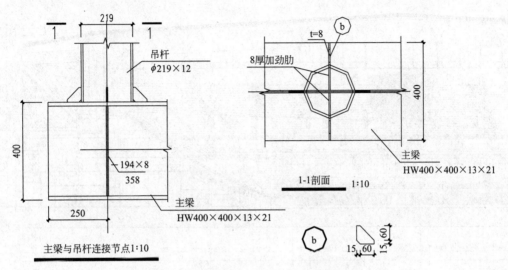

图 8　斗屏吊装平台主梁与吊杆连接大样

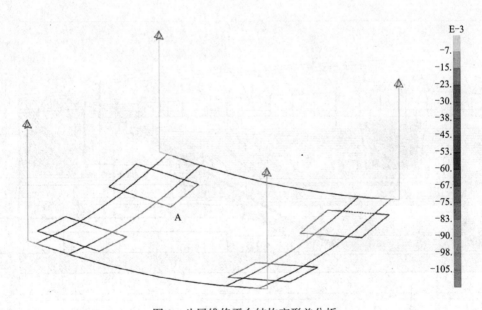

图 9　斗屏维修平台结构变形差分析

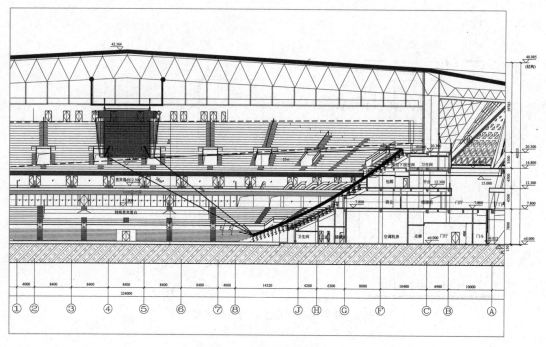

图 10　斗屏安装剖面 1-1

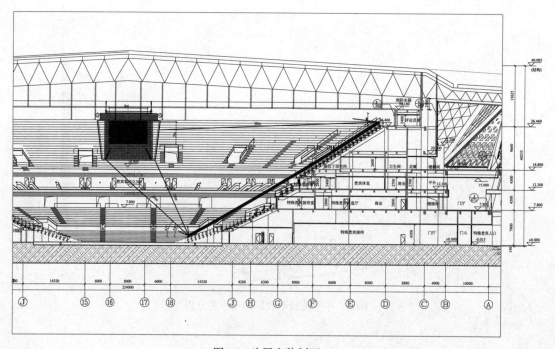

图 11　斗屏安装剖面 2-2

通过完善设计和分析计算，本项目斗屏各项相关技术参数按下表 7 选择：

斗屏技术参数表 表 7

LED 发光二极管	原装进口	失控点	＜1/10000，无连续失控点
点间距	视频屏 4mm，环屏及内比分屏 6mm	显示方式	点点对应，同步映射
模组尺寸	192×192mm	单点校正	具有单个 LED 发光管的亮度、色度校正功能
像素密度	27777 点/m²，像素组成：1R＋1G＋1B，三合一	平均无故障时间	＞10000h
峰值功率	≤700W/m²	平均寿命	≥10 万 h
平均功率	≤250W/m²	屏幕安装平整度	≤1mm
亮度	≥2000cd/m²	显示模式	SVGA、SXGA、UXGA、QXGA
可视角度	H＝160°V＝140°	输入格式	VGA、PAL、NTSC
驱动方式	1/4 扫描恒流驱动、1/8 扫描恒流驱动	信号兼容性	S-Video、CVBS、YUV、RGB、数字 DVI（最高分辨率到 UXGA）、SDI、HDSDI、HDMI
色温	3200～9300K 可调	传输方式	光纤传输
显示色彩	RGB 各 1024 级灰度，10.7 亿种颜色	控制距离	1000m
对比度	5000∶1	自检技术	通信检测、电源检测、温度监控
换帧频率	50/60Hz	远程监控	控制中心对屏幕播放效果能实时监控
刷新频率	≥1920Hz	供电要求	AC380V±10％　AC50Hz（三相五线制）

6　控制系统设计

斗屏后台控制系统（图 12）设备包括后台输入设备、混合矩阵、视频图像处理器、显示屏控制器、光口网络交换机及传输设备。其中，混合矩阵可以将计时计分机房提供的比分及数据统计信息、电视转播机房提供的视频信息等进行混合，输出到视频处理器。视频处理器则可将一个显示屏分成多个视频区域及将数据和比分重叠在一起，经显示屏控制器投送到前端大屏上。显示屏控制器则实现对场馆内视频信息的展示，并配合音频的播放以及场地灯光的控制，实现场馆比赛前的场地秀和灯光秀的联动控制，烘托比赛现场的气氛，激发观众热情。

为了在后期运营能够具备承办 NBA 中国赛的条件，设计考虑斗屏系统同时具备与 NBA 球员数据系统连接的接口，因配套的计时记分系统能同时满足 NBA 和 FIBA 篮球比赛的所有要求，并采用最新的 NBA 认证设备，故在进行相关赛事时斗屏系统还能实时显示各球员信息与场上比赛数据。

本馆 LED 大屏幕控制室设在五层，除控制斗屏系统外还能控制场地两端的 LED 大屏、包厢上下檐口的两圈环形屏，能通过面向场地的外窗直视场地、裁判席、场地两端

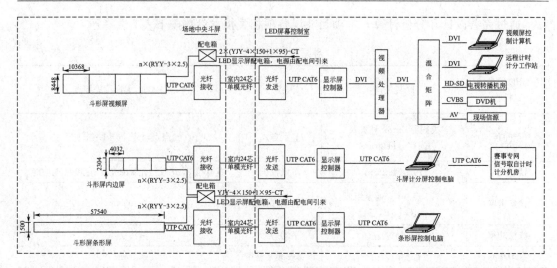

图 12　斗屏控制系统图

LED 大屏及中央斗屏。为满足赛事组织和管理模式，控制室内同时设置自动升旗系统控制台；机房布置如图 13 所示。

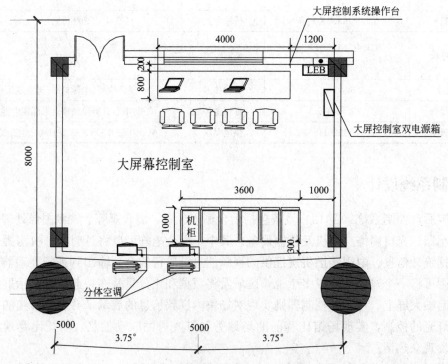

图 13　大屏幕显示系统机房布置图

7　结束语

中国一直都是 NBA 最重视的海外市场之一，参加过中国赛的 NBA 球队一方面可以扩大球队在中国的影响力和知名度，另一方面也可以让这些球队接触到多元化发展的契机，因此近十年 NBA 中国赛在国内开展得如火如荼。再加之，随着人们生活水平的提高，国内各大场馆演艺节目的数量也呈明显上升趋势，这都对场馆的基础设施条件提出了较高要求。

本项目所设计的斗屏显示系统在满足所有国内外相关技术规范的基础上，还具有以下特点：

（1）能播放及快速切换广告内容，给赞助、运营企业带来良好的经济效益。

（2）能够在极短的时间内拆装、调试斗屏系统，以满足频繁的比赛、演出等活动场景切换需求。

（3）能融合视频、音频和灯光等控制方式，烘托比赛现场的气氛，给观众带来震撼的感官冲击。

我们期望对本项目斗屏显示系统设计的探讨，能够为今后其他特大型体育馆智能化 LED 屏设计提供有益借鉴，以促进体育消费的发展升级。

参考文献

［1］JGJ 31—2003 体育建筑设计规范［S］. 北京：中国建筑工业出版社，2003.

［2］JGJ 16—2008 民用建筑电气设计规范［S］. 北京：中国建筑工业出版社，2008.

［3］SJ/T 11406—2009 体育场馆用 LED 显示屏规范［S］. 北京：中国电子技术标准化研究所，2009.

［4］JGJ/T 179—2009 体育建筑智能化系统工程技术规程［S］. 北京：中国建筑工业出版社，2009.

［5］GB/T 29458—2012 体育场馆 LED 显示屏使用要求及检验方法［S］. 北京：中国标准出版社，2013.

［6］FIBA Central Board.《Official Basketball Rules 2017：Basketball Equipment》［S］. 2017.

［7］孙克双.《论 CBA 与 NBA 赛场氛围及场地设施的差异》［J］. 西昌学院学报·自然科学版，2008，22（4）：86-89.

43 B 级数据中心供电系统设计浅谈

摘　要：本文通过分析 B 级数据中心供配电要求，结合工程实例介绍了某 B 级数据中心的供配电系统设计方案，包括负荷分析与计算、高压供电系统、低压配电系统以及 UPS 系统的设置等。

关键词：B 级数据中心；供配电；UPS 系统

0　引言

随着信息化技术的高速发展，互联网快速普及，全球数据呈现爆发增长、海量集聚的特点，各类企事业单位对信息化的需求持续增长，促进了数据中心的建设。数据中心是容纳计算机房及其支持区域的一幢建筑物或建筑物的某个部分，主要设置进行数据处理和数据交换的计算机、网络设备、电子设备等。

目前国内数据中心设计主要遵循的规范为《数据中心设计规范》GB 50174—2017。由于各行各业对数据中心的要求和规模差别较大，该规范根据数据中心的使用性质、数据丢失或网络中断在经济或社会上造成的损失或影响程度，将数据中心分为 A、B、C 三个等级，以满足不同的性能要求。

A 级：容错数据中心，可靠性和可用性最高；

B 级：冗余数据中心，可靠性和可用性居中；

C 级：满足基本需要，可靠性和可用性等级最低。

综合考虑数据中心可靠性和可用性、投资估算、运维复杂程度以及场地条件等多重因素，越来越多的企事业单位业主选择不设置后备柴油发电机系统，建设 B 级数据中心。本文基于某市级公安部门数据中心项目实例，对 B 级数据中心的供配电系统设计进行介绍。

1　B 级数据中心对供配电系统的技术要求

根据《数据中心设计规范》GB 50174—2017 附录 A：各级数据中心技术要求，我们将 B 级数据中心的供配电系统技术要求总结如下：

1）B 级数据中心供电电源宜由双重电源供电。当供电电源只有一路时，需设置后备柴油发电机系统。

2）B 级数据中心变压器应满足冗余要求，宜 N+1 冗余。

3）当 B 级数据中心设有后备柴油发电机系统时，柴油发电机系统宜 N+1 冗余；后备柴油发电机系统的基本容量应包括不间断电源系统的基本容量、空调和制冷设备的基本容量。

4）不间断电源系统（UPS 系统）宜 N+1 冗余；不间断电源系统应设置自动转换旁路和手动维修旁路；当柴油发电机作为后备电源时，不间断电源系统电池最少备用时间为 7min。

5）空调系统配电采用双路电源，末端切换。宜采用放射式配电系统。

当 B 级数据中心不设后备柴油发电机系统时，不间断电源系统电池最少备用多长时间？《数据中心设计规范》GB 50174—2017 中并未提及。当数据中心两路外部电源均失电后，数据中心空调系统将停止运行，而数据中心 IT 设备由 UPS 后备电池继续供电。这时候 UPS 电源的作用主要是维持 IT 设备正常关机或者 IT 系统正常切换到灾备系统所需要的时间。鉴于上述原因，本文建议 B 级数据中心当不设柴油发电机作为后备电源时，不间断电源系统电池最少备用时间为 30min。

2　某 B 级数据中心供配电系统设计实例分析

2.1　项目概况

图 1 和图 2 为某市级公安系统数据中心的平面布局图。该数据中心由主机房区、辅助区（用于电子信息设备和软件的安装、调试、维护、运行监控和管理的场所）和支持区（为机房提供动力支持和安全保障的区域）组成。

主机房位于新建办公大楼四层，面积约 630m²，由 8 个机房模块组成，可容纳 168 台服务器机柜。主机房平面布局图如图 1 所示：

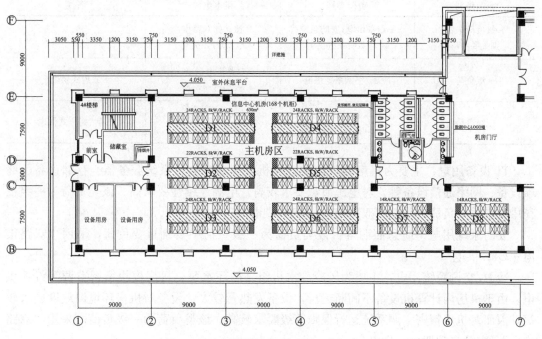

图 1　某 B 级数据中心平面图（主机房区）

运营商机房、机房辅助区（包括拆包区、维修室、上线测试区、运维人员办公室、运维监控室）和支持区（包括配电室、UPS 电池间、气瓶间）均位于该办公大楼 3 层，总面积约 550m²，平面布局如图 2 所示：

2.2　负荷分级与负荷计算

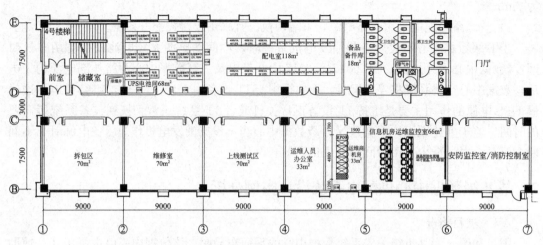

图2 某B级数据中心平面图（机房辅助区和支持区）

2.2.1 负荷分级

数据中心用电负载主要包括4大类，其负荷分级如表1所示：

数据中心负荷分级表 表1

负荷级别	负荷类别	供电电源	备注
一级负荷中特别重要负荷	IT设备供电；安防系统、应急照明系统供电	独立的双路市电＋UPS供电	放射式供电
一级负荷	冷源/空调系统供电	双路市电供电，末端自动切换	放射式供电
二级负荷	新风系统、照明、电源插座等	双路市电供电，末端自动切换	放射、树干式供电

IT设备用电：主要为机房模块内的计算机类负载，如：系统服务器、存储设备、终端设备、网络通信设备等，对电源质量要求较高，电源连续性要求高。该类负荷为一级负荷中特别重要负荷，采用"双路市电＋UPS供电"。

安防系统用电、应急照明等：该类负荷为一级负荷中特别重要负荷，采用"双路市电＋UPS供电"。

冷源/空调系统用电：主要为风冷冷水机组、循环水泵、机房模块精密空调等设备供电。由于机房内计算机设备不间断运行，设备发热量较大，设备对机房环境温湿度要求较高，因而对机房精密空调系统运行保障等级要求较高。该类负荷为一级负荷，采用"双路市电"（末端自动切换）供电。

机房新风系统、照明、插座等其他负荷：该类负荷为二级负荷。考虑到该项目二级负荷容量不大，二级负荷仍采用"双路市电"（末端自动切换）供电。

2.2.2 负荷计算

（1）IT设备负荷容量计算

根据用户使用需求，每台服务器机柜容纳15台2U服务器，单台服务器的使用功率平均按 500W 考虑，则每台机柜的容量不低于 7.5kW。如果采用 7U 的刀片服务器，每台服务器机柜容纳 2 台 7U 刀片服务器，则每台机柜的容量不低于 8kW。考虑到虚拟化及云计算是未来数据中心的发展趋势，刀片服务器在企业内部已有一定规模的应用，本项目 176 台服务器机柜的容量均按照 8kW 设计。IT 设备功率因数取 0.95，同时系数取 0.9。根据机房平面布置图，机房 IT 设备满载负荷容量计算如表 2：

UPS 用电负荷计算表 表 2

序号	用电设备名称	服务器机柜		弱电列头柜		负荷计算					
		数量（台）	单柜功率（kW）	数量（台）	单柜功率（kW）	装设功率（kW）	需要系数 K	功率因数 cosφ	有功功率（kW）	无功功率（kVar）	视在功率（kVA）
1	机房模块 D1～D8	168	8.0	16	2.0	1376	0.90	0.95	1238.4	408.7	1303.58
2	运营商机房			7	2.0	14.0	0.90	0.95	12.6	4.2	13.26
3	机房安防、动环监控			1	10.0	10.0	0.70	0.70	7.0	7.0	10.00
	总计	168		24		1400			1258	420	1327

附注：由于 IT 设备开关电源输入 AC/DC 变换电路采用了功率因数校正技术，输出功率因数可大于 0.98，所以计算时将 UPS 设备输出功率因数按 0.95 考虑。

（2）动力设备容量计算

动力设备功率因数取 0.8，同时系数取 0.8，动力设备负荷容量计算如表 3：

动力负荷计算表 表 3

序号	用电设备名称	装设功率（kW）	需要系数 K	功率因数 cosφ	有功功率（kW）	无功功率（kVar）	视在功率（kVA）	备注
1	空调主机	450	0.8	0.8	360	270	450	用2备1
2	水泵	25	0.8	0.8	20	15	25	用1备1
3	机房行级空调	72	0.8	0.8	57.6	43.2	72	用5备1
4	配电室精密空调	2	0.8	0.8	1.6	1.2	2	用1备1
5	UPS 电池间精密空调	7	0.8	0.8	5.6	4.2	7	用1备1
6	运营商机房精密空调	2	0.8	0.8	1.6	1.2	2	用1备1
7	运维监控室舒适性空调	5	0.8	0.8	4	3	5	用1
8	空调加湿器	5	0.8	0.8	4	3	5	
9	新风机	5	0.8	0.8	4	3	5	
10	事故排风机	5	0.8	0.8	4	3	5	
11	运维监控室大屏及电脑	5	0.8	0.8	4	3	5	
12	普通照明、维修插座	5	0.8	0.8	4	3	5	
	小计	588			470.4	352.8	588	

（3）机房能耗指标 PUE

机房动力总电量：588kVA

机房 IT 设备总电量：1327kVA

机房总设备能耗为：588kVA＋1327kVA＝1915kVA

机房能耗指标 PUE＝机房总设备能耗/IT 设备能耗＝1915/1327＝1.44

该项目机房能耗计算值为 1.44，投入运行后该项目实测 PUE 值为 1.56，低于国内机房普遍 1.8 的标准，完全符合现代绿色数据中心的节能标准。

2.3　供配电系统

该工程 10kV 中心配电室高压系统为单母线分段运行方式，平时两路 10kV 电源同时供电各带 50%负荷。当一路 10kV 电源故障时，另一路 10k 电源承担全部负荷。两路电源高压主进线开关与联络柜主开关之间设电气联锁，确保任何情况下 3 个主开关只能合其中的两个开关。

根据负荷计算，该项目设置 2 台 2000kVA 机房专用变压器，采用（1＋1）配置，单台变压器的负载率不大于 50%，当一台变压器故障时，另一台变压器可带起全部负荷。

两台变压器 0.4kV 低压系统为单母线分段运行方式，两台变压器平时分列运行，联络开关设自投自复/手动转换开关。自投时应自动断开非保证负荷，以保证变压器正常工作。低压主进开关与联络开关之间设电气联锁，确保任何情况下只能合其中的两个开关。

低压配电系统采用射式与树干式相结合的方式。对于单台容量较大的负荷或重要负荷采用放射式供电；对于照明及一般负荷采用树干式与放射式相结合的供电方式。

配电系统图如图 3 所示：

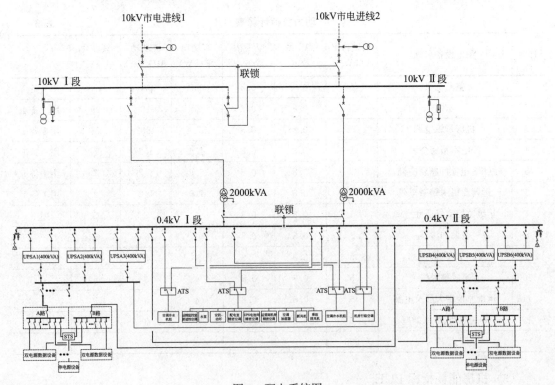

图 3　配电系统图

2.4 UPS 系统设计

2.4.1 UPS 用电负荷计算表

UPS 用电负荷主要涉及主机房服务器机柜、弱电列头柜、运营商机房机柜以及机房安防、动环监控系统。根据业主要求，每台服务器机柜功率密度为 8kW，弱电列头柜及运营商机房机柜功率密度均按 2kW 考虑，UPS 用电负荷计算表详见表 3。

根据负荷计算，UPS 负荷总容量为 1327kVA。根据《数据中心设计规范》GB 50174—2017 第 8.1.7 节，$E \geqslant 1.2P$（E 为 UPS 基本容量，P 为 UPS 计算负荷），则本项目 UPS 的基本容量为 $E \geqslant 1.2 \times 1327\text{kVA} = 1592.4\text{kVA}$。

该项目配置 6 台 400kVA UPS 设备，UPS 负载率为 55.3%。

2.4.2 UPS 系统配置（图 4）

该项目将 IT 负载平均分为两组，6 台 400kVA UPS 设备也分为 2 组，3 台并联为一组，分别接入 A、B 路变压器。每路 3 台 UPS 2 用 1 备，组成 2 组 N+1 供电架构。每路 UPS 负责整个机房 50% 的 IT 负载的供电。

每路 UPS 均采用（2+1）并机输出方式，任何一台 UPS 故障均不影响系统的稳定运行。

由于该项目不设后备柴油发电机系统，UPS 系统电池后备时间按照 30min 配置。

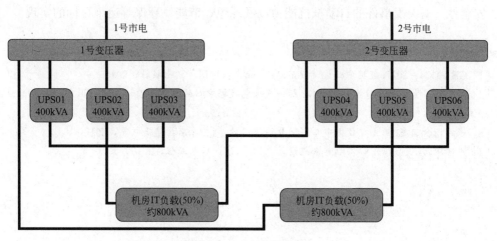

图 4 UPS 系统结构图

2.5 IT 设备机柜配电设计（图 5）

根据《数据中心设计规范》GB 50174—2017 第 8.1.9 节，电子信息设备的配电宜采用配电列头柜或专用配电母线。采用配电列头柜时，配电列头柜应靠近用电设备安装；采用专用配电母线时，专用配电母线应具有灵活性。

该项目 IT 设备机柜通过精密配电列头柜进行配电。在每列 IT 设备机柜的端头设置 1 台精密配电列头柜，A/B 路电源由 UPS 输出配电柜引入精密配电列头柜输入端，再由精密配电列头柜通过电缆引出至每一台 IT 设备机柜内。

考虑到该项目数据中心机房平面布局不具备设备机柜的扩展空间，该项目选择传统的精密配电列头柜方式对 IT 设备机柜配电，具有成熟、稳定、可靠、经济等特点。

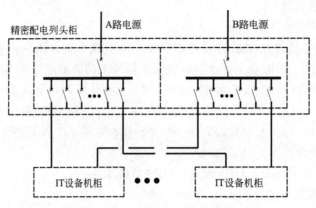

图5 IT设备机柜配电架构图

3 结束语

本文结合工程实例对 B 级数据中心的供配电系统设计进行了分析和介绍，提供了一种适用于 B 级数据中心的供配电系统设计方案和思路。供配电系统对于整个数据中心来说犹如人体的心脏-血液系统一样重要，供配电系统设计的合理性将直接影响数据中心的可靠性、安全性、对突发事件的自动抵抗能力以及绿色、节能、环保等运维目标的实现。

参考文献

[1] GB 50174—2017.数据中心设计规范［S］.北京：中国计划出版社，2018.

[2] 钟景华，朱利伟，曹播，丁麒钢.新一代绿色数据中心的规划与设计［M］.北京：电子工业出版社，2010.

[3] 张渊，金玉龙.某大型数据中心供配电系统设计［J］.北京：建筑电气，2015，8.

[4] 卢珍珍.浅谈数据中心供配电系统设计［J］.北京：水电工程，2015，5.

44　高速铁路车站设备综合监控系统研究

摘　要：本文研究一种适用于高铁车站的设备综合监控系统，通过对车站客票设备、广播设备、机电设备的实时监控，实现运维管理、故障监测、能源管控等功能，增强设备使用效益、改善客运服务质量。

关键词：高速铁路；车站设备；运维管理；状态监测；能源管控

0　引言

随着现代化铁路的飞速发展，高速铁路里程不断增加，高铁车站建筑智能化研究也日益受到专家、学者的高度重视。为了提高高铁车站客运服务的效率，车站中往往配备了大量的先进设备设施，这无形中增加了设备运营管理的难度。高铁车站设备高强度、高频率的运行使用，对设备的监控与管理提出了更高的要求[1]。目前铁路车站普遍采用的机电设备监控系统（简称 BAS 系统），可实现对站房环境、暖通空调系统、自动电扶梯系统、给水排水系统的监控与管理等，同时可以实现安全防范、信息联网等功能[2]，但却无法兼顾自动售票、取票机等客票设备和车站广播等旅服设备，存在一定的局限性。

本文研究一种高速铁路车站设备综合监控系统，克服了一般建筑监控系统的局限性，扩大了监控对象的范围，优化了监控性能，可同时对车站机电设备、客票设备、广播设备的运行工况、故障情况、能源消耗等信息进行实时监视、控制、测量和记录，并利用网络连接进行信息的传递、交互和共享，实现监控中心和就地控制管理相结合，达到对车站设备的运维管理、故障监测、节能控制等目标，为设备运维的成本计算、故障分析和能源管理提供数据支撑，进一步提高设备使用效益，改善车站客运服务质量。

1　车站设备综合监控系统的结构

在总体结构上，车站设备综合监控系统按照两级管理（中央、车站）和三级控制（中央、车站、现场）的原则设计，其结构示意如图 1 所示。

图 1 中，车站设备综合监控系统从硬件配置上由三级系统组成：中央级综合监控系统、车站级综合监控系统和现场级监控子系统。其中，现场级监控子系统作为获取设备状态监测与运用维护等信息的基础，主要包括位于车站各个监控采集点的传感器、执行器、远程 I/O 模块等。另外，通过在现场设备终端加装控制器或安

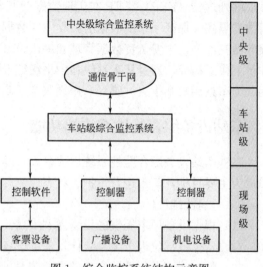

图 1　综合监控系统结构示意图

装控制软件等方式，可在监测设备状态的同时，调用合理的工况模式调节现场设备的运行状态，实现对客票、广播、机电等设备的实时控制。

车站级综合监控系统作为数据收集与处理的核心，负责对各个子系统进行数据采集与保存，并结合设备基础信息和运维情况，按"集中分布式数据处理原则"，将汇总后的数据上传至中央级综合监控系统，提供基础的实时数据。还可以通过人机系统的操作界面，实时控制设备的运行状态，达到最优运行效果，获取最高运行效益。

设于综合控制中心的中央级综合监控系统，通过对线路所管辖全部下属车站级提供的数据进行收集整合、集中存储、综合分析等操作，实时反映现场设备状态的变化并生成报表，得到基于设备实际运行情况的一手数据，为优化设备监控管理及细化设备政策提供决策依据。同时可以根据实际需求对下级监控系统下达监控指令和运行模式指令，更改设备运行参数、调整设备运行工况。

车站设备综合监控系统从软件逻辑上可分为三层：数据接口层、数据处理层和人机接口层，其软件逻辑结构如图 2 所示。

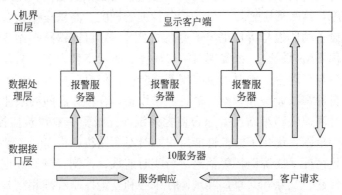

图 2　综合监控系统逻辑结构图

图 2 中，数据接口层主要包括数据采集和协议转换两个功能单元。其中，数据采集单元由远程 I/O 模块、传感器组成，实现实时数据采集和控制功能。协议转换单元主要指车站前端处理器（FEP）。FEP 在实现数据交互与协议转换功能的同时，可以对监控设备进行数据隔离，保证子系统数据的独立[3]。数据处理层包括车站控制器、车站服务器和中央服务器三部分，主要负责数据管理和提供设备监控系统的应用功能。人机接口层主要由操作员工作站构成，通过从车站级和中央级综合监控系统获取数据，在工作站上显示人机界面，为车站用户和中央（路局）用户服务，实现对车站设备的监控和管理等业务。

2　车站设备综合监控系统的功能

高铁车站设备综合监控系统以改善设备运营环境、增强设备使用效益、提高客运服务质量为主要目标，实现运营维护、状态监测和能源管控等功能。

2.1　运营维护

（1）根据设备厂家提供的设备基础信息，建立设备档案，并制定完整的设备编码标准，对设备关键部位进行编号统计，保证设备档案的完整性与独立性，做到"一设一档"。

（2）针对不同设备设计合理的巡检方法与故障参数，结合对设备故障等级判断情况，采取合理的应急措施，并通过系统运行状态监测和手工录入两种方式进行故障采集，上传故障信息入网以供后续分析统计。

（3）针对不同设备配置不同的维修参数，根据参数配置信息自动生成维修计划，维修后将维修情况录入综合系统更新设备信息。

（4）结合设备数量及设备故障率、维修率等信息，确定合理的备件库存数量，将备件信息录入系统完善系统数据。

2.2　状态监测

统一配置车站设备状态监测信息，包括运行状态、监测参数、故障等级、报警情况等。通过 3D 模式展示客站设备分布位置，通过显示客户端实时反映设备运行状态、故障情况、报警情况、运行参数等信息，并通过安装在设备终端的软件或控制器远程操控设备的启停。通过传感器收集指定区域的温度、湿度、照度、CO_2 浓度、通风量等各种参数信息，并对其变化规律进行分析，为设备智能控制提供数据依据。

2.3　能源管控

通过外接电气仪表采集车站设备的各种电能参数，并在客户端实时显示电力运行情况；实时监测车站系统电能质量，计算谐波电度、K 系数等参数，及时发现异常情况并报警处理；通过分析电能中各次谐波的分布估计设备的劣化程度，预测设备的异常时间和寿命周期，为故障原因分析和维修参数制定提供数据支撑。

3　车站设备综合监控系统的对象

随着自动化技术的不断发展，车站设备综合监控系统的实现已获得了良好的技术支撑。综合监控系统通过对客票设备、广播设备以及机电设备的监控，实现对车站设备的智能化控制与管理，保证设备运行的可靠性与稳定性。车站设备综合监控系统的监控对象及接口框架如图 3 所示：

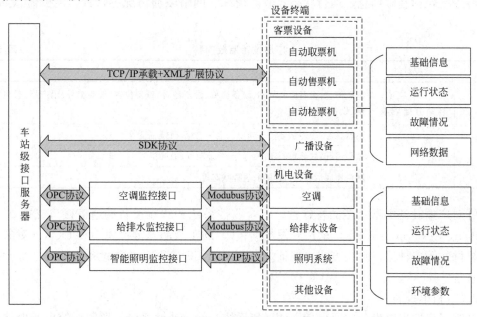

图 3　综合监控系统接口框架图

3.1 客票设备

高铁车站客票设备主要包括自动检票机、自动售票机、自动取票机和实名制闸机等，综合监控系统主要负责对设备的整机及其核心模块和系统软件的基础信息、运行状态、故障情况、网络联通情况等数据进行监控[4]，监控内容如表1所示。

客票设备监控内容 表1

监控对象		主要监控内容
客票设备	设备整机	基础信息:设备所属局站、设备名称、设备型号、设备位置、设备编号、出产厂家、出厂日期、设备序列号等
		运行状态:启停状态、工作时长、电压电流等
		故障情况:故障编码、故障等级、故障时间、故障描述等
		网络连通情况:是否联网、实时网速、进程状态等
	核心模块	型号、品牌、生产厂家、运行状态、故障编码、故障等级、故障时间、故障描述等
	系统软件	型号、制造商、系统名称、版本、进程状态等

综合监控系统监控客票设备的工作原理为：在客票设备终端安装状态监测程序，实时采集设备状态数据，利用 TCP/IP 承载＋XML 扩展协议的接口方式实现数据连通，在车站级通过接口服务器实现对客票设备的监测。具体工作流程为：将设备厂家提供的设备基础信息以串口或动态链接库等方式录入综合监控系统，并将设备运行状态、故障情况等信息生成本地 XML 文件；通过设备终端的状态监测程序，利用 TCP/IP 协议，将数据信息传递到上级系统以供存储及分析，上级系统根据客票网与铁路综合信息网之间的信息互联互通，按需求对设备进行定时或实时的在线监测。

3.2 广播设备

系统监控的广播设备主要指音频分配器、媒体矩阵、功率放大器和终端扬声器等，监控内容主要包括基础信息、运行状态、故障情况、网络联通情况等，具体监控信息如表2所示。

广播设备监控内容 表2

监控对象		主要监控内容
广播设备	音频分配器媒体矩阵功率放大器终端扬声器	基础信息:设备所属局站、设备名称、设备型号、设备位置、设备编号、出产厂家、出厂日期、设备序列号等
		运行状态:启停状态、工作时长、电压电流、机体温度等
		故障情况:故障编码、故障等级、故障时间、故障描述等
		网络连通情况:是否联网、进程状态等

针对广播设备类型众多的特殊性，综合监控系统和终端设备的通信接口支持如 SDK（Software Development Kit，软件开发数据包）、DLL（动态链接库）和 OCX（对象类别扩充组件）等多种接口封装方式，保证信息数据的实时交互，并在设备故障时上报至综合监控系统。

3.3 机电设备

高铁站房的机电设备主要包括空调通风系统、给水排水系统、照明系统以及电扶梯设备等[5]，监控内容主要包括设备基础信息、运行状态信息、故障信息、开关控制信息、环境参数信息[6]，具体监控内容如表 3 所示。

机电设备监控内容　　　　　　　　　　　　　　　　　　　　　　　　　　　表 3

监控对象		主要监控内容
机电设备	空调通风系统	基础信息：设备所属局站、设备名称、设备型号、设备位置、设备编号、出产厂家、出厂日期、设备序列号等
		运行状态：启停状态、机体温度、过滤网阻塞情况、冷冻水阀门、风阀开度、风速状态等
		故障情况：故障编码、故障等级、故障时间、故障描述等
		环境参数信息：室内二氧化碳含量、区域温湿度等
	给排水系统	基础信息：设备所属局站、设备名称、设备型号、设备位置、设备编号、出产厂家、出厂日期、设备序列号等
		运行状态：启停状态、基坑水池的液位状态等
		故障情况：故障编码、故障等级、故障时间、故障描述等
	照明系统	设备型号、开关状态、故障情况、区域照度等
	电扶梯设备	设备型号、运行状态、故障情况等

高铁车站机电设备种类繁多，运行机制各不相同，因此接口方式、通信协议和接口内容也不尽相同。综合监控系统监控机电设备的工作原理为：在设备终端安装传感器实现信息采集，利用不同的接口方式（通信接口、硬线接口等）获取监控信息并上传至上级网络，并通过在机电设备控制箱内安装控制器最终实现对设备运行状态的控制。

4　车站设备综合监控系统的设计原则

车站设备综合监控系统应按照创造车站最佳工作环境、实现最优节能效果、达到设备最高效运行方式等思路进行系统设计。监控系统的整体功能设计应遵循以下四条基本原则：

1）以设备实现最优控制为中心的过程控制自动化。

2）以运行状态监测和数据采集、维护管理为中心的设备管理自动化。

3）以安全状态监测和灾害预防为中心的防灾自动化。

4）以节能为中心的能源管控自动化。

具体要求应满足以下六个方面：

1）综合监控系统按两级管理、三级控制的原则，负责管理全线所有车站的设备，达到环境调控和节约能源的双重效果。

2）区间隧道的暖通通风设备可以直接由中央级综合监控系统监控管理，也可以授权给相应车站级管理系统监管。

3）监控系统应按照技术先进、配置合理、扩展便捷、安全可靠、节能环保的原则进行设计，同时还应考虑足够的容量，为功能扩展和线路延伸提供预留条件，监控点规划可按照 10%～15% 的余量进行预留。

4）综合监控系统底层控制网络规划应与系统规模相适应，系统配置应简单合理，并保证接口具有良好的兼容性。

5）系统设计和设备配备应充分考虑防尘、防潮、防霉、防震、防电磁干扰等因素。

6）综合监控系统设备应该达到工业级控制产品的标准要求，硬件、软件的设计应从系统的先进性、稳定性、可维护性、可扩展性、开放性、通用性、兼容性等方面进行综合考虑，并具备故障诊断、在线修改的功能，同时还应具有良好的人机界面。

5　结语

随着信息技术和自动控制技术的不断发展，高铁车站设备的智能化控制已是增强设备使用效益、改善车站客运服务质量、提高设备管理监测与运行维护效率的必然要求。本文研究一种车站设备综合监控系统，可同时实现对机电、广播、客票设备的监控、管理，并通过对设备信息的监控、采集与分析，优化设备的运行，节约能量的消耗，提高车站设备的安全性、稳定性和可靠性。

参考文献

[1] 常公平，刘捷涌，刘卫波，郭辉.高铁车站设备运维支撑系统的设计与实现 [J].铁路技术创新，2014（03）：32-36.

[2] 管亚敏，张军.关于城际铁路 BAS 系统结构的研究 [J].智能建筑电气技术，2016，10（04）：14-18.

[3] 杨飞.地铁环境与设备监控系统的设计 [D].合肥工业大学，2012.

[4] 刘小燕.铁路客站设备运用监控系统总体方案研究 [J].铁路计算机应用，2017，26（12）：15-18.

[5] 付伟.BAS 系统在高铁车站的应用 [J].中国高新技术企业，2012（24）：58-60.

[6] 刘小燕.铁路客站设备监控系统研究与设计 [A].中国智能交通协会.第十一届中国智能交通年会大会论文集 [C].中国智能交通协会：2016：6.

45　大型会展中心无线 wifi 覆盖系统设计探讨

摘　要： 本文以某大型会展中心为例，根据不同场所的信息需求综合分析无线用户端设备连接速率及用户接入量的要求，对无线 AP 布设进行差异化设计；实现无线信号的完整覆盖并解决邻近信道信号间的干扰问题，并对无线网络通信技术的迭代和硬件设备新技术的应用前景做了相关分析。

关键词： wifi；无线局域网；无线 AP；无线控制器；POE 供电；定向天线

0　引言

随着 wifi（基于 IEEE 802.11 系列标准的无线网络通信协议）技术的广泛使用，越来越多的公共场所都实现了无线网络覆盖。本文将以某大型会展中心为例，针对不同场所的信息需求对无线 AP 布设进行差异化分析和设计，归纳无线 wifi 覆盖系统的设计原则并介绍硬件设备相关技术的应用。

1　会展中心无线 wifi 覆盖系统设计概况

该会展中心项目分为展览中心及会议中心两个部分，展览中心总建筑面积为 50.1 万 m^2。包括登录厅、2 个超大展厅、4 个标准展厅、中央廊道、地下停车场及设备用房；会议中心毗邻展览中心东南侧，总建筑面积为 20.7 万 m^2，主体建筑地上三层、地下局部二层，建筑高度 51.05m；建筑功能以会议、宴会功能为主，并设置有配套办公、停车场等功能。

为满足举办国际国内高规格展会对信息网络全覆盖的需求，无线 wifi 覆盖系统以其快速的建设周期，稳定的使用效果，大流量带宽，便捷的施工方式，低成本投入，运营业务广泛等优点，使之成为无线局域网（WLAN）建设的主要方式。

1.1　网络架构

会展中心信息网络系统采用双路由、多运营商的双链路设计，以确保大型展会和重要活动期间信息传输的可靠性。系统分三层结构，即核心层、汇聚层、接入层。核心层、汇聚层均采用万兆交换机，接入层采用千兆交换机，如图 1。

会展中心无线 wifi 覆盖系统作为信息网络系统的子系统，架构采用"无线控制器＋瘦 AP"方式，利用无线控制器对网络系统中的无线 AP 进行集中管理。无线 AP 均通过六类线（千兆）接入各分区弱电间（井）的接入层交换机，采用 POE 技术供电以结构化布线并降低工程成本，所有无线 AP 均支持 2.4GHz 和 5GHz 双频段多协议，提供用户自动无线漫游、RF 优化等智能无线服务。

1.2　无线访客认证系统

系统实现自动识别终端类型和认证类型，提供严格的身份认证功能，支持多种认证方式。系统对接入网络的用户以及设备进行规范管理，有效规范用户日常行为。提供微信认证、短信认证及与会员数据库对接的账号密码认证功能；可基于条件类型及登录类型定义

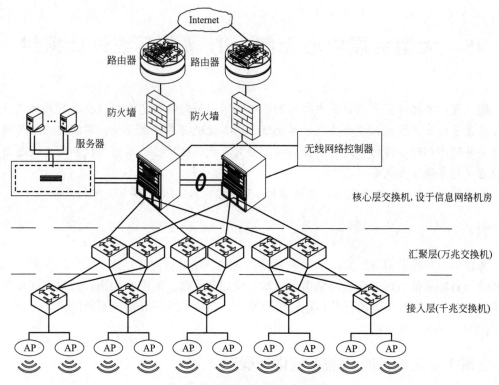

图 1 无线 wifi 覆盖网络拓扑图

上网时间、上网时长；可实现二次免认证、黑白名单、实名审计及访问控制以及灵活定制认证页面等功能。根据公安部《计算机信息网络国际联网安全保护管理办法》的要求，确保用户实名制登记公共区域上网。

1.3 无线网络安全策略

选用有线无线一体化无线控制器，对全网 AP 实施集中、有效、低成本的计划、部署、监视和管理，设置有线无线统一管理平台，并提供灵活完备的安全策略：

（1）用户数据加密安全。支持完整的数据安全保障机制，可支持 WEP、TKIP 和 AES 加密技术，彻底保证无线网络的数据传输安全。

（2）虚拟无线分组技术。可在全网划分多个 SSID，网管人员可以对使用相同 SSID 的子网或 VLAN 单独实施加密和隔离，并可针对每个 SSID 配置单独的认证方式、加密机制等。

（3）射频安全。启用射频探针扫描机制，实时发现非法接入点或其他射频干扰源，并提供相应的告警，使网管人员可随时监控各个无线环境中的潜在威胁和使用状况。

（4）可灵活配置无线接入点产品启用射频探针扫描机制，实时发现非法接入点或其他射频干扰源，并实时向网管系统提供相应的告警，使网管人员可随时监控各个无线环境中的潜在威胁和使用状况。

（5）病毒与攻击防范。通过如 IP/MAC/WLAN 多元素绑定、硬件 ACL 控制、基于数据流的带宽限速等多种内在的安全机制可有效防止和控制病毒传播及网络流量攻击。

（6）AP 反制。有效地检测出无线网络环境中的非法 AP，保证整个无线网络环境的安全性。

（7）DHCP 安全。支持 DHCP Snooping，只允许信任端口的 DHCP 响应，防止未经管理员许可私自架设 DHCP Server，扰乱 IP 地址的分配和管理；并在 DHCP 监听的基础上，通过动态监测 ARP 和检查源 IP，有效防范 DHCP 动态分配 IP 环境下的 ARP 主机欺骗和源 IP 地址的欺骗。

（8）管理信息安全。基于源 IP 地址控制的 Telnet 访问控制，更加精细的提供了设备管理控制，保证只有管理员配置的 IP 地址才能登录无线控制器，增强了设备网管的安全性。

2　2.4GHz 和 5GHz 频段和信道的选择

如表 1 列出主要无线通信协议、占用频段及其最大传输率的情况。802.11b、802.11g 及 802.11n 均可工作在 2.4GHz 频段，与 5GHz 信号比起来，其主要优势在于信号频率低，在空气或障碍物中传播时衰减较小，传播距离更远，另外，兼容性好，几乎所有的个人电脑、手机及移动终端都支持或兼容相关协议。

主要无线通信协议、占用频段及其最大传输率 表 1

无线通信协议	频率	最大传输率
802.11a	5GHz	54Mbit/s
802.11b	2.4GHz	11Mbit/s
802.11g	2.4GHz/5GHz	22～54Mbit/s
802.11n	2.4GHz/5GHz	150～600Mbit/s
802.11ac	5GHz	433～1300Mbit/s
IrDA	1.5MHz	9.6kbit/s～4Mbit/s
Bluetooth	2.4GHz	720kbit/s～1Mbit/s

但是，工作在 2.4GHz 频段的无线设备众多，除了手机等移动终端，如蓝牙设备、无线鼠标、无绳电话等也使用这个频段，也会相互干扰其他连接设备。如图 2，尽管 2.4GHz 频段下可容纳 13 个信道，但互不重叠的信道只有三组，设计上各个 AP 覆盖区域所占信道之间必须遵守一定的规范，一般采用 1、6、11 三个互不干扰的信道，避免邻近的信道之间相互覆盖，否则会造成 AP 在信号传输时相互干扰，降低 AP 的工作效率。

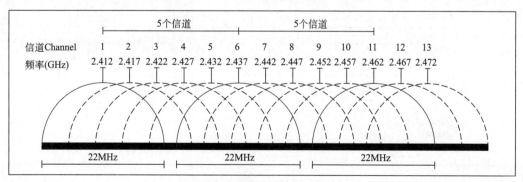

图 2　2.4GHz 信道带宽示意图

信号的完整覆盖与邻近的信道信号间的干扰是一对矛盾，布设的不合理就会顾此失彼。如图 3，实际设计中的建筑空间是立体的，而不是平面的，同一楼层的 AP 相安无事，但很有可能会对另一楼层的 AP 造成干扰，需综合加以考虑。

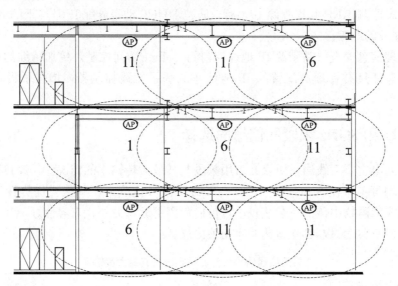

图 3　2.4GHz 无线 AP 分楼层信道选择

802.11.a、802.11g、802.11n、802.11.ac 通信协议可工作在 5GHz 频段。其中，802.11.ac 被称为第五代协议，可以让无线设备更省电，满足高清视频、大数据备份等无线传输的要求。如图 4，5GHz 频段下互不干扰的信道有 25 个（我国批准开放 13 个），支持 5GHz 移动终端设备的普及会大大减少 2.4G 频段上的设备数量，这才能真正改善无线网络拥堵、传输效率低的情况。因此，选用支持 2.4GHz 和 5GHz 双频段的无线 AP 对受干扰频段的选择空间上大一些，结合自动无线漫游、RF 优化等智能无线服务功能，使用中无线信号的稳定性和连接速率会更优。设计上对无线 AP 的信号覆盖半径的选取应优先考虑 5GHz 通信协议的使用。

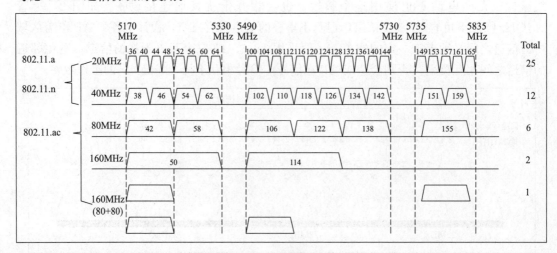

图 4　5GHz 信道带宽示意图

3 各场所无线 AP 布设的差异化设计

3.1 普通场所的无线 AP 设计

普通场所如办公区、后勤区、大堂等为便于日后维护和管理，无线 AP 主要吸顶安装于走廊、公共空间，信号覆盖周围区域的房间。

流量及速率分析：普通场所的无线 wifi 需求主要为满足办公类应用、文件传输或资料查询需求，54Mbps 突发数据流量（802.11g）能够满足约 25 个用户的下载或上传较大文件的要求。

AP 规划布点：普通场所可按一个 AP 覆盖 250～300m² 规划布点，可满足平均每 10m² 左右接入一台用户设备的需求，根据建筑物的功能空间，选择对无线信号影响较小且便于维护管理的 AP 布设点，如图 5。

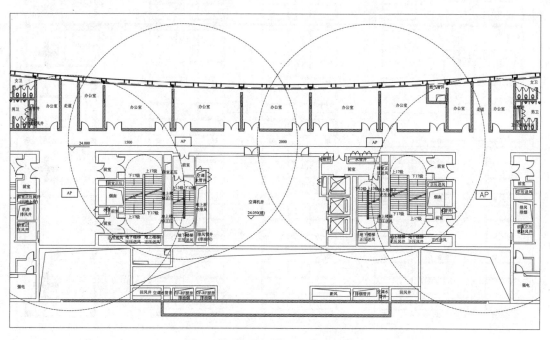

图 5 普通场所无线 AP 布置示意图

单台 100mW（20dBm）无线 AP 的覆盖范围，在室内空旷理想状态下覆盖半径 100m 左右。但在设计中，应考虑无线信号在穿过墙体、门、窗及各种建筑隔断时的衰减。通常认为：穿过木材、玻璃、合成材料等隔断，射频信号衰减较小；穿过砖、大理石面、装饰纸等，射频信号衰减中等；穿过混凝土、钢化玻璃、金属门窗等，射频信号衰减较高。最典型的例子是在未设置无线覆盖的电梯内，电梯门关闭后，可以基本阻断电梯内外无线通信。

对于 5GHz 信号，因为频率高，波长短，较 2.4GHz 信号衰减更大，所谓"穿墙"能力会更差。因此只有合理避开各类高衰减建筑隔断或障碍物，才能保证无线通信信号的强度。

3.2 低流量需求场所的无线 AP 设计

在地下车库、设备用房等场所，对于无线通信流量及速率的要求不高。

流量及速率分析：这类场所的无线 wifi 需求主要为满足停车查询、缴费、车位引导等微信或 APP 信息查收、设备信息采集等应用，11Mbps 突发数据流量已能够满足使用需求，可按 802.11b 通信协议为主进行 AP 覆盖范围的选取。

AP 规划布点：采用吸顶式无线 AP，装设于顶板或综合布线桥架下。按照相互覆盖区域的 AP 不能采用同一信道的原则，综合考虑建筑隔断的影响，无线 AP 间距按 40～60m 为宜，如图 6。

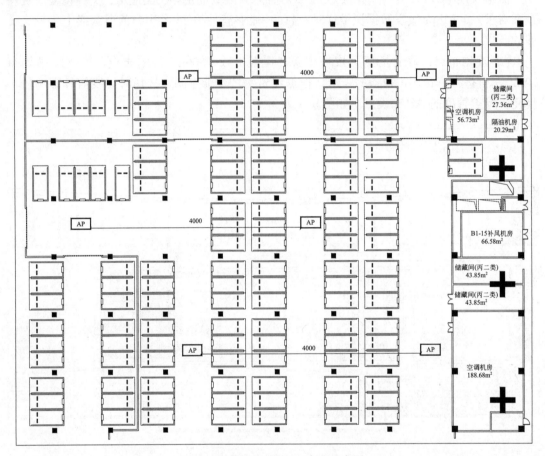

图 6　地下车库无线 AP 布置示意图

3.3　高流量需求场所的无线 AP 设计

IEEE 802.11 系列通信协议的关键技术之一是采用补偿码键控 CCK 调制技术，可以实现动态速率转换。当工作站之间的距离过长或干扰过大，信噪比低于某个限值时，其连接速率自动降低并保证传输可靠性。

在设计中，不同场所的数据吞吐量及单台无线终端设备的连接速率需求，决定了无线 AP 覆盖半径的选取。速率越高，为保证稳定的高速连接，无线 AP 的覆盖范围就越小。如为满足某个会议室的用户终端点播流媒体或视频会议的需求，通过测量得知信噪比 SNR=25dB 是能够保证点播流媒体质量稳定的最低信号强度，所以可将 25dB 作为阈值，凡是信号强度不低于这个阈值的区域就确定为 AP 的覆盖区域。这就决定了为满足较高连接速率要求，无线 AP 的设计覆盖半径往往不是 100m，而可能是 30m 甚至更小。

如图 7，会议室、多媒体演示厅等高流量需求场所需独立设置 AP，可采用吸顶安装或挂墙安装的方式，在采用非金属吊顶的情况下，也可根据精装需求将无线 AP 暗藏于吊顶内。房间面积较小的场所，也可以借鉴酒店客房的做法，采用插座面板式暗装 AP。

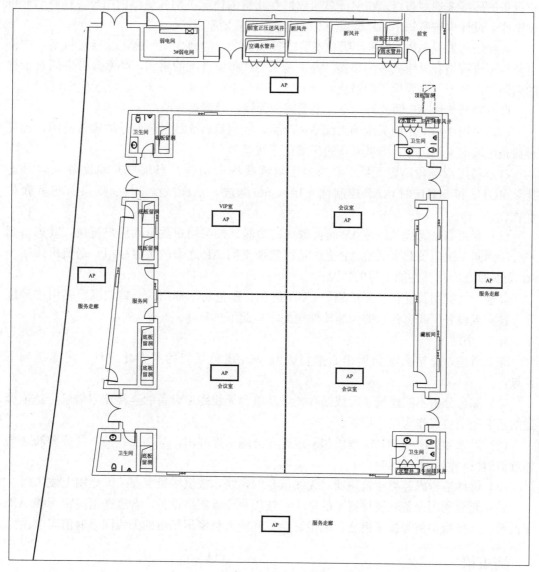

图 7　会议室无线 AP 布置示意图

流量及速率分析：对于有稳定流媒体或会议视频等较高数据传输率需求的场所，应主要按 5GHz 频段设备来考虑满足 300 Mbit/s 及以上的传输速率，设计中按一个 AP 覆盖 150～200m² 规划布点。

3.4　高大空间人员密集场所的无线 AP 设计

会议厅（发布厅）、宴会厅、登录厅、展厅等高大空间人员密集场所是无线 wifi 覆盖系统设计的难点。这类场所的人员密集度高、流动性大，随着智能终端的普及，大部分用户或与会者都会携带智能手机等终端设备。当然，不是所有用户都会选择打开 WLAN 连接，但在某些实际运用中，如产品发布会或新闻发布会，单位面积的用户连接数和用户并发率会相当高，这时就需要我们采用高密无线 AP。

考虑按每个高密无线 AP 连接 200 台以上用户设备（双频段）并同时服务 30～50 台用户设备的标准来规划布点，在保证总的数据吞吐量的情况下纳入更多的用户，提高 AP 布设密度，设计中按照每个 AP 覆盖 $100～150m^2$ 来规划布点。

高密场所无线 AP 一般采用吸顶安装或挂墙安装，为减少工程施工及检修难度，在特定条件下也可结合桌椅或展位布置。高密场景 AP 布设密度的增加，必然会带来同频干扰的问题，设计上需要采取相应措施：

（1）降低无线 AP 的发射功率，主动减少无线信号覆盖范围。

（2）采用小角度定向天线的无线 AP 产品，控制每台无线 AP 信号的覆盖范围，加强对覆盖区域的无线信号，降低对周边区域的干扰信号。

（3）利用双频段高密无线 AP 的频段间负载均衡功能，当用户终端设备也同时支持 2.4GHz 和 5GHz 时，AP 控制优先接入 5G 频段，从而减少 2.4G 频段上的负载和干扰。

（4）利用高密无线 AP 的 AP 间负载均衡功能，按照用户数量和用户流量，动态将用户分配到同一组但负载不同的 AP 上，从而实现不同 AP 之间的负载分担，避免出线某个 AP 负载过高而使其性能下降的情况。

其他干扰抑制及优化连接措施如 CCA 优化、逐包功率抑制、空口调度、多用户调度等，各主流设备厂商有各自的控制软件优化，在此不再赘述。

3.5　小结

综上所述，总结大型会展中心项目无线 wifi 覆盖系统的差异化设计，需遵循如下几点：

（1）综合分析不同建筑场所数据吞吐量及单台无线终端设备的连接速率需求，选取合适的基本通信协议作为设计依据。

（2）对 2.4GHz 和 5GHz 频段和信道进行合理选择利用，解决无线信号的完整覆盖与邻近信道信号间的干扰问题。

（3）设计应考虑各类建筑隔断对无线信号的影响，根据场所需要装设专用无线 AP。

（4）充分利用设备软硬件技术的进步，选用企业级网络设备，合理选用高密无线 AP、定向天线、负载均衡等技术措施，满足复杂空间或人员密集场所的无线网络通信需求。

4　结束语

大型公共建筑无线 wifi 覆盖系统的设计是无线网络通信规划与建设的第一步，结合不同场所的差异化设计为无线 wifi 覆盖建设中的安装、调试、优化提供了依据，而无线网络通信技术的迭代和硬件设备新技术的应用也给系统的设计和建设带来了更多的可能。只有不断学习和了解更多行业发展的趋势才能更好地利用无线网络通信技术为我们提供更多的智能化应用。wifi 在 2018 年也将出现一些重大变化，这些变化中的很大一部分将归功于在 CES 2018 大会上正式发布的新一代 wifi 标准 802.11. ax 协议，该标准将 wifi 的峰值速率提升至 10Gbps 级别，旨在为今后的网络提供更高速度，为用户提供更好的体验，满足 4K 视频、VR 和 AR 内容更流畅地传输；同时支持双频段，将有助于解决所有的物联网及智能家居设备方案。随着 802.11ax 时代的来临，未来会有更多智能产品涌入我们的生活，让我们拭目以待！

参考文献

［1］GB 50314—2015 智能建筑设计标准［S］.北京：中国计划出版社，2015.

［2］GB 50311—2016 综合布线系统工程设计规范［S］.北京：中国计划出版社，2016.

［3］JGJ 333—2014 会展建筑电气设计规范［S］.北京：中国建筑工业出版社，2014.

［4］JGJ 16—2008 民用建筑电气设计规范［S］.北京：中国建筑工业出版社，2010.

46　大型体育中心无线 wifi 系统安全设计探讨

摘　要： 本文以某大型体育中心为例，在设计 wifi 无线覆盖系统的过程中，根据体育场馆不同场所的信息需求确定安全策略，最终得出最佳的部署方案。以期为国内其他大型体育中心 wifi 覆盖系统设计作为借鉴。

关键词： 体育场馆；无线热点；无线局域网；无线 AP；安全策略

0　引言

随着 wifi（基于 IEEE 802.11 系列标准的无线网络通信协议）技术的广泛应用，越来越多的公共场所都实现了无线网络覆盖。而近年来，国家不断加大对文化体育类场馆设施的投入，高标准规划、高质量建设、高品质配套、高效率运营的精品体育场成为各地建设体育场馆的核心要求。本文将以某大型体育场为例，针对体育场馆不同场所的信息安全需求，归纳无线 wifi 覆盖系统的设计原则并介绍相关技术的应用。

1　项目概况

项目占地约 1300 亩，由"一场两馆"组成，其中"一场"为 6 万座位的体育场，"两馆"分别为 1.8 万座位的体育馆和 4 千座位的游泳馆。工程是中华人民共和国全国运动会的主比赛场地，也是开、闭幕式所在地。十四届全运会后以举办其他国家级、省级体育赛事为主，并满足赛后综合利用的要求，满足体育赛事、文艺演出、集会、展示、全民健身的要求，是集休闲公共空间和运动功能的综合型建筑群。

本项目主要建设内容包括：6 万座体育场、18000 座体育馆、4000 座游泳馆、室外热身场地、检录处、室外广场、绿化、道路及地下停车库。

其中体育场座席数 6 万座，为大型甲级体育场，是全运会开幕式主会场及田径项目主赛场，同时满足承办亚运会赛事及田径世锦赛等单项国际赛事需求，满足赛后文艺演出、集会、全民健身的综合利用要求，是集休闲公共空间和运动功能为一体的综合型建筑。总建筑面积约为 108283m²，地上 5 层，屋面最高点 42.36m，看台观众席最高处直径 130m，主体结构形式为钢筋混凝土框架结构，基础形式为钻孔灌注桩和独立基础。

体育中心总平面图如图 1 所示，体育场西看台剖面如图 2 所示。

2　无线访客认证方式选择

本体育场网络需要对所有 wifi 用户终端进行接入管控，以保证整张网络的安全，隔离及修复不安全的终端。认证管理安全方案应能满足身份鉴别、用户授权等需求。

普通终端用户的身份鉴别应满足如下需求：

（1）符合安全要求的终端提供正确的用户名和密码后，可以正常接入网络。

（2）不符合安全的终端，只能接入到网络隔离区，待终端安全修复后才能接入网络。

图 1　体育中心总平面图

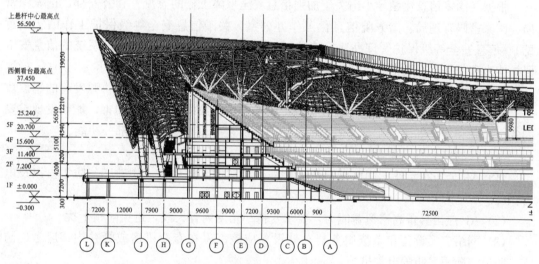

图 2　体育场西看台剖面图

（3）不合法的用户不允许接入网络。

用户认证通过后，需要根据终端用户的身份认证，基于用户角色来对网络访问权限进行管理，不但可以加强内网的网络访问控制，也可以防止非法接入和非授权访问，保证整张网络的安全。

常用的接入认证方式有 MAC 认证、802.1X 认证、Portal 认证、微信认证等。

MAC 认证、802.1X 认证、Portal 认证对比如表 1 所示。

认证方法对比表

表 1

认证方法	技术特点	无线协议	应用场景
MAC 认证	①无需客户端； ②二层认证方式，IP 地址认证后分配； ③MAC 地址存在仿冒风险，安全性较低	WEP、 WPA/WPA2	用于打印机、IP 电话等哑终端类设备，保护办公区信息资产合法接入

认证方法	技术特点	无线协议	应用场景
802.1X 认证	①需要客户端； ②二层认证方式，IP 地址认证后分配； ③无线链路可实现安全加密，安全性较高； ④运维复杂，存在 ARP 攻击风险	WPA/WPA2 推荐 WPA2	用于有线或无线终端准入认证，主要用于固定工位工作人员
Portal 认证	①无需客户端； ②三层认证方式，IP 地址认证前分配； ③无线链路加密机制较弱，安全性一般	WEP	用于有线或无线终端准入认证

综合本体育场馆的实际应用场景，无线网络统一采用 MAC 优先 Portal 和微信的组合认证方式进行用户终端的准入控制。

3 无线网络安全策略

根据《国家信息化领导小组关于加强信息安全保障工作的意见》和公安部、国家保密局、国家密码管理局、国务院信息化工作办公室《关于信息安全等级保护工作的实施意见》《信息安全等级保护管理办法》精神，提高基础信息网络和重要信息系统的信息安全保护能力和水平，开展信息系统安全等级保护评级鉴定。

要求应能够防护系统免受来自外部小型组织的、拥有少量资源的威胁源发起的恶意攻击、一般的自然灾难以及其他相当危害程度的威胁所造成的重要资源损害，能够发现重要的安全漏洞和安全事件，在系统遭到损害后，能够在一段时间内恢复部分功能。

本项目的安全需求主要从以下几个方面来考虑：

（1）AP 分布在室外不同区域，应考虑防风、防雨、防盗窃、防破坏、防雷击以及电力供应。

（2）AP 应当具备高密覆盖能力，要求支持小角度内置天线，避免同频干扰。

（3）网络交换设备和系统服务器存储设备应该部署在专业机房或管井内，应考虑防震、防风、防雨、防静电等措施。

（4）网络需保证接入网络、汇聚网络、核心网络的网络带宽能够满足本系统大数据的并发需要。

（5）网络拓扑结构需满足当前网络环境，并能够满足万兆网络的数据交换能力。

（6）网络的边界应该部署访问控制设备，有明确的访问控制规则。

（7）网络系统应该具备安全审计，对网络运行状况、流量、用户日志进行记录。

（8）网络应具备防病毒系统，防止网络病毒传播。

系统应该对登录操作系统和数据库用户的身份进行鉴别和区分，应启用访问控制功能，依据安全策略控制用户对资源的访问；对服务器上的每个操作系统用户和数据库用户进行审计，操作系统应遵循最小安装的原则，仅安装需要的组件和应用程序，并通过设置升级服务器等方式保持系统补丁及时得到更新。

应提供专用的登录控制模块对用户身份鉴别，提供唯一的用户身份，应提供访问控制功能，依据安全策略控制用户对文件、数据库表等客体的访问，对覆盖的每个用户进行审计，审计记录应包括日期、时间、发起者信息、类型、描述和结果数据在记录和网络传输过程应该完整，数据应加密，存储系统应有数据安全机制如、热备盘、设备 N+1 热备。

3.1　系统功能

wifi 网系统承载场馆的无线 wifi 网络，担负着提供展馆园区内所有人员的无缝网络接入，网络要求带宽高、低延时、无瓶颈。wifi 网接入互联网，认证、防火墙、网关等安全系统要求高效可靠。

3.2　网络架构

wifi 网采用成熟可靠的三层网络架构，采用层次化模型设计，分别为核心层（网络的高速交换主干）、汇聚层（提供基于策略的连接）、接入层（将无线 AP 设备接入网络），核心层同时上行接入出口网络安全设备。网络架构图如图 3 所示：

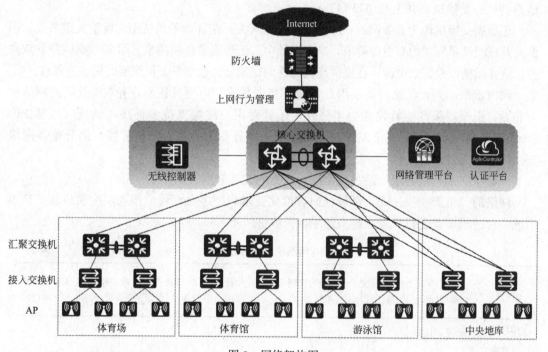

图 3　网络架构图

wifi 网采用有线"千兆到桌面，万兆到汇聚，40G 到核心"的带宽设计；无线网络部署最新一代的 802.11ac wave2 协议标准的无线接入点 AP，AP 上行带宽支持高带宽，以充分满足无线 wifi 网络的接入带宽需求。出口网络部署防火墙、上网行为管理等安全设备，由于防火墙采用高端防火墙（远高于技术规格要求），能够提供丰富的路由功能，因此取消原有路由器，在减少网络管理节点的同时提高了转发效率。运维、控制管理系统旁挂在核心交换机上，对 wifi 网进行安全管理、网络运维、策略管控等。

考虑当前无线技术发展，独立无线控制器 AC 或插卡式 AC 的转发性能仅局限在 40G，不能满足本次实际项目高并发的无线网络流量冲击，因此本次网络设计中我们把 AC 集成到核心交换机的业务板卡上，提供单槽位 4Tbps 的高速无线转发性能。在网络架构上实现了有线无线的融合管理、融合转发，减少了网络节点，同时核心交换机的相关业务板卡均支持 AC 功能，实现了 AC 的 1+N 热备，保障无线管理的高可靠。AC 统一管理公共网的所有 AP，并对无线用户进行统一认证管理。同时，当前体育中心由"一场两馆"组成，其中"一场"为 6 万座位的体育场，"两馆"分别为 1.8 万座位的体育馆和 4 千座位的游泳馆，总体预计人流量约 8 万人次（不含工作人员），而传统 AC 的认证模式下的最大可接入用户数在 6 万人左右，远远不满足当前实际预估峰值用户冲击，届时可能直接导致无线无法连接或者用户体验较差。因此我们在本次设计中采用了目前业内较先进的有线无线一体化设计方案，以期实现认证模式下最大可接入用户数在 10 万人左右，充分保障整个体育中心的峰值用户接入能力。

核心交换机、汇聚交换机采用业界领先的 CLOS 架构的框式交换机，部署双机物理集群，主备备份，保障网络核心的高可靠。汇聚到核心采用上行双链路捆绑设计。其中汇聚层交换机分别采用双 40G 链路上行到核心层交换机，当主用链路中断后，迅速切换到备用链路的核心交换机，并上行出口到 Internet。

汇聚层交换机作为业务网的三层网关和认证网关，在各业务系统中均属于关键节点，因此对其性能及可靠性均有更高要求，本次设计中，汇聚层设备采用框式设备，提供独立双主控、业务插槽以及冗余电源，在提供高速的性能转发外，也提升了汇聚层的设备可靠性。

同时汇聚层两台汇聚设备采用 CSS 物理集群技术，以提升核心业务在汇聚层的网络侧可靠性。汇聚层除性能转发能力增强外，还针对用户终端支持多种接入认证（包括 PP-Poe、802.1X 等方式），并下发控制策略，增强业务系统的准入管控力度，提升整体网络安全接入相关要求。

汇聚层向上到核心层，通过路由进行数据的交换转发。

网络的"汇聚-接入-AP"部署纵向虚拟化技术，把多台汇聚、接入层交换机和 AP 虚拟成一台逻辑设备进行管理，统一运维，见表 2。

wifi 网系统设备分布表　　　　　　　　　　　　　　　表 2

区域	核心交换机（台）	汇聚交换机（台）	行为管理控制器（台）	防火墙（套）	24 口接入交换机（台）	48 口接入交换机（台）	无线 AP 接入终端（台）
体育场		2			19	15	821
体育馆	2	2	2	1	9	17	326
游泳馆		2			26	3	343
中央地库					23		275

3.3 无线 AP 接入

随着 IEEE 802.11ac Wave 2 标准的正式推出，支持 802.11ac wave2 协议标准的无线 AP 带宽超过 2.5G，而当前 1Gbps 千兆接入以太网交换机已无法满足无线 AP 的高带宽要求，亟需提升无线网络的接入端口速率，见表 3。

无线网络接入端口速率　　　　　　　　　　　　　　　表 3

WLAN Radio	Max Throughput(Gbps)[1]	Ethernet Technology 802.11ac
802.11n	300	1×1Gbps
802.11n Array	2,500	1×1Gbps or 1×10Gbps

WLAN Radio	Max Throughput(Gbps)[1]	Ethernet Technology 802.11ac
802.11ac Wave 1	1,000	1×1Gbps
802.11ac Wave 1	1,000	2×1 Gbps
802.11ac Wave 2	2,500	1×1Gbps or 2×1Gbps
802.11ac Wave 2	2,500	1×2.5/5Gbps

由于本次 wifi 网的无线 AP 采用最新的 802.11ac wave2 标准及 802.11ax 标准，故无线网络的接入层交换机应当具备多速率的带宽接入能力，即接入交换机能够支持 1G/2.5G/5G/10G 的多速率端口扩展，才能充分满足无线 AP 的上行带宽出口要求。

由于接入电口的带宽和速率的提升，对传输介质网线也提出了更高的要求，见表 4。

带宽和速度对传输介质网线的要求   表 4

线缆类型 (6-a-1 绑线方式)	MultiGE 口（工作在不同速率下）			
	16×100M/1000M	16×2.5GE	16×5GE	16×10GE
Cat5E UTP	100m	100m	55m 100m(6-a-1 只绑扎前面 30m) 高风险，不推荐。	不支持
Cat5E STP	100m	100m	100m	不支持
Cat6 UTP	100m	100m	100m 高风险，不推荐。	不支持
Cat6 STP	100m	100m	100m	不支持
Cat6A U/UTP	100m	100m	100m 高风险，不推荐。	不支持
Cat6A F/UTP	100m	100m	100m	100m
Cat6A STP	100m	100m	100m	100m
Cat7(7 类网线)	100m	100m	100m	100m

由表 4 可知，目前业界主流的多速率电口接入交换机支持的线缆，要求 2.5G 电口至少是 Cat5E STP 线缆，5G 电口至少是 Cat6 STP 线缆。本次无线 wifi 网络统一部署 Cat6 STP 线缆，满足 802.11ac wave2 标准 AP 的要求。

3.4 大数据安全整体方案

wifi 网系统作为体育中心承载赛事活动时，工作人员的高频度接入、使用的无线 wifi 网络，同时接入 Internet，为了能快速识别网络中潜在的安全威胁，并通过拓扑和列表等多种方式，将安全态势直观地展现给网络管理员，轻松方便地掌握所有资产的安全情况，应当具备基于传统网络安全特性的增强安全方案。

通过大数据采集技术，采集并处理网络报文的流数据，以及网络设备、安全设备的传统网络安全特性运行记录的日志信息，通过关联数据分析技术提取出安全威胁事件信息，最终在网络系统统一展现全网的安全态势，并自动或手动对安全威胁事件做安全响应。方案架构如图 4：

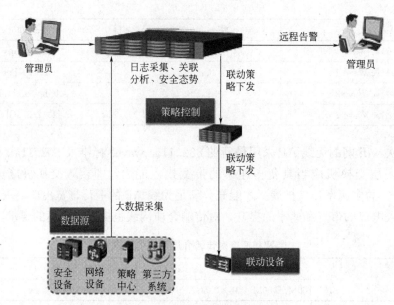

图 4   大数据安全整体方案架构

大数据安全整体方案给客户带来的价值如下：

（1）感知全网安全态势

图形化界面帮助客户直观理解全网安全态势，并可以根据区域、关键资产去查看对应的风险，给出处理建议。运维人员可以快速找到自己负责的区域和资产，并根据安全状态和处理建议对这些设备进行系统升级、安装补丁等安全加固的工作。

（2）快速发现安全事件

基于强大的日志采集和关联分析技术，以及可覆盖网络常见安全威胁，帮助客户实时快速发现网络中的安全威胁事件。

（3）快速进行安全响应

大幅度提高安全响应速度和效率。通过告警手段第一时间通知运维人员安全威胁事件，并可以进行自动的安全策略联动，对安全威胁进行控制，防止和降低其对网络和业务的影响。

4   结束语

在设计 wifi 无线覆盖系统的过程中，需要综合考虑认证方式、网络架构等多个因素进行综合计算，根据不同场景和使用需求确定安全策略，最终得出最佳的部署方案。期望本网络安全系统的成功部署，能为后续其他场馆的无线覆盖设计提供良好范例。

参考文献

[1] JGJ 31—2003 体育建筑设计规范 [S]. 北京：中国建筑工业出版社，2003.

[2] JGJ 16—2008 民用建筑电气设计规范 [S]. 北京：中国建筑工业出版社，2008.

[3] JGJ 354—2014 体育建筑电气设计规范 [S]. 北京：中国建筑工业出版社，2014.

[4] GB 50311—2016 综合布线系统工程设计规范 [S]. 北京：中国计划出版社，2016.

［5］GB 50314—2015 智能建筑设计标准［S］.北京：中国计划出版社，2015.

［6］JGJ/T 179—2009 体育建筑智能化系统工程技术规程［S］.北京：中国建筑工业出版社，2009.

［7］熊光，刘子毅.大型会展中心无线 wifi 覆盖系统设计探讨［J］.智能建筑电气技术，2018，12（5）：108-112.

47　基于数字化技术的智慧配电系统及其设计应用

　　摘　要： 本文论述了基于数字化技术的智慧配电系统的结构组成、功能、特点；阐述了该系统在工程项目中的实际应用方法及要点；指出了该系统相比传统低压配电系统具有安全、节能、智慧等突出优势，应用前景广阔。

　　关键词： 智慧配电系统；安全；节能

1　低压配电系统现状及发展趋势

1.1　低压配电系统自身安全性问题

在现有的低压配电系统模式中，各种保护机制均以器件为主体，这些器件本身又受限于物理特性、保护机制、配置情况等因素，经常出现不报警、不动作甚至是误动作的问题，最终导致低压配电系统整体安全受到威胁。

1.2　低压配电系统自身的可靠性问题

这一问题主要表现为故障频发，影响对用电负荷的连续供电，在一些关键场合中可能导致严重的后果。究其根源，主要是因为低压配电系统配电及用电管理结合不足、配电设备生产制造粗放、子系统林立、强弱电交叉等。

1.3　系统功能单一

目前的低压配电系统无法满足用户的管理需求。目前解决该问题的常用手段是植入各种二次系统，但它们并不能像预期的那样为人的运维工作带来便利，反而会因为复杂二次回路的引入降低整体的可靠性。

1.4　能耗管理能力低

如今低压供配电的体系也对节能有着迫切的需求，但是现有的能耗管理子系统很难在能耗数据精度、数据分析模式、具体节能措施等方面给出满意的答案，甚至经常出现数据严重错误、报表无人查看等情形。

1.5　人机交互困难

当前进行低压配电系统运营、维护和管理的工作多由具备基本电气知识的人员负责，但这些人员并不能很好地开展工作，主要原因就在于他们赖以使用的低压配电系统自身交互媒介要么过于简陋，功能发挥空间有限；要么过于复杂，人员自身难以熟练掌握使用方法，因此在人员和低压配电系统之间存在着明显的隔阂。

2　基于数字化技术的智慧配电系统模式及功能特点

2.1　总体结构形式

基于数字化技术的智慧配电系统分为两种模式，分别为智能终端模式和智慧电柜模式。前者通过智能终端自身的数字化功能进行本回路的监控管理，实现精细化保护；后者通过一体化智慧电柜实现配电回路的构建以及系统的全面管理。在此基础上，各智能终端及智慧电柜均能通过系统组网构成三层网络化结构，实现集中管理控制，简化运维工作。智能终端模式与智慧电柜模式系统拓扑图如图1、图2所示：

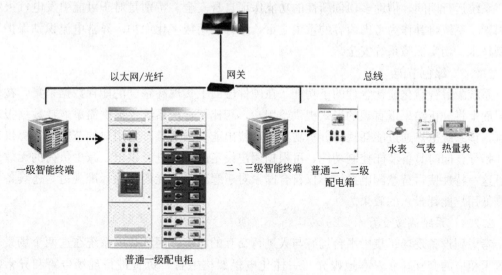

以太网/光纤　　　　网关　　　　　　　　　总线

一级智能终端　　　普通一级配电柜　　　二、三级智能终端　普通二、三级配电箱　　水表　气表　热量表

图1　智能终端模式

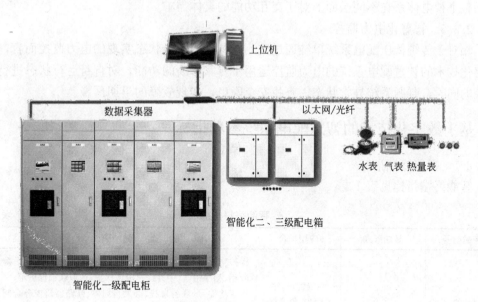

上位机

数据采集器　　　　　　　　　　以太网/光纤

智能化一级配电柜　　　智能化二、三级配电箱　　水表　气表　热量表

图2　智慧电柜模式

2.2　系统功能特点

2.2.1　连续稳定

为用电负荷提供连续的电能供应是低压配电系统的基本任务，智慧配电系统在这一方面通过各种具体的功能措施加以保证，包括自动化电源切换、级间联锁防止事故扩大化等。这些功能、动作完全由智能低压电气系统自动完成，显著缩短故障停电时间，甚至能够最大程度上避免故障停电事件的发生；更重要的是，连续供电的各种功能逻辑完全基于系统智慧化的特点来实现，与现有的复杂二次控制回路截然不同，以更高的可靠性、更简

洁的硬件配置实现了更加严谨和丰富的逻辑功能。

2.2.2 安全可靠

系统运行期间,借助多项创新性的功能保证自身安全。特别是对于可能引发电气火灾的因素,系统将其作为考虑内容的重中之重,综合利用数字化保护、异常电流识别保护等新型技术,切实保障系统安全。

2.2.3 绿色节能

系统配置智慧化能耗管理的子功能,在硬件层面上实现高精度的能耗数据采集,在软件层面上将分析结果以直观的形式提供给用户,相比于传统系统仅提供简单能耗数据报表而言,该系统重点通过能耗规律分析功能自动找出能耗异常点,为用户的节能方案提供针对性指导,同时具备节能控制功能,可根据用户设定的条件进行供电,减少负荷的无效运行。这一特性使得智慧配电系统不仅符合国家对于绿建、节能的相关标准规范,还具备切实降低用户能耗投入的效果。

2.2.4 系统高效交互

考虑到设备现场、集中平台均有与人进行交互的需求,因此智电系统在这两个场景均设置了相应的交互媒介。本地媒介与一体化电柜架构融合,负责进行现场告警和异常提示,满足现场查看和控制的基本需求;平台媒介则以相对集中的角度与人进行信息交流,满足整个智电体系在不同层面上对于交互功能的具体需求。

2.2.5 智慧化电力监控

相对于传统低压配电系统单纯通过监测电参量及通断状态实现的电力监控而言,基于数字化技术的智慧配电系统的电力监控运用了专家诊断的功能,对自身运行状态进行实时监控的同时,判断系统异常状态,查找安全隐患,实现故障的早期预警。

3 基于数字化技术的智慧配电系统参数指标

3.1 智能终端指标

智能终端指标见表1。

智能终端指标 　　　　　　　　　　　　　　　　　　　　　表1

产品型号	终端形式		应用场合	功能描述
一级智能终端	一体式		一级配电,主进线柜、母联柜、开关出线柜	保护功能:三段式保护、过/欠压保护、电压/电流不平衡保护、断相、相序错误、中性线过电流保护、区域联锁保护等; 控制功能:母联备自投、柴发自启停、断路器遥控分合闸、时段控制、条件控制等; 监测:实时能耗数据监测、多费率电能量统计、电能质量监测、断路器状态监测、故障事件报警、故障波形显示等
二级智能终端			二级配电,配塑壳断路器的一般出线柜	保护功能:三段式保护、过/欠压保护、电压/电流不平衡保护、断相、相序错误、接地漏电保护、区域联锁保护等; 控制功能:断路器遥控分合闸、时段控制、条件控制等; 监测:实时能耗数据监测、多费率电能量统计、电能质量监测、断路器状态监测、故障事件报警、故障波形显示等
三级智能终端	分体式	配显示屏	三级配电,配电箱	
		无显示屏		

3.2 智慧电柜参数指标

智慧电柜参数指标见表2。

智慧电柜参数指标　　　　　　　　　　　　　　　　　　　　表 2

智慧电柜柜型		宽度（mm）	深度（mm）	高度（mm）	回路数量	回路规格
进线柜	进线-1250	600	1000	2200	1	$l_n≤1250A$
	进线-2000	600	1000	2200	1	$1250A<l_n≤2000A$
	进线-3200	600	1000	2200	1	$2000A<l_n≤3200A$
	进线-4000	800	1000	2200	1	$3200A<l_n≤4000A$
母联柜	母联-1250	600	1000	2200	1	$l_n≤1250A$
	母联-2000	600	1000	2200	1	$1250A<l_n≤2000A$
	母联-3200	600	1000	2200	1	$2000A<l_n≤3200A$
	母联-4000	800	1000	2200	1	$3200A<l_n≤400A$
补偿柜	补偿-150	800	1000	2200	1	$Q_n≤150kVar$
	补偿-200	800	1000	2200	1	$150kVar<Q_n≤200kVar$
	补偿-250	1000	1000	2200	1	$200kVar<Q_n≤250kVar$
	补偿-300	1000	1000	2200	1	$250kVar<Q_n≤300kVar$
	补偿-350	1200	1000	2200	1	$300kVar<Q_n≤350kVar$
	补偿-400	1200	1000	2200	1	$350kVar<Q_n≤400kVar$
出线柜	出线-294060	500	1000	2200	9	$l_n≤250A$(9 路)
	出线-274160	600	1000	2200	8	$l_n≤250A$(7 路),$250A<l_n≤400A$(1 路)
	出线-254260	600	1000	2200	7	$l_n≤250A$(5 路),$250A<l_n≤400A$(2 路)
	出线-234360	800	1000	2200	6	$l_n≤250A$(3 路),$250A<l_n≤400A$(3 路)
	出线-214460	600	1000	2200	5	$l_n≤250A$(1 路),$250A<l_n≤400A$(4 路)
	出线-274061	600	1000	2200	8	$l_n≤250A$(7 路),$400A<l_n≤630A$(1 路)
	出线-254161	600	1000	2200	7	$l_n≤250A$(5 路),$250A<l_n≤400A$(1 路),$400A<l_n≤630A$(1 路)
	出线-234261	800	1000	2200	6	$l_n<250A$(3 路),$250A<l_n≤400A$(2 路),$400A<l_n≤630A$(1 路)
	出线-254062	800	1000	2200	7	$l_n≤250A$(5 路),$400A<l_n≤630A$(2 路)
定制柜		相关参数根据定制需求确定				

4　系统设计

4.1　智电系统设计选用场合

基于数字化技术的新型智慧配电系统能够代替以往的低压配电系统，并实现功能特性方面的全面提升，因此，在民用建筑、铁路、石化、空管等行业中均能够发挥作用，具体而言，主要是应用于变电站、低压配电室、各级配电箱等层面。

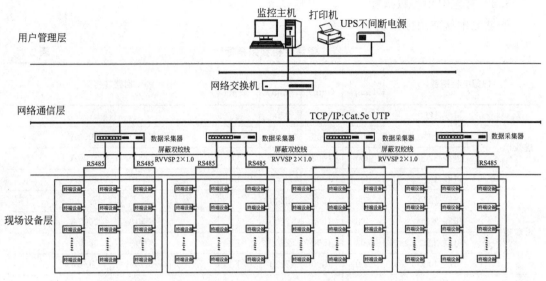

图 3　系统拓扑框图

4.2　设计方法

对于智能终端模式，其主要实现方式是在已经确定的配电回路上加装智能终端及专用电流互感器，并对各终端进行组网通信，完成系统构建。在设计过程中应根据需求确定系统涵盖范围，在相应的回路上添加终端，完成配电箱柜的设计，之后根据设备层的配置情况进行通信网络系统设计，得出组网及拓扑图（图3）。

对于智慧电柜模式，需要综合考虑智慧电柜各柜型的规格和回路数量，将其与负荷容量分布情况进行双向匹配，确定柜型选择、各回路的用途和参数配置，之后完成组网设计。

4.3　注意事项

4.3.1　断路器的设计

断路器型号及脱扣值由设计人员选择，需要带2对辅助接点及分励脱扣器。

4.3.2　电动操作机构的设计

对主进线断路器、母联断路器、油机切换断路器及要求具备电动分合闸功能的其他回路断路器，需加装电动操作机构。

4.3.3　智能终端设计

智能终端的选择需根据回路性质及功能需求进行，在进线回路、母联回路补偿回路及较大规格出线回路需选择一级智能终端，在普通规格出线回路选择二级智能终端，在配电箱回路选择三级智能终端。

4.3.4　互感器选择

在智能终端模式下，需要选择保护、测量二合一的专用电流互感器，在进行其参数设计时，需结合回路规格及终端型号进行综合选择。

4.3.5　柜型设计

在智慧电柜模式下，需要从标准化柜型列表中进行选择，完成负载与柜型之间的双向匹配，不能对回路数量及规格做随意性改动。

5　应用现状及前景

5.1　应用现状

基于数字化技术的新型智慧配电系统目前已在多个行业内投入实际运行，包括雄安新区市民服务中心项目、山东省建筑设计院项目、北京铁路局项目等，并且在安全运行、节约电能、高效管理等方面取得了优异的表现。

在安全运行方面，由于该系统能够对异常状态进行及时的保护，并实现预警，特别是在电气火灾防护方面，具备完整的电气火灾监控功能，有效提高了安全运行时间、降低故障发生概率，避免电气火灾等安全事故的发生。截至目前，在各应用项目中，系统一直保持良好的运行。

在节约电能方面，该系统依托先进的能耗管理功能，对各用电设备的无效运行进行精细管理。由系统运行模拟测算结果以及在十三届全运会体育馆项目中调研所得的数据来看，在该智慧配电系统节能控制作用下，总体电能消耗减少约20％。对于用户而言能够显著减少能耗方面的成本投入。

在高效管理方面，系统提供本地、远程等多种交互途径，各项目运维人员均采取了集中管理的模式，减少约三分之二的人力需求，降低人力成本的同时，使各部分的管理效率大幅提升。

5.2　应用前景

该新型智慧配电系统是完全利用先进数字技术和微机技术搭建的配电用电控制管理系统，可以对配电系统进行全面的、精确的保护和智能化控制，显著提高整个配电系统运行的安全性。此系统符合当前配电系统智慧化的总体趋势，具有广阔的应用前景，能够在低压配电系统建设、运行、升级、维护的整个周期内为使用方带来切实的收益。

参考文献

［1］王守相，葛磊蛟，王凯.智能配电系统的内涵及其关键技术［J］.电力自动化设备，2016，36（6）：1-6.

［2］王宾，董新洲，许飞，曹润彬，刘琨，薄志谦.智能配电变电站集成保护控制信息共享分析［J］.中国电机工程学报，2011，31：1-6.

［3］吴宇红，章建森.低压配电设备故障诊断及运行监控系统［J］.机电工程，2014，31（6）：795-799.

［4］颜勇，田晓，井维波，孙萌冬.新型智能配电自动化系统的设计与实现［J］.通信电源技术，2017，34（6）：122-123.

48　谈医药厂房净化空调系统的控制方案

摘　要： 传统的净化空调控制系统存在着自动化水平较低的情况，系统的各个部分不能有效关联。本文针对净化空调控制系统的逻辑关系，提出了一整套控制原理，并预留有自控节点，方便扩展自动化程度。实际工程案例表明，本套控制原理能很好地满足净化空调系统运行的要求。

关键词： 净化空调；自动化；逻辑关系；净化等级

0　引言

随着我国医药行业的快速发展和科学技术的不断进步，净化空调系统在医药厂房中的应用越来越广泛。但目前很多净化空调系统在设计时，考虑了其供配电的要求，但忽视了空调系统各个组成部分的控制原理以及相互之间的逻辑关系。净化空调系统不仅要满足生产环境洁净度的基本要求，还要实现现代化工厂的自动化运行以及安全、节能的要求。

1　净化空调系统的组成

本工程为一个配电颗粒车间，共 4 层，建筑高度 23.3m，总建筑面积 26233m²。本车间净化区的洁净等级为 D 级，车间内净化区按工艺房间生产类型来划分并设置净化空调系统，方便进行生产调节。

一个典型的组合式净化空调系统如图 1 所示。其根据需要组合不同的功能段，通常采用的功能段包括：新风过滤、空调混合、初效过滤、表冷器、加热器、送风机、中效过滤、加湿器、回风机、排风机等基本组合单元。

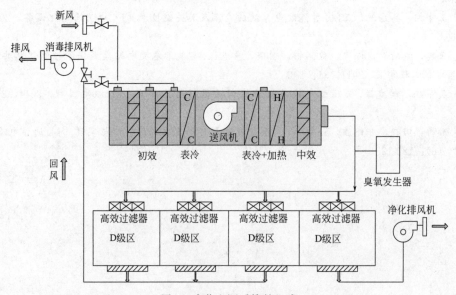

图 1　净化空调系统的组成

净化空调系统的工作原理：来自室外的新风经过滤器将尘埃杂物过滤后与来自洁净室的回风混合，通过初效过滤器过滤后，再分别经过表冷段、加热段进行恒温除湿，经过中效过滤器过滤，然后经加湿段加湿后进入送风管道，通过送风管道上的消声器降噪后送入管道最末端，最后经高效过滤器后进入房间。部分房间设有排风口，由排风口排出室外，其余的风通过回风口和回风管道与新风混合后进入初效过滤器继续循环。

本项目净化空调系统的回风及排风风量与送风量相适应，保证洁净室与室外大气的静压差≥10Pa。洁净区房间内气流组织采用顶送侧回（排）方式。

2　净化空调系统的运行工况及控制原理

净化空调系统的运行工况主要有消毒模式、正常工作时的排风模式以及值班模式。

2.1　消毒模式

本项目采用臭氧消毒，臭氧在整个空调系统中内循环，达到消毒所需要的浓度并维持一定的时间后，再启动消毒风机将臭氧排至室外。在消毒模式下，臭氧发生器通过送风主管将臭氧送至洁净场所，再通过回风管回到空调系统内，形成内循环模式。图 2 为空调系统送风机原理图，图 3 为臭氧发生器控制原理图。

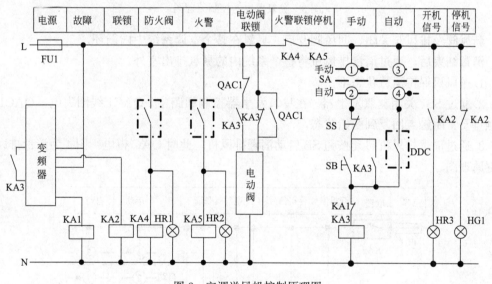

图 2　空调送风机控制原理图

1. 先开启送风机。此时，通过送风机启动按钮 SB 开启送风机，KA3 线圈得电，KA3 常开触点闭后，常闭触点打开。

2. 联锁开启臭氧发生器。变频器启动后，通过变频器运行输出端子使 KA2 线圈得电。在臭氧发生器控制回路中，通过启动按钮 SB1 启动臭氧发生器。此时 QAC1 线圈得电，QAC1 常开触点闭合。

3. 电动阀状态。在电动阀联锁回路中，由于 KA3 与 QAC1 各自的常开触点的开闭状态变化，新风电动阀反转关闭。此时，消毒排风机电动阀在消毒风机未开启时处于初始默认的关闭状态。

经过上述一系列的逻辑控制，此时空调系统的运行状态就是：送风机及臭氧发生器运

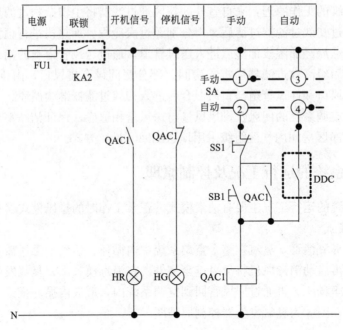

图 3　臭氧发生器控制原理图

行、新风阀及排风阀关闭、回风阀开启，臭氧在整个空调系统中内循环。

消毒结束后，通过消毒排风机将整个系统内的臭氧排出室外。

1. 送风机保持运行状态不变。

2. 通过 SS1 关闭臭氧发生器。在臭氧发生器控制回路中，QAC1 线圈失电，QAC1 常开触点及常闭触点回复到初始状态。

3. 通过消毒排风机启动按钮 SB 启动消毒排风机，此时 QAC 得电。图 4 为消毒排风机控制原理图。

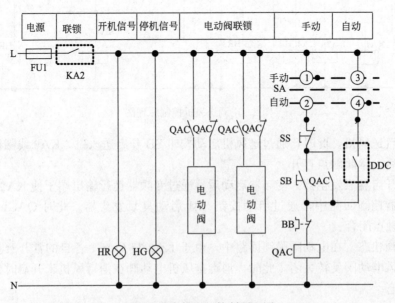

图 4　消毒排风机控制原理图

4.电动阀状态。在送风机电动阀联锁回路中，由于 QAC1 各自的常开触点开闭状态变化，新风电动阀正转打开。在消毒排风机控制回路中，通过 QAC 继电器，使得消毒排风电动阀打开、回风电动阀关闭。

经过上述一系列的逻辑控制，此时空调系统的运行状态就是：送风机运行，臭氧发生器停止、新风阀及消毒排风电动阀开启、回风电动阀关闭，臭氧被排至室外。

2.2　正常运行时排风模式

在正常运行排风模式下，洁净区送风机，排风机以及新风电动密闭阀应进行电气联锁，正压洁净室联锁程序为：先启动送风机，同时开启新风电动密闭阀，再启动排风机；关闭时联锁程序应相反。

如图 5 为洁净排风机控制原理图。

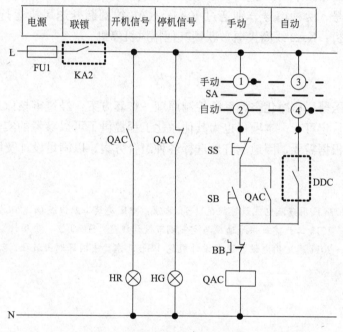

图 5　洁净排风机控制原理图

启动系统：

1.先开启送风机。此时，通过送风机启动按钮 SB 开启送风机，KA3 线圈得电，KA3 常开触点关闭，常闭触点打开，新风电动阀打开。变频器启动后，通过变频器运行输出端子使 KA2 线圈得电。

2.开启排风机。通过排风机按钮 SB 打开排风机。此时，净化区内有排风要求的房间，通过净化排风机将空气经过过滤器杀菌灭活后排出室外。有回风要求的房间，通过回风管将洁净空气回流至空调系统内（此时，由于消毒排风机未开启，其电动阀控制电路中 QAC 未得电，回风电动阀处于初始打开状态、消毒排风电动阀处于初始关闭状态）。

关闭系统：

1.通过洁净排风机控制按钮 SS 关闭排风机。

2.通过送风机控制按钮 SS 关闭送风机。

3.系统停机,所有电动阀回到初始状态。

2.3　值班模式

将所有的送风机、排风机、臭氧发生器打到自动运行模式,系统将进入到值班模式。此时,系统根据 PLC 可编程逻辑控制器中的程序,自动运行。在上述各控制原理中,PLC 通过控制自动模式下一个常开触点,实现各个风机及设备的启动与停止。自动控制的程序逻辑与手动状态时一样。

2.4　火灾报警停机模式

空调系统与其送风管、回风管、排风管防火阀联锁,防火阀动作,空调系统停运,以防止火灾时,事故进一步扩大。火灾发生时,通过消防控制室火警信号或是由防火阀联锁空调系统停机。空调送风机第一时间停机,同时联锁其他排风机停机,整个系统停止运行。在送风机控制原图中,火警信号有两种,一种是防火阀动作信号,另一种是消防报警控制器的报警信号,两种信号分别通过 KA4,KA5 线圈断开送风机运行的自保持回路,从而使送风机停机;KA2 线圈失电,联锁其他排风机停机。

3　结束语

本文提供了医药厂房净化空调系统控制原理一整套方案,经过审核以及在实际项目中应用效果来看,认定可行。本项目也为其他净化工程提供了可以参考的实例,工程人员可以在实际应用中根据需要,因地制宜地选择各种组合方案,以满足设计及甲方的要求。

参考文献

[1] JGJ 16—2008 民用建筑电气设计规范 [S].北京:中国建筑工业出版社,2008.

[2] GB 50019—2015 工业建筑供暖通风与空气调节设计规范 [S].北京:中国计划出版社,2015.

[3] GB 50055—2011 通用用电设备配电设计规范 [S].北京:中国计划出版社,2012.

49　无线对讲系统在智能建筑设计中的配置及应用

摘　要： 本文根据建筑物的类别及用途，对无线对讲系统在智能建筑设计中的配置及应用进行了探讨。

关键词： 无线对讲技术种类；对讲天线的覆盖范围；对讲天线的场强要求；阻挡物信号损耗

0　引言

在通信技术中，由于专业无线通信的及时性、灵活性、一呼百应等特点，无线通信在日常的生活、生产、安防、调度中得到广泛的应用，随着当代社会的生产环节越来越复杂，社会分工也日益精细，如何保障无线电信号在各类建筑系统内无缝覆盖，如何更快更好地提高通信效率，满足各类生产调度的需求，成为一个重要的课题。

无线对讲系统作为建筑智能化系统中不可或缺的一环，采用中继技术、小功率天线、多点分布、全域信号覆盖的通信系统，它以稳定的通信安全保障和强大的综合调度功能大大方便了有关部门的日常工作，并在紧急和意外事件出现时，起到人员统一调度指挥、资源集中调配的关键作用，在各行业众多领域被广泛地使用，成为人们不可或缺的生产生活工具。

随着社会的飞速发展，各地的基础建设都在如火如荼地展开（图1）。大型楼宇、高层写字楼、公寓、超市等综合性建筑群越来越多，无线对讲系统具有机动灵活、操作简便、接讲即通、使用经济的特点，为安全保卫、设备维护、物业管理等各项管理工作带来了极大的便利。在新建、扩建和改建的建筑群中无线对讲系统作为重要的子系统，被越来越多地应用起来。

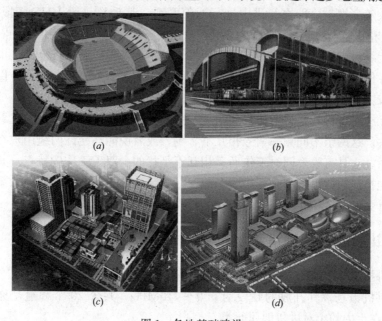

图1　各地基础建设

（*a*）大型场馆；（*b*）交通枢纽；（*c*）商住综合体；（*d*）物流园区

1　无线对讲系统的分类

1）无线对讲机在设计技术方面，可分为采用模拟对讲系统和采用数字对讲系统。

模拟对讲系统是将储存的信号调制到对讲机传输频率上，而数字对讲系统则是将语音信号数字化，要以数字编码形式传播，也就是说，对讲机传输频率上的全部调制均为数字。只有直接采用数字信号处理器的对讲机才是真正意义上的数字对讲机，而采用数字控制信号的对讲机（如集群系统的对讲机）则不属于数字对讲机。数字对讲机有许多优点，首先是可以更好地利用频谱资源，与蜂窝数字技术相似，数字对讲机可以在一条指定的信道上如 25kHz 装载更多用户，提高频谱利用率，这是一种解决频率拥挤的方案，具有长远的意义。其次是提高话音质量。由于数字通信技术拥有系统内错误校正功能，和模拟对讲机相比，可以在一个范围更广泛的信号环境中，实现更好的语音音频质量，其接收到的音频噪音会更少些，声音更清晰。

2）从通信工作方式上，无线对讲分为单工通信工作和双工通信工作。

单工通信是指在同一时刻，信息只能单方向进行传输，你说我听，我说你听。这种发射机和接收机只能交替工作，不能同时工作的无线电对讲机叫作单工机。单工机工作是以按键控制收和发的转换，当按下发射控制键时，发射处于工作状态，接收处于不工作状态；反之，松开发射按键时，发射处于不工作状态，接收处于工作状态。双工通信是指在同一时刻信息可以进行双向传输，和打电话一样，说的同时也能听，边说边听。这种发射机和接收机分别在两个不同的频率上（两个频率差有一定要求）能同时进行工作的双工机也称为异频双工机。

3）从使用方式上分类，无线对讲系统分为手持式、车载式、转发式。

手持式无线对讲系统是一种体积小、重量轻、功率小的无线对讲机，适合于手持或袋装，便于个人随身携带，能在行进中进行通信联系，其功率一般 VHF 频段不超过 5W、UHF 频段不超过 4W。

车载式无线对讲机是一种能安装在车辆、船舶、飞机等交通工具上直接由车辆上的电源供电的、并使用车上天线的无线对讲机，主要用于交通运输、生产调度、保安指挥等业务。其体积较大，功率不小于 10W，一般为 25W。

转发式无线对讲机就是将所接收到的某一频段的信号直接通过自身的发射机在其他频率上转发出去。这两组不同频率信号相互不影响，或者说能够允许两组用户在不同频率上进行通信联系。它具有收发同时工作而又相互不干扰的全双工工作的特点。其最大的特点是能够有效地扩展通信系统中手持机、车载机、固定台的通信范围和能力给系统提供更大的覆盖半径（图 2）。

2　无线对讲机的使用频道

民用对讲机又称 FRS（Family Radio Service），中国信产部于 2001 年 12 月 6 日宣布开放民用对讲机市场，其开放的频段为 409～410MHz，共分 20 个频道，称为"公众频道"。我们现在手中的小对讲机即属此类。

国内开放的民用对讲机频点：（0.5W 以下功率，不可自编程改发射频率）

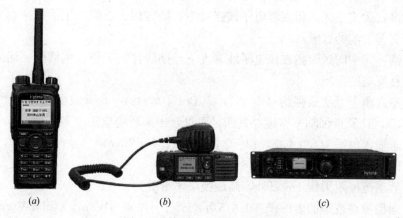

图 2　手持机、车载机、转发机

（a）手持机；（b）车载机；（c）转发机

频点中心频率频点中心频率

1. 409.7500MHz	2. 409.7625MHz	3. 409.7750MHz
4. 409.7875MHz	5. 409.8000MHz	6. 409.8125MHz
7. 409.8250MHz	8. 409.8375MHz	9. 409.8500MHz
10. 409.8625MHz	11. 409.8750MHz	12. 409.8875MHz
13. 409.9000MHz	14. 409.9125MHz	15. 409.9250MHz
16. 409.9375MHz	17. 409.9500MHz	18. 409.9625MHz
19. 409.9750MHz	20. 409.9875MHz	

除开放的民用频率之外，一般商业对讲机频点也多为 400～470MHz，主要原因是 400M 频率的绕射性较好，适用于城市建筑体较多的场景。

3　各类型建筑对无线对讲系统的需求

现代都市建筑物越来越高、越来越密集，而且多以钢筋混凝土为骨架，地上、地下等结构复杂，有风机房、配电室等，还有人防工程，墙体厚实，封闭严重，对无线信号的传输影响较大，无线电信号在其间受到阻挡而衰减，很难进行正常的室内通信。简单的手持式对讲机在直通使用过程中，有很多盲区，会较大影响工作效率，造成诸多不便。

为达到在建筑体内对讲机使用人员随时随地的使用对讲机通信，同时满足不同部门、不同单位的用户相互不干扰，在满足用户要求的前提下，尽量使用较低的输出功率，达到良好的覆盖效果。参照中华人民共和国卫生部颁发《环境电磁波卫生标准》，保护周围人员卫生健康。设计中尽量做到结构复杂建筑体的室内场强均匀，并有足够的信号强度。

根据中华人民共和国国家标准《环境电磁波卫生标准》，即国标 GB 9172—88，环境电磁波容许辐射强度分为两个级别，见表 1 所示：

环境电磁波容许辐射强度　　　　表 1

波长		允许场强	
		一级（安全区）	二级（中间区）
300MHz～300GHz	$\mu W/cm^2$	＜10	＜40

一级标准：为安全区，指在该电子波强度下长期居住、工作、生活的一切人群，均不会受到任何有害影响的区域；

二级标准：为中间区，指在该电子波强度下长期居住、工作、生活的一切人群可能引起潜在性不良反应的区域。

例：一室内覆盖系统最强信号电平为 15dBm（0.032W），载波配置为 12 个，天线的增益为 2.1dBi，计算最强功率密度并判断是否符合国家环境电磁波卫生标准。

天线口总输入电平为：$0.032 \times 12 = 0.38W$（25.79dBm）

天线 EIRP 为：$25.79 + 2.1 = 27.89$（0.615W）

设人员活动范围距天线 1m 以外，则最强功率密度为：

$0.615/$ 球型覆盖范围的表面积 $= 0.615/4 \times \pi \times 1^2 = 0.049W/m^2$（$4.9\mu W/cm^2$）

可证明电磁辐射满足一级标准的要求。

住宅建筑、办公建筑、教育建筑，这些类型建筑的无线对讲系统主要是物业部门使用，管理人员相对固定且用户数量不多，一般中型物业部门使用量在 30～50 部对讲机。可以采用模拟或数字型单工机，2～4 个部门采用 2～4 个信道发起通话，相互之间不干扰、不影响。

商店建筑、旅馆建筑、文化建筑、金融建筑、工业建筑、医疗建筑，这些类型建筑人员多，密集度较高。同时建筑物结构也较为复杂，有地下室和地下停车场等。同时在同一建筑物内各种业态较多，需要无线通信的人员也较多，而且相互之间不希望受到外界干扰。可以采用模拟或数字型双工机，多个部门采用多个信道发起通话，其各个信道是相互联系的，当有的信道被占用时，用户可切换使用其他空闲信道，从而让通话更畅通。

会展建筑、交通建筑、体育建筑、博物馆建筑、观演建筑，这些类型建筑人流集散量大是其最大的特性，同时建筑面积较大。应在每个单体内设置一套数字双工通信系统，每套通信系统采用局域网相连接，把所有系统所有资源统一到一个平台，实现管理和综合应用，实现统一调度指挥和调度。

1）大型场馆类无线对讲系统设计方案

图 3 为 4 信道的中继系统的基站部分。该部分由供电部分、信道机部分及合路、分路、宽带双工器、天馈部分组成。适合多个部门，希望部门内部通信不受其他部门干扰。

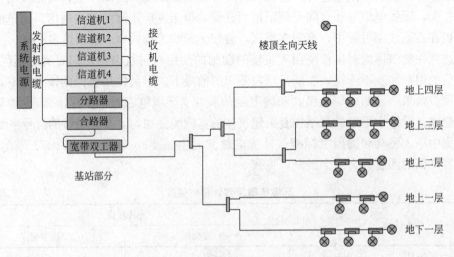

图 3　4 信道中继系统基站部分

如若有一主场馆多个副馆需进行全面覆盖时，还可以用光纤直放站设备将主基站设备的信号进行其余场馆信号覆盖，如图4所示光纤近端机通过光纤将信号链接到远端机，覆盖其他场馆后进行室分，就会将整体信号进行覆盖。

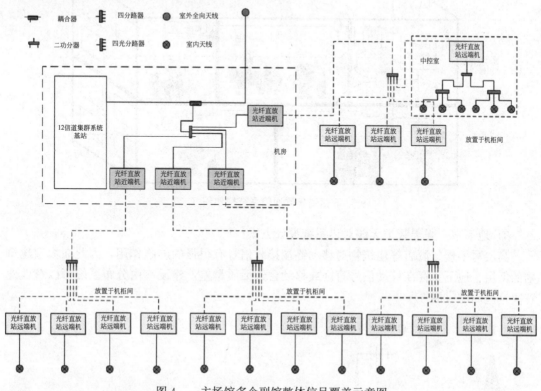

图4　一主场馆多个副馆整体信号覆盖示意图

2）交通枢纽类无线对讲系统设计方案

图5为8信道集群通信系统构架图。具有综合调度功能。可单呼、组呼、群呼、三方通话、强拆、强插、录音、有线互联等功能。适合交通枢纽、港口等调度需求较大的单位。

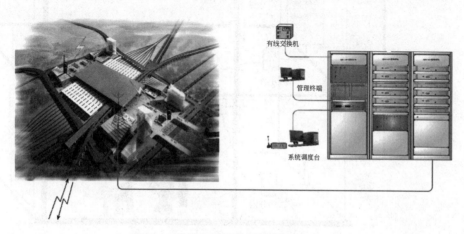

图5　8信道集群通信系统构架图（一）

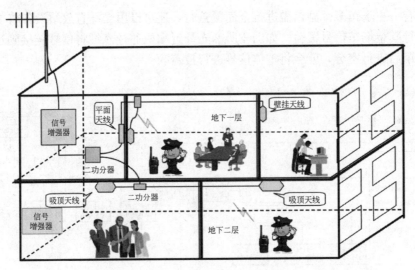

图 5   8 信道集群通信系统构架图（二）

3）地下室，强屏蔽类无线对讲系统设计方案

高层写字楼、酒店等建筑物对移动终端接收信号有很强的屏蔽作用，因此在大型建筑物的低层、地下室存在移动信号盲区或移动台通话质量差，建设室内分布系统可以有效地解决这些问题（图 6）。

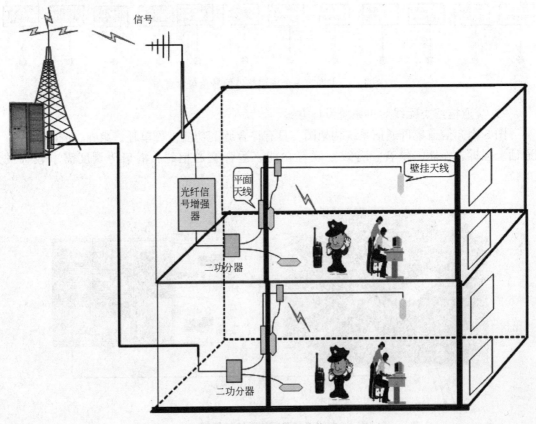

图 6   大型建筑物屏蔽作用

4　无线对讲系统天线覆盖范围

基站通常放置于弱电机房或消控中心。无线对讲的接通率＞98％；无线对讲覆盖区内可接通率：要求在无线对讲覆盖区内的95％位置，99％的时间移动手持对讲机可接入网络；室内无线对讲覆盖的边缘场强：≥－85dBm，可覆盖室内95％的区域；外泄电平（建筑物50m左右）＜－105dBm；覆盖区与周围各建筑内对讲机系统之间无互相干扰。

一般天线口注入功率为10dBm，天线增益为3dBi，墙体的穿透损耗约为20dB，天花板管道的穿透耗损约为8dB，多路径衰落余量约10dB。则30m覆盖区边缘场强约为－79.05dBm。

天线端口增益为10dBm的情况下，通过建筑的墙体和管道的充分衰减后，到达30m处的信号可保持在－85dBm以内，因此在信号覆盖设计中，通常以30m的天线覆盖半径进行天线放置。

室内传播时阻挡物信号损耗参考取值见表2：

表2

材料类型	砖混隔墙	混凝土墙体	混凝土楼板	天花板管道	玻璃
损耗(dB)	7～12	16～26	20～30	1～8	3～8
材料类型	箱体	普通木门	铁皮防盗门	金属扶手	人体
损耗(dB)	20～30	2～6	7～15	3～8	1～3

如果建筑内部封闭隔间较多，信号需穿过多个墙体或隔断间才能到达终端，需根据实际情况调整天线覆盖半径，一般可调整为15～20m。

5　无线电涉及的相关设备

1）分路器

将一路接收信号分为多路送入接收端的设备称为接收分路器，主要由带通滤波器、公共的低噪声放大器和功率分配器组成（图7）。

2）合路器

将多路发射信号合为一路信号发射，由于多信道的共用，为避免不同信道间的射频耦合引起的互调干扰，并考虑经济、技术及架设场地的因素，发射应使用天线共用器（图8）。

图7　分路器

图8　合路器

3）低损耗同轴馈线/射频电缆（SYWV-50-5/-7/-9/-12 或 7/8/10/12D-FB）（图9）

图9　低损耗同轴馈线/射频电缆

4）避雷器（图10）

图10　避雷器

5）功分器

功分器全称功率分配器，是一种将一路输入信号能量分成两路或多路输出相等能量的器件（图11）。

6）耦合器

耦合器是一种将输入信号能量分成两路输出不均等能量的器件（图12）。

图11　功分器　　　　　　　　　　图12　耦合器

7）高增益天线（增益＞6dB，全向天线、定向天线）（图13）

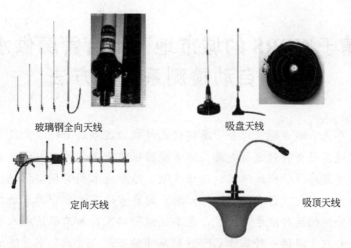

玻璃钢全向天线　　　　吸盘天线

定向天线　　　　吸顶天线

图 13　高增益天线

5　无线对讲系统未来技术的展望

以上为无线对讲系统在智能建筑设计中的配置及应用的一些浅析，当然，随着时代的发展和技术不断创新迭代，未来无线对讲系统也往更加智能化结合的方向发展，5G/LTE 网络发展的大趋势下，无线对讲也必然往宽带化不断发展。

参考文献

[1] GB 8702—2014 电磁环境控制限值 [S].北京：中国环境科学出版社，2015.

[2] 国家无线电管理委员会，国无管 [1994] 19 号文《关于公众数字蜂窝移动通信系统使用频段的通知》。

[3] 郑祖辉，鲍良智，经明等.数字集群移动通信系统 [M].北京：电子工业出版社，2002.

[4] 胡金泉.无线对讲机的原理、使用和新机种简介（一）移动通信 [J].期刊 1996 年第一期.国家电子研究中心电子部七所.

[5] 高吉祥.全国大学生电子设计竞赛培训系列教程—模拟电子线路设计 [M].北京：电子工业出版社，2007.

[6] 樊昌信，曹丽娜著.通信原理 [M].北京：国防工业出版社，2010.

[7] 中国无线电管理局.无线电通信发展纲要 [M]，2009.

[8] 韦建超，陈向东，称冠，蔡镔.基于 CC1101 的无中心数字对讲机设计 [J].电子设计工程.2009.

[9] 李进良.我国对讲机市场的混乱情况以及整治建议 [J].中国无线电.信息产业部电子科技委员会，2005.

[10] 赤炎，方彦.基于窄带数字通信的调制解调设备 [J].中国无线电.中国电子科技无线电工业委员会，2005.

50 基干 GPRS 的城市地下综合管廊供水管道泄漏自动检测系统及方法

摘 要：近年来，城市地下综合管廊建设已经成为国家层面的重大民生和社会安全项目，直接关系到经济社会的稳定与发展。随着我国城市化进程的不断推进，管廊建设与维护面临着管线管理复杂、管线故障难以精确检测、维护成本高等现实问题。因此，将多种介质管线（如供水、燃气、排水、电力等）融合到城市地下综合管廊中进行有效地监测和管理，提高城市管网的运行效率和质量，是本领域研究人员和工程技术人员所面对的重要任务。本文的目的在于提供一种基于 GPRS 的城市地下综合管廊供水管道泄漏检测系统及方法，以解决现有供水管道泄漏检测方法的泄漏点定位效率不高这一技术问题，实现城市地下管廊供水管道泄漏的精确报警和快速定位。

关键词：综合管廊；GPRS；泄漏检测

0 引言

综合管廊是指在城市地下建造一个隧道空间，将电力、通信、给水排水等市政管线集于一体，并设有专门的投料口、管线分支口和智能监测系统。目前，智能监测系统由综合布线系统、视频监控系统、预警与报警系统等组成（图1）。

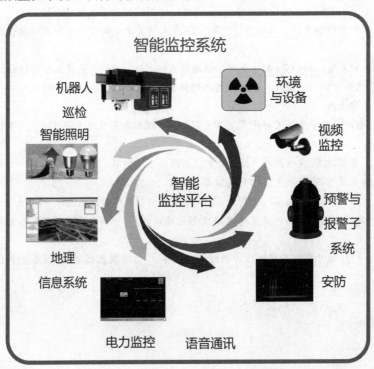

图 1　城市地下综合管廊智能监控系统图

供水管道是城市地下综合管廊的重要组成部分，其运行故障诊断和减少故障率均是城市地下综合管廊的共性问题。由于供水管线的超期服役或者施工破坏等因素，城市供水管道的泄漏问题时有发生。目前，国内检测综合管廊供水管道泄漏技术主要采用常规的负压波检测法，它的基本原理是依据管道泄漏时产生的负压波来预报泄漏事故的发生，并且根据上下游两个压力传感器接收到压力波的时间差和波速来对泄漏进行定位。负压波检测法适用于长距离输送管道，具有计算量小、灵敏度高，能够迅速检查并报警等优点。从技术指标上来讲，负压波检测法的定位精度不高，并且容易受到一些管道正常操作的影响而产生误报，例如上下游泵站的开泵、停泵、调泵等常规操作。另一方面，声波检测法当管道发生泄漏时会产生喷水的声音，这种声音会沿着管道向上下游快速传播。利用声波传感器检测泄漏点发出的喷水声的到达时刻，也可以对泄漏位置进行定位且其定位精度通常比负压波检测法要高；但是，声波检测法由于其在管道上的传播机理的特殊性，衰减的很快，因此只适合在短距离管道检测中使用。概括来说，现有综合管廊供水管道泄漏检测方法均具有明显的短板。因此，城市地下综合管廊供水管道泄漏检测精度不高这一技术问题仍未得到很好的解决。

1　城市地下管廊供水泄漏检测方法及其实现

本文的目的在于提供一种基于 GPRS 的城市地下综合管廊供水管道泄漏检测系统及方法，以解决现有综合管廊供水管道泄漏检测方法的泄漏点定位效率不高这一技术问题，实现城市地下综合管廊供水管道泄漏的精确报警和快速定位。针对已有检测方法的不足，本文创新性提出一种负压波与声波协同检测的新思路进行城市地下综合管廊供水管道泄漏检测。

本文所述一种基于 GPRS 的城市地下综合管廊供水管道泄漏检测系统，包括设置在一条供水管道首末两端的两组上位机和压力检测下位机，分布于供水管道上每隔 2～3km 的若干个声波信号检测下位机，所安装的声波信号检测下位机的总个数记为 Num，且将其从首站开始沿供水管道一次取序号为 1，2…Num。所述上位机由工控机和不间断电源组成；所述压力检测下位机由智能高速实时数据采集装置和压力传感器组成；所述声波信号检测下位机由声波传感器、信号调理单元、信号处理单元、供电装置、GPS 模块和 GPRS 模块组成。

其中，不间断电源连接工控机、智能高速实时数据采集装置和压力传感器，压力传感器的输出端连接智能高速实时数据采集装置的输入端，智能高速实时数据采集的输出端连接工控机的输入端。与此同时，供电装置连接声波传感器、信号调理单元、信号处理单元，声波传感器输出端连接信号调理单元的输入端，信号调理单元的输出端连接信号处理单元的输入端，GPS 的输出端亦连接信号处理单元的输入端，信号处理单元的输出端连接 GPRS 模块的输入端，GPRS 模块的数据传输终端发送管道泄漏信息到工控机。

本文所述一种基于 GPRS 的城市地下综合管廊供水管道泄漏检测方法，其特征在于按照以下步骤进行：

1）通过压力传感器实时检测供水管道内负压波产生的下降拐点，确定管道是否发生泄漏和泄漏点的大概位置，即供水管道泄漏点的粗定位，同时判断出泄漏发生在哪两个声波信号检测下位机之间，记粗定位泄漏点上游的第一个声波信号检测下位机序号为 n，则粗定位泄漏点下游的第一个声波信号检测下位机序号为 n+1，且有 $1 \leqslant n \leqslant Num$。

2）就近的一个上位机通过 GPRS 模块向泄漏点两侧就近的声波信号检测下位机发送接收声波信号请求，并等待回应。

3）声波信号检测下位机收到控制信号后，信号处理单元开始处理数据并通过 GPRS 模块向所述的上位机发送处理后的数据。

4）上位机接收到声波信号检测下位机发送过来的数据存入工控机数据库，依据定位方法对泄漏点进行定位，获得准确定位的泄漏点离供水管道的首站的距离记为 Y，单位为 m，并在显示界面中进行显示。

其中步骤 1）中的供水管道泄漏点的粗定位，其泄漏点粗定位公式如下：

$$\left| \frac{X_1}{V_p} - \frac{L - X_1}{V_p} \right| = |T_1 - T_2| \tag{1}$$

其中，X_1 为粗定位的泄漏点离供水管道的首站的距离，单位为 m；V_p 为负压波在供水管道内的传播速度，单位为 m/s；L 为首末两站之间供水管道的长度，单位为 m；T_1 为安装在首站的压力传感器实时检测供水管道内负压波产生的下降拐点的时间，单位为 s；T_2 为安装在末站的压力传感器实时检测供水管道内负压波产生的下降拐点的时间，单位为 s。

其中步骤 3）中的信号处理单元，其处理数据的步骤如下：

（1）暂停声波传感器采集数据进程，并将其存储单元的现有数据按时间倒序逐个取出并进行小波去噪处理。

（2）按时间倒序逐个查询处理后数据，直到找到第一个幅值小于警戒值的数据点，并将改点对应时刻和其下一时刻的平均值作为泄漏产生的声波到达声波信号检测装置的时刻。

（3）将泄漏产生的声波到达声波信号检测装置的时刻以总线通信方式传输给 GPRS 模块。

（4）重新启动声波传感器的采集数据进程。

其中步骤 4）中的定位方法细节如下：上位机在收到由 GPRS 模块传输来的两个声波信号检测下位机发送过来的数据后，根据如下公式进行供水管道泄漏点的定位计算：

$$\left| \frac{Y - Y_n}{V_s} - \frac{Y_{n+1} - Y}{V_s} \right| = |T2_n - T2_{n+1}| \tag{2}$$

其中，Y 为准确定位的泄漏点离供水管道的首站的距离，单位为 m；Y_n 为序号为 n 的声波信号检测下位机离供水管道的首站的距离，单位为 m；Y_{n+1} 为序号为 $n+1$ 的声波信号检测下位机离供水管道的首站的距离，单位为 m；V_s 为声波沿供水管道管壁的传播速度，单位为 m/s；$T2_n$ 为序号为 n 的声波信号检测下位机检测到声波报警信号时的时间，单位为 s；$T2_{n+1}$ 为序号为 $n+1$ 的声波信号检测下位机检测到声波报警信号时的时间，单位为 s（图 2）。

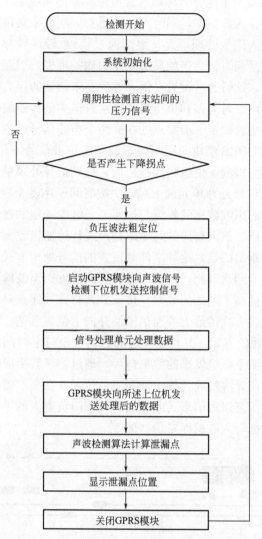

图 2 城市地下综合管廊供水管道泄漏检测方法计算流程图

2 应用研究

下面结合附图和具体实施例对本文所述方法作进一步说明。

本文所述实施例中，GPS 模块选用型号为 SIRF 3Ⅲ，采用全新的 sirf 3 代芯片；GPRS 模块选用西门子公司型号为 MC55/55i；声波传感器选型为朗斯公司的 LC01 系列内装压电加速度传感器；压力传感器选用型号为美国 OMEGA 公司的 309 系列高精度压力传感器；信号处理单元选用 TI 公司的 TMS320F28335 型号的 DSP 芯片；智能高速实时数据采样装置采用 PCIe 高速数据采集卡 M4i.44xx。

本实施例中，选取一段地下管廊供水管道长度为 10km，在距离首站上位机 5.5km 处设置模拟泄漏位置。沿管道每隔 2km 按照一个声波信号检测下位机，这样全线管道共按照 6 个声波信号检测下位机，且在管道首末两站同时安装压力传感器和上位机。

　　该基于 GPRS 的城市地下综合管廊供水管道泄漏检测系统的工作进程为：压力传感器周期性采集压力信号并存入数据库，同时声波传感器周期性采集声波信号并通过信号调理单元滤波放大处理后送入信号处理单元，继而通过模/数转换后存入 RAM 且附上其时间标签。当供水管道发生泄漏时，会造成局部流体物质的损失，引起局部密度减小而形成负压波并沿着上下游传播，此时通过设置在供水管道首末两端的压力传感器检测到负压波产生时产生的压力下降拐点的时间差和负压波在供水管道中的传输波速就可以大致确定出泄漏发生的位置，相应的也就确定了泄漏点处在哪两个声波信号检测下位机之间。此时，离泄漏点较近的上位机的 GPRS 模块向刚刚确定的两个声波信号下位机发送接收数据请求，并等待其回应；声波信号检测下位机收到指令后，启动信号处理单元并同时停止声波传感器的数据采集，接着从信号处理单元的 RAM 中按时间逆序逐个取出声波数据并做小波去噪处理，然后将处理后的声波数据的幅值与按照工艺制度确定的报警值比较，寻找幅值小于报警值的第一个采样点，该点对应的时刻即是声波传感器接收到由于供水管道泄漏产生的声音到达时刻。特别指出的是，这种事件触发式的信号处理方式，能够迅速确定出由于供水管道泄漏产生的声音到达时刻，避免了常规周期性发送声波检测数据通信机制的数据传输量大的弊端，显著提高了通信的效率。接下来，将该采样点对应的时刻和幅值信息按照规定的传输格式以总线方式传给无线通信模块并向上位机发送。无线通信模式采用基于 TCP/IP 协议的 GPRS 通信方式，并且在发送的数据包中打上时间标签和装置标号。上位机在接收到声波信号检测下位机发来的数据包后，通过协议转换成时间和幅值数据存入工控机的内存中，按照定位算法精确计算出泄漏点的位置并在显示器界面上显示，且再次启动无线通信单元将定位信息以短信形式向管道管理部门负责人的手机上发送，最后将所得报警信息涉及的相关数据写入数据库备份（图 3）。

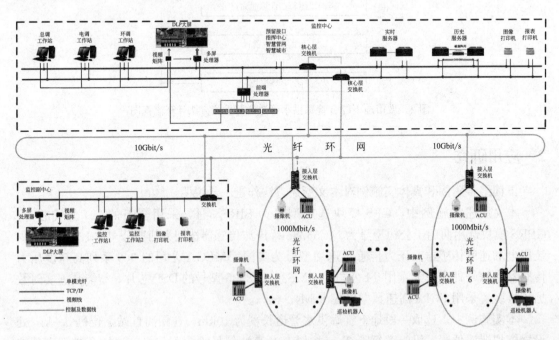

图 3　城市地下综合管廊网络拓扑图

各个功能模块的具体作用和实现过程如下：

声波传感器收取外界各种声波信号，要求传感器的灵敏度和采样率足够高，同时耗能要尽量低，将其安装于供水管道上在线收集泄漏点发出的声音，并把声音信号转换成电信号。系统中采用的型号为 LanceLC0108 系列的振动传感器，配合 LanceLC0108 恒流源使用。

GPS 模块为系统各个组成单元提供准确的同步时间信息，本实施例中选用型号为 SIRF 3III，采用全新的 sirf 3 代芯片。

信号调理单元负责把声波传感器输出的电信号进行滤波放大，根据时间的工作状况和分析数据可以推断出供水管道泄漏时液体摩擦管壁发出的声音频段和信噪比。通过设定滤波频段和放大倍数可有效提高信噪比，滤除大部分噪声信号。

信号处理单元选用 TI 公司的 TMS320F28335 型号的 DSP 芯片，将信号调理单元输出的模拟量信号经过 DSP 芯片上自带的 A/D 转换器转换成数字信号，将数字信号打上时间标签后存入 RAM。当无线通信单元收到上位机发来的控制信号时，DSP 芯片利用中断指令启动对数据的处理。按照时间倒序逐个从 RAM 中取出声波数据先做去噪处理，再将处理后的信号幅值与预先由工作状况设定的报警值进行比较，获得首个幅值小于报警值的数据，并将数据点对应的时间信息和幅值信息保存起来，这样就完成了整个信号处理的过程。

GPRS 模块选用西门子公司型号为 MC55/55i。与其他通信方式相比，GPRS 技术具有接入范围广，传输速率高，恒定在线等技术优势。同时，为了防止传输延时、数据丢包以及多个装置同时向控制台发送数据混淆的特殊情况，无线通信方式基于 TCP/IP 协议，并要求传输的数据应按照规定的传输格式打包传输，以确保上位机接收到的数据是唯一标识一个分站信号检测装置的情形。

本系统由位于首末两站的上位机和沿供水管道布置的若干个声波信号检测下位机构成。上位机每隔 24h 要对各个声波信号装置进行循环检测，检测内容包括：判断装置与上位机的通信情况，如果连接中断或者不畅则重新建立连接；判断各个检测装置的时间是否一致，每隔一段时间用 GPS 对系统各个部分进行时间校准。另外，装置本身还具有自检功能，GPRS 模块在不发生数据发送时应处于待机状态，以节省电能。仅当声波信号检测下位机收到上位机发来的控制信号时，GPRS 模块才会启动数据传输终端发送数据包；当上位机完成数据接收后检测装置的 GPRS 模块又会变成待机状态。

具体地，本具体实施例包括以下步骤：

1）当供水管道发生泄漏时，管道首末两端的压力传感器均会检测到压力下降信号，计算其时间差，且负压波在水中的传播速度为 1066m/s，压力信号的采样率为 50Hz，检测到的时间差为 1400ms，通过以上数据可以根据负压波检测算法计算出泄漏大致发生的位置为距离供水管道首端 5740m 处，从而确定出泄漏发生在第 3 个和第 4 个声波检测装置之间。

2）由安装在供水管道末端的上位机通过 GPRS 模块向泄漏点两侧的第 3 个和第 4 个声波信号检测下位机发送接收声波信号请求，并等待回应。

3）声波信号检测下位机收到控制信号后，信号处理单元开始处理数据，将分析后的信息按照约定格式打包后通过 GPRS 模块向所述上位机发送处理后的数据。

4）上位机接收到声波信号检测下位机发送过来的数据后将其存入工控机内存中，计算其时间差为188ms，声波信号检测下位机的采样率为10000Hz，声波产生的振动沿供水管道壁的传播速度为5320m/s；此时声波检测算法已经计算出泄漏点的位置为距离供水管道首端5501m处，将计算结果在上位机显示界面中显示。

由本实施例的验证结果可以看出，本文所述方法最终得到的管道泄漏定位精度偏差将由负压波计算法的12%提高到最终的0.05%，也就是说，将泄漏点定位从240m精确到在1m范围内，这在实际中会使得维修人员在泄漏事故发生时快速找到泄漏点，将损失降到最低，实现了提高综合管廊供水管道泄漏准确预报和精确定位的目标。

3　结束语

与现有技术相比，本文所述方法的有益效果为：解决现有供水管道泄漏检测方法的泄漏点定位效率不高这一技术问题，创新性地提出一种负压波与声波协同检测的新思路进行城市地下综合管廊供水管道泄漏检测，发挥了负压波检测方法的优点进行泄漏故障的粗定位，在粗定位后触发泄漏点附件的两个声波信号检测下位机进行声波信号的采集和声波定位计算，这样可以发挥声波定位方法的高精度优点。同时，只有泄漏点附件的两个声波信号检测下位机投入到泄漏定位中，大大节约了网络通信数据传送量，提高了声波信号检测下位机的服役寿命，实现城市地下综合管廊供水管道泄漏的精确报警和快速定位，并成功应用于实际工程（发明专利名称：城市地下管廊供水管道泄漏检测系统及方法；发明专利申请号：201610425108.4；申请日：20160615；发明专利申请人：赵昊裔）。因此，具有很好的推广前景。

参考文献

[1] 李蔚.建筑电气设计常见及疑难问题解析 [M].北京：中国建筑工业出版社，2010.

[2] 李蔚.建筑电气设计要点难点指导与案例剖析 [M].北京：中国建筑工业出版社，2012.

[3] 赵昊裔.城市地下管廊供水管道泄漏检测系统及方法：CN201610425108.4 [P].2016-06-15.

[4] 李忠虎，郭卓芳，梁德志.基于相关分析法的供水管道漏点定位技术研究 [J].工业计量.2011（03）

[5] 韩建，牟海维，王永涛，姜晓岚.相关分析法在输油管道泄漏检测和定位中的应用研究 [J].核电子学与探测技术.2007（01）

[6] 龙芋宏.相关分析确定管网泄漏点的实验研究 [J].现代机械.2003（01）

[7] Andrew FColombo，Bryan W Karney. Energy and Costs of Leaky Pipes：Toward Comprehensive Picture. Journal of Water. 2002

[8] Yumei Wen，Ping Li，Jin Yang，Zhangmin Zhou. Adaptive Leak Detection and Location in Underground Buried Pipelines. International Journal of Information Acquisition. 2004